# 소방설비산업기사 실기 전기 과년도 7개년

## 2026 초超 격格 자差

황모아 · 오민정

모아북스

# CONTENTS

**2025년**
- 1회 | 2025.04.20 ················································ 6
- 2회 | 2025.07.19 ················································ 24
- 3회 | 2025.11.02 ················································ 45

**2024년**
- 1회 | 2024.04.27 ················································ 70
- 2회 | 2024.07.28 ················································ 90
- 3회 | 2024.11.02 ················································ 114

**2023년**
- 1회 | 2023.04.23 ················································ 138
- 2회 | 2023.07.22 ················································ 159
- 4회 | 2023.11.05 ················································ 176

**2022년**
- 1회 | 2022.05.07 ················································ 202
- 2회 | 2022.07.24 ················································ 223
- 4회 | 2022.11.19 ················································ 247

| | | | |
|---|---|---|---|
| **2021년** | 1회 | 2021.04.24 | 270 |
| | 2회 | 2021.07.22 | 294 |
| | 4회 | 2021.11.24 | 318 |
| **2020년** | 1회 | 2020.05.24 | 344 |
| | 2회 | 2020.07.26 | 367 |
| | 3회 | 2020.10.18 | 388 |
| | 4회 | 2020.11.14 | 407 |
| | 5회 | 2020.11.29 | 427 |
| **2019년** | 1회 | 2019.04.14 | 450 |
| | 2회 | 2019.06.29 | 471 |
| | 4회 | 2019.11.09 | 493 |
| **Plus N제** | CHAPTER 01 | 도면 | 522 |
| | CHAPTER 02 | 계산문제 및 시퀀스 | 538 |
| | CHAPTER 03 | 기타 | 549 |
| | CHAPTER 04 | 소방시설 도시기호 | 558 |

격차를 뛰어넘어 압도적인 격차를 만들다

# 2025

| 1회 | 2025.04.20 |
| 2회 | 2025.07.19 |
| 3회 | 2025.11.02 |

# 2025년 1회

2025.04.20

## 01 [배점 5]

면적이 250 [m²]인 사무실이 있다. 이 사무실에 조명률 50 [%], 광속 2400 [lm]의 40 [W] 형광등을 정전 시 비상조명으로 사용하여서 평균조도 400 [lx]를 얻으려고 한다. 이때 필요한 형광등의 개수를 구하시오. (단, 감광보상률은 1.25이다)

○ 답 :

### 정답

$EAD = FUN \rightarrow N = \dfrac{EAD}{FU} \dfrac{400 \times 250 \times 1.25}{2400 \times 0.5} = 104.17$

∴ 105 [개]

답 | 105 [개]

감광보상률 D가 주어지지 않은 경우 조명유지율 M을 이용하여 $D = \dfrac{1}{M}$를 대입한다.

E : 조도 [lx], A : 단면적 [m²], D : 감광보상률
F : 광속 [lm], U : 조명률 [%], N : 등개수

## 02 신유형! [배점 2]

다음에서 설명하는 수신기를 쓰시오.

> 감지기 또는 발신기로부터 발하여지는 신호를 직접 또는 중계기를 통하여 고유신호로서 수신하여 화재의 발생을 당해 소방대상물의 관계자에게 경보하여주는 것

**정답**

R형 수신기

### 핵심이론: 수신기의 형식승인 및 제품검사의 기술기준

1. "P형 수신기"란 감지기 또는 발신기로부터 발하여지는 신호를 직접 또는 중계기를 통하여 공통신호로서 수신하여 화재의 발생을 당해 소방대상물의 관계자에게 경보하여주는 것을 말한다. 〈개정 2017.12.6.〉
2. "R형 수신기"란 감지기 또는 발신기로부터 발하여지는 신호를 직접 또는 중계기를 통하여 고유신호로서 수신하여 화재의 발생을 당해 소방대상물의 관계자에게 경보하여주는 것을 말한다. 〈개정 2017.12.6.〉
3. 〈삭제 2016.1.11.〉
4. "GP형 수신기"란 P형 수신기의 기능과 가스누설경보기의 수신부 기능을 겸한 것을 말한다. 다만 가스누설경보기의 수신부의 기능 중 가스농도 감시장치는 설치하지 않을 수 있다.
5. "GR형 수신기"란 R형 수신기의 기능과 가스누설경보기의 수신부 기능을 겸한 것을 말한다. 다만 가스누설경보기의 수신부의 기능 중 가스농도 감시장치는 설치하지 않을 수 있다.
6. "방폭형"이란 폭발성 가스가 용기 내부에서 폭발하였을때 용기가 그 압력에 견디거나 또는 외부의 폭발성 가스에 인화될 우려가 없도록 만들어진 형태의 제품을 말한다.
7. "방수형"이란 그 구조가 방수구조로 되어 있는 것을 말한다.
8. "P형 복합식 수신기"란 감지기 또는 발신기로부터 발하여지는 신호를 직접 또는 중계기를 통하여 공통신호로서 수신하여 화재의 발생을 해당 소방대상물의 관계자에게 경보하여 주고 자동 또는 수동으로 옥내·외소화전설비, 스프링클러설비, 물분무소화설비, 포소화설비, 이산화탄소소화설비, 할로겐화물소화설비, 분말소화설비, 배연설비 등의 가압송수장치 또는 기동장치 등을 제어하는(이하 "제어기능"이라 한다) 것을 말한다.
9. "R형 복합식 수신기"란 감지기 또는 발신기로부터 발하여지는 신호를 직접 또는 중계기를 통하여 고유신호로서 수신하여 화재의 발생을 해당 소방대상물의 관계자에게 경보하여 주고 제어기능을 수행하는 것을 말한다.
10. "GP형 복합식 수신기"란 P형 복합식 수신기와 가스누설경보기의 수신부 기능을 겸한 것을 말한다.
11. "GR형 복합식 수신기"란 R형 복합식 수신기와 가스누설경보기의 수신부 기능을 겸한 것을 말한다.

## 03  배점 5

극수가 4극이고 50 [Hz]인 전동기가 있다. 다음 물음에 답하시오.

가. 동기속도는 몇 [rpm]인가?

나. 회전속도가 1470 [rpm]일 때 슬립은 몇 [%]인가?

**정답**

가. $N_s = \dfrac{120f}{P} = \dfrac{120 \times 50}{4} = 1500$ [rpm]

나. $N = N_s(1-s)$
  $1470 = 1500(1-s)$
  $\therefore s = 2\,[\%]$

**핵심이론** 동기속도

- 동기속도 구하는 식 : $N_s = \dfrac{120f}{P}$ [rpm]
- 회전속도 구하는 식 : $N = \dfrac{120f}{P}(1-S)$ [rpm]

  $N_s$ : 동기속도 [rpm], $N$ : 회전속도 [rpm], $f$ : 주파수 [Hz], $P$ : 극수, $S$ : 슬립

## 04  배점 8

옥내소화전설비의 화재안전기준에 따른 비상전원 설치기준 4가지를 쓰시오.

① ② ③ ④

**정답**

① 점검에 편리하고 화재 및 침수 등의 재해로 인한 피해를 받을 우려가 없는 곳에 설치할 것

② 옥내소화전설비를 유효하게 20분 이상 작동할 수 있어야 할 것

③ 상용전원으로부터 전력의 공급이 중단된 때에는 자동으로 비상전원으로부터 전력을 공급받을 수 있도록 할 것

④ 비상전원(내연기관의 기동 및 제어용 축전기를 제외한다)의 설치장소는 다른 장소와 방화구획할 것. 이 경우 그 장소에는 비상전원의 공급에 필요한 기구나 설비 외의 것(열병합발전설비에 필요한 기구나 설비는 제외한다)을 두어서는 안 된다.

> **핵심이론** 옥내소화전설비의 화재안전기술기준(NFTC 102)
>
> 2.5.3.1 점검에 편리하고 화재 및 침수 등의 재해로 인한 피해를 받을 우려가 없는 곳에 설치할 것
> 2.5.3.2 옥내소화전설비를 유효하게 20분 이상 작동할 수 있어야 할 것
> 2.5.3.3 상용전원으로부터 전력의 공급이 중단된 때에는 자동으로 비상전원으로부터 전력을 공급받을 수 있도록 할 것
> 2.5.3.4 비상전원(내연기관의 기동 및 제어용 축전기를 제외한다)의 설치장소는 다른 장소와 방화구획할 것. 이 경우 그 장소에는 비상전원의 공급에 필요한 기구나 설비 외의 것(열병합발전설비에 필요한 기구나 설비는 제외한다)을 두어서는 안 된다.
> 2.5.3.5 비상전원을 실내에 설치하는 때에는 그 실내에 비상조명등을 설치할 것

## 05 [배점 5]

무선통신보조설비의 화재안전기준에 따른 증폭기 상용전원 3가지를 쓰시오.

① ② ③

**정답**

① 축전지설비
② 전기저장장치
③ 교류전압의 옥내 간선

> **핵심이론**
>
> 2.5 증폭기 등
> 2.5.1 증폭기 및 무선중계기를 설치하는 경우에는 다음의 기준에 따라 설치해야 한다.
> 2.5.1.1 상용전원은 전기가 정상적으로 공급되는 축전지설비, 전기저장장치(외부 전기에너지를 저장해두었다가 필요한 때 전기를 공급하는 장치) 또는 교류전압의 옥내 간선으로 하고, 전원까지의 배선은 전용으로 할 것
> 2.5.1.2 증폭기의 전면에는 주회로 전원의 정상 여부를 표시할 수 있는 표시등 및 전압계를 설치할 것
> 2.5.1.3 증폭기에는 비상전원이 부착된 것으로 하고 해당 비상전원 용량은 무선통신보조설비를 유효하게 30분 이상 작동시킬 수 있는 것으로 할 것
> 2.5.1.4 증폭기 및 무선중계기를 설치하는 경우에는 「전파법」 제58조의2에 따른 적합성평가를 받은 제품으로 설치하고 임의로 변경하지 않도록 할 것
> 2.5.1.5 디지털방식의 무전기를 사용하는 데 지장이 없도록 설치할 것

## 06

배점 8

**무선통신보조설비 설치대상이다. 괄호 안에 들어갈 알맞은 말을 쓰시오.**

가. 지하상가로서 연면적 1천 [m²] 이상인 것

나. 지하층의 바닥면적의 합계가 ( ㉠ ) 이상인 것 또는 지하층의 층수가 3층 이상이고 지하층의 바닥면적의 합계가 ( ㉡ ) 이상인 것은 지하층의 모든 층

다. 터널로서 길이가 ( ㉢ ) 이상인 것

라. 지하구 중 공동구

마. 층수가 30층 이상인 것으로서 ( ㉣ ) 이상 부분의 모든 층

> **정답**
>
> ㉠ 3천, ㉡ 1천 [m²], ㉢ 500 [m²], ㉣ 16층

## 07 신유형!

배점 7

**다음은 자동화재탐지설비의 평면도이다. 다음 조건을 참고하여 표의 산출식 및 총 물량을 산출하시오. [제시한 표를 채우시오]**

> **조건**
>
> 천장의 높이는 3.5 [m]이고 반자는 없으며 발신기세트와 수신기는 바닥으로부터 1.2 [m] 높이에 설치되어 있으며, 배선의 할증은 10 [%]를 적용한다.

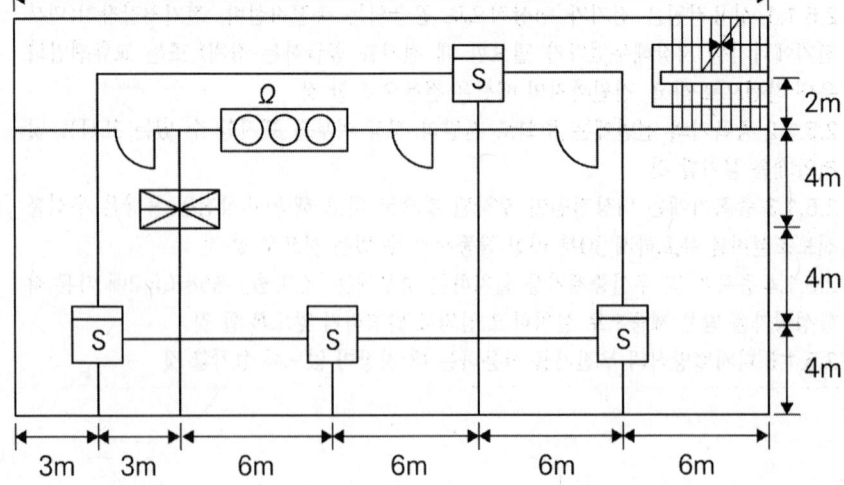

| 구분 | | 산출식 | 총물량 |
|---|---|---|---|
| 전선관 16 [C] | 감지기와 감지기 간 | | |
| | 감지기와 발신기 간 | 6 + 2 + (3.5 − 1.2) = 10.3 [m] | |
| 전선 (HFIX 1.5 [mm²]) | 감지기와 감지기 간 | | |
| | 감지기와 발신기 간 | 10.3 [m] × 4가닥 = 41.2 [m] | |
| | 할증 | | |
| 전선관 22 [C] | 발신기와 수신기 간 | | |
| 전선 (HFIX 2.5 [mm²]) | 발신기와 수신기 간 | | |
| | 할증 (%) | | |

**정답**

| 구분 | | 산출식 | 총물량 |
|---|---|---|---|
| 전선관 16 [C] | 감지기와 감지기 간 | 6 + 6 + 6 + 3 + 4 + 4 + 2 + 6 + 6 + 6 + 3 + 4 + 4 + 2 = 62 [m] | 65.1 [m] |
| | 감지기와 발신기 간 | 6 + 2 + (3.5 − 1.2) = 10.3 [m] | |
| 전선 (HFIX 1.5 [mm²]) | 감지기와 감지기 간 | 62 [m] × 2가닥 = 124 [m] | 136.4 [m] |
| | 감지기와 발신기 간 | 10.3 [m] × 4가닥 = 41.2 [m] | |
| | 할증 | 124 × 1.1 = 136.4 | |
| 전선관 22 [C] | 발신기와 수신기 간 | 6 + 4 + (3.5 − 1.2) + (3.5 − 1.2) = 14.6 [m] | 14.6 [m] |
| 전선 (HFIX 2.5 [mm²]) | 발신기와 수신기 간 | 14.6 × 6 = 87.6 [m] | 96.36 [m] |
| | 할증 (%) | 87.6 × 1.1 = 96.36 [m] | |

## 08

다음 중 종단저항을 설치해야 하는 곳 2가지를 고르시오.

> 발신기, 수신기, 발신기와 가장 멀리 설치된 수신기, 발신기와 가장 가까이 설치된 수신기, 발신기와 수신기 사이 배선

**정답**

① 발신기, ② 수신기

## 09

그림과 같은 시퀀스회로를 보고 다음 각 물음에 답하시오.

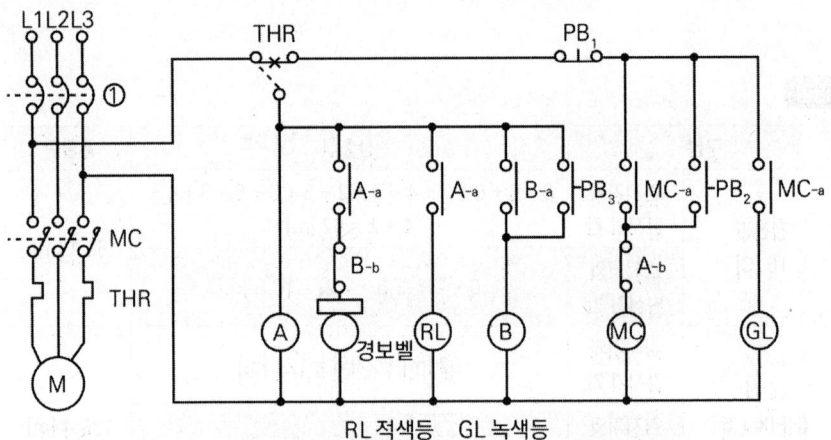

가. 도면의 ①부분에 표시될 제어약호는?
　○답 :

나. 도면의 주회로에 표기된 THR의 명칭은 무엇인가?
　○답 :

다. 계전기 Ⓐ가 여자되었을 때 회로의 동작상황을 상세히 설명하시오.
　○답 :

라. 경보벨이 명동되고 있다고 할 때 이 울림을 정지시키려면 어떻게 하여야 하는가?

　○ 답 :

마. 도면에서 $PB_1$과 $PB_2$의 용도는 무엇인가?

　○ 답 :

바. 어떤 원인에 의하여 THR의 보조 b접점이 떨어져서 계전기 Ⓐ쪽에 붙었다고 할 때 접점이 떨어질 제반장애를 없앤 다음 이 접점을 원위치시키려면 어떻게 하여야 하는가?

　○ 답 :

사. 문제의 도면 내용 중 동작에 불필요한 부분이 있으면 쓰고 없으면 '없음'이라고 쓰시오.

　○ 답 :

### 정답

가. MCCB

나. 열동계전기

다. 계전기 $A_{-a}$접점에 의하여 경보벨이 명동됨과 동시에 RL램프가 점등된다.

라. $PB_3$를 누른다.

마. ① $PB_1$ : 모터 정지용, ② $PB_2$ : 모터 기동용

바. 수동으로 복귀시킨다.

사. $A_{-b}$접점

> $A_{-b}$접점은 THR이 동작 시 안전을 위해 MC를 다시 한 번 개방시켜 주는 역할을 함. 생략해도 문제가 없으므로 불필요한 부분이나 틀린 부분은 아님
> - 기동버튼 : 병렬연결 및 자기유지
> - 정지버튼 : 직렬연결
> - 분기 시 "●"를 찍는다.
> - MC 코일 : $MC_{-a}$로 표기

### 핵심이론 | 배선용 차단기, 열동형 계전기

▫ 배선용 차단기(Molded-Case Circuit Breaker : MCCB(= MCB = NFB, No Fuse Breaker))
  (1) 목적 : 과전류, 단락전류 차단(재사용 가능)
  (2) 특징
    • 소형이고 경량이다.
    • 기기의 신뢰도가 크다.
    • 과전류에 대한 차단성능이 우수하다.
    • 동작 시 수동으로 복귀가 간단하다.
    • 퓨즈가 필요치 않다.
    • 기기의 수명이 길다.
▫ 열동형 계전기(Thermal Relay : THR) : 과부하(과전류) 보호용 계전기

| 주회로 THR | 제어회로 THR |
|---|---|
| ⊣ ⊢ | ─o×o─　○×○ |
| 열동계전기 | 열동계전기 b접점 |

## 10  배점 5

층수가 30층인 특정소방대상물의 각 층의 높이는 3 [m]이며 계단실이 1개 존재할 때 다음 각 물음에 답하시오.

가. 연기감지기 1, 2종을 설치할 경우의 설치 수량을 구하시오.
  ○답 :

나. 계단실의 수직적 경계구역 수를 계산하시오.
  ○답 :

### 정답

가. $\dfrac{30 \times 3}{15} = 6$

나. $\dfrac{30 \times 3}{45} = 2$ 따라서 2개

#### 핵심이론 연기감지기 설치

□ 설치기준

| 부착높이 | 감지기의 종류 | |
|---|---|---|
| | 1종 및 2종 | 3종 |
| 4 [m] 미만 | 150 [m²] | 50 [m²] |
| 4 [m] 이상 20 [m] 미만 | 75 [m²] | - |

- 감지기는 복도 및 통로에 있어서는 보행거리 30 [m](3종에 있어서는 20 [m])마다, 계단 및 경사로에 있어서는 수직거리 15 [m](3종에 있어서는 10 [m])마다 1개 이상으로 할 것
- 천장 또는 반자가 낮은 실내 또는 좁은 실내에 있어서는 출입구의 가까운 부분에 설치할 것
- 천장 또는 반자부근에 배기구가 있는 경우에는 그 부근에 설치할 것
- 감지기는 벽 또는 보로부터 0.6 [m] 이상 떨어진 곳에 설치할 것

## 11 [배점 3]

모터컨트롤센터(M.C.C)에서 소화전 펌프모터에 전기를 공급하는 전동기설비의 전압은 3상, 415 [V]이고 모터의 용량은 37.5 [kW] 역률은 80 [%]일 때 모터의 전부하전류를 구하시오.

### 정답

3상이기 때문에 $P = \sqrt{3}\, VI\cos\theta$ 이며,

$I = \dfrac{P}{\sqrt{3}\, V\cos\theta} = \dfrac{37.5 \times 10^3}{\sqrt{3} \times 415 \times 0.8} = 65.21\,[A]$

## 12

**누전경보기의 화재안전기준에 따른 다음 괄호에 들어갈 알맞은 말을 쓰시오.**

가. 누전경보기의 전원은 분전반으로부터 전용회로로 하고, 각 극에 개폐기 및 ( ) 이하의 과전류차단기(배선용 차단기에 있어서는 20 [A] 이하의 것으로 각 극을 개폐할 수 있는 것)를 설치할 것

나. 누전경보기의 수신부는 가연성의 증기·먼지·가스 등이나 ( )의 증기·가스 등이 다량으로 체류하는 장소 이외의 장소에 설치해야 한다.

다. 누전경보기는 경계전로의 정격전류가 ( )를 초과하는 전로에 있어서는 1급 누전경보기를 설치한다.

### 정답

가. 15 [A], 나. 부식성, 다. 60 [A]

### 핵심이론 누전경보기의 화재안전기술기준(NFTC 205)

2.2 수신부
2.2.1 누전경보기의 수신부는 옥내의 점검에 편리한 장소에 설치하되, 가연성의 증기·먼지 등이 체류할 우려가 있는 장소의 전기회로에는 해당 부분의 전기회로를 차단할 수 있는 차단기구를 가진 수신부를 설치해야 한다. 이 경우 차단기구의 부분은 해당 장소 외의 안전한 장소에 설치해야 한다.
2.2.2 누전경보기의 수신부는 다음의 장소 이외의 장소에 설치해야 한다. 다만 해당 누전경보기에 대하여 방폭·방식·방습·방온·방진 및 정전기 차폐 등의 방호조치를 한 것은 그렇지 않다.
2.2.2.1 가연성의 증기·먼지·가스 등이나 부식성의 증기·가스 등이 다량으로 체류하는 장소
2.2.2.2 화약류를 제조하거나 저장 또는 취급하는 장소
2.2.2.3 습도가 높은 장소
2.2.2.4 온도의 변화가 급격한 장소
2.2.2.5 대전류회로·고주파 발생회로 등에 따른 영향을 받을 우려가 있는 장소
2.2.3 음향장치는 수위실 등 상시 사람이 근무하는 장소에 설치해야 하며, 그 음량 및 음색은 다른 기기의 소음 등과 명확히 구별할 수 있는 것으로 해야 한다.
2.3 전원
2.3.1 누전경보기의 전원은 「전기사업법」 제67조에 따른 「전기설비기술기준」에서 정한 것 외에 다음의 기준에 따라야 한다.
2.3.1.1 전원은 분전반으로부터 전용회로로 하고, 각 극에 개폐기 및 15 A 이하의 과전류차단기(배선용 차단기에 있어서는 20 [A] 이하의 것으로 각 극을 개폐할 수 있는 것)를 설치할 것
2.3.1.2 전원을 분기할 때는 다른 차단기에 따라 전원이 차단되지 않도록 할 것
2.3.1.3 전원의 개폐기에는 "누전경보기용"이라고 표시한 표지를 할 것

## 13

다음은 자동화재탐지설비 및 시각경보장치의 화재안전기준에 따른 시각경보장치 기준이다. 괄호 안에 들어갈 알맞은 말을 쓰시오.

가. 설치 높이는 바닥으로부터 (　　　　　)의 장소에 설치할 것. 다만 천장의 높이가 (　　) 이하인 경우에는 천장으로부터 (　　) 이내의 장소에 설치해야 한다.

나. 시각경보장치의 광원은 전용의 (　　　) 또는 (　　　)(외부 전기에너지를 저장해두었다가 필요한 때 전기를 공급하는 장치)에 의하여 점등되도록 할 것. 다만 시각경보기에 작동전원을 공급할 수 있도록 형식승인을 얻은 수신기를 설치한 경우에는 그렇지 않다.

### 정답

가. 2 [m] 이상 2.5 [m] 이하, 2 [m], 0.15 [m]

나. 축전지설비, 전기저장장치

### 핵심이론  자동화재탐지설비 및 시각경보장치의 화재안전기술기준(NFTC 203)

2.5.2 청각장애인용 시각경보장치는 소방청장이 정하여 고시한 「시각경보장치의 성능인증 및 제품검사의 기술기준」에 적합한 것으로서 다음의 기준에 따라 설치해야 한다.

2.5.2.1 복도·통로·청각장애인용 객실 및 공용으로 사용하는 거실(로비, 회의실, 강의실, 식당, 휴게실, 오락실, 대기실, 체력단련실, 접객실, 안내실, 전시실, 기타 이와 유사한 장소를 말한다)에 설치하며, 각 부분으로부터 유효하게 경보를 발할 수 있는 위치에 설치할 것

2.5.2.2 공연장·집회장·관람장 또는 이와 유사한 장소에 설치하는 경우에는 시선이 집중되는 무대부 부분 등에 설치할 것

2.5.2.3 설치 높이는 바닥으로부터 2 [m] 이상 2.5 [m] 이하의 장소에 설치할 것. 다만 천장의 높이가 2 [m] 이하인 경우에는 천장으로부터 0.15 [m] 이내의 장소에 설치해야 한다.

2.5.2.4 시각경보장치의 광원은 전용의 축전지설비 또는 전기저장장치(외부 전기에너지를 저장해두었다가 필요한 때 전기를 공급하는 장치)에 의하여 점등되도록 할 것. 다만 시각경보기에 작동전원을 공급할 수 있도록 형식승인을 얻은 수신기를 설치한 경우에는 그렇지 않다.

2.5.3 하나의 특정소방대상물에 2 이상의 수신기가 설치된 경우 어느 수신기에서도 지구음향장치 및 시각경보장치를 작동할 수 있도록 해야 한다.

## 14

그림과 같은 평면도에 자동화재탐지설비의 광전식 스포트형 2종 감지기를 설치하고자 한다. 감지기의 설치높이가 3.6 [m]일 때 평면도에 감지기를 적절하게 배치하고 가닥 수를 표시하시오. (단, 경종과 표시등 공통선을 같이 한다)

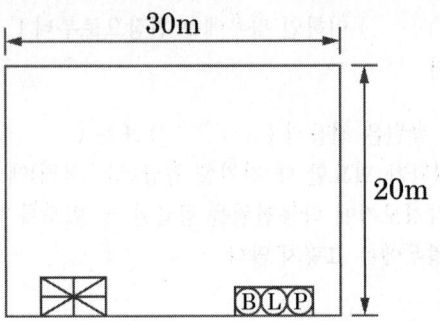

**정답**

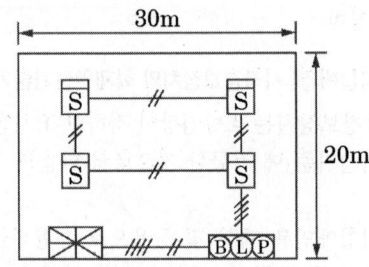

✓ 해설

광전식 스포트형 2종을 3.6 [m]에 설치할 때 150 [m²]마다 설치하므로,

$$\frac{30 \times 20}{150} = 4[개]$$

- 광전식 스포트형 감지기는 연기감지기이므로 연기감지기 심벌을 그려 넣을 것
- 자동화재탐지설비의 감지기 배선은 송배선방식으로써 루프는 2가닥, 나머지는 4가닥이다.
- 발신기세트함으로부터 수신기까지의 기본 가닥 수는 지구, 공통, 응답, 경종, 표시등, 경종표시등공통선 총 6가닥이다.
- 가로의 길이가 30 [m], 세로의 길이가 20 [m] 면적 600 [m²]이므로 1개의 경계구역이기 때문에 지구선수는 1가닥이다.

### 핵심이론  연기감지기 설치면적

(단위 : [m²])

| 부착높이 | 감지기의 종류 | |
|---|---|---|
| | 1종 및 2종 | 3종 |
| 4 [m] 미만 | 150 | 50 |
| 4 [m] 이상 20 [m] 미만 | 75 | - |

## 15

득점 ___  배점 5

**다음에서 설명하는 감지기 형식을 쓰시오.**

1. "(    )"이란 폭발성 가스가 용기 내부에서 폭발하였을 때 용기가 그 압력에 견디거나 또는 외부의 폭발성 가스에 인화될 우려가 없도록 만들어진 형태의 감지기를 말한다.
2. "(    )"이란 그 구조가 방수구조로 되어 있는 감지기를 말한다.
3. "(    )"이란 전파에 의해 신호를 송수신하는 방식의 것을 말한다.

### 정답

1. 방폭형
2. 방수형
3. 무선식

### 핵심이론  감지기의 형식승인 및 제품검사의 기술기준

1. "다(多)신호식"이란 1개의 감지기 내에서 다음 각 목과 같다.
   가. 각 서로 다른 종별 또는 감도 등의 기능을 갖춘 것으로서 일정시간 간격을 두고 각각 다른 2개 이상의 화재신호를 발하는 감지기를 말한다.
   나. 동일 종별 또는 감도를 갖는 2개 이상의 센서를 통해 감지하여 화재신호를 각각 발신하는 감지기를 말한다.
2. "방폭형"이란 폭발성 가스가 용기 내부에서 폭발하였을 때 용기가 그 압력에 견디거나 또는 외부의 폭발성 가스에 인화될 우려가 없도록 만들어진 형태의 감지기를 말한다.
3. "방수형"이란 그 구조가 방수구조로 되어 있는 감지기를 말한다.
4. "재용형"이란 다시 사용할 수 있는 성능을 가진 감지기를 말한다.

5. "축적형"이란 일정농도·온도 이상의 연기 또는 온도가 일정 시간(공칭축적시간) 연속하는 것을 전기적으로 검출함으로써 작동하는 감지기(다만 단순히 작동시간만을 지연시키는 것은 제외한다)를 말한다.
6. "아날로그식"이란 주위의 온도 또는 연기의 양의 변화에 따른 화재정보신호값을 출력하는 방식의 감지기를 말한다.
7. "연동식"이란 단독경보형 감지기가 작동할 때 화재를 경보하며 유·무선으로 주위의 다른 감지기에 신호를 발신하고 신호를 수신한 감지기도 화재를 경보하며 다른 감지기에 신호를 발신하는 방식의 것을 말한다.
8. "무선식"이란 전파에 의해 신호를 송수신하는 방식의 것을 말한다.
9. "보정식"이란 일정농도 이상의 연기가 일정시간 이상 연속하는 것을 전기적으로 검출하여 작동 감도를 자동적으로 보정하는 방식의 감지기를 말한다.
10. "주소형"이란 감지기의 식별정보가 있어 감지기의 작동 시 설치지점의 감지기 식별신호를 발신하는 것을 말한다.

## 16 [배점 5]

다음은 스프링클러설비의 화재안전기준에 따른 비상전원 설치기준이다. 괄호 안에 들어갈 알맞은 말을 쓰시오.

가. 스프링클러설비를 유효하게 (　　) 이상 작동할 수 있어야 할 것

나. 비상전원을 실내에 설치하는 때에는 그 실내에 (　　　　)을 설치할 것

다. 단시간 과전류에 견디는 내력은 (　　　　　　　)가 최종 기동할 경우에도 견딜 수 있을 것

### 정답

가. 20분

나. 비상조명등

다. 입력용량이 가장 큰 부하

### 핵심이론

비상전원 중 자가발전설비, 축전지설비 또는 전기저장장치는 다음의 기준에 따라 설치하고, 비상전원수전설비는 「소방시설용 비상전원수전설비의 화재안전기술기준(NFTC 602)」에 따라 설치해야 한다.

2.9.3.1 점검에 편리하고 화재 및 침수 등의 재해로 인한 피해를 받을 우려가 없는 곳에 설치할 것

2.9.3.2 스프링클러설비를 유효하게 20분 이상 작동할 수 있어야 할 것

2.9.3.3 상용전원으로부터 전력의 공급이 중단된 때에는 자동으로 비상전원으로부터 전력을 공급받을 수 있도록 할 것

2.9.3.4 비상전원(내연기관의 기동 및 제어용 축전지를 제외한다)의 설치장소는 다른 장소와 방화구획할 것. 이 경우 그 장소에는 비상전원의 공급에 필요한 기구나 설비 외의 것(열병합발전설비에 필요한 기구나 설비는 제외한다)을 두어서는 안 된다.

2.9.3.5 비상전원을 실내에 설치하는 때에는 그 실내에 비상조명등을 설치할 것

2.9.3.6 옥내에 설치하는 비상전원실에는 옥외로 직접 통하는 충분한 용량의 급배기설비를 설치할 것

2.9.3.7 비상전원의 출력용량은 다음 각 기준을 충족할 것

2.9.3.7.1 비상전원설비에 설치되어 동시에 운전될 수 있는 모든 부하의 합계 입력용량을 기준으로 정격출력을 선정할 것. 다만 소방전원 보존형 발전기를 사용할 경우에는 그렇지 않다.

2.9.3.7.2 기동전류가 가장 큰 부하가 기동될 때에도 부하의 허용 최저입력전압 이상의 출력전압을 유지할 것

2.9.3.7.3 단시간 과전류에 견디는 내력은 입력용량이 가장 큰 부하가 최종 기동할 경우에도 견딜 수 있을 것

2.9.3.8 자가발전설비는 부하의 용도와 조건에 따라 다음의 어느 하나를 설치하고 그 부하 용도별 표지를 부착해야 한다. 다만 자가발전설비의 정격출력용량은 하나의 건축물에 있어서 소방부하의 설비용량을 기준으로 하고, 2.9.3.8.2의 경우 비상부하는 국토해양부장관이 정한 「건축전기설비설계기준」의 수용률 범위 중 최댓값 이상을 적용한다.

## 17 [배점 5]

다음은 준비작동식 스프링클러설비의 작동순서이다. 괄호에 들어갈 알맞은 말을 쓰시오.

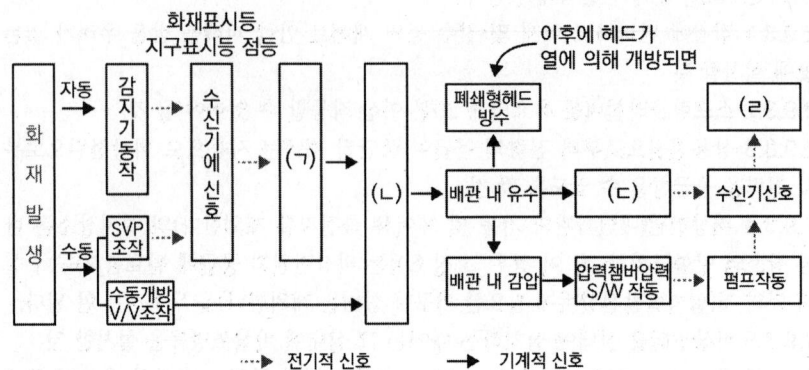

**정답**

(ㄱ) : 솔레노이드밸브 작동

(ㄴ) : 준비작동식 밸브 작동

(ㄷ) : 경보용 압력 S/W 작동

(ㄹ) : 경보발생

## 18 [배점 5]

다음은 자동화재탐지설비 및 시각경보장치의 화재안전기술기준에 따른 중계기 설치기준이다. 괄호 안에 들어갈 알맞은 말을 쓰시오.

> 2.3.1.1 수신기에서 직접 감지기회로의 ( ㉠ )을 하지 않는 것에 있어서는 수신기와 감지기 사이에 설치할 것
> 
> 2.3.1.2 조작 및 점검에 편리하고 화재 및 ( ㉡ ) 등의 재해로 인한 피해를 받을 우려가 없는 장소에 설치할 것
> 
> 2.3.1.3 수신기에 따라 감시되지 않는 배선을 통하여 전력을 공급받는 것에 있어서는 전원입력 측의 배선에 ( ㉢ )를 설치하고 해당 전원의 ( ㉣ )이 즉시 수신기에 표시되는 것으로 하며, 상용전원 및 예비전원의 시험을 할 수 있도록 할 것

**정답**

㉠ 도통시험, ㉡ 침수, ㉢ 과전류차단기, ㉣ 정전

### 핵심이론

**제5조(수신기)** ① 자동화재탐지설비의 수신기는 다음 각 호의 기준에 적합한 것으로 설치하여야 한다.
  1. 해당 특정소방대상물의 경계구역을 각각 표시할 수 있는 회선수 이상의 수신기를 설치할 것
  2. 해당 특정소방대상물에 가스누설탐지설비가 설치된 경우에는 가스누설탐지설비로부터 가스누설신호를 수신하여 가스누설경보를 할 수 있는 수신기를 설치할 것

② 자동화재탐지설비의 수신기는 특정소방대상물 또는 그 부분이 지하층·무창층 등으로서 환기가 잘되지 아니하거나 실내면적이 40제곱미터 미만인 장소, 감지기의 부착면과 실내바닥과의 거리가 2.3미터 이하인 장소로서 일시적으로 발생한 열·연기 또는 먼지 등으로 인하여 감지기가 화재신호를 발신할 우려가 있는 때에는 축적기능 등이 있는 것(축적형 감지기가 설치된 장소에는 감지기회로의 감시전류를 단속적으로 차단시켜 화재를 판단하는 방식 외의 것을 말한다)으로 설치하여야 한다.

③ 수신기는 다음 각 호의 기준에 따라 설치해야 한다.
  1. 수위실 등 상시 사람이 근무하는 장소에 설치할 것
  2. 수신기가 설치된 장소에는 경계구역 일람도를 비치할 것
  3. 수신기의 음향기구는 그 음량 및 음색이 다른 기기의 소음 등과 명확히 구별될 수 있는 것으로 할 것
  4. 수신기는 감지기·중계기 또는 발신기가 작동하는 경계구역을 표시할 수 있는 것으로 할 것
  5. 화재·가스 전기등에 대한 종합방재반을 설치한 경우에는 해당 조작반에 수신기의 작동과 연동하여 감지기·중계기 또는 발신기가 작동하는 경계구역을 표시할 수 있는 것으로 할 것
  6. 하나의 경계구역은 하나의 표시등 또는 하나의 문자로 표시되도록 할 것
  7. 수신기의 조작스위치는 바닥으로부터의 높이가 0.8미터 이상 1.5미터 이하인 장소에 설치할 것
  8. 하나의 특정소방대상물에 둘 이상의 수신기를 설치하는 경우에는 수신기를 상호 간 연동하여 화재발생 상황을 각 수신기마다 확인할 수 있도록 할 것
  9. 화재로 인하여 하나의 층의 지구음향장치 배선이 단락되어도 다른 층의 화재통보에 지장이 없도록 각 층 배선 상에 유효한 조치를 할 것

**제6조(중계기)** 자동화재탐지설비의 중계기는 다음 각 호의 기준에 따라 설치해야 한다.
  1. 수신기에서 직접 감지기회로의 도통시험을 하지 않는 것에 있어서는 수신기와 감지기 사이에 설치할 것
  2. 조작 및 점검에 편리하고 화재 및 침수 등의 재해로 인한 피해를 받을 우려가 없는 장소에 설치할 것
  3. 수신기에 따라 감시되지 않는 배선을 통하여 전력을 공급받는 것에 있어서는 전원입력 측의 배선에 과전류 차단기를 설치하고 해당 전원의 정전이 즉시 수신기에 표시되는 것으로 하며, 상용전원 및 예비전원의 시험을 할 수 있도록 할 것

# 2025년 2회

2025.07.19

## 01
배점 3

KS C 8401에 따른 후강전선관의 규격에 대한 다음 괄호 안에 알맞은 숫자를 쓰시오.

G( ) G( ) G28 G36 G42 G( ) G70 G82 G92 G104

보충▶ 박강전선관의 경우
C19 C25 C31 C39 C51 C63 C75

**정답**

16, 22, 54

## 02
배점 6

A와 B의 입력이 다음과 같을 때 A와 B의 AND와 NAND에 대한 출력을 완성하시오.

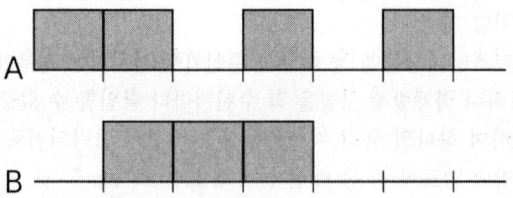

## 정답

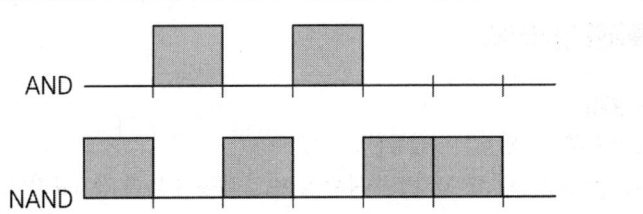

### ★ 핵심이론  논리회로

| 명칭 | 논리식 | 논리회로(무접점회로) | 유접점회로 |
|---|---|---|---|
| AND회로 | $X = A \times B$<br>$X = A \cdot B$ | | |
| OR회로 | $X = A + B$ | | |
| NOT회로 | $X = \overline{A}$ | | |

## 03

다음 물음에 답하시오.

[동작 설명]
1. 전원이 투입되면 GL이 점등한다.
2. PB-on버튼을 누르면 MC가 여자되어 MC-a접점에 의해 자기유지되고 전동기가 동작한다. 이때 RL이 점등하며 MC-b에의해 GL등은 소등된다.
3. PB-off버튼을 누르면 원상복귀한다.
4. THR(열동계전기)가 동작하면 전동기는 멈춘다.

[범례]
MC-a접점 1개, MC-b접점 1개, PB-on 1개를 사용하시오.
접점 기호는 아래와 같이 사용하시오.

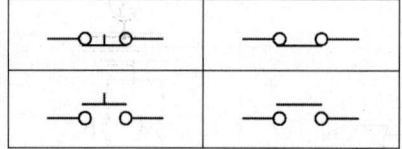

가. 위의 동작 설명에 알맞게 회로를 완성하시오.

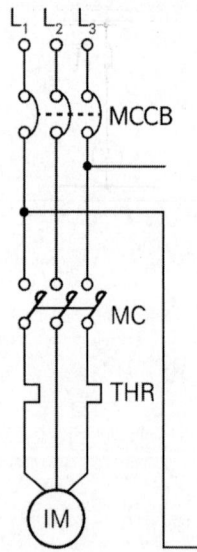

나. 열동계전기가 동작하는 경우를 쓰시오.

다. 열동계전기 복구방법을 쓰시오.

정답

가.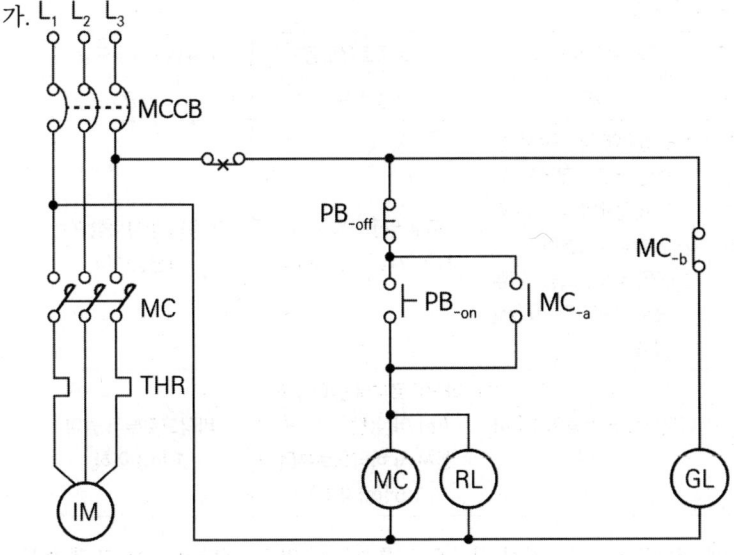

나. 과전류가 흐르는 경우

다. 수동으로 복구할 것

## 04

배점 4

유도등 및 유도표지의 화재안전기술기준에 따른 통로유도등의 종류 2가지를 쓰시오.

①
②

정답

① 복도통로유도등
② 거실통로유도등
③ 계단통로유도등

### 핵심이론 1 유도등

▫ 통로유도등 설치기준

| 구분 | 복도통로유도등 | 거실통로유도등 | 계단통로유도등 |
|---|---|---|---|
| 설치장소 | 복도 | 거실의 통로 | 계단 |
| 설치방법 | ① 출입구에 피난구유도등 있는 복도 : 맞은편 복도에 입체형 또는 바닥<br>② 구부러진 모퉁이<br>③ ①의 통로유도등 기점으로 보행거리 20 [m] 마다 | 구부러진 모퉁이 및 보행거리 20 [m]마다 | 각 층의 경사로참 또는 계단참마다 |
| 설치높이 | 바닥으로부터 높이 1 [m] 이하 | 바닥으로부터 높이 1.5 [m] 이상(단, 기둥에 설치 시 바닥으로부터 1.5 [m] 이하) | 바닥으로부터 높이 1 [m] 이하 |

- 출입구에 피난구유도등 : 직접 지상으로 통하는 출입구·계단실 또는 그 부속실 출입구
- 복도통로유도등 바닥에 설치 시
  ① 지하층/무창층 용도 도소매시장·여객자동차터미널·지하역사 또는 지하상가인 경우 : 복도·통로의 바닥 설치 가능
  ② 바닥에 설치하는 통로유도등은 하중에 따라 파괴되지 아니하는 강도의 것으로 할 것

▫ 유도등의 표시면 색상
- 피난구유도등 : 녹색바탕에 백색문자
- 통로유도등 : 백색바탕에 녹색문자

### 핵심이론 2 유도등 및 유도표지의 화재안전기술기준(NFTC 303)

1.7.1.1 "유도등"이란 화재 시에 피난을 유도하기 위한 등으로서 정상상태에서는 상용전원에 따라 켜지고 상용전원이 정전되는 경우에는 비상전원으로 자동전환되어 켜지는 등을 말한다.

1.7.1.2 "피난구유도등"이란 피난구 또는 피난경로로 사용되는 출입구를 표시하여 피난을 유도하는 등을 말한다.

1.7.1.3 "통로유도등"이란 피난통로를 안내하기 위한 유도등으로 복도통로유도등, 거실통로유도등, 계단통로유도등을 말한다.

1.7.1.4 "복도통로유도등"이란 피난통로가 되는 복도에 설치하는 통로유도등으로서 피난구의 방향을 명시하는 것을 말한다.

1.7.1.5 "거실통로유도등"이란 거주, 집무, 작업, 집회, 오락 그 밖에 이와 유사한 목적을 위하여 계속적으로 사용하는 거실, 주차장 등 개방된 통로에 설치하는 유도등으로 피난의 방향을 명시하는 것을 말한다.

1.7.1.6 "계단통로유도등"이란 피난통로가 되는 계단이나 경사로에 설치하는 통로유도등으로 바닥면 및 디딤 바닥면을 비추는 것을 말한다.

1.7.1.7 "객석유도등"이란 객석의 통로, 바닥 또는 벽에 설치하는 유도등을 말한다.
1.7.1.8 "피난구유도표지"란 피난구 또는 피난경로로 사용되는 출입구를 표시하여 피난을 유도하는 표지를 말한다.
1.7.1.9 "통로유도표지"란 피난통로가 되는 복도, 계단등에 설치하는 것으로서 피난구의 방향을 표시하는 유도표지를 말한다.
1.7.1.10 "피난유도선"이란 햇빛이나 전등불에 따라 축광(이하 "축광방식"이라 한다)하거나 전류에 따라 빛을 발하는(이하 "광원점등방식"이라 한다) 유도체로서 어두운 상태에서 피난을 유도할 수 있도록 띠 형태로 설치되는 피난유도시설을 말한다.
1.7.1.11 "입체형"이란 유도등 표시면을 2면 이상으로 하고 각 면마다 피난유도표시가 있는 것을 말한다.
1.7.1.12 "3선식 배선"이란 평상시에는 유도등을 소등상태로 유도등의 비상전원을 충전하고, 화재 등 비상시 점등신호를 받아 유도등을 자동으로 점등되도록 하는 방식의 배선을 말한다.

## 05

**유도등 및 유도표지의 화재안전기술기준에 관한 내용 중 피난구유도등의 설치장소에 따른 기준 4가지를 쓰시오.**

①
②
③
④

**정답**

① 옥내로부터 직접 지상으로 통하는 출입구 및 그 부속실 출입구
② 직통계단·직통계단의 계단실 및 그 부속실의 출입구
③ 출입구에 이르는 복도 또는 통로로 통하는 출입구
④ 안전구획된 거실로 통하는 출입구

## 06

다음은 누전경보기의 형식승인 및 제품검사의 기술기준에 대한 내용이다. 괄호 안에 들어갈 알맞은 말을 쓰시오.

가. 변류기는 구조에 따라 (　　　　　)으로 구분한다.

나. 누전경보기의 공칭작동전류치(누전경보기를 작동시키기 위하여 필요한 누설전류의 값으로서 제조자에 의하여 표시된 값을 말한다. 이하 같다)는 (　　)이하이어야 한다.

다. 경보기구에 내장하는 음향장치는 사용전압의 (　　)인 전압에서 소리를 내어야 한다.

### 정답

가. 옥외형과 옥내형

나. 200 [mA]

다. 80 [%]

### 핵심이론 | 누전경보기의 형식승인 및 제품검사의 기술기준

제6조(변류기 및 수신부의 종류) ① 변류기는 구조에 따라 옥외형과 옥내형으로 구분하고 수신부와의 상호호환 유무에 따라 호환형 및 비호환형으로 구분한다.

② 수신부는 정격전류가 60 [A] 이하의 경계전로에 한하여 사용하는 것을 2급, 60 [A] 초과의 경계전로에 한하여 사용하는 것을 1급으로 구분하고, 설치장소에 따라 옥내형과 옥내·옥외형으로 구분하며, 변류기와의 호환유무에 따라 호환형 및 비호환형으로 구분한다.

제7조(공칭작동전류치) ① 누전경보기의 공칭작동전류치(누전경보기를 작동시키기 위하여 필요한 누설전류의 값으로서 제조자에 의하여 표시된 값을 말한다. 이하 같다)는 200 [mA] 이하이어야 한다.

② 제1항의 규정은 감도조정장치를 가지고 있는 누전경보기에 있어서도 그 조정범위의 최소치에 대하여 이를 적용한다.

제8조(감도조정장치) 감도조정장치를 갖는 누전경보기에 있어서 감도조정장치의 조정범위는 최대치가 1 [A] 이어야 한다.

## 07

다음은 수신기의 형식승인 및 제품검사의 기술기준에 따른 GP형 수신기의 정의이다. 괄호 안에 들어갈 알맞은 말을 쓰시오.

"GP형 수신기"란 (　　　)의 기능과 (　　　)의 수신부 기능을 겸한 것을 말한다.

### 정답

P형 수신기, 가스누설경보기

### 핵심이론

1. "P형 수신기"란 감지기 또는 발신기로부터 발하여지는 신호를 직접 또는 중계기를 통하여 공통신호로서 수신하여 화재의 발생을 당해 소방대상물의 관계자에게 경보하여주는 것을 말한다. 〈개정 2017.12.6.〉
2. "R형 수신기"란 감지기 또는 발신기로부터 발하여지는 신호를 직접 또는 중계기를 통하여 고유신호로서 수신하여 화재의 발생을 당해 소방대상물의 관계자에게 경보하여주는 것을 말한다. 〈개정 2017.12.6.〉
3. 〈삭제 2016.1.11.〉
4. "GP형 수신기"란 P형 수신기의 기능과 가스누설경보기의 수신부 기능을 겸한 것을 말한다. 다만 가스누설경보기의 수신부의 기능 중 가스농도 감시장치는 설치하지 않을 수 있다.
5. "GR형 수신기"란 R형 수신기의 기능과 가스누설경보기의 수신부 기능을 겸한 것을 말한다. 다만 가스누설경보기의 수신부의 기능 중 가스농도 감시장치는 설치하지 않을 수 있다.
6. "방폭형"이란 폭발성 가스가 용기 내부에서 폭발하였을때 용기가 그 압력에 견디거나 또는 외부의 폭발성 가스에 인화될 우려가 없도록 만들어진 형태의 제품을 말한다.
7. "방수형"이란 그 구조가 방수구조로 되어 있는 것을 말한다.
8. "P형 복합식 수신기"란 감지기 또는 발신기로부터 발하여지는 신호를 직접 또는 중계기를 통하여 공통신호로서 수신하여 화재의 발생을 해당 소방대상물의 관계자에게 경보하여 주고 자동 또는 수동으로 옥내·외소화전설비, 스프링글러설비, 물분무소화설비, 포소화설비, 이산화탄소소화설비, 할로겐화물소화설비, 분말소화설비, 배연설비 등의 가압송수장치 또는 기동장치 등을 제어하는(이하 "제어기능"이라 한다) 것을 말한다. 〈개정 2017.12.6.〉
9. "R형 복합식 수신기"란 감지기 또는 발신기로부터 발하여지는 신호를 직접 또는 중계기를 통하여 고유신호로서 수신하여 화재의 발생을 해당 소방대상물의 관계자에게 경보하여 주고 제어기능을 수행하는 것을 말한다. 〈개정 2017.12.6.〉
10. "GP형 복합식 수신기"란 P형 복합식 수신기와 가스누설경보기의 수신부 기능을 겸한 것을 말한다.
11. "GR형 복합식 수신기"란 R형 복합식 수신기와 가스누설경보기의 수신부 기능을 겸한 것을 말한다.

## 08

다음은 수신기의 형식승인 및 제품검사의 기술기준에 따른 내용이다. 괄호 안에 들어갈 알맞은 말을 쓰시오.

[절연저항시험]
① 수신기의 절연된 충전부와 외함간의 절연저항은 직류 500 [V]의 절연저항계로 측정한 값이 ( ㉠ )(교류입력 측과 외함 간에는 20 [MΩ]) 이상이어야 한다.
② 절연된 선로 간의 절연저항은 직류 500 [V]의 절연저항계로 측정한 값이 20 [MΩ] 이상이어야 한다.

[절연내력시험]
시험부위의 절연내력은 60 [Hz]의 정현파에 가까운 실효전압 500 [V](정격전압이 60 [V]를 넘고 150 [V] 이하인 것은 ( ㉡ ), 정격전압이 150 [V]를 넘는 것은 그 정격전압에 2를 곱하여 1천을 더한 값)의 교류전압을 가하는 시험에서 ( ㉢ )간 견디는 것이어야 한다.

**정답**

㉠ 5 [MΩ], ㉡ 1000 [V], ㉢ 1분

## 09

자동화재탐지설비 및 시각경보장치의 화재안전기술기준에 따른 "경계구역" 정의를 쓰시오.

**정답**

특정소방대상물 중 화재신호를 발신하고 그 신호를 수신 및 유효하게 제어할 수 있는 구역을 말한다.

### 핵심이론

1.7.1.1 "경계구역"이란 특정소방대상물 중 화재신호를 발신하고 그 신호를 수신 및 유효하게 제어할 수 있는 구역을 말한다.

1.7.1.2 "수신기"란 감지기나 발신기에서 발하는 화재신호를 직접 수신하거나 중계기를 통하여 수신하여 화재의 발생을 표시 및 경보하여주는 장치를 말한다.

1.7.1.3 "중계기"란 감지기·발신기 또는 전기적인 접점 등의 작동에 따른 신호를 받아 이를 수신기에 전송하는 장치를 말한다.

1.7.1.4 "감지기"란 화재 시 발생하는 열, 연기, 불꽃 또는 연소생성물을 자동적으로 감지하여 수신기에 화재신호 등을 발신하는 장치를 말한다.

1.7.1.5 "발신기"란 수동누름버턴 등의 작동으로 화재신호를 수신기에 발신하는 장치를 말한다.

1.7.1.6 "시각경보장치"란 자동화재탐지설비에서 발하는 화재신호를 시각경보기에 전달하여 청각장애인에게 점멸형태의 시각경보를 하는 것을 말한다.

1.7.1.7 "거실"이란 거주·집무·작업·집회·오락 그 밖에 이와 유사한 목적을 위하여 사용하는 실을 말한다.

1.7.2 "신호처리방식"은 화재신호 및 상태신호 등(이하 "화재신호 등"이라 한다)을 송수신하는 방식으로서 다음의 방식을 말한다.

1.7.2.1 "유선식"은 화재신호 등을 배선으로 송·수신하는 방식

1.7.2.2 "무선식"은 화재신호 등을 전파에 의해 송·수신하는 방식

1.7.2.3 "유·무선식"은 유선식과 무선식을 겸용으로 사용하는 방식

## 10

득점 | 배점 5

P형 수신기와 감지기가 연결된 선로에서 선로저항이 50 [Ω]이고, 릴레이저항이 1000 [Ω], 회로전압이 DC 24 [V]이며, 감시전류가 2 [mA]인 경우 종단저항 [Ω]을 구하고, 감지기가 작동할 때 흐르는 전류는 몇 [mA]인지 구하시오.

가. 종단저항 [Ω]

나. 감지기가 작동할 때 흐르는 전류

### 정답

가. 종단저항 [Ω]

$$I_{감시} = \frac{회로전압}{종단저항 + 릴레이저항 + 배선저항}$$

$$2 \times 10^{-3} = \frac{24}{50 + 1000 + 종단저항}$$

solve기능을 사용하면 종단저항 : 10950[Ω]이다.

답 | 10950 [Ω]

나. 감지기가 작동할 때 흐르는 전류

$$I_{동작} = \frac{회로전압}{릴레이저항 + 배선저항} = \frac{24}{50+1000} = 0.02286[A] = 22.86[mA]$$

답 | 22.86 [mA]

#### 핵심이론 감시전류 및 동작전류공식

- $I_{감시} = \dfrac{회로전압}{종단저항 + 릴레이저항 + 배선저항}$ [A]

- $I_{동작} = \dfrac{회로전압}{릴레이저항 + 배선저항}$ [A]

해당 식을 사용하면 [A]단위로 계산값이 나오기 때문에 문제에서 원하는 단위인 [mA]로 환산시켜줄 것

## 11   배점 6

**소방관계법에 따른 감지기에 대한 다음 각 질문에 답하시오.**

가. 자동화재탐지설비 및 시각경보장치의 화재안전기술기준에 따라 감지기 부착높이가 20 [m] 이상인 경우 설치가능한 감지기 종류 2가지를 쓰시오.

나. 할론소화설비의 화재안전성능기준에 따라 할론소화설비의 자동식 기동장치는 각 방호구역 내 화재감지기의 감지에 따라 작동되도록 하고, 화재감지기의 회로는 (          )방식으로 설치해야 한다.

다. 자동화재탐지설비 및 시각경보장치의 화재안전기술기준에 따라 계단 및 경사로에 있어서는 연기감지기 3종을 설치 시 (        )마다 1개 이상으로 할 것

### 정답

가. 불꽃감지기, 광전식(분리형, 공기흡입형) 중 아날로그방식

나. 교차회로

다. 10 [m]

✓ 해설

| 부착높이 | 감지기의 종류 |
|---|---|
| 4 [m] 미만 | 차동식(스포트형, 분포형), 보상식 스포트형<br>정온식(스포트형, 감지선형)<br>이온화식 또는 광전식(스포트형, 분리형, 공기흡입형)<br>열복합형, 연기복합형, 열연기복합형, 불꽃감지기 |
| 4 [m] 이상<br>8 [m] 미만 | 차동식(스포트형, 분포형), 보상식 스포트형<br>정온식(스포트형, 감지선형) 특종 또는 1종, 이온화식 1종 또는 2종 또는<br>광전식(스포트형, 분리형, 공기흡입형) 1종 또는 2종<br>열복합형, 연기복합형, 열연기복합형, 불꽃감지기 |
| 8 [m] 이상<br>15 [m] 미만 | **차**동식 **분**포형<br>**이**온화식 **1종 또는 2종**<br>**광**전식(스포트형, 분리형, 공기흡입형) **1종 또는 2종**<br>**연**기복합형, 불꽃감지기 |
| 15 [m] 이상<br>20 [m] 미만 | **이**온화식 1종<br>**광**전식(스포트형, 분리형, 공기흡입형) 1종<br>**연**기복합형, 불꽃감지기 |
| 20 [m] 이상 | 불꽃감지기<br>광전식(분리형, 공기흡입형) 중 아날로그방식 |

암기 ▶ 차분한 이광연 12세

암기 ▶ 이광연 1

[비고]
1) 감지기별 부착높이 등에 대하여 별도로 형식승인 받은 경우에는 그 성능 인정범위 내에서 사용할 수 있다.
2) 부착높이 20 [m] 이상에 설치되는 광전식 중 아날로그방식의 감지기는 공칭감지농도 하한값이 감광률 5 [%/m] 미만인 것으로 한다.

### 핵심이론 연기감지기 설치기준

- 복도·통로 : 보행거리 30 [m] (3종 20 [m])마다
- 계단·경사로 : 수직거리 15 [m] (3종 10 [m])마다
- 천장 또는 반자 낮은 실내 또는 좁은 실내에 있어서는 출입구 가까운 부분에 설치
- 천장 또는 반자 부근에 배기구 있는 경우 그 부근에 설치
- 벽 또는 보로부터 0.6 [m] 이상 떨어진 곳에 설치

## 12

비상콘센트설비에는 자가발전설비, 비상전원수전설비, 축전지설비 또는 전기저장장치(외부 전기에너지를 저장해두었다가 필요한 때 전기를 공급하는 장치를 말한다)를 비상전원으로 설치한다. 이때, 비상전원을 설치하지 않을 수 있는 경우 2가지를 쓰시오.

① 
② 

### 정답

① 2 이상의 변전소에서 전력을 동시에 공급받을 수 있을 때
② 하나의 변전소로부터 전력의 공급이 중단되는 때에는 자동으로 다른 변전소로부터 전력을 공급받을 수 있도록 상용전원을 설치한 경우

### 핵심이론 비상콘센트설비의 화재안전기술기준(NFTC 504)

2.1 전원 및 콘센트 등
2.1.1 비상콘센트설비에는 다음의 기준에 따른 전원을 설치해야 한다.
2.1.1.1 상용전원회로의 배선은 저압수전인 경우에는 인입개폐기의 직후에서, 고압수전 또는 특고압수전인 경우에는 전력용 변압기 2차 측의 주차단기 1차 측 또는 2차 측에서 분기하여 전용배선으로 할 것
2.1.1.2 지하층을 제외한 층수가 7층 이상으로서 연면적이 2,000 [m²] 이상이거나 지하층의 바닥면적의 합계가 3,000 [m²] 이상인 특정소방대상물의 비상콘센트설비에는 자가발전설비, 비상전원수전설비, 축전지설비 또는 전기저장장치(외부 전기에너지를 저장해두었다가 필요한 때 전기를 공급하는 장치를 말한다)를 비상전원으로 설치할 것. 다만 2 이상의 변전소에서 전력을 동시에 공급받을 수 있거나 하나의 변전소로부터 전력의 공급이 중단되는 때에는 자동으로 다른 변전소로부터 전력을 공급받을 수 있도록 상용전원을 설치한 경우에는 비상전원을 설치하지 않을 수 있다.
2.1.1.3 2.1.1.2에 따른 비상전원 중 자가발전설비, 축전지설비 또는 전기저장장치는 다음 기준에 따라 설치하고, 비상전원수전설비는 「소방시설용 비상전원수전설비의 화재안전기술기준(NFTC 602)」에 따라 설치할 것
2.1.1.3.1 점검에 편리하고 화재 및 침수 등의 재해로 인한 피해를 받을 우려가 없는 곳에 설치할 것
2.1.1.3.2 비상콘센트설비를 유효하게 20분 이상 작동시킬 수 있는 용량으로 할 것
2.1.1.3.3 상용전원으로부터 전력의 공급이 중단된 때에는 자동으로 비상전원으로부터 전력을 공급받을 수 있도록 할 것
2.1.1.3.4 비상전원의 설치장소는 다른 장소와 방화구획할 것. 이 경우 그 장소에는 비상전원의 공급에 필요한 기구나 설비 외의 것(열병합발전설비에 필요한 기구나 설비는 제외한다)을 두어서는 안 된다.
2.1.1.3.5 비상전원을 실내에 설치하는 때에는 그 실내에 비상조명등을 설치할 것

## 13

제어반으로부터 전선관 거리가 100 [m] 떨어진 위치에 솔레노이드밸브가 있다. 제어반 출력단자에서의 전압강하는 없다고 가정했을 때 솔레노이드밸브의 단자전압 [V]을 구하시오. (단, 제어회로전압은 26 [V]이며, 정격전류는 2.0 [A]이고, 배선의 [km]당 전기저항의 값은 상온에서 8.8 [Ω]이라고 한다)

○ 계산과정:              ○ 답:

### 정답

☑ 계산과정

전압강하 e = 2IR = 2 × 2 × 0.88
$V_r = V_s - e = 26 - (2 \times 2 \times 0.88) = 22.48 [V]$

1 [km]당 8.8 [Ω]이므로, 100 [m]일 때는 0.88 [Ω]이다.

답 | 22.48 [V]

> 저항값이 주어졌으므로 전압강하 e = 2IR 공식을 사용한다.
> 저항값이 주어지지 않았을 때의 전압강하는 $e = \dfrac{35.6 LI}{1000 A}$ 공식을 사용한다.

### 핵심이론 전압강하

- 단상 2선식 $e = V_s - V_r = 2IR$ [V]
- 3상 3선식 $e = V_s - V_r = \sqrt{3} IR$ [V]

$e$ : 전압강하 [V], $V_s$ : 정격전압 [V], $V_r$ : 단자전압 [V]

## 14

수신기로부터 150 [m] 떨어진 위치에 경종이 있다. 5개의 경종이 동작할 때 전압강하를 구하시오. (단, 단상 2선식이며 경종 1개의 정격전류는 50 [mA], 전선의 규격은 1.5 [mm²]이다)

### 정답

$e = \dfrac{35.6 LI}{1000 A} = \dfrac{35.6 \times 150 \times 50 \times 10^{-3}}{1000 \times 1.5} \times 5 = 0.89 [V]$

경종이 5개이므로 마지막에 5를 반드시 곱할 것!

답 | 0.89 [V]

## 15
| 득점 | 배점 6 |

축전지의 방전전류가 1.3 [A], 보수율 0.8, 용량환산시간이 0.7일 때 축전지용량을 구하시오.

**정답**

$$C = \frac{1}{L}KI = \frac{1}{0.8} \times 0.7 \times 1.3 = 1.14 [Ah]$$

답 | 1.14 [Ah]

### 핵심이론 축전지설비

□ 축전지용량 구하는 식

$$C = \frac{1}{L}KI \,[Ah]$$

C : 축전지용량 [Ah], L : 보수율(용량저하율)
K : 용량환산시간 [h], I : 방전전류 [A]

□ 충전방식

| 구분 | 특징 |
|---|---|
| 보통충전방식 | 필요할 때마다 표준시간율로 충전하는 방식 |
| 급속충전방식 | 단시간에 보통 충전전류의 2 ~ 3배의 전류로 충전하는 방식 |
| 세류충전방식 | 축전지의 방전을 보충하기 위해 부하를 OFF한 상태에서 미소전류로 항상 충전하는 방식 |
| 균등충전방식 | 각 축전지의 전위차를 보정하기 위해 1 ~ 3개월마다 1회 충전하는 방식 |
| 부동충전방식 | • 축전지의 자기방전을 보충함과 동시에 상용부하에 대한 전력공급은 충전기가 부담하도록 하되 충전기가 부담하기 어려운 일시적인 대전류 부하는 축전지로 부담하는 방식<br>• 축전지와 부하를 충전기에 병렬로 접속하여 사용하는 방식<br>• 예비전원설비 중 가장 많이 사용되는 방식<br><br>교류입력 — 정류기 — 축전지 ∥ 부하 |
| 회복충전방식 | 축전지의 과방전, 가벼운 설페이션현상 또는 방치상태 등에서 기능회복을 위해 실시하는 방식 |

[보충] 설페이션현상 : 배터리를 방전상태로 방치해두면 극판 표면에 유백색의 결정이 생긴다. 이 결정은 부도체의 황산납이며, 이와 같은 현상을 설페이션현상이라고 한다.

□ 연축전지의 고장과 불량현상의 추정원인

| 고장 | 불량현상 | 추정원인 |
|---|---|---|
| 초기고장 | 전셀의 전압불균형이 크고, 비중이 낮다. | 사용 개시 시의 충전 부족 |
| | 단전지전압의 비중저하, 전압계 역접 | 역접속(극성을 반대로 충전) |
| 우발고장 | 전해액변색, 충전하지 않고 정치 중에도 다량으로 가스발생 | 불순물이 혼입되었을 때 |
| | 전해액의 감소가 빠르다. | 실온이 높다. |

□ 2차 충전전류 구하는 식

$$2차 충전전류 [A] = \frac{축전지\ 정격용량\ [Ah]}{축전지\ 공칭용량\ [h]} + \frac{상시부하\ [VA]}{표준전압\ [V]}$$

## 16

득점 [ ] 배점 6

무선통신보조설비의 화재안전기술기준(NFTC 505)에 따른 다음 각 괄호 안에 들어갈 알맞은 말을 쓰시오.

가. 누설동축케이블 및 동축케이블은 화재에 따라 해당 케이블의 피복이 소실된 경우에 케이블 본체가 떨어지지 않도록 (    ) 이내마다 금속제 또는 자기제 등의 지지금구로 벽·천장·기둥 등에 견고하게 고정할 것

나. 누설동축케이블의 끝부분에는 (         )을 견고하게 설치할 것

다. 누설동축케이블 및 동축케이블의 임피던스는 (    )으로 하고, 이에 접속하는 안테나·분배기 기타의 장치는 해당 임피던스에 적합한 것으로 해야 한다.

라. (        )란 안테나를 통하여 수신된 무전기신호를 증폭한 후 음영지역에 재방사하여 무전기 상호 간 송수신이 가능하도록 하는 장치를 말한다.

### 정답

가. 4 [m]
나. 무반사 종단저항
다. 50 [Ω]
라. 무선중계기

## 핵심이론 무선통신보조설비 설치기준

▫ **누설동축케이블의 정의**
- 동축케이블의 외부도체에 가느다란 홈을 만들어서 전파가 외부로 새어나갈 수 있도록 한 케이블

▫ **누설동축케이블의 설치기준**
- 소방전용주파수대에서 전파의 전송 또는 복사에 적합한 것으로서 소방전용의 것으로 할 것. 다만 소방대 상호 간의 무선 연락에 지장이 없는 경우에는 다른 용도와 겸용할 수 있다.
- 누설동축케이블과 이에 접속하는 안테나 또는 동축케이블과 이에 접속하는 안테나로 구성할 것
- 누설동축케이블 및 동축케이블은 불연 또는 난연성의 것으로서 습기 등의 환경조건에 따라 전기의 특성이 변질되지 않는 것으로 하고, 노출하여 설치한 경우에는 피난 및 통행에 장애가 없도록 할 것
- 누설동축케이블 및 동축케이블은 화재에 따라 해당 케이블의 피복이 소실된 경우에 케이블 본체가 떨어지지 않도록 4 [m] 이내마다 금속제 또는 자기제 등의 지지금구로 벽·천장·기둥 등에 견고하게 고정시킬 것. 다만 불연재료로 구획된 반자 안에 설치하는 경우에는 그렇지 않다.
- 누설동축케이블 및 안테나는 금속판 등에 따라 전파의 복사 또는 특성이 현저하게 저하되지 않는 위치에 설치할 것
- 누설동축케이블 및 안테나는 고압의 전로로부터 1.5 [m] 이상 떨어진 위치에 설치할 것. 다만 해당 전로에 정전기 차폐장치를 유효하게 설치한 경우에는 그렇지 않다.
- 누설동축케이블의 끝부분에는 무반사 종단저항을 견고하게 설치할 것

▫ **증폭기 등**
- 전원은 전기가 정상적으로 공급되는 축전지, 전기저장장치 또는 교류전압 옥내간선으로 하고, 전원까지의 배선은 전용으로 할 것
- 증폭기의 전면에는 주회로의 전원이 정상인지의 여부를 표시할 수 있는 표시등 및 전압계를 설치할 것
- 증폭기에는 비상전원이 부착된 것으로 하고 해당 비상전원 용량은 무선통신보조설비를 유효하게 30분 이상 작동시킬 수 있는 것으로 할 것
- 증폭기 및 무선중계기를 설치하는 경우에는 「전파법」 제58조의2에 따른 적합성 평가를 받은 제품으로 설치하고 임의로 변경하지 않도록 할 것
- 디지털방식의 무전기를 사용하는 데 지장이 없도록 설치할 것

---

**중요** ▶ 무반사 종단저항 : 누설동축케이블의 종단부에 전송된 전파는 케이블종단에서 반사되어 교신 방해, 송신효율이 저하되며, 반사파방지를 위해 누설동축케이블의 말단에 설치하는 저항

## 17 | 배점 7

**비상방송설비의 화재안전기술기준(NFTC 202)에 따른 다음 각 물음에 답하시오.**

가. 확성기는 몇 개의 층마다 설치하는가?

나. 음량조정기를 설치하는 경우 음량조정기의 배선은 몇선식인가?

다. 조작부의 조작스위치는 바닥으로부터 (    ) 이상 (    ) 이하의 높이에 설치할 것

라. 지하 5층, 지상 15층인 특정소방대상물에서 다음의 층에 화재가 발생한 경우 경보가 울리는 층을 쓰시오. (단, 공동주택이 아닌 특정소방대상물이다)

　(1) 1층

　(2) 지하 5층

　(3) 5층

### 정답

가. 1개의 층

> "확성기는 각 층마다 설치하되, 그 층의 각 부분으로부터 하나의 확성기까지의 수평거리가 25 [m] 이하가 되도록 하고, 해당 층의 각 부분에 유효하게 경보를 발할 수 있도록 설치할 것"

나. 3선식

다. 0.8 [m], 1.5 [m]

라. (1) 1층 : 1층, 2층, 3층, 4층, 5층, 지하 1층, 지하 2층, 지하 3층, 지하 4층, 지하 5층

　(2) 지하 5층 : 지하 1층, 지하 2층, 지하 3층, 지하 4층, 지하 5층

　(3) 5층 : 5층, 6층, 7층, 8층, 9층

### 핵심이론 | 비상방송설비의 화재안전기술기준(NFTC 202)

**2.1 음향장치**

2.1.1 비상방송설비는 다음의 기준에 따라 설치해야 한다. 이 경우 엘리베이터 내부에는 별도의 음향장치를 설치할 수 있다.

2.1.1.1 확성기의 음성입력은 3 [W](실내에 설치하는 것에 있어서는 1 [W]) 이상일 것

2.1.1.2 확성기는 각 층마다 설치하되, 그 층의 각 부분으로부터 하나의 확성기까지의 수평거리가 25 [m] 이하가 되도록 하고, 해당 층의 각 부분에 유효하게 경보를 발할 수 있도록 설치할 것

2.1.1.3 음량조정기를 설치하는 경우 음량조정기의 배선은 3선식으로 할 것

2.1.1.4 조작부의 조작스위치는 바닥으로부터 0.8 [m] 이상 1.5 [m] 이하의 높이에 설치할 것

2.1.1.5 조작부는 기동장치의 작동과 연동하여 해당 기동장치가 작동한 층 또는 구역을 표시할 수 있는 것으로 할 것
2.1.1.6 증폭기 및 조작부는 수위실 등 상시 사람이 근무하는 장소로서 점검이 편리하고 방화상 유효한 곳에 설치할 것
2.1.1.7 층수가 11층(공동주택의 경우에는 16층) 이상의 특정소방대상물은 다음의 기준에 따라 경보를 발할 수 있도록 해야 한다.
2.1.1.7.1 2층 이상의 층에서 발화한 때에는 발화층 및 그 직상 4개 층에 경보를 발할 것
2.1.1.7.2 1층에서 발화한 때에는 발화층·그 직상 4개 층 및 지하층에 경보를 발할 것
2.1.1.7.3 지하층에서 발화한 때에는 발화층·그 직상층 및 기타의 지하층에 경보를 발할 것
2.1.1.8 다른 방송설비와 공용하는 것에 있어서는 화재 시 비상경보 외의 방송을 차단할 수 있는 구조로 할 것
2.1.1.9 다른 전기회로에 따라 유도장애가 생기지 않도록 할 것
2.1.1.10 하나의 특정소방대상물에 2 이상의 조작부가 설치되어 있는 때에는 각각의 조작부가 있는 장소 상호 간에 동시 통화가 가능한 설비를 설치하고, 어느 조작부에서도 해당 특정소방대상물의 전 구역에 방송을 할 수 있도록 할 것
2.1.1.11 기동장치에 따른 화재신호를 수신한 후 필요한 음량으로 화재발생상황 및 피난에 유효한 방송이 자동으로 개시될 때까지의 소요시간은 10초 이내로 할 것
2.1.1.12 음향장치는 다음의 기준에 따른 구조 및 성능의 것으로 해야 한다.
2.1.1.12.1 정격전압의 80 [%] 전압에서 음향을 발할 수 있는 것을 할 것
2.1.1.12.2 자동화재탐지설비의 작동과 연동하여 작동할 수 있는 것으로 할 것

## 18

| 득점 | 배점 10 |

모터컨트롤센터(M.C.C)에서 소화전 펌프모터에 전기를 공급하는 전동기설비이다. 주어진 조건을 이용하여 다음 각 물음에 답하시오.

> **조건**
> (1) 2.41 [m³/min]의 물을 높이 40 [m]인 물탱크에 양수한다.
> (2) 펌프와 전동기의 합성역률은 70 [%]이다.
> (3) 전동기의 전부하효율은 60 [%]이다.
> (4) 펌프의 동력은 10 [%]의 여유를 둔다고 한다.

가. 필요한 전동기의 용량은 몇 [kW]인가?

나. 일반적으로 적용하는 이 전동기의 기동방식 및 모터컨트롤센터와 전동기 사이의 동력선 가닥 수는?

다. 전동기에 흐르는 전부하전류는 몇 [A]인가? (단, 전동기는 3상 380 [V]의 전압을 사용한다)

라. 전동기의 역률을 개선할 때 쓰이는 기기는 무엇이며, 전동기의 역률을 90 [%]로 개선하고자 할 때 이 기기의 용량은 몇 [kVA]가 적당한가?

마. 3상 농형 유도전동기를 기동시키기 위한 기동법 2가지를 쓰시오. (Y-△ 기동방식은 제외한다)

> **정답**

가. $P = \dfrac{9.8\,K \times Q[m^3/min] \times H}{\eta \times 60} = \dfrac{9.8 \times 1.1 \times 40 \times 2.41}{0.6 \times 60} = 28.746 \fallingdotseq 28.75$ [kW]

답 | 28.75 [kW]

나. 1) 기동방식 : Y-△ 기동방식
   2) 가닥 수 : 6가닥

다. $I = \dfrac{P}{\sqrt{3} \times V \times \cos\theta} = \dfrac{28.75 \times 10^3}{\sqrt{3} \times 380 \times 0.7} = 62.65$

답 | 62.65 [A]

라. 역률개선용 콘덴서, 진상콘덴서

$Q_c = P\left(\dfrac{\sqrt{1-\cos\theta_1^2}}{\cos\theta_1} - \dfrac{\sqrt{1-\cos\theta_2^2}}{\cos\theta_2}\right)$

$= 28.75\left(\dfrac{\sqrt{1-0.7^2}}{0.7} - \dfrac{\sqrt{1-0.9^2}}{0.9}\right) = 15.406$

$\fallingdotseq 15.41$ [kVA]

답 | 15.41 [kVA]

마. 리액터 기동법, 기동보상기법

✅ 해설
- 유도전동기용량이 15 [kW] 이상이므로 이론상 기동보상법
- 실무에서는 전동기용량이 5 [kW] 이상이 되면 Y - △ 기동방식 주로 사용
- 기동방식 종류

| 기동방식 | | 용량 |
|---|---|---|
| 전전압기동 | 직입 기동 | 5 [kW] 이하 |
| 감전압기동 | Y - △ 기동 | 5 ~ 15 [kW] |
| | 기동 보상기 | 15 [kW] 이상 |
| | 리액터 기동 | |

| 기동방식 | | 용량 | 내용 |
|---|---|---|---|
| **전**전압 기동 | 직입 기동법 | 5 [kW] 이하 | 전동기에 별도의 기동 장치를 사용하지 않고 직접 정격전압을 인가하는 방식(5 [kW] 이하 소용량) |
| 감전압 기동 | **Y** - △ 기동법 | 5 ~ 15 [kW] | 기동 시 고정자 권선을 Y로 접속하여 기동하고 △로 변경하여 운전하는 방식 |
| | **리**액터 기동법 | 15 [kW] 이상 | 전동기의 1차 측에 직렬로 리액터를 설치하여 그 리액턴스의 값을 조정하여 전동기에 인가되는 전압을 제어하는 방식 |
| | **기**동보상기법 | | 3상 단권변압기를 이용하여 기동전류를 감소시키는 방식 |
| | **콘**도르파법 | | 기동 보상기법과 리액터 기동방식을 혼합한 방식 |

> 암기 ▶ 전Y리기콘

# 2025년 3회

2025.11.02

## 01

유도전동기를 현장 및 관리실 양측 모두에서 기동 및 정지가 가능하도록 점선 안에 회로도를 그리시오. (단, 푸시버튼스위치 기동용 2개($PB_1$, $PB_2$), 정지용 2개($PB_3$, $PB_4$), 자기유지용 전자접촉기 a접점 1개($MC_{-a}$) 등을 사용한다)

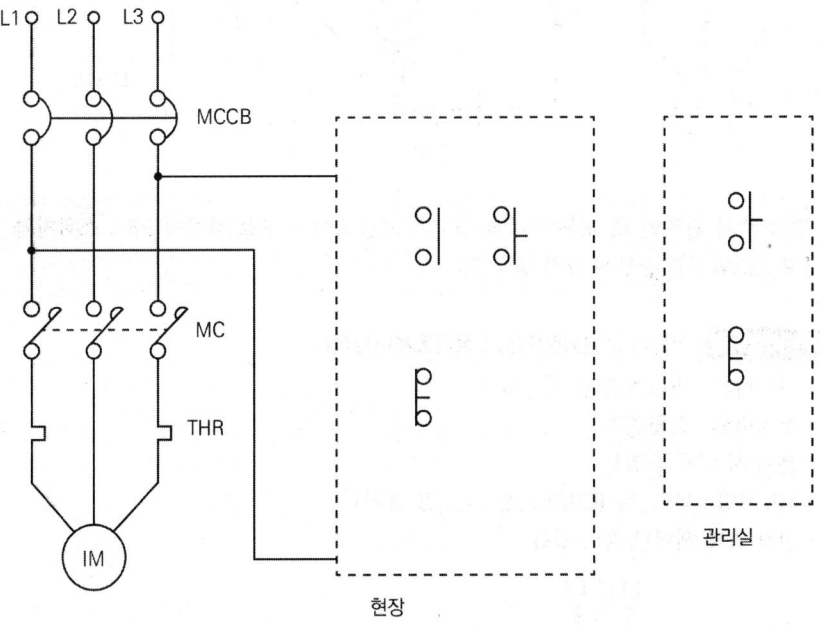

> **정답**

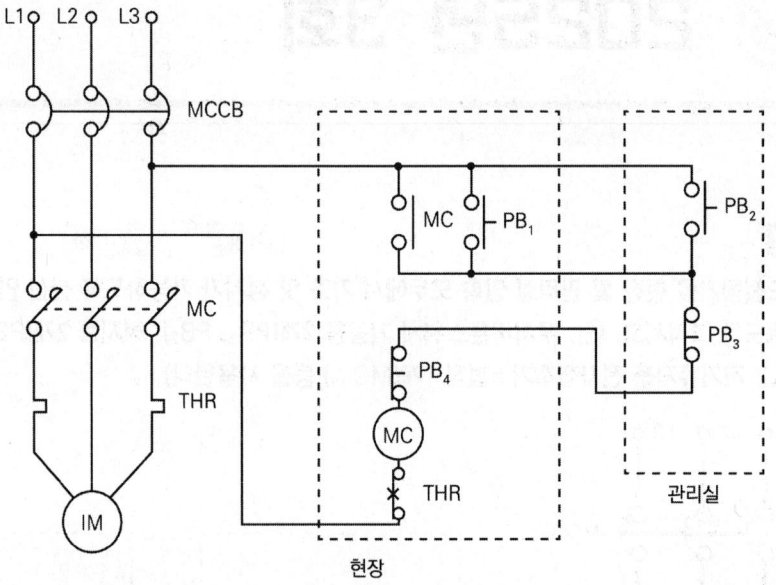

현장 측과 관리실 측 모두 기동과 정지가 가능해야 하므로 각각에 $PB_{-on}$스위치와 $PB_{-off}$스위치를 반드시 그려 넣을 것!

### 핵심이론 | 전동기 운전회로(원방조작기동제어방식)

- 기동버튼 : 병렬연결 및 자기유지
- 정지버튼 : 직렬연결
- 분기 시 : "•"를 찍음
- MS 코일 : $MS_{-a}$로 표기(R 코일 : $R_{-a}$로 표기)
- 현장 측과 제어반 측이 있음

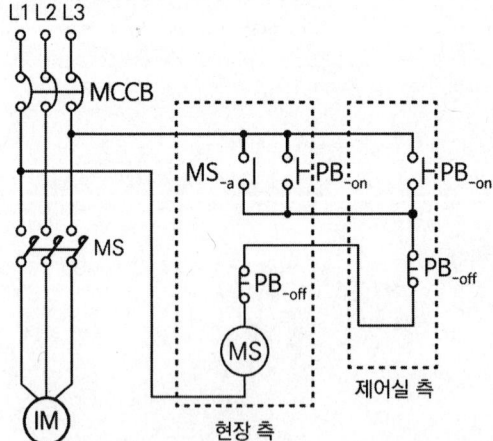

## 02

배점 3

비상콘센트설비의 화재안전기술기준에 따른 전원 및 콘센트 등에 관한 사항이다. 알맞은 말을 쓰시오.

가. 비상콘센트설비의 전원회로는 단상교류 ( ① ) [V]인 것으로서, 그 공급용량은 ( ② ) [kVA] 이상인 것으로 할 것

나. 하나의 전용회로에 설치하는 비상콘센트는 (   )개 이하로 할 것

### 정답

가. ① 1.5 ② 1.5

나. 10

### 핵심이론 비상콘센트설비의 화재안전성능기준(NFPC 504)

□ 비상콘센트설비의 전원회로 설치기준
- 전원회로
  ① 각 층에 2 이상 설치, 비상콘센트 1개만 설치 시 전원회로 1개만 설치 가능
  ② 단상교류 220 [V] , 공급용량 1.5 [kVA] 이상
- 전원회로 주배전반에서 전용회로로 할 것
- 하나 전용회로 설치 비상콘센트는 10개 이하(전선의 용량은 최대 3개)
- 전원으로부터 각 층의 비상콘센트에 분기되는 경우에는 분기배선용 차단기를 보호함 안에 설치
- 콘센트마다 배선용 차단기를 설치하여야 하며, 충전부가 노출되지 아니하도록 할 것
- 개폐기 "비상콘센트"라고 표시한 표지를 할 것
- 비상콘센트용의 풀박스 등은 방청도장을 한 것으로서, 두께 1.6 [mm] 이상의 철판으로 할 것

□ 비상콘센트설비의 전원회로 기타기준
- 비상콘센트 플러그접속기는 접지형 2극 플러그접속기를 사용해야 함
- 비상콘센트 플러그접속기의 칼받이의 접지극에는 접지공사를 해야 함

□ 비상전원 설치대상 및 종류
① 설치대상
  ㄱ. 지하층을 제외한 층수가 7층 이상으로서 연면적이 2000 [m²] 이상
  ㄴ. 지하층의 바닥면적의 합계가 3000 [m²] 이상인 특정소방대상물
② 비상전원 종류
  ㄱ. 자가발전설비, 비상전원수전설비, 전기저장장치, 축전지설비
  ㄴ. 둘 이상의 변전소에서 전력을 동시에 공급받을 수 있거나, 하나의 변전소로부터 전력의 공급이 중단되는 때에는 자동으로 다른 변전소로부터 전력을 공급받을 수 있도록 상용전원을 설치한 경우에는 비상전원을 설치하지 아니할 수 있음

## 03

배점 6

다음 그림을 보고 각 배선기호의 명칭을 쓰시오.

가. — · — · — ·

나. — — — —

다. — — — — —

### 정답

가. 천장 속 은폐배선

나. 바닥 은폐배선

다. 노출배선

### 핵심이론 | 배선도 표시방법의 예

(1) 전선관 재질
 ① 별도 표기 없음 : 강제전선관(후강(내경 짝수), 박강(외경 홀수))
 ② VE : 경질비닐전선관
 ③ $F_2$ : 2종 금속제 가요전선관
 ④ PF : 합성수지제 가요관

(2) 옥내배선 그림 기호 ★★

| 명칭 | 그림 기호 | 개요 |
|---|---|---|
| 천장 은폐배선 | ——— | 전선의 종류를 표시할 필요가 있는 경우는 기호를 기입<br>예 450/750 [V] 저독성 난연가교 폴리올레핀 절연전선 → HFIX 전선 |
| 천장 속 은폐배선 | — · — · — · |  |
| 바닥 은폐배선 | — — — — |  |
| 노출배선 | — — — — — |  |
| 바닥면 노출배선 | — · · — · · — |  |

(3) 배선도 표시방법의 예 ★★★

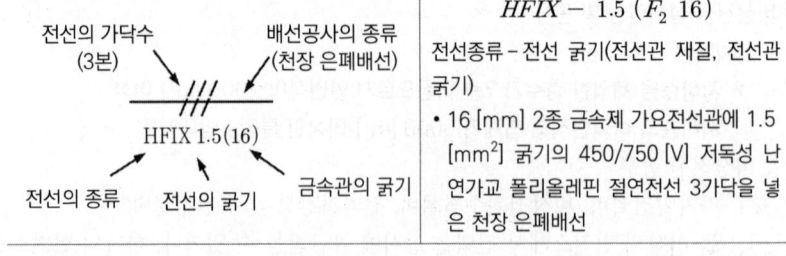

$HFIX - 1.5 (F_2\ 16)$

전선종류 - 전선 굵기(전선관 재질, 전선관 굵기)

• 16 [mm] 2종 금속제 가요전선관에 1.5 [mm²] 굵기의 450/750 [V] 저독성 난연가교 폴리올레핀 절연전선 3가닥을 넣은 천장 은폐배선

## 04

다음 주어진 진리표를 참고하여 각 물음에 답하시오.

| A | B | X |
|---|---|---|
| 0 | 0 | 0 |
| 0 | 1 | 1 |
| 1 | 0 | 1 |
| 1 | 1 | 0 |

가. 릴레이회로(유접점회로)와 무접점회로(논리회로)를 그리시오.

| 릴레이회로 | 논리회로 |
|---|---|

나. 논리식을 쓰시오.

○ 답 :

### 정답

가.

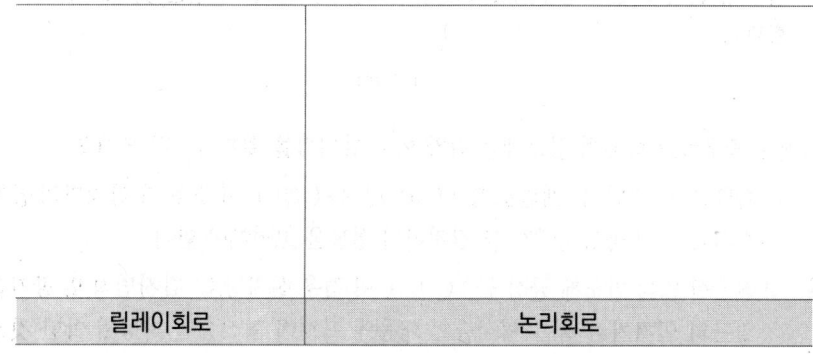

| 릴레이회로 | 논리회로 |
|---|---|

나. $X = \overline{A}B + A\overline{B}$

## 05

배점 6

**다음 각 질문에 답하시오.**

가. 주위온도가 일정 상승율 이상이 되는 경우에 작동하는 것으로서 일국소(一局所)에서의 열효과에 의하여 작동되는 감지기를 쓰시오.

나. 일국소의 주위온도가 일정한 온도 이상이 되는 경우에 작동하는 것으로서 외관이 전선과 같이 선형으로 되어 있지 않은 감지기를 쓰시오.

다. 감지기는 다음의 기준에 따라 설치해야 한다. 다만 교차회로방식에 사용되는 감지기, 급속한 연소 확대가 우려되는 장소에 사용되는 감지기 및 축적기능이 있는 수신기에 연결하여 사용하는 감지기는 축적기능이 없는 것으로 설치해야 한다.

(중략)

위에도 불구하고 다음의 장소에는 각각 어떤 감지기를 설치하는지 쓰시오.
  (1) 화학공장·격납고·제련소 등 : ( ① ) 또는 ( ② ). 이 경우 각 감지기의 공칭감시거리 및 공칭시야각 등 감지기의 성능을 고려해야 한다.
  (2) 전산실 또는 반도체 공장 등 : ( ① ). 이 경우 설치장소·감지면적 및 공기흡입관의 이격거리 등은 형식승인 내용에 따르며 형식승인 사항이 아닌 것은 제조사의 시방서에 따라 설치해야 한다.

라. 감지기회로의 도통시험을 위한 종단저항 설치기준 1가지를 쓰시오.

### 정답

가. 차동식 스포트형 감지기
나. 정온식 스포트형 감지기
다. (1) ① 광전식 분리형 감지기 ② 불꽃감지기
　　(2) ① 광전식 공기흡입형 감지기
라. ① 점검 및 관리가 쉬운 장소에 설치할 것
　　② 전용함을 설치하는 경우 그 설치높이는 바닥으로부터 1.5 [m] 이내로 할 것
　　③ 감지기회로의 끝부분에 설치하며, 종단감지기에 설치할 경우에는 구별이 쉽도록 해당 감지기의 기판 및 감지기 외부 등에 별도의 표시를 할 것

> **핵심이론** 자동화재탐지설비 및 시각경보장치의 화재안전기술기준(NFTC 203)

2.4.4 2.4.3에도 불구하고 다음의 장소에는 각각 광전식 분리형 감지기 또는 불꽃감지기를 설치하거나 광전식 공기흡입형 감지기를 설치할 수 있다.
2.4.4.1 화학공장·격납고·제련소 등 : 광전식 분리형 감지기 또는 불꽃감지기. 이 경우 각 감지기의 공칭감시거리 및 공칭시야각 등 감지기의 성능을 고려해야 한다.
2.4.4.2 전산실 또는 반도체 공장 등 : 광전식공기흡입형 감지기. 이 경우 설치장소·감지면적 및 공기흡입관의 이격거리 등은 형식승인 내용에 따르며 형식승인 사항이 아닌 것은 제조사의 시방서에 따라 설치해야 한다.
2.4.5 다음의 장소에는 감지기를 설치하지 않을 수 있다.
2.4.5.1 천장 또는 반자의 높이가 20 [m] 이상인 장소. 다만 2.4.1 단서의 감지기로서 부착 높이에 따라 적응성이 있는 장소는 제외한다.
2.4.5.2 헛간 등 외부와 기류가 통하는 장소로서 감지기에 따라 화재 발생을 유효하게 감지할 수 없는 장소
2.4.5.3 부식성 가스가 체류하고 있는 장소
2.4.5.4 고온도 및 저온도로서 감지기의 기능이 정지되기 쉽거나 감지기의 유지관리가 어려운 장소
2.4.5.5 목욕실·욕조나 샤워시설이 있는 화장실·기타 이와 유사한 장소
2.4.5.6 파이프덕트 등 그 밖의 이와 비슷한 것으로서 2개 층마다 방화구획된 것이나 수평단면적이 5 [m²] 이하인 것
2.4.5.7 먼지·가루 또는 수증기가 다량으로 체류하는 장소 또는 주방 등 평상시 연기가 발생하는 장소(연기감지기에 한한다)
2.4.5.8 프레스공장·주조공장 등 화재 발생의 위험이 적은 장소로서 감지기의 유지관리가 어려운 장소

## 06

**득점** | **배점** 8

**다음 단독경보형 감지기 설치기준에 대한 각 물음에 답하시오.**

가. 가 실(이웃하는 실내의 바닥 면적이 각각 ( ㉠ ) [m²] 미만이고, 벽체의 상부의 전부 또는 일부가 개방되어 이웃하는 실내와 공기가 상호 유통되는 경우에는 이를 1개의 실로 본다)마다 설치하되, 바닥면적 ( ㉡ ) [m²]를 초과하는 경우에는 ( ㉡ ) [m²]마다 1개 이상 설치할 것

나. 단독경보형 감지기의 정의를 쓰시오.

### 정답

가. ㉠ 30, ㉡ 150
나. 화재발생 상황을 단독으로 감지하여 자체에 내장된 음향장치로 경보하는 감지기

#### 핵심이론 1 　단독경보형 감지기의 설치기준

(1) 각 실(이웃하는 실내의 바닥 면적이 각각 30 [m²] 미만이고, 벽체의 상부의 전부 또는 일부가 개방되어 이웃하는 실내와 공기가 상호 유통되는 경우에는 이를 1개의 실로 본다)마다 설치하되, 바닥면적 150 [m²]를 초과하는 경우에는 150 [m²]마다 1개 이상 설치할 것
(2) 최상층의 계단실의 천장(외기가 상통하는 계단실의 경우 제외)에 설치할 것
(3) 건전지를 주전원으로 사용하는 단독경보형 감지기는 정상적인 작동상태를 유지할 수 있도록 건전지를 교환할 것
(4) 상용전원을 주전원으로 사용하는 단독경보형 감지기의 2차 전지는 제품검사에 합격한 것을 사용할 것

#### 핵심이론 2 　비상경보설비 및 단독경보형 감지기의 화재안전기술기준(NFTC 201)

1.7 용어의 정의
1.7.1 이 기준에서 사용하는 용어의 정의는 다음과 같다.
1.7.1.1 "비상벨설비"란 화재발생 상황을 경종으로 경보하는 설비를 말한다.
1.7.1.2 "자동식 사이렌설비"란 화재발생 상황을 사이렌으로 경보하는 설비를 말한다.
1.7.1.3 "단독경보형 감지기"란 화재발생 상황을 단독으로 감지하여 자체에 내장된 음향장치로 경보하는 감지기를 말한다.
1.7.1.4 "발신기"란 화재발생신호를 수신기에 수동으로 발신하는 장치를 말한다.
1.7.1.5 "수신기"란 발신기에서 발하는 화재신호를 직접 수신하여 화재의 발생을 표시 및 경보하여주는 장치를 말한다.
1.7.2 "신호처리방식"은 화재신호 및 상태신호 등(이하 "화재신호 등"이라 한다)을 송수신하는 방식으로서 다음의 방식을 말한다.
1.7.2.1 "유선식"은 화재신호 등을 배선으로 송·수신하는 방식
1.7.2.2 "무선식"은 화재신호 등을 전파에 의해 송·수신하는 방식
1.7.2.3 "유·무선식"은 유선식과 무선식을 겸용으로 사용하는 방식

## 07

그림의 특정소방대상물 평면도를 보고 각 물음에 답하시오. (단, 건축물의 주요구조부는 내화구조이며 층의 높이는 4.5 [m]이고 차동식 스포트형 감지기 1종을 설치한다)

가. 각각의 구역에 대해 감지기 개수를 산정하시오.

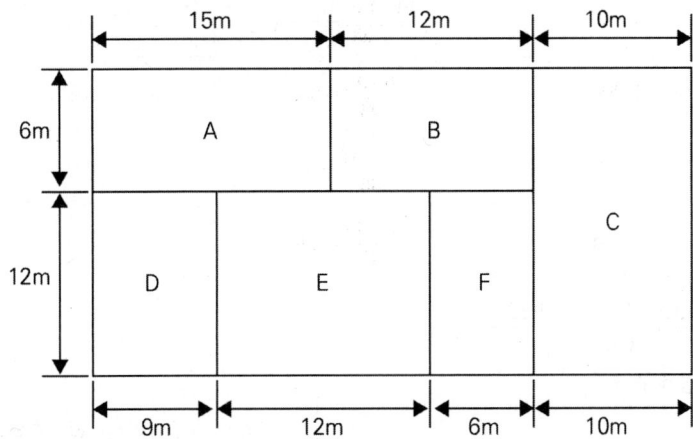

| 구역 | 계산과정 | 답 |
|---|---|---|
| A구역 | | |
| B구역 | | |
| C구역 | | |
| D구역 | | |
| E구역 | | |
| F구역 | | |

나. 총 경계구역 수를 구하시오.

**정답**

가.

| 구역 | 계산과정 | 답 |
|---|---|---|
| A구역 | $\dfrac{15\times 6}{45}=2$ | 2개 |
| B구역 | $\dfrac{12\times 6}{45}=1.6$ | 2개 |
| C구역 | $\dfrac{10\times(6+12)}{45}=4$ | 4개 |
| D구역 | $\dfrac{9\times 12}{45}=2.4$ | 3개 |
| E구역 | $\dfrac{12\times 12}{45}=3.2$ | 4개 |
| F구역 | $\dfrac{6\times 12}{45}=1.6$ | 2개 |

나. $\dfrac{(15+12+10)\times(6+12)}{600}=1.11$

∴ 2 경계구역

**답 | 2 경계구역**

### 핵심이론 감지기 설치면적

▫ 열감지기 설치면적 (단위 : [m²])

| 부착높이 및 특정소방대상물의 구분 | | 감지기의 종류 | | | | | | |
|---|---|---|---|---|---|---|---|---|
| | | 차동식 스포트형 | | 보상식 스포트형 | | 정온식 스포트형 | | |
| | | 1종 | 2종 | 1종 | 2종 | 특종 | 1종 | 2종 |
| 4 [m] 미만 | 내화구조 | 90 | 70 | 90 | 70 | 70 | 60 | 20 |
| | 기타구조 | 50 | 40 | 50 | 40 | 40 | 30 | 15 |
| 4 [m] 이상 8 [m] 미만 | 내화구조 | 45 | 35 | 45 | 35 | 35 | 30 | |
| | 기타구조 | 30 | 25 | 30 | 25 | 25 | 15 | |

▫ 연기감지기 설치면적 (단위 : [m²])

| 부착높이 | 감지기의 종류 | |
|---|---|---|
| | 1종 및 2종 | 3종 |
| 4 [m] 미만 | 150 | 50 |
| 4 ~ 20 [m] 미만 | 75 | - |

※ 연기감지기는 복도 및 통로에 있어서는 보행거리 30 [m](3종에 있어서는 20 [m])마다, 계단 및 경사로에 있어서는 수직거리 15 [m](3종에 있어서는 10 [m])마다 1개 이상으로 할 것

## 08
득점 [ ] 배점 6

다음 그림과 같은 복도에 연기감지기 2종과 3종을 설치하려고 한다. 설치개수를 계산하여 도면에 표시하고 벽과 감지기 간 및 감지기 사이의 간격을 도면에 작성하시오. (단, 복도의 보행거리기준은 복도의 가운데 선을 기준으로 한다)

가. 연기감지기 2종 설치 시

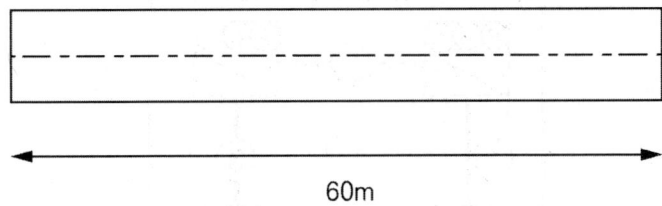

나. 연기감지기 3종 설치 시

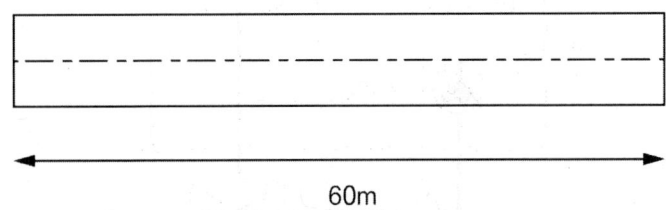

### 정답

가.

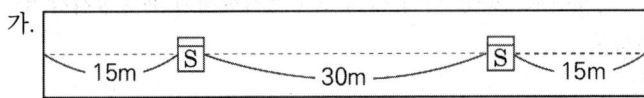

※ 연기감지기 2종은 보행거리 30 [m]마다 설치

∴ 60/30 = 2 [개]                                              답 | 2 [개]

나.

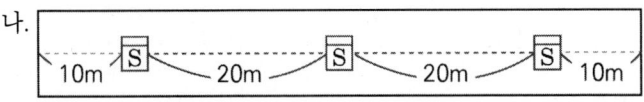

※ 연기감지기 3종은 보행거리 20 [m]마다 설치

∴ 60/20 = 3 [개]                                              답 | 3 [개]

복도 끝 부분에는 보행거리기준의 절반 이내에 감지기를 설치한다.

### ★ 핵심이론 | 연기감지기 설치기준

- 복도·통로 : 보행거리 30 [m](3종 20 [m])마다
- 계단·경사로 : 수직거리 15 [m](3종 10 [m])마다
- 천장 또는 반자 낮은 실내 또는 좁은 실내에 있어서는 출입구 가까운 부분에 설치
- 천장 또는 반자부근에 배기구 있는 경우 그 부근에 설치
- 벽 또는 도보로부터 0.6 [m] 이상 떨어진 곳에 설치

## 09 〔배점 7〕

다음은 습식 스프링클러설비와 옥내소화전설비의 평면도이다. 가압송수장치로는 기동용 수압개폐장치를 사용하였으며, 자동기동방식이다. 다음 각 질문에 답하시오. (다만 습식 밸브와 수신기 사이의 공통선은 1가닥이며 전화선이 있으며, 최소가닥 수를 산정하시오)

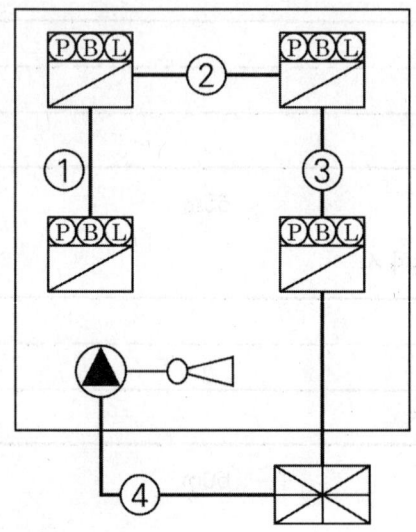

가. ① ~ ④까지의 가닥수를 산정하시오.

나. 스프링클러설비의 화재안전기준에 따라 습식 유수검지장치의 음향장치가 언제 경보하는지 쓰시오.

다. 음향장치의 수평거리기준을 쓰시오.

### 정답

가. ① 9  ② 10  ③ 11  ④ 4

① 지구, 공통, 응답, 경종, 표시등, 경종표시등공통선, 전화선, 기동확인표시등2
② 지구2, 공통, 응답, 경종, 표시등, 경종표시등공통선, 전화선, 기동확인표시등2
③ 지구3, 공통, 응답, 경종, 표시등, 경종표시등공통선, 전화선, 기동확인표시등2
④ PS, TS, 사이렌, 공통

나. 습식 유수검지장치 또는 건식 유수검지장치를 사용하는 설비에 있어서는 헤드가 개방되면 유수검지장치가 화재신호를 발신하고 그에 따라 음향장치가 경보되도록 할 것

다. 25 [m] 이하

### 핵심이론 | 스프링클러설비의 화재안전기술기준(NFTC 103)

2.6 음향장치 및 기동장치
2.6.1 스프링클러설비의 음향장치 및 기동장치는 다음의 기준에 따라 설치해야 한다.
2.6.1.1 습식 유수검지장치 또는 건식 유수검지장치를 사용하는 설비에 있어서는 헤드가 개방되면 유수검지장치가 화재신호를 발신하고 그에 따라 음향장치가 경보되도록 할 것
2.6.1.2 준비작동식 유수검지장치 또는 일제개방밸브를 사용하는 설비에는 화재감지기의 감지에 따라 음향장치가 경보되도록 할 것. 이 경우 화재감지기회로를 교차회로방식(하나의 준비작동식 유수검지장치 또는 일제개방밸브의 담당구역 내에 2 이상의 화재감지기회로를 설치하고 인접한 2 이상의 화재감지기가 동시에 감지되는 때에 준비작동식 유수검지장치 또는 일제개방밸브가 개방·작동되는 방식을 말한다)으로 하는 때에는 하나의 화재감지기회로가 화재를 감지하는 때에도 음향장치가 경보되도록 해야 한다.
2.6.1.3 음향장치는 유수검지장치 및 일제개방밸브 등의 담당구역마다 설치하되 그 구역의 각 부분으로부터 하나의 음향장치까지의 수평거리는 25 [m] 이하가 되도록 할 것
2.6.1.4 음향장치는 경종 또는 사이렌(전자식 사이렌을 포함한다)으로 하되, 주위의 소음 및 다른 용도의 경보와 구별이 가능한 음색으로 할 것. 이 경우 경종 또는 사이렌은 자동화재탐지설비·비상벨설비 또는 자동식 사이렌설비의 음향장치와 겸용할 수 있다.
2.6.1.5 주 음향장치는 수신기의 내부 또는 그 직근에 설치할 것

---

## 10 [배점 5]

다음은 UPS(무정전전원공급장치)이다. 각 물음에 답하시오.

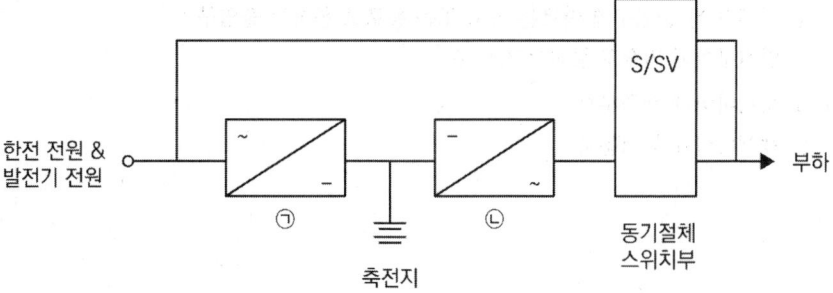

가. ㉠과 ㉡을 각각 쓰시오.

나. 축전지의 기능을 쓰시오.

다. UPS의 방식별 종류 2가지를 쓰시오.

정답

가. ㉠ 정류기 ㉡ 인버터
나. 정전 시 인버터에 직류전원 공급
다. ON-Line방식, OFF-Line방식

**핵심이론** UPS

- ON-Line방식 : 일반적인 방식이며 정상적으로 상용전원이 인가될 때에도 인버터를 통해 양질의 전원 공급
- OFF-Line방식 : 정상적으로 상용전원이 인가될 때 부하에 직접 공급하며 이상상태 발생 시 축전지에서 인버터에 전원을 공급

## 11

배점 6

**유도등에 대한 다음 각 질문에 답하시오.**

가. 피난구유도등 설치장소 2가지를 쓰시오.

나. (1) 피난구유도등의 바탕색과 문자색을 쓰시오.
　　(2) 복도통로유도등의 바탕색과 문자색을 쓰시오.

정답

가. ① 옥내로부터 직접 지상으로 통하는 출입구 및 그 부속실의 출입구
　　② 직통계단·직통계단의 계단실 및 그 부속실의 출입구
　　③ 위에 따른 출입구에 이르는 복도 또는 통로로 통하는 출입구
　　④ 안전구획된 거실로 통하는 출입구
나. (1) 녹색바탕에 백색문자
　　(2) 백색바탕에 녹색문자

### 핵심이론 유도등 및 유도표지의 화재안전기술기준(NFTC 303)

2.2 피난구유도등 설치기준

2.2.1 피난구유도등은 다음의 장소에 설치해야 한다.

2.2.1.1 옥내로부터 직접 지상으로 통하는 출입구 및 그 부속실의 출입구

2.2.1.2 직통계단·직통계단의 계단실 및 그 부속실의 출입구

2.2.1.3 2.2.1.1과 2.2.1.2에 따른 출입구에 이르는 복도 또는 통로로 통하는 출입구

2.2.1.4 안전구획된 거실로 통하는 출입구

2.2.2 피난구유도등은 피난구의 바닥으로부터 높이 1.5 [m] 이상으로서 출입구에 인접하도록 설치해야 한다.

2.2.3 피난층으로 향하는 피난구의 위치를 안내할 수 있도록 2.2.1.1 또는 2.2.1.2의 출입구 인근 천장에 2.2.1.1 또는 2.2.1.2에 따라 설치된 피난구유도등의 면과 수직이 되도록 피난구유도등을 추가로 설치해야 한다. 다만 2.2.1.1 또는 2.2.1.2에 따라 설치된 피난구유도등이 입체형인 경우에는 그렇지 않다.

2.2.4 2.2.3.에 따라 추가로 설치하는 피난구유도등은 피난구의 식별이 용이하도록 피난구 방향의 화살표가 함께 표시된 것으로 설치해야 한다. 〈신설 2024.7.1.〉

## 12

| 득점 | 배점 5 |

**다음 그림을 보고 ①~③의 의미를 쓰시오.**

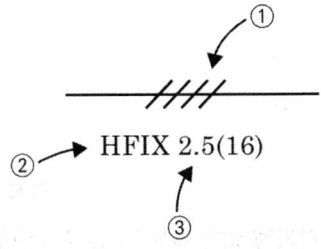

### 정답

① 전선가닥수 4가닥

② 전선종류 450/750 [V] 저독성 난연가교 폴리올레핀 절연전선

③ 전선단면적 2.5 [mm$^2$]

### 핵심이론 배선도 표시방법의 예

(1) 전선관 재질
① 별도 표기 없음 : 강제전선관(후강(내경 짝수), 박강(외경 홀수))
② VE : 경질비닐전선관
③ $F_2$ : 2종 금속제 가요전선관
④ PF : 합성수지제 가요관

(2) 옥내배선 그림 기호 ★★

| 명칭 | 그림 기호 | 개요 |
|---|---|---|
| 천장 은폐배선 | ─────── | 전선의 종류를 표시할 필요가 있는 경우는 기호를 기입<br>예) 450/750 [V] 저독성 난연가교 폴리올레핀 절연전선 → HFIX 전선 |
| 천장 속 은폐배선 | ─ · ─ · ─ · ─ | |
| 바닥 은폐배선 | ━ ━ ━ ━ | |
| 노출배선 | ─ ─ ─ ─ ─ | |
| 바닥면 노출배선 | ─ · ─ · ─ · ─ | |

(3) 배선도 표시방법의 예 ★★★

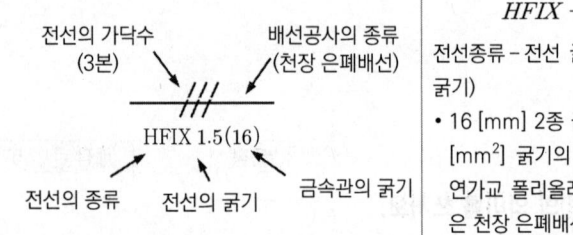

$HFIX - 1.5 \, (F_2 \, 16)$

전선종류 – 전선 굵기(전선관 재질, 전선관 굵기)

- 16 [mm] 2종 금속제 가요전선관에 1.5 [mm²] 굵기의 450/750 [V] 저독성 난연가교 폴리올레핀 절연전선 3가닥을 넣은 천장 은폐배선

---

## 13     배점 5

공기관식 차동식 분포형 감지기에 대한 다음 각 질문에 답하시오.

가. 공기관식 차동식 분포형 감지기의 구성요소 1가지를 쓰시오.

나. 다이어프램에 구멍이 발생했을 때 어떤 상황이 발생하는지 쓰시오.

### 정답

가. 공기관, 리크구멍, 다이어프램, 접점

나. 지연동작

#### 핵심이론 공기관식 차동식 분포형 감지기 설치기준

- 작동원리 : 감열실 내 온도 상승(급격한 온도 상승) → 공기관 내부 공기 팽창 → 다이어프램 밀어 올려 접점 붙음
- 구조 : 수열부 - 공기관, 검출부 - 리크구멍(비화재보방지), 다이어프램, 접점, 시험장치

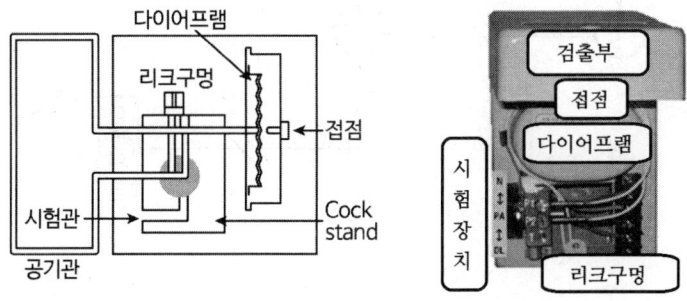

[공기관식 차동식 분포형 감지기]

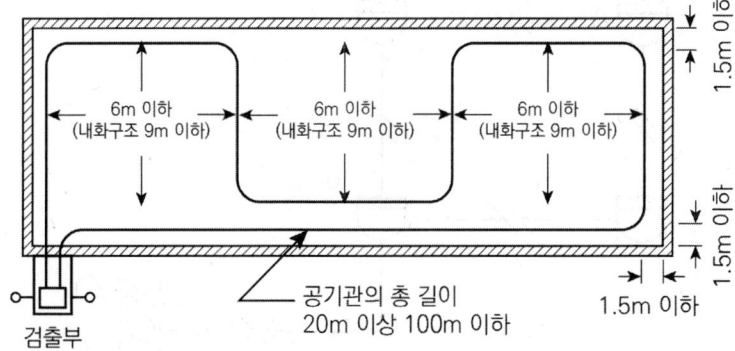

- 공기관의 노출부분은 감지구역마다 20 [m] 이상이 되도록 할 것
- 공기관과 감지구역의 수평거리는 1.5 [m] 이하가 되도록 할 것
- 공기관 상호 간의 거리는 6 [m](내화구조 9 [m]) 이하가 되도록 할 것
- 공기관은 도중에서 분기하지 않도록 할 것
- 하나의 검출부에 접속하는 공기관 길이는 100 [m] 이하로 할 것
- 검출부는 바닥에서 0.8 [m] 이상 1.5 [m] 이하에 위치하며, 5° 이상 경사되지 않도록 할 것

## 14

다음은 자동화재탐지설비의 감지기를 송배선방식으로 결선한 것이다. 회로를 보고 잘못된 부분을 찾아 바르게 다시 그리시오.

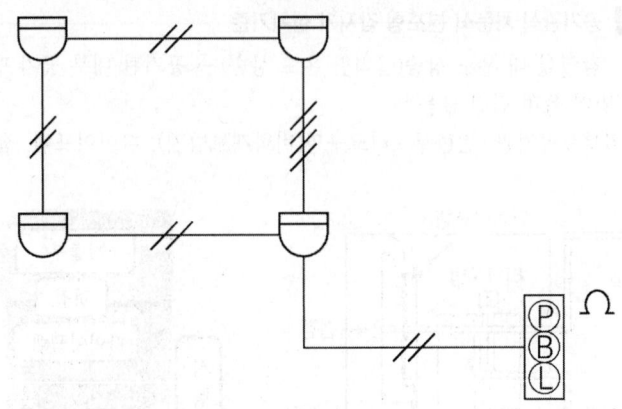

정답

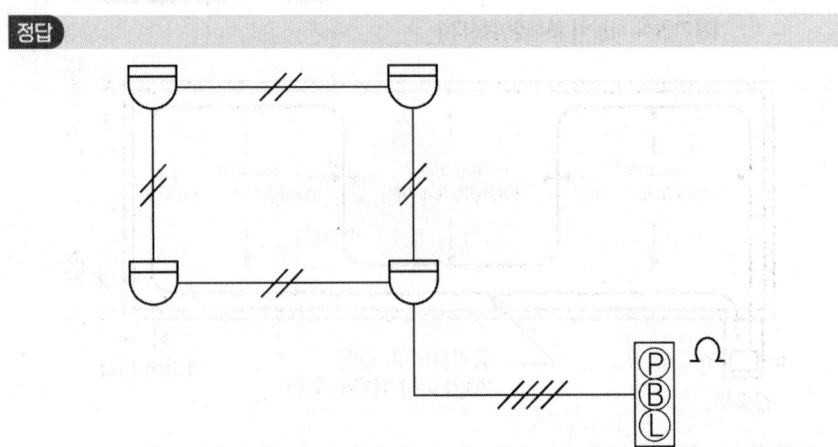

※ 자동화재탐지설비에서 감지기 배선은 송배선방식을 채택한다.
발신기세트함(전용함)에 종단저항을 처리하면 루프는 2가닥 나머지는 4가닥이다.

중요 ▶ 가스계소화설비, 준비작동식 스프링클러설비의 감지기 배선은 교차회로방식이며 이때 루프와 말단은 4가닥, 나머지는 8가닥이다.

## 15 | 득점 | 배점 5 |

전압이 100 [V]이며 연축전지에 1개의 여유를 둘 경우 셀의 개수를 구하시오.

**정답**

셀 수 $= \dfrac{\text{상용전압}}{\text{공칭전압}} = \dfrac{100[V]}{2[V/cell]} = 50[cell]$

그런데, 문제에서 1개의 여유를 두었다고 했기 때문에 $50+1 = 51[cell]$

답 | 51 [cell]

### 핵심이론 축전지설비

□ 축전지용량 구하는 식

$C = \dfrac{1}{L}KI$ [Ah]

　　C : 축전지용량 [Ah], L : 보수율(용량저하율)
　　K : 용량환산시간 [h], I : 방전전류 [A]

□ 축전지 공칭전압 구하는 식

공칭전압 [V/셀] $= \dfrac{\text{허용최저전압}(V)}{\text{셀수}}$

□ 충전방식

| 구분 | 특징 |
| --- | --- |
| 보통충전방식 | 필요할 때마다 표준시간율로 충전하는 방식 |
| 급속충전방식 | 단시간에 보통 충전전류의 2~3배의 전류로 충전하는 방식 |
| 세류충전방식 | 축전지의 방전을 보충하기 위해 부하를 OFF한 상태에서 미소전류로 항상 충전하는 방식 |
| 균등충전방식 | • 각 축전지의 전위차를 보정하기 위해 1~3개월마다 1회 충전하는 방식<br>• 균등충전전압 : 2.4~2.5 [V] |
| 부동충전방식 | • 축전지의 자기방전을 보충함과 동시에 상용부하에 대한 전력 공급은 충전기가 부담하도록 하되 충전기가 부담하기 어려운 일시적인 대전류 부하는 축전지로 부담하는 방식<br>• 축전지와 부하를 충전기에 병렬로 접속하여 사용하는 방식<br>• 예비전원설비 중 가장 많이 사용되는 방식 |
| 회복충전방식 | 축전지의 과방전, 가벼운 설페이션현상 또는 방치상태 등에서 기능회복을 위해 실시하는 방식 |

**보충** 설페이션현상 : 배터리를 방전상태로 방치해두면 극판 표면에 유백색의 결정이 생긴다. 이 결정은 부도체의 황산납이며, 이와 같은 현상을 설페이션현상이라고 한다.

□ 2차 충전전류 구하는 식

$$2차\ 충전전류\ [A] = \frac{축전지\ 정격용량\ [Ah]}{축전지\ 공칭용량\ [h]} + \frac{상시부하\ [VA]}{표준전압\ [V]}$$

□ 축전지 종류별 특성

| 구분 | 연축전지 | 알칼리축전지 |
|---|---|---|
| 기전력 [V] | 2.05 ~ 2.08 | 1.32 |
| 공칭전압 [V] | 2.0 | 1.2 |
| 공칭용량 [Ah] | 10 | 5 |

중요▶ 연축전지와 알칼리축전지의 공칭용량값은 암기해둘 것

## 16
배점 4

자동화재탐지설비의 경계구역에 대한 다음 괄호 안에 들어갈 알맞은 말을 쓰시오.

> 계단(직통계단 외의 것에 있어서는 떨어져 있는 상하계단의 상호 간의 수평거리가 5미터 이하로서 서로 간에 구획되지 아니한 것에 한한다. 이하 같다)·경사로(에스컬레이터 경사로 포함)·엘리베이터 승강로(권상기실이 있는 경우에는 권상기실)·린넨슈트·파이프 피트 및 덕트 기타 이와 유사한 부분에 대하여는 별도로 경계구역을 설정하되, 하나의 경계구역은 높이 ( ㉠ )미터 이하(계단 및 경사로에 한한다)로 하고, 지하층의 계단 및 경사로(지하층의 층수가 ( ㉡ )일 경우는 제외한다)는 별도로 하나의 경계구역으로 하여야 한다.

### 정답

㉠ 45, ㉡ 1

### ★ 핵심이론 자동화재탐지설비 및 시각경보장치의 화재안전성능기준(NFPC 203)

제4조(경계구역) ① 자동화재탐지설비의 경계구역은 다음 각호의 기준에 따라 설정하여야 한다. 다만 감지기의 형식승인 시 감지거리, 감지면적 등에 대한 성능을 별도로 인정받은 경우에는 그 성능인정범위를 경계구역으로 할 수 있다.
1. 하나의 경계구역이 둘 이상의 건축물에 미치지 아니하도록 할 것
2. 하나의 경계구역이 둘 이상의 층에 미치지 아니하도록 할 것
3. 하나의 경계구역의 면적은 600제곱미터 이하로 하고 한변의 길이는 50미터 이하로 할 것

② 계단(직통계단 외의 것에 있어서는 떨어져 있는 상하계단의 상호 간의 수평거리가 5미터 이하로서 서로 간에 구획되지 아니한 것에 한한다. 이하 같다)·경사로(에스컬레이터 경사로 포함)·엘리베이터 승강로(권상기실이 있는 경우에는 권상기실)·린넨슈트·파이프 피트 및 덕트 기타 이와 유사한 부분에 대하여는 별도로 경계구역을 설정하되, 하나의 경계구역은 높이 45미터 이하(계단 및 경사로에 한한다)로 하고, 지하층의 계단 및 경사로(지하층의 층수가 1일 경우는 제외한다)는 별도로 하나의 경계구역으로 하여야 한다.

③ 외기에 면하여 상시 개방된 부분이 있는 차고·주차장·창고 등에 있어서는 외기에 면하는 각 부분으로부터 5미터 미만의 범위 안에 있는 부분은 경계구역의 면적에 산입하지 아니한다.

④ 스프링클러설비·물분무등소화설비 또는 제연설비의 화재감지장치로서 화재감지기를 설치한 경우의 경계구역은 해당 소화설비의 방호구역 또는 제연구역과 동일하게 설정할 수 있다.

# 17

배점 4

비상경보설비 종류 2가지를 쓰시오.

①　　　　　　　　　　　　　　②

### 정답

① 비상벨설비, ② 자동식 사이렌설비

**★ 핵심이론** 비상경보설비 및 단독경보형 감지기의 화재안전기술기준(NFTC 201)

**1.7 용어의 정의**
1.7.1 이 기준에서 사용하는 용어의 정의는 다음과 같다.
1.7.1.1 "비상벨설비"란 화재발생 상황을 경종으로 경보하는 설비를 말한다.
1.7.1.2 "자동식 사이렌설비"란 화재발생 상황을 사이렌으로 경보하는 설비를 말한다.
1.7.1.3 "단독경보형 감지기"란 화재발생 상황을 단독으로 감지하여 자체에 내장된 음향장치로 경보하는 감지기를 말한다.
1.7.1.4 "발신기"란 화재발생신호를 수신기에 수동으로 발신하는 장치를 말한다.
1.7.1.5 "수신기"란 발신기에서 발하는 화재신호를 직접 수신하여 화재의 발생을 표시 및 경보하여주는 장치를 말한다.
1.7.2 "신호처리방식"은 화재신호 및 상태신호 등(이하 "화재신호 등"이라 한다)을 송수신하는 방식으로서 다음의 방식을 말한다.
1.7.2.1 "유선식"은 화재신호 등을 배선으로 송·수신하는 방식
1.7.2.2 "무선식"은 화재신호 등을 전파에 의해 송·수신하는 방식
1.7.2.3 "유·무선식"은 유선식과 무선식을 겸용으로 사용하는 방식

## 18 [배점 6]

지하 3층, 지상 7층 연면적 4000 [m²]인 특정소방대상물에서 다음의 층에 화재가 발생할 경우 경보가 울리는 층을 쓰시오.

가. 지상 1층

나. 지상 2층

다. 지하 2층

### 정답

가. 전 층

나. 전 층

다. 전 층

중요 ▶ 11층 이상의 특정소방대상물이 아니므로 일제경보방식이다.

### 핵심이론 자동화재탐지설비 및 시각경보장치의 화재안전기술기준(NFTC 203)

2.5.1.1 주음향장치는 수신기의 내부 또는 그 직근에 설치할 것

2.5.1.2 층수가 11층(공동주택의 경우에는 16층) 이상의 특정소방대상물은 다음의 기준에 따라 경보를 발할 수 있도록 할 것

2.5.1.2.1 2층 이상의 층에서 발화한 때에는 발화층 및 그 직상 4개 층에 경보를 발할 것

2.5.1.2.2 1층에서 발화한 때에는 발화층·그 직상 4개 층 및 지하층에 경보를 발할 것

2.5.1.2.3 지하층에서 발화한 때에는 발화층·그 직상층 및 기타의 지하층에 경보를 발할 것

모아바 www.moa-ba.com
모아소방전기학원 www.moate.co.kr

격차를 뛰어넘어 압도적인 격차를 만들다

# 2024

| | |
|---|---|
| **1회** | 2024.04.27 |
| **2회** | 2024.07.28 |
| **3회** | 2024.11.02 |

# 2024년 1회

2024.04.27

## 01  배점 5

유도등 및 유도표지의 화재안전기술기준에 따른 다음 용어의 정의 중 ( ) 안에 들어갈 알맞은 말을 쓰시오.

가. 유도등이란 화재 시에 피난을 유도하기 위한 등으로서 정상상태에서는 ( ① )에 따라 켜지고 ( ① )이 정전되는 경우에는 ( ② )으로 자동전환되어 켜지는 등을 말한다.

나. ( ③ )이란 피난구 또는 피난경로로 사용되는 출입구를 표시하여 피난을 유도하는 등을 말한다.

다. 통로유도등이란 피난통로를 안내하기 위한 유도등으로 ( ④ ), ( ⑤ ), ( ⑥ )을 말한다.

### 정답
① 상용전원
② 비상전원
③ 피난구유도등
④ 복도통로유도등
⑤ 거실통로유도등
⑥ 계단통로유도등

### 핵심이론 유도등
(1) 유도등 : 화재 시에 피난을 유도하기 위한 등으로서 정상상태에서는 상용전원에 따라 켜지고 상용전원이 정전되는 경우에는 비상전원으로 자동전환되어 켜지는 등을 말한다.
(2) 피난구유도등 : 피난구 또는 피난경로로 사용되는 출입구를 표시하여 피난을 유도하는 등
(3) 통로유도등 : 피난통로를 안내하기 위한 유도등으로 복도통로유도등, 거실통로유도등, 계단통로유도등
(4) 객석유도등 : 객석의 통로, 바닥 또는 벽에 설치하는 유도등을 말한다.

⑸ 거실통로유도등 : 거주, 집무, 작업, 집회, 오락 그 밖에 이와 유사한 목적을 위하여 계속적으로 사용하는 거실, 주차장 등 개방된 통로에 설치하는 유도등으로 피난의 방향을 명시하는 것
⑹ 복도통로유도등 : 피난통로가 되는 복도에 설치하는 통로유도등으로서 피난구의 방향을 명시하는 것
⑺ 계단통로유도등 : 피난통로가 되는 계단이나 경사로에 설치하는 통로유도등으로 바닥면 및 디딤 바닥면을 비추는 것
⑻ 피난구유도표지 : 피난구 또는 피난경로로 사용되는 출입구를 표시하여 피난을 유도하는 표지
⑼ 통로유도표지 : 피난통로가 되는 복도, 계단 등에 설치하는 것으로서 피난구의 방향을 표시하는 유도표지
⑽ 피난유도선 : 햇빛이나 전등불에 따라 축광("축광방식")하거나 전류에 따라 빛을 발하는 "광원점등방식" 유도체로서 어두운 상태에서 피난을 유도할 수 있도록 띠 형태로 설치되는 피난유도시설
⑾ 입체형 : 유도등 표시면을 2면 이상으로 하고 각 면마다 피난유도표시가 있는 것

## 02

| 득점 | 배점 3 |

**다음은 GP형 수신기에 대한 내용이다. 빈칸에 알맞은 말을 넣으시오.**

GP형 수신기란 G형 수신기의 ( ① ) 기능과 자동화재탐지설비의 ( ② ) 수신기 기능을 겸한 것이다.

### 정답

① 가스누설경보

② P형

### 핵심이론

| 수신기 종류 | 작동원리 및 기능 |
|---|---|
| P형 수신기 | 감지기 및 발신기의 화재신호를 **직접** 또는 중계기를 통하여 **공통신호**로서 수신하여 소방대상물의 관계자에게 경보하여주는 것 |
| R형 수신기 | 감지기, 발신기의 화재신호를 직접 또는 **중계기를 통하여 고유신호**로 수신하여 소방대상물의 관계자에게 경보하여주는 것 |
| GP·GR형 수신기 | P형·R형 수신기의 기능과 가스누설경보기의 수신부 기능을 겸한 것 |

| 수신기 종류 | 작동원리 및 기능 | |
|---|---|---|
| 복합식 수신기 | 일반수신기의 주기능인 화재표시 및 경보기능 이외에 소방설비나 방재설비 등을 자동 또는 수동으로 제어할 수 있는 기능을 겸한 수신기 | ① P형 복합식 수신기<br>② R형 복합식 수신기<br>③ GP형 복합식 수신기<br>④ GR형 복합식 수신기 |
| 다신호식 수신기 | 감지기로부터 최초의 화재신호를 수신하는 경우 | • 주음향장치 또는 부음향장치의 명동<br>• 지구표시장치에 의한 경계구역을 각각 자동으로 표시 |
| | 두 번째 화재신호 이상을 수신하는 경우 | • 주음향장치 또는 부음향장치의 명동<br>• 지구표시장치에 의한 경계구역을 각각 자동으로 표시<br>• 화재등 및 지구음향장치가 자동적으로 작동 |
| 아날로그식 수신기 | • 아날로그 감지기로부터 신호를 수신한 경우 예비표시신호 및 화재표시등과 지구경종이 동시에 작동<br>• 입력신호량(열 또는 연기)을 단계별로 표시하는 기능이 있을 것<br>• 아날로그 감지기의 작동레벨 조정장치가 있을 것 | |
| 간이형 수신기<br>(유선식 또는 무선식) | 수신기 및 가스누설경보기의 기능을 각각 또는 함께 가지고 있는 수신기로써 수신기 및 가스누설경보기의 구조 및 기능을 단순화시켜 구성되거나 여기에 화재, 가스누설을 자동 탐지하여 경보하여주는 기능 또는 도난경보, 원격제어기능 등이 복합적으로 구성된 제품 | ① 화재수신용<br>② 가스누설수신용<br>③ 화재수신용 및 가스누설수신용 |
| 무선식 수신기 | 전파에 의해 신호를 송·수신하는 방식의 수신기 | |
| | 기능 | 감지기 등의 건전지 성능저하신호 발신 개시부터 수신완료까지 시간 | 200초 이내 |
| | | 수동 또는 자동(주기 168시간 이내) 통신점검 개시로부터 확인신호 수신까지 소요시간 | 200초 이내 |
| | | 통신점검시험 중에도 다른 회선의 화재신호 시 화재표시가 될 것 | |
| | | 수신성능시험(10개의 화재신호를 동시에 발신할 때) | 최초 화재표시 : 5초 이내<br>모든 화재표시 : 100초 이내 |

# 03

**다음의 공급점에서 해당 지점까지의 부하전류가 아래의 표와 같이 흐르고 있다. 공급점에서 부하중심점까지의 거리를 구하시오.**

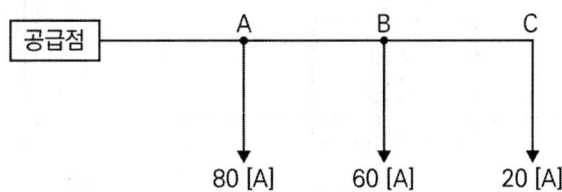

| 지점 | 공급점에서의 거리 |
|---|---|
| A | 40 [m] |
| B | 60 [m] |
| C | 100 [m] |

**정답**

$$L = \frac{\sum LI}{\sum I} = \frac{L_1 I_1 + L_2 I_2 + L_3 I_3}{I_1 + I_2 + I_3} = \frac{(40 \times 80) + (60 \times 60) + (100 \times 20)}{80 + 60 + 20} = 55 [m]$$

답 | 55 [m]

**선생님 TIP**

2017년 기사 시험에도 출제되었던 문제입니다.
공급점에서 부하중심점까지의 거리를 구하는 공식 $L = \dfrac{\sum LI}{\sum I}$ 을 암기해둡시다!
공급점으로부터 분산된 부하가 여러 개 있는 경우 동일 선로로 떨어져 있는 부하를 한 지점으로 하여 동일 전류를 공급할 때의 부하 중심 거리를 구하는 문제입니다.

## 04

다음은 열전대식 차동식 분포형 감지기를 나타낸 것이다. 각 물음에 답하시오.

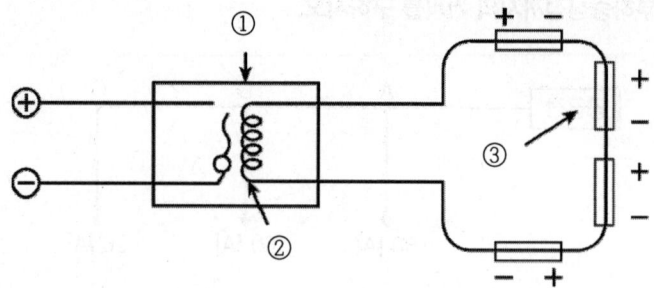

가. ①, ②, ③의 명칭을 쓰시오.

나. 하나의 검출부에 접속하는 열전대부는 몇 개 이하로 해야 하는지 쓰시오.

다. 열전대부는 감지구역의 바닥면적 몇 [m²]마다 1개 이상으로 해야 하는가? (단, 주요구조가 내화구조가 아닌 특정 소방대상물이고 다른 조건은 고려하지 않는다)

### 정답

가. ① 검출부, ② 접점, ③ 열전대

나. 20개 이하

다. 18 [m²]

### 핵심이론 열전대식 차동식 분포형 감지기

(1) 작동원리 : 열전대부 가열 → 열기전력 발생 → 미터릴레이 전류 흐름 → 접점 동작 → 화재신호

(2) 설치기준
  ① 열전대부는 감지구역 바닥면적 18 [m²](내화구조 : 22 [m²])마다 1개 이상으로 할 것, 다만 바닥 면적이 72 [m²](내화구조 : 88 [m²]) 이하인 특정 소방대상물에 대해서는 4개 이상으로 할 것
  ② 하나의 검출부에 접속하는 열전대부는 20개 이하일 것

| 주요 구조부 | 면적 | 열전대부 개수 |
|---|---|---|
| 일반 | 18 [m²] | 1개 이상 |
| | 72 [m²] 이하 대상물 | 4개 이상 |
| 내화 | 22 [m²] | 1개 이상 |
| | 88 [m²] 이하 대상물 | 4개 이상 |

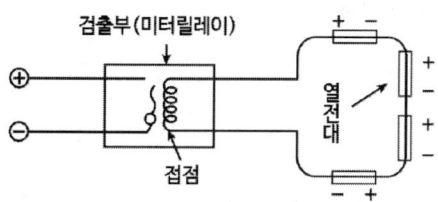

## 05

배점 7

소방시설 설치 및 안전관리에 관한 법률 시행령과 비상콘센트설비의 화재안전기술기준에 관한 내용이다. 다음 각 물음에 답하시오.

가. 비상콘센트를 설치해야 하는 장소 3가지를 적으시오. (단, 위험물 저장 및 처리처리시설 중 가스시설 및 지하구는 제외한다)
  ①
  ②
  ③

나. 비상콘센트의 설치 높이를 쓰시오.

다. 하나의 전용회로에 설치하는 비상콘센트는 몇 개 이하로 해야 하는지 쓰시오.

라. 하나의 전용회로에 설치하는 비상콘센트가 6개일 때 전선의 용량은 비상콘센트 몇 개의 공급용량을 합한 용량 이상의 것으로 해야 하는지 쓰시오.

마. 전원회로의 배선은 어떤 배선으로 해야 하는지 쓰시오.

### 정답

가. ① 층수가 11층 이상인 특정소방대상물의 경우 11층 이상의 층
  ② 지하층의 층수가 3층 이상이고 지하층의 바닥면적의 합계가 1000 [m²] 이상인 경우 지하층의 모든 층
  ③ 터널로서 길이가 500 [m] 이상인 것

| 소방대상물 | 설치대상 |
| --- | --- |
| 층수가 11층 이상인 특정소방대상물 | 11층 이상의 층 |
| 지하층의 층수가 3층 이상이고, 지하층의 바닥면적의 합계가 1000 [m²] 이상인 것 | 지하층의 모든 층 |
| 터널 | 길이 500 [m] 이상 |
| 위험물 저장 및 처리시설 중 가스시설 또는 지하구는 제외 | |

나. 0.8 [m] 이상 1.5 [m] 이하

다. 10개 이하

라. 3개

마. 내화배선

> **핵심이론** 비상콘센트설비 전원회로기준
>
> - 전원회로는 단상교류 220 [V]인 것으로서, 공급용량은 1.5 [kVA] 이상인 것으로 할 것
> - 전원회로는 각 층에 있어서 2 이상이 되도록 설치할 것(단, 설치하여야 할 층의 비상콘센트가 1개일 때에는 하나의 회로로 할 수 있다)
> - 전원회로는 주배전반에서 전용회로로 할 것
> - 전원으로부터 각 층의 비상콘센트에 분기되는 경우에는 분기배선용 차단기를 보호함 안에 설치할 것
> - 콘센트마다 배선용 차단기를 설치하여야 하며, 충전부는 노출되지 않도록 할 것
> - 개폐기에는 '비상콘센트'라고 표시한 표지를 할 것
> - 비상콘센트용 풀박스 등은 방청도장을 한 것으로서, 두께 1.6 [mm] 이상의 철판으로 할 것
> - 하나의 전용회로에 설치하는 비상콘센트는 10개 이하로 하며, 이 경우 전선의 용량은 각 비상콘센트(비상콘센트가 3개 이상인 경우에는 3개)의 공급용량을 합한 용량 이상의 것으로 할 것

## 06    배점 4

스프링클러설비에서 감시제어반과 동력제어반으로 구분하여 설치하지 않아도 되는 경우 4가지를 쓰시오.

①      ②      ③      ④

> **정답**
>
> ① 다음의 어느 하나에 해당하지 않는 특정소방대상물에 설치되는 경우
>   ㉠ 지하층을 제외한 층수가 7층 이상으로서 연면적이 2000 [m²] 이상인 것
>   ㉡ ㉠에 해당하지 않는 특정소방대상물로서 지하층의 바닥면적 합계가 3000 [m²] 이상인 것
> ② 내연기관에 따른 가압송수장치를 사용하는 경우
> ③ 고가수조에 따른 가압송수장치를 사용하는 경우
> ④ 가압수조에 따른 가압송수장치를 사용하는 경우

## 07

**이산화탄소소화설비에서 사이렌과 방출표시등의 설치위치과 설치목적을 쓰시오.**

가. 사이렌
   ① 설치위치
   ② 목적

나. 방출표시등
   ① 설치위치
   ② 목적

---

**정답**

가. 사이렌
   ① 설치위치 : 방호구역 내
   ② 목적 : 방호구역 내의 인원대피 위함

나. 방출표시등
   ① 설치위치 : 방호구역 외부 출입구 상단
   ② 목적 : 약제가 방출되니 실내 진입금지

- 가스계소화설비는 교차회로방식으로써 루프와 말단은 4가닥, 나머지는 8가닥이다.
- 교차회로방식이기 때문에 종단저항은 2개이다.
- 방출표시등 : 소화가스의 방출을 알려 실내로의 입실 금지, 실외 출입구 상부설치 (실 밖의 출입문 상부에 설치)
- 사이렌 : 방호구역 내의 인원대피 위함, 방호구역 내 설치
- 감지기(A, B) 동시 작동 → 수신반에 신호(화재등 및 지구등 점등) → 사이렌경보 → 기동용 솔레노이드밸브 작동 → 소화약제 방출 → 압력스위치 작동 → 수신반에 신호 → 방출표시등 점등

## 08 배점 6

**전력용 콘덴서에 대한 다음 각 물음에 답하시오.**

가. 역률 0.6, 부하용량 200 [kVA]를 공급하고 있는 단상부하가 있다. 부하에 병렬로 전력용 콘덴서를 연결하여 역률을 0.95로 개선하고자 한다. 이때 전력용 콘덴서의 용량[kVA]을 구하시오.

나. 잔류 전하를 방전하기 위해 전력용 콘덴서에 연결하는 것을 쓰시오.

다. 전력용 콘덴서에 설치하는 직렬리액터의 역할을 쓰시오.

### 정답

가. $P = P_a \cos\theta = 200 \times 0.6 = 120 [kW]$

전력용 콘덴서용량 $Q_c = P\left(\dfrac{\sqrt{1-\cos^2\theta_1}}{\cos\theta_1} - \dfrac{\sqrt{1-\cos^2\theta_2}}{\cos\theta_2}\right)$

$= 120 \times \left(\dfrac{\sqrt{1-0.6^2}}{0.6} - \dfrac{\sqrt{1-0.95^2}}{0.95}\right)$

$= 120.56 [kVA]$

나. 방전코일

- 콘덴서가 계통에서 분리되는 경우 단시간에 잔류전하를 방전하기 위한 목적으로 설치하며 운전자의 안전과 안정적인 운영을 위해 설치한다.
- 콘덴서 재투입 시 잔류전하에 의한 과전압방지

다. 제5고조파 파형 개선을 위해

콘덴서 사용 시 고조파에 의한 파형 왜곡방지와 돌입전류, 과전압을 억제하며 파형 개선 가능

### 핵심이론 역률개선용 콘덴서용량

$$Q_c = P\left(\dfrac{\sqrt{1-\cos\theta_1^2}}{\cos\theta_1} - \dfrac{\sqrt{1-\cos\theta_2^2}}{\cos\theta_2}\right)$$

$Q_C$ : 콘덴서용량 [kVA], $P$ : 유효전력 [kW]
$\cos\theta_1$ : 개선 전 역률, $\cos\theta_2$ : 개선 후 역률

# 09

배점 5

비상콘센트설비의 전원 및 콘센트 등에 대한 다음 빈칸에 알맞은 말을 넣으시오.

가. 비상콘센트설비를 유효하게 ( ① ) 이상 작동시킬 수 있는 용량으로 할 것

나. 비상전원을 실내에 설치하는 때에는 그 실내에 ( ② )을(를) 설치할 것

### 정답

① 20분, ② 비상조명등

### 핵심이론 | 비상콘센트설비의 화재안전기술기준(NFTC 504)

2.1 전원 및 콘센트 등

2.1.1 비상콘센트설비에는 다음의 기준에 따른 전원을 설치해야 한다.

2.1.1.1 상용전원회로의 배선은 저압수전인 경우에는 인입개폐기의 직후에서, 고압수전 또는 특고압수전인 경우에는 전력용 변압기 2차 측의 주차단기 1차 측 또는 2차 측에서 분기하여 전용배선으로 할 것

2.1.1.2 지하층을 제외한 층수가 7층 이상으로서 연면적이 2,000 [m²] 이상이거나 지하층의 바닥면적의 합계가 3,000 [m²] 이상인 특정소방대상물의 비상콘센트설비에는 자가발전설비, 비상전원수전설비, 축전지설비 또는 전기저장장치(외부 전기에너지를 저장해두었다가 필요한 때 전기를 공급하는 장치를 말한다)를 비상전원으로 설치할 것. 다만 2 이상의 변전소에서 전력을 동시에 공급받을 수 있거나 하나의 변전소로부터 전력의 공급이 중단되는 때에는 자동으로 다른 변전소로부터 전력을 공급받을 수 있도록 상용전원을 설치한 경우에는 비상전원을 설치하지 않을 수 있다.

2.1.1.3 2.1.1.2에 따른 비상전원 중 자가발전설비, 축전지설비 또는 전기저장장치는 다음 기준에 따라 설치하고, 비상전원수전설비는 「소방시설용 비상전원수전설비의 화재안전기술기준(NFTC 602)」에 따라 설치할 것

2.1.1.3.1 점검에 편리하고 화재 및 침수 등의 재해로 인한 피해를 받을 우려가 없는 곳에 설치할 것

2.1.1.3.2 비상콘센트설비를 유효하게 20분 이상 작동시킬 수 있는 용량으로 할 것

2.1.1.3.3 상용전원으로부터 전력의 공급이 중단된 때에는 자동으로 비상전원으로부터 전력을 공급받을 수 있도록 할 것

2.1.1.3.4 비상전원의 설치장소는 다른 장소와 방화구획할 것. 이 경우 그 장소에는 비상전원의 공급에 필요한 기구나 설비 외의 것(열병합발전설비에 필요한 기구나 설비는 제외한다)을 두어서는 안 된다.

2.1.1.3.5 비상전원을 실내에 설치하는 때에는 그 실내에 비상조명등을 설치할 것

## 10

다음은 자동화재탐지설비와 준비작동식 스프링클러설비의 간선계통도를 나타낸 것이다. 각 물음에 답하시오.

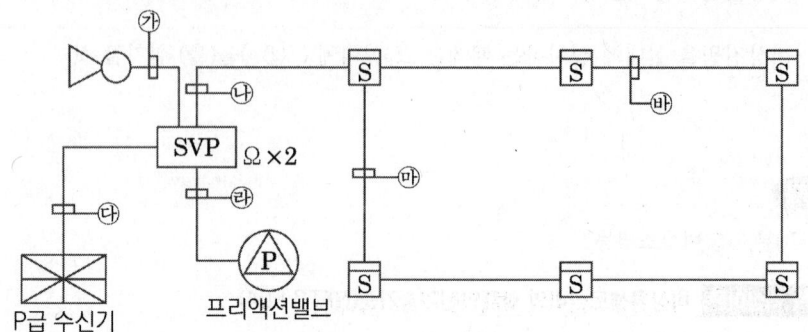

가. ㉮ ~ ㉯의 매설 가닥 수를 쓰시오. (단, 프리액션밸브용 감지기공통선과 전원공통선은 분리해서 사용하고 압력스위치, 탬퍼스위치 및 솔레노이드밸브용 공통선은 1가닥을 사용하는 조건이다. 경종과 표시등 공통선은 하나로 한다)

| 기호 | ㉮ | ㉯ | ㉰ | ㉱ | ㉲ | ㉳ |
|---|---|---|---|---|---|---|
| 가닥 수 | | | | | | |

나. ㉰의 배선 용도를 쓰시오.

### 정답

가.

| 기호 | ㉮ | ㉯ | ㉰ | ㉱ | ㉲ | ㉳ |
|---|---|---|---|---|---|---|
| 가닥 수 | 2가닥 | 8가닥 | 9가닥 | 4가닥 | 4가닥 | 4가닥 |

나. 전원(+), 전원(-), 감지기공통, 감지기 A, 감지기 B, 사이렌, 압력스위치, 솔레노이드밸브, 탬퍼스위치

| 기호 | 구분 | 배선수 | 배선의 용도 |
|---|---|---|---|
| ㉮ | 사이렌 ↔ SVP | 2 | 사이렌 2 |
| ㉯ | 감지기 ↔ SVP | 8 | 지구 4, 공통 4 |
| ㉰ | SVP ↔ 수신기 | 9 | 전원 ⊕·⊖, 사이렌, 감지기 A·B, 솔레노이드밸브, 압력스위치, 탬퍼스위치, 감지기공통 |
| ㉱ | Preaction Valve ↔ SVP | 4 | 솔레노이드밸브, 압력스위치, 탬퍼스위치, 공통 |
| ㉲ | 감지기 ↔ 감지기 | 4 | 지구 2, 공통 2 |
| ㉳ | 감지기 ↔ 감지기 | 4 | 지구 2, 공통 2 |

- 지구선(= 지구, 회로, 회로선)
- 공통선(= 공통, 회로공통선, 신호공통선, 감지기공통선)
- 솔레노이드밸브 = 밸브기동 = SV(Solenoid Valve) = SOL
- 압력스위치 = 밸브개방확인 = PS(Pressure Switch)
- 템퍼스위치 = 밸브주의 = TS(Tamper Switch)
- 자동화재탐지설비에 있어서는 감지기 배선을 송배선식으로 한다. 따라서 루프는 2가닥 나머지는 4가닥이다.
- 준비작동식 스프링클러설비에 있어서는 감지기 배선을 교차회로방식으로 한다. 따라서 루프와 말단은 4가닥, 나머지는 8가닥이다. 또한 교차회로방식이기 때문에 SVP에 종단저항[$\Omega$]이 2개가 설치가 된다.
- 전원공통선과 감지기공통선을 분리했기 때문에 감지기공통선 1가닥이 추가된 것이며, SV, PS, TS 공통선을 1가닥으로 사용하였기 때문에 공통선 1가닥이다.

# 11

배점 4

**자동화재탐지설비에서 감지기 비화재보의 원인 4가지를 쓰시오.**

①
②
③
④

### 정답

① 배선의 단락, 절연불량
② 감지기 자체 기능 불량
③ 수신기 기능 불량
④ 담배연기, 음식조리, 분진 등에 의해

## 12

배점 9

다음은 단상전동기의 기동제어회로이다. 푸시버튼스위치(PBS)에 의해 기동·정지가 가능하도록 미완성 회로도를 완성하고, 회로도에 사용된 문자기호의 명칭을 쓰시오.

가. 기동정지가 가능하도록 미완성 도면을 완성하시오.

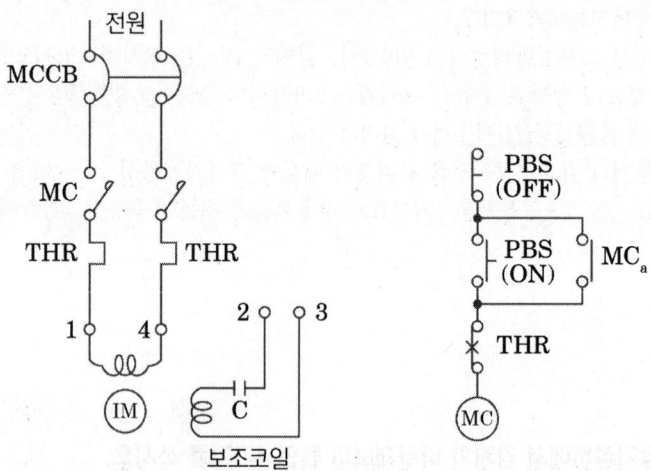

나. 회로도에 사용된 다음 기호의 우리말 명칭을 작성하시오.

① Thr  ② MC
③ MCCB  ④ IM

### 정답

가.

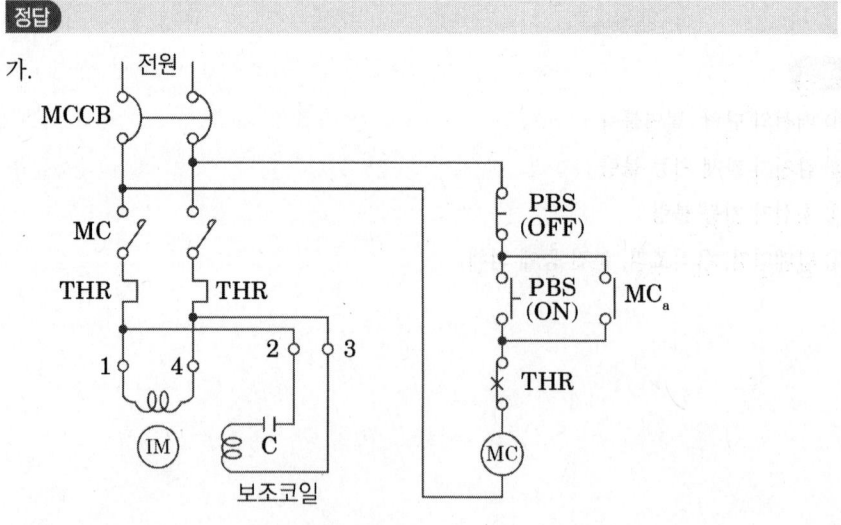

* 보조코일 2, 3은 THR 아래에 접속하는 것에 주의할 것

나. ① Thr : 열동계전기
   ② MC : 전자접촉기
   ③ MCCB : 배선용 차단기
   ④ IM : 유도전동기

### 핵심이론 시퀀스회로 심벌

| 심벌 | 명칭 |
|---|---|
|  ⌒ | 배선용 차단기(Molded-case Circuit Breaker : MCCB) |
| (MC) | 전자접촉기(전자개폐기 코일, Magnetic Contactor : MC) |
| (IM) | 단상유도전동기(Induction Motor : IM) |
| 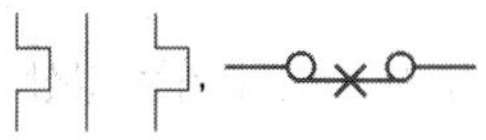 ⊐⊏ , —o×o— | 열동계전기(Thermal Relay : THR) |

## 13

수신기 기능시험 9가지를 쓰시오.

배점 9

① ② ③
④ ⑤ ⑥
⑦ ⑧ ⑨

### 정답

① 화재표시작동시험    ② 회로도통시험
③ 공통선시험          ④ 동시작동시험
⑤ 회로저항시험        ⑥ 예비전원시험
⑦ 저전압시험          ⑧ 비상전원시험
⑨ 지구음향장치 작동시험

### 핵심이론 P형 수신기시험

□ 예비전원시험
- 목적 : 정전 시 상용전원에서 예비전원 자동전환 여부 확인 및 정상상태 복구 시 상용전원으로 자동전환 여부 확인
- 시험방법
  ① 수신기스위치 중 "예비전원스위치"를 누름(예비전원전압 표시 및 예비전원등 점등 확인)
  ② 전압계의 지시치가 지정치의 범위 내에 있는지 확인
  ③ 교류전원을 개로하고 자동절환 릴레이의 작동상황 조사
- 가부판정 : 예비전원의 전압, 용량, 절환상황 및 복구 작동이 정상일 것

□ 수신기시험
- 화재표시작동시험 : 지구표시등, 화재표시등 점등, 음향장치 명동 확인
- 예비전원시험 : 정전 시 상용전원에서 예비전원 자동전환 여부 확인 및 정상상태 복구 시 상용전원으로 자동전환 여부 확인
- 동시작동시험(회로 수가 2회선 이상) : 2회로 이상 동작 시 수신기 기능 정상 여부 확인
- 공통선시험 : 공통선이 담당하고 있는 경계구역의 적정 여부 확인
- 회로도통시험 : 감지기회로의 단선, 단락 및 접속상태의 이상 유무를 파악
- 저전압시험 : 저전압상태(정격전압 80 [%] 이하) 수신기 기능 유지 확인
- 회로저항시험 : 감지기회로 1회선 선로 저항이 수신기 기능에 이상을 주지 않는 것을 확인
- 지구음향장치 작동시험 : 감지기의 작동과 연동하여 당해 지구음향장치가 정상으로 작동하는가 확인하기 위한 시험
- 비상전원시험 : 상용전원이 사고 등으로 정전된 경우 자동적으로 비상전원으로 절환되며, 또한 정전복구 시에 자동적으로 일반 상용전원으로 절환되는지 여부 확인

## 14
배점 5

분전반으로부터 35 [m] 떨어진 거리에 220 [V] 단상 2선식 전압공급방식의 20 [W] 유도등 30개를 설치하려고 한다. 다음 각 물음에 답하시오. (단, 전압과 전류의 위상차는 없다)

[전선의 공칭단면적]
1.5  2.5  4  6  10  16  25  35  50

가. 부하전류의 크기 [A]를 구하시오.

나. 전선의 공칭단면적 [mm²]을 구하시오.

**정답**

가. $P = VI$

$\therefore I = \dfrac{P}{V} = \dfrac{20 \times 30}{220} = 2.73[A]$

나. $e = \dfrac{35.6LI}{1000A}$

$\therefore A = \dfrac{35.6LI}{1000 \times e}$

이때 전압강하 $e$는 문제에서 2 [%] 이내가 되도록 한다 하였으므로
$220 \times 0.02 = 4.4[V]$이다.

$\therefore A = \dfrac{35.6 \times 35 \times 2.73}{1000 \times 4.4} = 0.77[mm^2]$

공칭단면적을 구하라고 하였으므로

답 | 1.5 [mm²]

### 핵심이론 축전지용량 구하는 식

□ 전압강하
- 단상 2선식 $e = V_s - V_r = 2IR$ [V]
- 3상 3선식 $e = V_s - V_r = \sqrt{3}\,IR$ [V]

$e$ : 전압강하 [V], $V_s$ : 정격전압 [V], $V_r$ : 단자전압 [V]

□ 전압강하(조건에 저항이 없을 때)

| 전기방식 | 전압강하 |
| --- | --- |
| 단상 2선식 | $e = \dfrac{35.6LI}{1000A}$ |
| 3상 3선식 | $e = \dfrac{30.8LI}{1000A}$ |
| 3상 3선식 | $e = \dfrac{30.8LI}{1000A}$ |
| 단상 3선식, 3상 4선식 | $e = \dfrac{17.8LI}{1000A}$ |

여기서 L : 선로길이 [m], I : 전부하전류 [A]
$e$ : 한 선의 전압강하 [V], A : 전선의 단면적 [mm²]

## 15

배점 3

다음은 한국전기설비규정에서 정하고 있는 전선의 색상을 나타낸 것이다. 빈칸에 알맞은 색상을 정확하게 기재하시오.

| 상(전원) | 색상 | 상(전원) | 색상 |
|---|---|---|---|
| L1 | 갈색 | N | ② |
| L2 | 흑색 | 보호도체 | ③ |
| L3 | ① | | |

### 정답

① 회색
② 청색
③ 녹황교차

#### 핵심이론 KS C IEC 60445 전선의 색상

| 상(전원) | 색상 |
|---|---|
| L1 | 갈색 |
| L2 | 흑색 |
| L3 | 회색 |
| N | 청색 |
| 보호도체 | 녹색/황색(교차) |

## 16

배점 5

20 [m] 이상인 곳에 부착할 수 있는 감지기의 종류 3가지를 쓰시오. (단, 자동화재탐지설비 및 시각경보장치의 화재안전기술기준에 따르며, 다른 조건은 무시한다)

### 정답

① 불꽃감지기
② 광전식 분리형 중 아날로그방식
③ 광전식 공기흡입형 중 아날로그방식

### 핵심이론 감지기의 부착높이별 설치기준

| 부착높이 | 감지기의 종류 |
|---|---|
| 8 [m] 이상<br>15 [m] 미만 | • 차동식 분포형<br>• 이온화식 1종 또는 2종<br>• 광전식(스포트형, 분리형, 공기흡입형) 1종 또는 2종<br>• 연기복합형<br>• 불꽃감지기 |
| 15 [m] 이상<br>20 [m] 미만 | • 이온화식 1종<br>• 광전식(스포트형, 분리형, 공기흡입형) 1종<br>• 연기복합형<br>• 불꽃감지기 |
| 20 [m] 이상 | • 불꽃감지기<br>• 광전식(분리형, 공기흡입형) 중 아날로그방식 |

※ 부착높이가 높아지면 열감지기는 적응성이 없어진다(열은 올라가다가 식어버리기 때문에).
※ 불꽃감지기는 부착높이에 따라 어디든지 적응성이 있다.

## 17
배점 5

다음은 내화구조인 지상 5층 건물의 3층에 있는 사무실의 평면도를 나타낸 것이다. 다음 설계조건을 참조하여 자동화재탐지설비를 설계하시오. (단, 감지기 부착높이는 3.8 [m]이다)

**조건**

1. 차동식 스포트형 감지기(2종)을 설치하고 소방관계법령에서 정하는 소방도시기호를 사용한다.
2. 천장 은폐배선을 사용한다.
3. 설계 시 복도는 고려하지 않는다.
4. 평면도상에 종단저항을 표시하도록 한다.
5. 배선의 가닥 수를 표시한다. (예  )
6. 감지기는 루프배선으로 하며 종단저항은 발신기세트함에 설치한다.

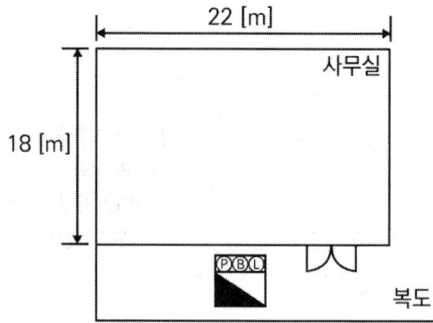

### 정답

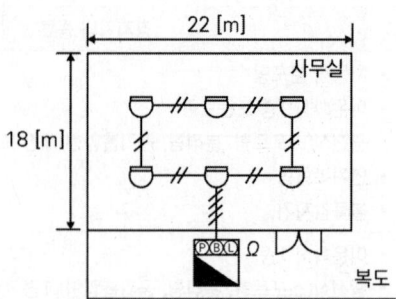

차동식 스포트형 감지기 2종을 내화구조인 건축물, 부착높이 3.8 [m] 위치에 설치할 때 바닥면적 70 [m²]마다 설치한다.

∴ $\frac{22 \times 18}{70} = 5.66$ → 절상해서 6개 설치한다.

자동화재탐지설비에서 종단저항을 발신기에 설치하는 경우 루프는 2가닥, 나머지는 4가닥이다.

### 핵심이론 | 배선공사

□ 열감지기 설치면적 (단위 : [m²])

| 부착높이 및 특정소방대상물의 구분 | | 감지기의 종류 | | | | | | |
|---|---|---|---|---|---|---|---|---|
| | | 차동식 스포트형 | | 보상식 스포트형 | | 정온식 스포트형 | | |
| | | 1종 | 2종 | 1종 | 2종 | 특종 | 1종 | 2종 |
| 4 [m] 미만 | 내화구조 | 90 | 70 | 90 | 70 | 70 | 60 | 20 |
| | 기타구조 | 50 | 40 | 50 | 40 | 40 | 30 | 15 |
| 4 [m] 이상 8 [m] 미만 | 내화구조 | 45 | 35 | 45 | 35 | 35 | 30 | |
| | 기타구조 | 30 | 25 | 30 | 25 | 25 | 15 | |

□ 자동화재탐지설비의 교차회로방식

하나의 담당구역 내에 2 이상의 감지기회로를 설치하고 2 이상의 감지기회로가 동시에 감지되는 때에 설비가 작동하는 방식

□ 교차회로방식으로 감지기를 설치하여야 하는 자동식 소화설비

분말소화설비, 할론소화설비, 할로겐화합물 및 불활성기체소화설비, 이산화탄소소화설비, 준비작동식 스프링클러설비, 일제살수식 스프링클러설비

□ 옥내배선 그림 기호

| 명칭 | 그림 기호 | 개요 |
|---|---|---|
| 천장 은폐배선 | ——— | 전선의 종류를 표시할 필요가 있는 경우는 기호를 기입<br>예 450/750 [V] 저독성 난연가교 폴리올레핀 절연전선 → HFIX 전선 |
| 천장 속 은폐배선 | —·—·— | |
| 바닥 은폐배선 | – – – – | |
| 노출배선 | – – – – | |
| 바닥면 노출배선 | –··–··– | |

## 18 [배점 4]

객석통로의 길이가 14 [m]인 극장에 설치해야 하는 객석유도등 개수를 구하시오.

**정답**

$\dfrac{14}{4} - 1 = 2.5$ → 절상해서 3 [개]

답 | 3 [개]

**핵심이론** 객석유도등 설치개수 산정식(절상)

$$설치개수 = \dfrac{객석통로의\ 직선부분의\ 길이\ [m]}{4} - 1$$

# 2024년 2회

2024.07.28

## 01 [배점 6]

다음은 전기계측기기와 측정법에 대한 내용이다. 빈칸에 알맞은 전기계측기기 또는 측정법을 쓰시오.

| ① | • 가동철편의 움직임으로 기계적인 지시계로 전달되어 전류의 크기를 나타냄<br>• 클램프메터라고도 하며 교류용, 직교류 양용(兩用) 가능 |
|---|---|
| ② | • 분전반, 전기기기 등의 절연저항을 측정하는 계측기<br>• 영점측정(L-E 단자를 단락시킨 상태에서 0점 측정), 개방측정(L-E 단자를 개방시킨 상태에서 저항값 무한대측정), 건전지(건전지식)점검 등 |
| ③ | • 접지저항을 측정하는 브리지 측정법<br>• 본 접지극 1개와 보조 접지극 2개를 사용 |

### 정답

① 후크온미터
② 절연저항계(메거)
③ 코올라우시 브리지 측정법

### 📌 핵심이론 측정기 종류

1) 전류 측정(후크온미터) : 전선의 전류 측정
2) 검류계
   (1) 저항 측정

| 메거(Megger) | • 배선의 절연저항 측정 |
|---|---|
| 캘빈 더블 브리지 | • 굵은 나전선의 저항 측정 |
| 휘스톤 브리지 | • 수천 옴의 가는 전선 저항 측정<br>• 검류계 내부저항 측정 |
| 코올라우쉬 브리지 | • 축전지의 내부저항, 전해액 저항 측정, 접지저항 측정 |
| 어스(Earth) 테스터 | • 접지저항 측정 |

   (2) 인덕턴스 측정
   ① 맥스웰 브리지법
   ② 헤비사이드 브리지법
   ③ 헤이 브리지

## 02

배점 5

금속관 공사에 사용하는 자재의 기능을 쓰시오.

가. 부싱

나. 리머

다. 새들

라. 커플링

마. 노멀밴드

### 정답

가. 전선의 절연피복 보호하기 위하여 금속관 끝에 취부하여 사용되는 부품
나. 금속관 말단의 모를 다듬기 위한 기구
다. 관을 지지하는 데 사용
라. 관이 고정되어 있지 않을 때 금속관 상호 간을 접속하는 데 사용
마. 매입배관공사를 할 때 관을 직각으로 굽히는 곳에 사용

### 핵심이론 금속관공사재료

| 명칭 | 외형 | 설명 |
| --- | --- | --- |
| 부싱 (Bushing) | | 전선의 절연피복을 보호하기 위하여 금속관 끝에 취부하여 사용되는 부품 |
| 유니언커플링 (Union Coupling) | | 금속전선관 상호 간을 접속하는 데 사용되는 부품 (관이 고정되어 있을 때) |
| 노멀밴드 (Normal Bend) | | 매입배관공사를 할 때 직각으로 굽히는 곳에 사용하는 부품 |
| 유니버설엘보 (Universal Elbow) | | 노출배관공사를 할 때 관을 직각으로 굽히는 곳에 사용하는 부품 |
| 링리듀서 (Ring Reducer) | | 금속관을 아웃렛 박스에 로크너트만으로 고정하기 어려울 때 보조적으로 사용되는 부품 |
| 커플링 (Coupling) | | 금속전선관 상호 간을 접속하는 데 사용되는 부품(관이 고정되어 있지 않을 때) |

| 명칭 | 외형 | 설명 |
|---|---|---|
| 새들(Saddle) | | 관을 지지하는 데 사용하는 재료 |
| **로크너트<br>(Lock Nut)** | | **금속관과 박스를 접속할 때 사용하는 재료로 최소 2개를 사용한다.** |
| 리머<br>(Reamer) | | • 목적 : 금속관 말단의 모를 다듬기 위한 기구<br>• 사용이유 : 전선의 피복보호 |
| 파이프커터<br>(Pipe Cutter) | | 금속관을 절단하는 기구 |
| 환형 3방출<br>정크션박스 | | 배관을 분기할 때 사용하는 박스 |
| 파이프벤더<br>(Pipe Bender) | | 금속관(후강전선관, 박강전선관)을 구부릴 때 사용하는 공구 |
| 후강전선관 | | 1. 콘크리트 매입배관용으로 사용되는 강관<br>2. 관의 호칭은 안지름의 근사치짝수로 표시<br>   (16, 22, 28, 36, 42, 54 [mm] …….) |
| 박강전선관 | | 1. 노출 배관용, 일반배관용으로 사용되는 강관<br>2. 관의 호칭은 바깥지름의 근사치를 홀수로 표시<br>   (19, 25, 31, 39, 51 [mm] …….) |
| 스트레이트 박스<br>커넥터 | | 가요전선관과 박스의 연결에 사용되는 부품 |
| 콤비네이션<br>커플링 | | 가요전선관과 금속전선관 연결에 사용되는 부품 |
| 스프리트<br>커플링 | | 가요전선관과 가요전선관 연결에 사용되는 부품 |

## 03

배점 8

소방시설 설치 및 관리에 관한 법률 시행규칙에 따라 소방시설 자체점검을 위한 점검 장비에 대한 내용이다. 빈칸에 알맞은 내용을 넣으시오.

| 소방시설 | 점검장비 |
|---|---|
| 모든 소방시설 | 방수압력측정계, ( ① ), ( ② ) |
| 자동화재탐지설비<br>시각경보기 | ( ③ ), 연(煙)감지기시험기, 공기주입시험기,<br>감지기시험기연결막대, 음량계 |
| 누전경보기 | ( ④ ) |
| 무선통신보조설비 | 무선기 |
| 통로유도등, 비상조명등 | 조도계(밝기 측정기) |

### 정답

① 절연저항계(절연저항측정기)  ② 전류전압측정계
③ 열감지기시험기  ④ 누전계

### 핵심이론 자체점검장비

| 소방시설 | 점검 장비 |
|---|---|
| 모든 소방시설 | 방수압력측정계, 절연저항계(절연저항측정기),<br>전류전압측정계 |
| 소화기구 | 저울 |
| 옥내소화전설비<br>옥외소화전설비 | 소화전밸브압력계 |
| 스프링클러설비<br>포소화설비 | 헤드결합렌치<br>(볼트, 너트, 나사 등을 죄거나 푸는 공구) |
| 이산화탄소소화설비<br>분말소화설비<br>할론소화설비<br>할로겐화합물 및 불활성기체소화설비 | 검량계, 기동관누설시험기,<br>그 밖에 소화약제의 저장량을 측정할 수 있는<br>점검기구 |
| 자동화재탐지설비<br>시각경보기 | 열감지기시험기, 연(煙)감지기시험기,<br>공기주입시험기, 감지기시험기연결막대, 음량계 |
| 누전경보기 | 누전계 |
| 무선통신보조설비 | 무선기 |
| 제연설비 | 풍속풍압계, 폐쇄력측정기, 차압계(압력차 측정기) |
| 통로유도등<br>비상조명등 | 조도계(밝기 측정기) |

## 04

역률 0.7, 출력 200 [kW]인 전동기 부하가 있다. 역률을 0.9로 개선하기 위하여 필요한 전력용 콘덴서의 용량[kVA]을 구하시오.

○ 계산과정 :                    ○ 답 :

### 정답

☑ 계산과정

전력용 콘덴서용량 $Q_c = P\left(\dfrac{\sqrt{1-\cos^2\theta_1}}{\cos\theta_1} - \dfrac{\sqrt{1-\cos^2\theta_2}}{\cos\theta_2}\right)$

$= 200 \times \left(\dfrac{\sqrt{1-0.7^2}}{0.7} - \dfrac{\sqrt{1-0.9^2}}{0.9}\right) = 107.18\,[kVA]$

답 | 107.18 [kVA]

#### 핵심이론 역률개선용 콘덴서용량 구하는 식

$Q_c = P\left(\dfrac{\sqrt{1-\cos\theta_1^2}}{\cos\theta_1} - \dfrac{\sqrt{1-\cos\theta_2^2}}{\cos\theta_2}\right)$

$Q_C$ : 콘덴서용량 [kVA], $P$ : 유효전력 [kW]
$\cos\theta_1$ : 개선 전 역률, $\cos\theta_2$ : 개선 후 역률

## 05

다음 소방시설 도시기호의 명칭을 쓰시오.

| ① | ② | ③ | ④ | ⑤ |
|---|---|---|---|---|
| ◐ | ◉ | Ⓑ | ∪ | ⑤ |

### 정답

① 표시등  ② 피난구유도등  ③ 비상벨  ④ 차동식 스포트형 감지기  ⑤ 연기감지기

#### 핵심이론 소방시설 도시기호

| 명칭 | 도시기호 | 명칭 | 도시기호 |
|---|---|---|---|
| 차동식 스포트형 감지기 | ∪ | 기동누름버튼 | Ⓔ |

| 명칭 | 도시기호 | 명칭 | 도시기호 |
|---|---|---|---|
| 보상식 스포트형 감지기 | | 이온화식 감지기 (스포트형) | $\boxed{S}_I$ |
| 정온식 스포트형 감지기 | | 광전식 연기감지기 (아날로그) | $\boxed{S}_A$ |
| 연기감지기 | $\boxed{S}$ | 광전식 연기감지기 (스포트형) | $\boxed{S}_P$ |
| 감지선 | ─⊙─ | 감지기간선, HIV1.2 [mm] × 4(22C) | ─ F ─//// ─ |
| 공기관 | ──── | 감지기간선, HIV1.2 [mm] × 8(22C) | ─ F ─////──//// ─ |
| 열전대 | | 유도등간선 HIV2.0 [mm] × 3(22C) | ─ EX ─ |
| 열반도체 | ⊙⊙ | 경보부저 | BZ |
| 차동식 분포형 감지기의 검출기 | ⋈ | 제어반 | |
| 발신기세트 단독형 | Ⓟ Ⓑ Ⓛ | 표시반 | |
| 발신기세트 옥내소화전내장형 | Ⓟ Ⓑ Ⓛ | 회로시험기 | ⊙ |
| 경계구역번호 | △ | 화재경보벨 | Ⓑ |
| 비상용 누름버튼 | Ⓕ | 시각경보기 (스트로브) | |
| 비상전화기 | ET | 수신기 | |
| 비상벨 | Ⓑ | 부수신기 | |
| 사이렌 | ◁ | 중계기 | |
| 모터사이렌 | Ⓜ◁ | 표시등 | ◐ |
| 전자사이렌 | Ⓢ◁ | 피난구유도등 | ⊗ |
| 조작장치 | E P | 통로유도등 | → |
| 증폭기 | AMP | 표시판 | ◁ |
| | | 보조전원 | TR |

## 06

배점 4

차동식 스포트형 열감지기와 정온식 스포트형 열감지기의 작동원리에 대해 설명하시오. (단, 감지 영역과 온도변화에 따른 원리를 기준으로 작성하시오)

가. 차동식 스포트형 열감지기

나. 정온식 스포트형 열감지기

### 정답

가. 주위온도가 일정 상승률 이상이 되는 경우에 작동하는 것으로서 일국소(一局所)에서의 열효과에 의하여 작동되는 것을 말한다.

나. 일국소의 주위온도가 일정한 온도 이상이 되는 경우에 작동하는 것으로서 외관이 전선과 같이 선형으로 되어 있지 않은 것을 말한다.

### 핵심이론 감지기의 형식승인 및 제품검사의 기술기준

제3조(감지기의 구분) 감지기는 구조 및 기능에 따라 다음 각 호와 같이 구분한다.

1. 열감지기는 각 목과 같이 구분한다.
   가. "차동식 스포트형"이란 주위온도가 일정 상승률 이상이 되는 경우에 작동하는 것으로서 일국소(一局所)에서의 열효과에 의하여 작동되는 것을 말한다.
   나. "차동식 분포형"이란 주위온도가 일정 상승률 이상이 되는 경우에 작동하는 것으로서 넓은 범위 내에서의 열효과의 누적에 의하여 작동되는 것을 말한다.
   다. "정온식 감지선형"이란 일국소의 주위온도가 일정한 온도 이상이 되는 경우에 작동하는 것으로서 외관이 전선과 같이 선형으로 되어 있는 것을 말한다.
   라. "정온식 스포트형"이란 일국소의 주위온도가 일정한 온도 이상이 되는 경우에 작동하는 것으로서 외관이 전선과 같이 선형으로 되어 있지 않은 것을 말한다.
   마. "보상식 스포트형"이란 가목와 라목 성능을 겸한 것으로서 가목의 성능 또는 라목의 성능 중 어느 한 기능이 작동되면 작동신호를 발하는 것을 말한다.

2. 연기감지기는 각 목과 같이 구분한다.
   가. "이온화식 스포트형"이란 주위의 공기가 일정한 농도의 연기를 포함하게 되는 경우에 작동하는 것으로서 일국소의 연기에 의하여 이온전류가 변화하여 작동하는 것을 말한다.
   나. "광전식 스포트형"이란 주위의 공기가 일정한 농도의 연기를 포함하게 되는 경우에 작동하는 것으로서 일국소의 연기에 의하여 광전 소자에 접하는 광량의 변화로 작동하는 것을 말한다.
   다. "광전식 분리형"이란 발광부와 수광부로 구성된 구조로 발광부와 수광부 사이의 공간에 일정한 농도의 연기를 포함하게 되는 경우에 작동하는 것을 말한다.

라. "공기흡입형"이란 감지기 내부에 장착된 공기흡입장치로 감지하고자 하는 위치의 공기를 흡입하고 흡입된 공기에 일정한 농도의 연기가 포함된 경우 작동하는 것을 말한다.

3. 불꽃감지기는 각 목과 같이 구분한다.
   가. "불꽃 자외선식"이란 불꽃에서 방사되는 자외선의 변화가 일정량 이상 되었을 때 작동하는 것으로서 일국소의 자외선에 의하여 수광 소자의 수광량 변화에 의해 작동하는 것을 말한다.
   나. "불꽃 적외선식"이란 불꽃에서 방사되는 적외선의 변화가 일정량 이상 되었을 때 작동하는 것으로서 일국소의 적외선에 의하여 수광 소자의 수광량 변화에 의해 작동하는 것을 말한다.
   다. "불꽃 자외선·적외선겸용식"이란 불꽃에서 방사되는 불꽃의 변화가 일정량 이상 되었을 때 작동하는 것으로서 자외선 또는 적외선에 의한 수광 소자의 수광량 변화에 의하여 1개의 화재신호를 발신하는 것을 말한다.
   라. "불꽃 영상분석식"이란 불꽃의 실시간 영상이미지를 자동 분석하여 화재신호를 발신하는 것을 말한다.

4. 복합형 감지기는 각 목과 같이 구분한다.
   가. "열복합형"이란 제1호 가목 및 라목의 성능이 있는 것으로서 두 가지 성능의 감지기능이 함께 작동될 때 화재신호를 발신하거나 또는 두개의 화재신호를 각각 발신하는 것을 말한다.
   나. "연복합형"이란 제2호 가목 및 나목의 성능이 있는 것으로서 두 가지 성능의 감지기능이 함께 작동될 때 화재신호를 발신하거나 또는 두 개의 화재신호를 각각 발신하는 것을 말한다.
   다. "불꽃복합형"이란 제3호 가목, 나목 및 라목의 성능 중 두 가지 이상 성능을 가진 것으로서 두 가지 이상의 감지기능이 함께 작동될 때 화재신호를 발신하거나 또는 두개의 화재신호를 각각 발신하는 것을 말한다.
   라. "열·연기 복합형"이란 제1호 및 제2호의 성능이 있는 것으로 두 가지 성능의 감지기능이 함께 작동될 때 화재신호를 발신하거나 또는 두 개의 화재신호를 각각 발신하는 것을 말한다.
   마. "연기·불꽃 복합형"이란 제2호 및 제3호의 성능이 있는 것으로 두 가지 성능의 감지기능이 함께 작동될 때 화재신호를 발신하거나 또는 두 개의 화재신호를 각가 발신하는 것을 말한다.
   바. "열·불꽃 복합형"이란 제1호 및 제3호의 성능이 있는 것으로 두 가지 성능의 감지기능이 함께 작동될 때 화재신호를 발신하거나 또는 두 개의 화재신호를 각각 발신하는 것을 말한다.
   사. "열·연기·불꽃 복합형"이란 제1호, 제2호 및 제3호의 성능이 있는 것으로 세 가지 성능의 감지기능이 함께 작동될 때 화재신호를 발신하거나 또는 세 개의 화재신호를 각각 발신하는 것을 말한다.

## 07

R형 수신기의 신호전달방식으로써 하나의 전송선로에 2개 이상의 정보를 실어 동시에 신호를 전송하는 통신방식의 명칭을 쓰시오.

배점 5

**정답**

다중전송방식

### 핵심이론 ▶ P형과 R형 수신기 비교

| 항목 | P형 | R형 |
| --- | --- | --- |
| 신호전달방식 | 개별신호방식(1:1접점방식) | 다중전송방식 |
| 신호 종류 | **공통신호** | **고유신호** |
| 화재표시 | 적색 램프 | 액정표시장치(LCD) |
| 시스템 신뢰성 | 외부선로 이상으로 수신반 고장 시 전체시스템의 마비됨 | 외부선로 이상으로 해당 중계기 고장 시 전체시스템에는 영향이 없음 |
| 경제성 | 설비 저가, 공사비 고가 | 설비 고가, 공사비 저가 |
| 회로 증설·변경 | 어려움 | 쉬움 |
| 건물 크기 | 중·소형 | 대형 |
| 유지관리 | 어려움 | 쉬움 |
| 장점 | 기능이 단순하므로 **가격이 저렴** | • 선로수가 적어 배관배선공사가 간단함<br>• **유지관리가 쉬움** |
| 단점 | • **선로수가 많아 배관배선공사가 복잡함**<br>• 유지관리가 어려움 | 효율적인 감지 및 제어를 위해 여러 기능이 추가되어 있어 **가격이 비쌈** |

# 08

배점 4

3상 60 [Hz] 전원에 의해 기동되는 8극 유도전동기가 회전속도 882 [rpm]로 회전하고 있다. 이때 회전자 전원주파수[Hz]를 구하시오.

**정답**

동기속도 $N_s = \dfrac{120f}{P} = \dfrac{120 \times 60}{8} = 900\,[rpm]$

슬립 $s = 1 - \dfrac{N}{N_s} = 1 - \dfrac{882}{900} = 0.02$

회전자 전원주파수는 슬립을 곱하면 되기 때문에

$60 \times 0.02 = 1.2\,[Hz]$

∴ 1.2 [Hz]

**핵심이론** 동기속도

- 동기속도 구하는 식 : $N_s = \dfrac{120f}{P}$ [rpm]
- 회전속도 구하는 식 : $N = \dfrac{120f}{P}(1-S)$ [rpm]

  $N_s$ : 동기속도 [rpm], $N$ : 회전속도 [rpm], $f$ : 주파수 [Hz], P : 극수, S : 슬립

# 09

배점 5

이산화탄소소화설비의 화재안전기술기준에 따른 제어반 및 화재표시반에 대한 내용으로 다음 각 물음에 답하시오.

가. 이산화탄소소화설비의 제어반 및 화재표시반 설치장소기준을 쓰시오.

나. 화재표시반은 제어반에서의 신호를 수신하여 작동하는 기능을 가진 것으로 하되, 다음의 기준에 따라 설치해야 한다. 빈칸에 알맞은 말을 넣으시오.

> 각 방호구역마다 음향경보장치의 조작 및 감지기의 작동을 명시하는 ( ① )과 이와 연동하여 작동하는 벨·버저 등의 ( ② )를 설치할 것. 이 경우 음향경보장치의 조작 및 감지기의 작동을 명시하는 ( ① )을 겸용할 수 있다.

### 정답

가. 제어반 및 화재표시반은 화재 침수 등의 재해로 인한 피해를 받을 우려가 없고 점검에 편리한 장소에 설치할 것

나. ① 표시등, ② 경보기

#### 핵심이론 이산화탄소소화설비의 화재안전기술기준(NFTC 106)

2.4.1.1 제어반은 수동기동장치 또는 화재감지기에서의 신호를 수신하여 음향경보장치의 작동, 소화약제의 방출 또는 지연 등 기타의 제어기능을 가진 것으로 하고, 제어반에는 전원표시등을 설치할 것

2.4.1.2 화재표시반은 제어반에서의 신호를 수신하여 작동하는 기능을 가진 것으로 하되, 다음의 기준에 따라 설치할 것

2.4.1.2.1 각 방호구역마다 음향경보장치의 조작 및 감지기의 작동을 명시하는 표시등과 이와 연동하여 작동하는 벨·버저 등의 경보기를 설치할 것. 이 경우 음향경보장치의 조작 및 감지기의 작동을 명시하는 표시등을 겸용할 수 있다.

2.4.1.2.2 수동식 기동장치는 그 방출용 스위치의 작동을 명시하는 표시등을 설치할 것

2.4.1.2.3 소화약제의 방출을 명시하는 표시등을 설치할 것

2.4.1.2.4 자동식 기동장치는 자동·수동의 절환을 명시하는 표시등을 설치할 것

2.4.1.3 제어반 및 화재표시반은 화재 및 침수 등의 재해로 인한 피해를 받을 우려가 없고 점검에 편리한 장소에 설치할 것

2.4.1.4 제어반 및 화재표시반에는 해당 회로도 및 취급설명서를 비치할 것

2.4.1.5 수동잠금밸브의 개폐 여부를 확인할 수 있는 표시등을 설치할 것

## 10 [배점 6]

다음 표는 감지기의 방식과 신호출력에 따라 분류한 것이다. 각 감지기의 명칭을 쓰시오.

| 감지기 명칭 | 회로방식 | 신호출력 |
| --- | --- | --- |
| ① | 두 가지 이상의 성능이 함께 작동할 때 화재신호를 발신하거나 두 개 이상의 화재신호를 각각 발신하는 감지기 | AND 또는 OR |
| ② | 한 기능이 작동되면 작동신호를 발하는 감지기 | OR |
| ③ | 일정시간 간격을 두고 각각 다른 2개 이상의 화재신호를 발하는 감지기 | OR |

> **정답**

① 복합형 감지기

② 보상식 스포트형 감지기

③ 다신호식 감지기

### 핵심이론 | 감지기의 형식승인 및 제품검사의 기술기준

제2조(용어의 정의)

....

4. "열감지기"란 화재에 의해서 발생되는 열을 감지하여 화재신호를 발신하는 감지기를 말한다.
5. "연기감지기"란 화재에 의해서 발생되는 연기를 감지하여 화재신호를 발신하는 감지기를 말한다.
6. "불꽃감지기"란 화재에 의해서 발생되는 불꽃(적외선 및 자외선을 포함한다. 이하 이 기준에서 같다)을 감지하여 화재신호를 발신하는 감지기를 말한다.
7. "복합형 감지기"란 화재 시 발생하는 열, 연기, 불꽃을 자동적으로 감지하는 기능 중 두 가지 이상의 성능(동일 생성물이나 다른 연소생성물의 감지 기능)을 가진 것으로서 두 가지 이상의 성능이 함께 작동할 때 화재신호를 발신하거나 두 개 이상의 화재신호를 각각 발신하는 감지기를 말한다.
8. "단독경보형 감지기"란 화재에 의해서 발생되는 열, 연기 또는 불꽃을 감지하여 작동하는 것으로서 수신기에 작동신호를 발신하지 아니하고 감지기가 단독적으로 내장된 음향장치에 의하여 경보하는 감지기를 말한다.
9. "화재알림형 감지기"란 열·연기 복합형 또는 열·연기·불꽃 복합형 감지기로서 화재 시에 발생하는 열, 불꽃 또는 연기를 자동으로 감지하여, 화재알림형 수신기에 주위의 온도 또는 연기의 량의 변화에 따라 각각 다른 전류 또는 전압 등(이하 "화재정보신호값"라고 한다)의 출력을 발신하고, 불꽃을 감지하는 경우 화재신호를 발신하며, 자체 내장된 음향장치에 의하여 경보하는 것을 말한다.

제3조(감지기의 구분) 감지기는 구조 및 기능에 따라 다음 각 호와 같이 구분한다.
1. 열감지기는 각 목과 같이 구분한다.
   가. "차동식 스포트형"이란 주위온도가 일정 상승률 이상이 되는 경우에 작동하는 것으로서 일국소(一局所)에서의 열효과에 의하여 작동되는 것을 말한다.
   나. "차동식 분포형"이란 주위온도가 일정 상승률 이상이 되는 경우에 작동하는 것으로서 넓은 범위 내에서의 열효과의 누적에 의하여 작동되는 것을 말한다.
   다. "정온식 감지선형"이란 일국소의 주위온도가 일정한 온도 이상이 되는 경우에 작동하는 것으로서 외관이 전선과 같이 선형으로 되어 있는 것을 말한다.
   라. "정온식 스포트형"이란 일국소의 주위온도가 일정한 온도 이상이 되는 경우에 작동하는 것으로서 외관이 전선과 같이 선형으로 되어 있지 않은 것을 말한다.
   마. "보상식 스포트형"이란 가목와 라목 성능을 겸한 것으로서 가목의 성능 또는 라목의 성능 중 어느 한 기능이 작동되면 작동신호를 발하는 것을 말한다.

바. "열·불꽃 복합형"이란 제1호 및 제3호의 성능이 있는 것으로 두 가지 성능의 감지기능이 함께 작동될 때 화재신호를 발신하거나 또는 두 개의 화재신호를 각각 발신하는 것을 말한다.

사. "열·연기·불꽃 복합형"이란 제1호, 제2호 및 제3호의 성능이 있는 것으로 세 가지 성능의 감지기능이 함께 작동될 때 화재신호를 발신하거나 또는 세 개의 화재신호를 각각 발신하는 것을 말한다.

2. 연기감지기는 각 목과 같이 구분한다.

가. "이온화식 스포트형"이란 주위의 공기가 일정한 농도의 연기를 포함하게 되는 경우에 작동하는 것으로서 일국소의 연기에 의하여 이온전류가 변화하여 작동하는 것을 말한다.

나. "광전식 스포트형"이란 주위의 공기가 일정한 농도의 연기를 포함하게 되는 경우에 작동하는 것으로서 일국소의 연기에 의하여 광전 소자에 접하는 광량의 변화로 작동하는 것을 말한다.

다. "광전식 분리형"이란 발광부와 수광부로 구성된 구조로 발광부와 수광부 사이의 공간에 일정한 농도의 연기를 포함하게 되는 경우에 작동하는 것을 말한다.

라. "공기흡입형"이란 감지기 내부에 장착된 공기흡입장치로 감지하고자 하는 위치의 공기를 흡입하고 흡입된 공기에 일정한 농도의 연기가 포함된 경우 작동하는 것을 말한다.

3. 불꽃감지기는 각 목과 같이 구분한다.

가. "불꽃 자외선식"이란 불꽃에서 방사되는 자외선의 변화가 일정량 이상 되었을 때 작동하는 것으로서 일국소의 자외선에 의하여 수광 소자의 수광량 변화에 의해 작동하는 것을 말한다.

나. "불꽃 적외선식"이란 불꽃에서 방사되는 적외선의 변화가 일정량 이상 되었을 때 작동하는 것으로서 일국소의 적외선에 의하여 수광 소자의 수광량 변화에 의해 작동하는 것을 말한다.

다. "불꽃 자외선·적외선겸용식"이란 불꽃에서 방사되는 불꽃의 변화가 일정량 이상 되었을 때 작동하는 것으로서 자외선 또는 적외선에 의한 수광 소자의 수광량 변화에 의하여 1개의 화재신호를 발신하는 것을 말한다.

라. "불꽃 영상분석식"이란 불꽃의 실시간 영상이미지를 자동 분석하여 화재신호를 발신하는 것을 말한다.

4. 복합형 감지기는 각 목과 같이 구분한다.

가. "열복합형"이란 제1호 가목 및 라목의 성능이 있는 것으로서 두 가지 성능의 감지기능이 함께 작동될 때 화재신호를 발신하거나 또는 두개의 화재신호를 각각 발신하는 것을 말한다.

나. "연복합형"이란 제2호 가목 및 나목의 성능이 있는 것으로서 두 가지 성능의 감지기능이 함께 작동될 때 화재신호를 발신하거나 또는 두 개의 화재신호를 각각 발신하는 것을 말한다.

다. "불꽃복합형"이란 제3호 가목, 나목 및 라목의 성능 중 두 가지 이상 성능을 가진 것으로서 두 가지 이상의 감지기능이 함께 작동될 때 화재신호를 발신하거나 또는 두개의 화재신호를 각각 발신하는 것을 말한다.

라. "열·연기 복합형"이란 제1호 및 제2호의 성능이 있는 것으로 두 가지 성능의 감지기능이 함께 작동될 때 화재신호를 발신하거나 또는 두 개의 화재신호를 각각 발신하는 것을 말한다.

마. "연기·불꽃 복합형"이란 제2호 및 제3호의 성능이 있는 것으로 두 가지 성능의 감지기능이 함께 작동될 때 화재신호를 발신하거나 또는 두 개의 화재신호를 각각 발신하는 것을 말한다.

## 11

| 득점 | | 배점 | 5 |

다음 그림과 같은 구역에 비상방송설비를 설치하려고 한다. 스피커의 설치위치를 평면도에 표시하시오. (단, 이때 스피커의 숫자는 최소로 설치하며, 배관배선은 표시하지 않으며 스피커의 심벌은 로 표시한다. 또한 확성기와 확성기 사이, 확성기와 벽 사이의 거리를 모두 표시한다)

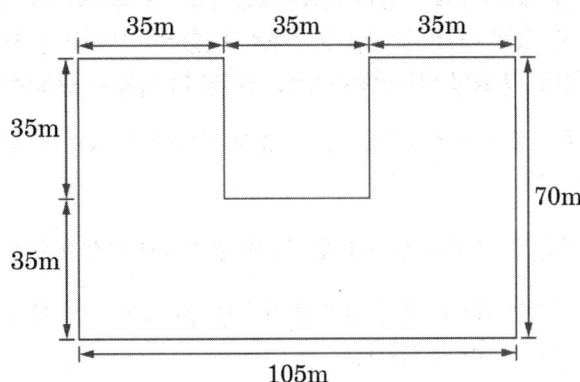

**정답**

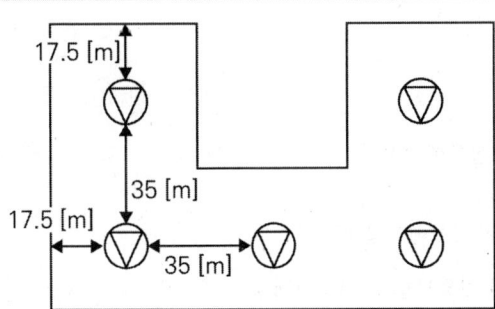

> **핵심이론** 비상방송설비의 설치기준
> - 확성기의 음성입력은 3 [W](실내는 1 [W]) 이상일 것
> - 음량조정기의 배선은 3선식으로 할 것
> - 기동장치에 의한 화재신호를 수신한 후 필요한 음량으로 방송이 개시될 때까지의 소요시간은 10초 이하로 할 것
> - 조작부의 조작스위치는 바닥으로부터 0.8 [m] 이상 1.5 [m] 이하의 높이에 설치할 것
> - 다른 전기회로에 의하여 유도장애가 생기지 아니하도록 할 것
> - 확성기는 각 층마다 설치하되, 각 부분으로부터의 수평거리는 25 [m] 이하일 것
> - 11층 이상의 특정소방대상물은 발화층 및 직상층 경보(우선경보방식)

## 12    배점 10

지상 1층 ~ 지상 5층 사무실 건물에 자동화재탐지설비를 설치하려고 한다. 건물은 내화구조이며, 전 층을 연결하는 계단은 2개소가 설계되어 있다. 감지기의 부착높이가 3.6 [m]이며, 각 층당 바닥면적이 500 [m²]일 때 다음 각 물음에 답하시오.

가. 차동식 스포트형 감지기 2종을 지상 3층에 설치할 때 필요한 감지기의 최소 개수를 구하시오.

나. 계단에 연기감지기 2종을 설치할 때 필요한 감지기의 최소 개수를 구하시오.

다. 각 층에 발신기를 설치할 때 발신기 총 개수를 구하시오. (단, 문제에서 주어지지 않은 조건은 고려하지 않는다)

라. 1층에 수신기를 설치할 때 수신기의 최소 회로수를 내역과 함께 쓰시오.

마. 본 건물에 설치하는 종단저항 개수를 용도별로 내역과 함께 쓰시오.

> **정답**
>
> 가. $\dfrac{500}{70} = 7.14$ → 절상해서 8개
>
> 나. $\dfrac{3.6 \times 5}{15} = 1.2$ → 절상해서 2개
>    계단이 2개소가 있으므로 $2 \times 2 = 4$개

다. $\frac{500}{600} = 0.83 \rightarrow$ 절상해서 1개

한 층당 수평적 경계구역은 1개이며 총 5층이므로

$1 \times 5 = 5$개

> 다. 문제의 조건으로 주어지지 않은 조건은 고려하지 않는다고 하였으므로 수평적 경계구역의 길이기준은 고려하지 않고 면적만으로 산정한다.
> 
> ▫ 자동화재탐지설비 경계구역 설정기준(수평적 경계구역)
> - 하나의 경계구역이 2개 이상의 건축물에 미치지 않도록 할 것
> - 하나의 경계구역이 2개 이상의 층에 미치지 않도록 할 것
>   다만 500 [m²] 이하의 범위 안에서 2개의 층을 하나의 경계구역으로 할 수 있음
> - <u>하나의 경계구역 면적 600 [m²] 이하</u>로 하고, 한 변의 길이는 50 [m] 이하로 할 것
>   다만 해당 특정소방대상물의 주된 출입구에서 그 내부 전체가 보이는 것에 있어서는 한 변의 길이가 50 [m]의 범위 내에서 1000 [m²] 이하로 할 수 있음

라. 수평적 경계구역 : 5개

수직적 경계구역 : $\frac{3.6 \times 5}{45} = 0.4 \rightarrow$ 절상해서 1개

계단 2개소이므로 $1 \times 2 = 2$개

∴ 총 경계구역 $= 5 + 2 = 7$개

마. 수평적 경계구역 5개, 수직적 경계구역 2개이므로 종단저항의 개수도 7개이다.

> 종단저항의 개수는 회로선(지구선)의 수와 같으므로 7개이다.

### 핵심이론 감지기 설치기준

▫ 열감지기 설치면적                                               (단위 : [m²])

| 부착높이 및 특정소방대상물의 구분 | | 감지기의 종류 | | | | | | |
|---|---|---|---|---|---|---|---|---|
| | | 차동식 스포트형 | | 보상식 스포트형 | | 정온식 스포트형 | | |
| | | 1종 | 2종 | 1종 | 2종 | 특종 | 1종 | 2종 |
| 4 [m] 미만 | 내화구조 | 90 | 70 | 90 | 70 | 70 | 60 | 20 |
| | 기타구조 | 50 | 40 | 50 | 40 | 40 | 30 | 15 |
| 4 [m] 이상 8 [m] 미만 | 내화구조 | 45 | 35 | 45 | 35 | 35 | 30 | |
| | 기타구조 | 30 | 25 | 30 | 25 | 25 | 15 | |

□ 연기감지기 설치 (단위 : [m²])

| 부착높이 | 감지기의 종류 | |
|---|---|---|
| | 1종 및 2종 | 3종 |
| 4 [m] 미만 | 150 | 50 |
| 4 [m] 이상 20 [m] 미만 | 75 | - |

※ 감지기는 복도 및 통로에 있어서는 보행거리 30 [m](3종에 있어서는 20 [m])마다,
계단 및 경사로에 있어서는 수직거리 15 [m]
(3종에 있어서는 10 [m])마다 1개 이상으로 할 것

- 천장 또는 반자가 낮은 실내 또는 좁은 실내에 있어서는 출입구의 가까운 부분에 설치할 것
- 천장 또는 반자부근에 배기구가 있는 경우에는 그 부근에 설치할 것
- 감지기는 벽 또는 보로부터 0.6 [m] 이상 떨어진 곳에 설치할 것

## 13

득점 / 배점 9

다음 도면은 지하 1층에 대한 할론소화설비와 연동하는 감지기를 나타낸 것이다. 지하 3층 건물일 때 조건을 참조하여 다음 각 물음에 답하시오.

**조건**
① 지하 1층, 지하 2층, 지하 3층에 할론소화설비를 설치하고 수신반은 지상 1층에 설치한다.
② 후강전선관이며, 콘크리트 매입으로 한다.
③ 최소의 배선수를 구한다.
④ 종단저항은 수동기동함에 설치한다.
⑤ 내화구조로 각 층의 높이는 3.8m이다.
⑥ 감지기 공통선은 별도로 하며 복구스위치는 제외한다.

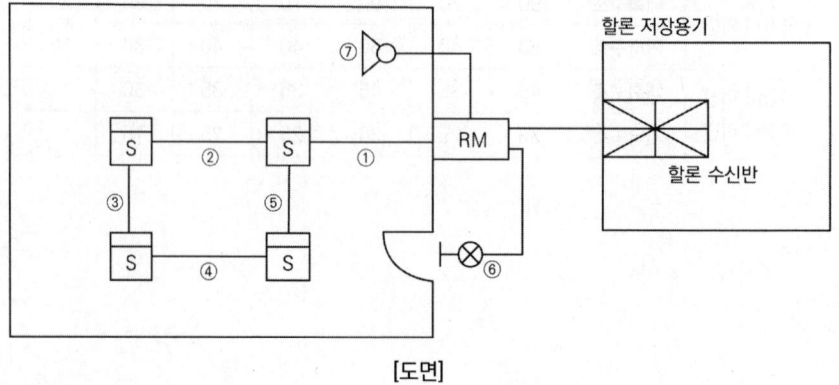

[도면]

가. ① ~ ⑦까지의 최소 가닥 수를 구하시오.

나. 위와 같은 설비의 감지기회로는 어떠한 방식으로 배선하는지 쓰시오.

다. 소방시설 자체점검사항 등에 관한 고시에 따라 ⑦의 명칭을 쓰시오.

라. 아래 계통도의 ⓐ, ⓑ, ⓒ 가닥 수를 구하시오.

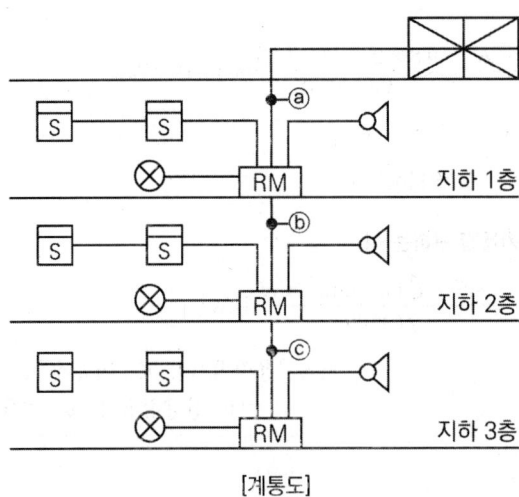

[계통도]

### 정답

가. ① 8가닥  ② 4가닥  ③ 4가닥  ④ 4가닥  ⑤ 4가닥  ⑥ 2가닥  ⑦ 2가닥

나. 교차회로방식

> 가스계소화설비의 감지기는 교차회로방식이다.
> 이때 루프와 말단은 4가닥이며 나머지는 8가닥이다.
> 방출표시등과 사이렌은 각각 +, - 2가닥씩이다.

다. 사이렌

라. ⓐ 19가닥   ⓑ 14가닥   ⓒ 9가닥

> - 1 ZONE : 전원 ⊕·⊖, 방출지연스위치, 감지기공통, 감지기 A·B, 기동스위치, 사이렌, 방출표시등(감지기 공통선을 별도로 한다고 하였으므로)
> - 2 ZONE : 전원 ⊕·⊖, 방출지연스위치, 감지기공통, (감지기 A·B, 기동스위치, 사이렌, 방출표시등) × 2
> - 3 ZONE : 전원 ⊕·⊖, 방출지연스위치, 감지기공통, (감지기 A·B, 기동스위치, 사이렌, 방출표시등) × 3

## 14

유량 2 [m³/min], 양정 90 [m]인 펌프전동기의 용량[kW]을 구하시오. 단, 펌프의 효율은 65 [%], 전달계수(여유율)은 1.25이다)

**정답**

- $P = \dfrac{9.8 \times Q \times H \times K}{\eta} = \dfrac{9.8 \times 2 \times 90 \times 1.25}{0.65 \times 60} = 56.54 \,[\text{kW}]$
- K : 여유계수 1.25
- Q : 매분당 2 [m³] = 2/60 [m³/s]

**핵심이론** 전동기용량 구하는 식

$$P = \dfrac{9.8 KQH}{\eta t} = \dfrac{9.8 K \times Q[\text{m}^3/\text{min}] \times H}{\eta t \times 60} \,[\text{kW}]$$

P : 전동기용량 [kW], K : 여유계수, Q : 유량 [m³]
H : 전양정 [m], $\eta$ : 효율, t : 시간 [s]

## 15

다음은 자동방식의 비상방송설비에 대한 구성도이다. 각 물음에 답하시오.

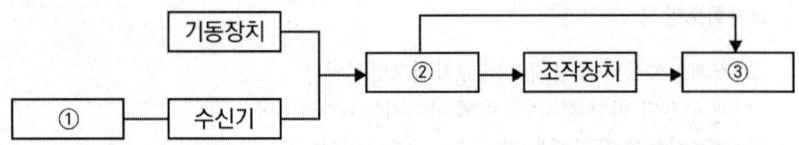

가. ①, ②의 명칭을 쓰시오.

나. 기동장치의 기동 전원전압은 몇 [V]인지 쓰시오.

다. 비상방송설비의 화재안전기술기준에 따라 음량조정기를 설치할 때, 음량조정기는 몇 선식인지 쓰시오.

라. 비상방송설비의 화재안전기술기준에 따라 기동장치에 따른 화재신호를 수신한 후 필요한 음량으로 화재발생상황 및 피난에 유효한 방송이 자동으로 개시될 때까지의 소요시간을 쓰시오.

마. ③을 옥외에 설치할 때 음성입력은 몇 [W] 이상이어야 하는지 쓰시오.

바. 비상방송설비의 화재안전기술기준에 따라 우선적으로 경보를 해야 하는 경우 1층에서 화재가 발생하면 몇 층에 경보가 울리는지 쓰시오. (단, 모두 맞아야 정답이 되며, 공동주택이 아닌 13층의 건물이며 지하층이 있는 건물이다)

### 정답

가. ① 감지기, ② 증폭기

나. 직류 24 [V]

다. 3선식

라. 10초 이내

마. 3 [W] 이상

바. 지상 1층, 지상 2층, 지상 3층, 지상 4층, 지상 5층, 모든 지하층

### 핵심이론 비상방송설비

□ 비상방송설비의 설치기준
- 확성기의 음성입력은 3 [W](실내는 1 [W]) 이상일 것
- 확성기는 각 층마다 설치하되, 각 부분으로부터의 수평거리는 25 [m] 이하일 것
- 음량조정기의 배선은 3선식으로 할 것
- 조작부의 조작스위치는 바닥으로부터 0.8 [m] 이상 1.5 [m] 이하의 높이에 설치할 것
- 다른 전기회로에 의하여 유도장애가 생기지 아니하도록 할 것
- 기동장치에 의한 화재신호를 수신한 후 필요한 음량으로 방송이 개시될 때까지의 소요시간은 10초 이하로 할 것
- 11층 이상인 특정소방대상물(공동주택일 경우 16층 이상)은 발화층 및 직상 4개의 층 경보(우선경보방식)

□ 우선경보방식

| 발화층 | 11층 이상인 특정소방대상물(공동주택일 경우 16층 이상) |
| --- | --- |
| 2층 이상 | **발화층, 직상 4개의 층** |
| 1층 | 발화층, 직상 4개의 층, 모든 지하층 |
| 지하층 | 발화층, 직상층, 기타 모든 지하층 |

□ 음향장치 구조 및 성능
- 정격전압의 80 [%] 전압에서 음향을 발할 수 있는 것을 할 것
- 자동화재탐지설비의 작동과 연동하여 작동할 수 있는 것으로 할 것

## 16

**축전지 충전방식 중 균등충전에 대해 설명하시오.**

배점 3

> **정답**
>
> 각 축전지의 전위차를 보정하기 위해 1 ~ 3개월마다 10 ~ 12시간 1회 충전하는 방식

### 핵심이론 축전지설비

□ 축전지용량 구하는 식

$$C = \frac{1}{L}KI \text{ [Ah]}$$

C : 축전지용량 [Ah], L : 보수율(용량저하율)
K : 용량환산시간 [h], I : 방전전류 [A]

□ 충전방식

| 구분 | 특징 |
|---|---|
| 보통충전방식 | 필요할 때마다 표준시간율로 충전하는 방식 |
| 급속충전방식 | 단시간에 보통 충전전류의 2 ~ 3 배의 전류로 충전하는 방식 |
| 세류충전방식 | 축전지의 방전을 보충하기 위해 부하를 OFF한 상태에서 미소전류로 항상 충전하는 방식 |
| 균등충전방식 | 각 축전지의 전위차를 보정하기 위해 1 ~ 3개월마다 10 ~ 12시간 1회 충전하는 방식 |
| 부동충전방식 | • 축전지의 자기방전을 보충함과 동시에 상용부하에 대한 전력공급은 충전기가 부담하도록 하되 충전기가 부담하기 어려운 일시적인 대전류 부하는 축전지로 부담하는 방식<br>• 축전지와 부하를 충전기에 병렬로 접속하여 사용하는 방식<br>• 예비전원설비 중 가장 많이 사용되는 방식<br><br>교류입력 — 정류기 — 축전지 — 부하 |
| 회복충전방식 | 축전지의 과방전, 가벼운 설페이션현상 또는 방치상태 등에서 기능회복을 위해 실시하는 방식 |

**보충** ▶ 설페이션현상 : 배터리를 방전상태로 방치해두면 극판 표면에 유백색의 결정이 생긴다. 이 결정은 부도체의 황산납이며, 이와 같은 현상을 설페이션현상이라고 한다.

## 17

득점 ___ 배점 6

P형 수신기의 기능기험 중 회로도통시험 결과 정상이 아니었다. 그 이유 3가지를 쓰시오.

### 정답

① 감지기회로의 단락
② 감지기회로의 단선
③ 종단저항 설치 누락
④ 종단저항 접촉 불량
⑤ 감지기의 불량

감지기회로의 단락, 단선, 접속상태의 이상 유무를 파악(= 도통시험)하기 위해 종단저항을 설치한다.

### 핵심이론 수신기 시험

- 화재표시작동시험 : 지구표시등, 화재표시등 점등, 음향장치 명동 확인
- 예비전원시험 : 정전 시 상용전원에서 예비전원 자동전환 여부 확인 및 정상상태 복구 시 상용전원으로 자동전환 여부 확인
- 동시작동시험(회로 수가 2회선 이상) : 2회로 이상 동작 시 수신기 기능 정상 여부 확인
- 공통선시험 : 공통선이 담당하고 있는 경계구역의 적정 여부 확인
- 회로도통시험 : 감지기회로의 단선, 단락 및 접속상태의 이상 유무를 파악
- 저전압시험 : 저전압상태(정격전압 80 [%] 이하) 수신기 기능 유지 확인
- 회로저항시험 : 감지기회로 1회선 선로 저항이 수신기 기능에 이상을 주지 않는 것을 확인
- 지구음향장치 작동시험 : 감지기의 작동과 연동하여 당해 지구음향장치가 정상으로 작동하는가 확인하기 위한 시험
- 비상전원시험 : 상용전원이 사고 등으로 정전된 경우 자동적으로 비상전원으로 절환되며, 또한 정전복구 시에 자동적으로 일반 상용전원으로 절환되는지의 여부를 확인

## 18  [배점 3]

다음은 자동화재탐지설비 및 시각경보장치의 화재안전기술기준에 따른 감지기의 설치기준에 대한 내용이다. 다음에서 설명하고 있는 감지기의 명칭을 쓰시오.

[설치기준]
① 감지기의 수광면은 햇빛을 직접 받지 않도록 설치할 것
② 광축(송광면과 수광면의 중심을 연결한 선)은 나란한 벽으로부터 0.6 [m] 이상 이격하여 설치할 것
③ 감지기의 송광부와 수광부는 설치된 뒷벽으로부터 1 [m] 이내의 위치에 설치할 것
④ 광축의 높이는 천장 등(천장의 실내에 면한 부분 또는 상층의 바닥하부면을 말한다) 높이의 80 [%] 이상일 것
⑤ 감지기의 광축의 길이는 공칭감시거리 범위 이내일 것

### 정답

광전식 분리형 감지기

#### 핵심이론 | 광전식 감지기

- 광전식
  주위의 공기가 일정한 농도의 연기를 포함하게 되는 경우에 작동하는 것으로서 일국소의 연기에 의하여 광전 소자에 접하는 광량의 변화로 작동하는 것
- 스포트형
  화재 시(연기 발생 시) 수광량의 증가에 의해서 작동하는 것(광량 변화 + 일국소)

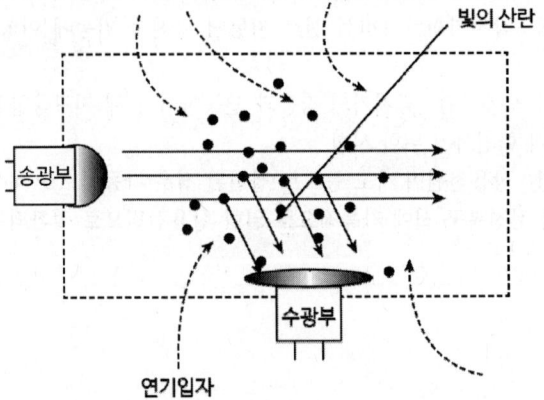

▫ 분리형

화재 시(연기발생 시) 수광량의 감소에 의해서 작동하는 것(발광부, 수광부 분리)

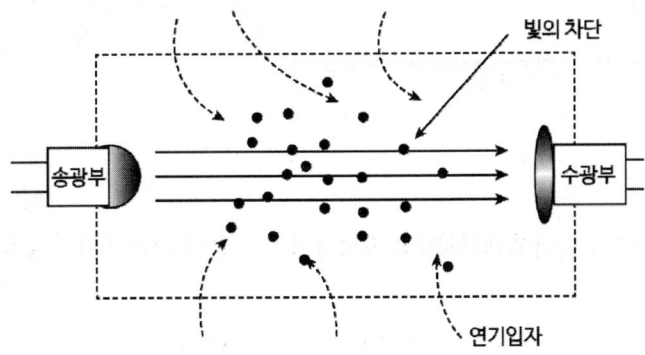

▫ 광전식 분리형 감지기 설치기준
- 감지기의 수광면은 직접 햇빛을 받지 않도록 설치할 것
- 광축은 나란한 벽으로부터 0.6 [m] 이상 이격하여 설치할 것
- 감지기의 송광부 및 수광부는 뒷벽으로부터 1 [m] 이내 위치에 설치할 것
- 광축의 높이는 천장 등 높이의 80 [%] 이상일 것
- 광축의 길이는 공칭감시거리 범위 이내일 것
- 그 밖의 설치기준은 형식승인 내용에 따르며 형식승인 사항 아닌 것은 제조사 시방에 따름

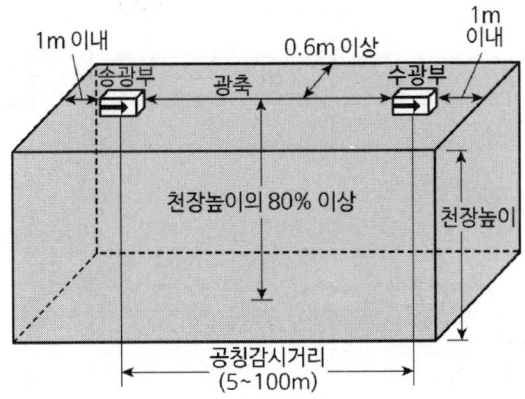

# 2024년 3회

2024.11.02

## 01    배점 7

감지기를 다음과 같이 송배선식으로 처리할 때 ① ~ ⑦의 전선 가닥 수를 구하시오.

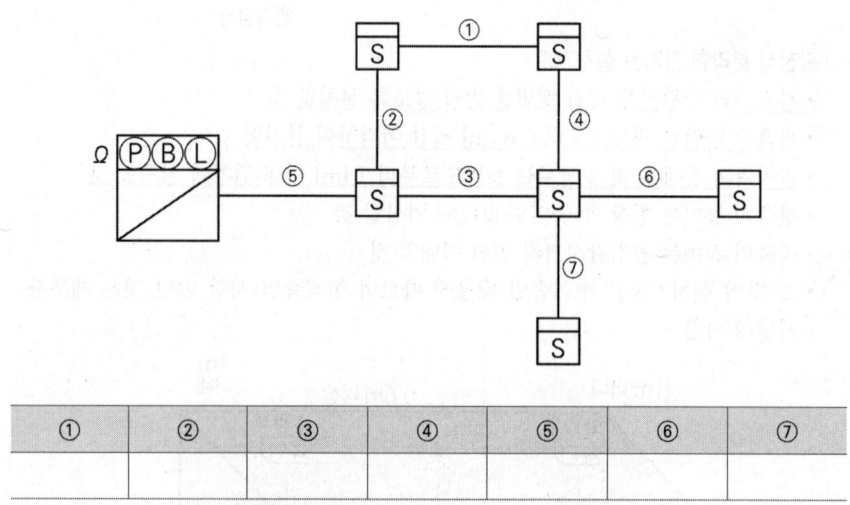

| ① | ② | ③ | ④ | ⑤ | ⑥ | ⑦ |
|---|---|---|---|---|---|---|
|   |   |   |   |   |   |   |

**정답**

| ① | ② | ③ | ④ | ⑤ | ⑥ | ⑦ |
|---|---|---|---|---|---|---|
| 2 | 2 | 2 | 2 | 4 | 4 | 4 |

자동화재탐지설비에서 감지기 배선은 송배선방식을 채택한다. 이때 루프는 2가닥, 나머지는 4가닥이며 발신기에서 수신기까지 기본 가닥 수는 지구선, 공통선, 응답선, 경종선, 표시등선, 경종 표시등 공통선 총 6가닥이다.

### 핵심이론 | 자동화재탐지설비의 감지기회로 배선방식

- 자동화재탐지설비의 송배선방식
  도통시험을 용이하게 하기 위해 배선의 도중에서 분기하지 않는 방식
- 자동화재탐지설비의 교차회로방식
  하나의 담당구역 내에 2 이상의 감지기회로를 설치하고 2 이상의 감지기회로가 동시에 감지되는 때에 설비가 작동하는 방식
- 교차회로방식으로 감지기를 설치해야 하는 자동식 소화설비
  분말소화설비, 할론소화설비, 할로겐화합물 및 불활성기체소화설비, 이산화탄소 소화설비, 준비작동식 스프링클러설비, 일제살수식 스프링클러설비

## 02  배점 4

비상방송설비의 화재안전성능기준에 의거 비상방송설비 부속회로의 전로와 대지 사이 및 배선 상호 간의 절연저항값을 측정하려고 한다. 이때 측정기기와 측정값 판정기준을 각각 쓰시오.

가. 측정기기 :

나. 측정값 판정기준 :

### 정답

가. 측정기기 : 직류 250 [V] 절연저항측정기

나. 측정값 판정기준 : 0.1 [MΩ] 이상

### 핵심이론 | 절연저항 정리

| 설비명 | 측정위치 | 측정계기 | 절연저항 |
|---|---|---|---|
| 자동화재탐지설비 | • 감지기회로 및 부속회로 전로<br>• 대지 사이 및 배선상호 간 | 직류 250 [V] 절연저항 측정기 | 0.1 [MΩ] 이상 |
| 자동화재속보설비<br>+<br>가스누설경보기 | 절연된 충전부와 외함 | 직류 500 [V] 절연저항 측정기 | 5 [MΩ] 이상 |
| | • 교류입력 측과 외함<br>• 절연된 선로 간 | 직류 500 [V] 절연저항 측정기 | 20 [MΩ] 이상 |
| 비상경보설비 | • 감지기회로 및 부속회로 전로<br>• 대지 사이 및 배선상호 간 | 직류 250 [V] 절연저항 측정기 | 0.1 [MΩ] 이상 |
| | 절연된 충전부와 외함 | 직류 500 [V] 절연저항 측정기 | 5 [MΩ] 이상 |
| | • 교류입력 측과 외함<br>• 절연된 선로 간 | 직류 500 [V] 절연저항 측정기 | 20 [MΩ] 이상 |

| 설비명 | 측정위치 | 측정계기 | 절연저항 |
|---|---|---|---|
| 비상방송설비 | • 감지기회로 및 부속회로 전로<br>• 대지 사이 및 배선상호 간 | 직류 250 [V]<br>절연저항 측정기 | 0.1 [MΩ] 이상 |
| 누전경보기 | [변류기]<br>• 절연된 1차권선과 2차권선<br>• 절연된 1차권선과 외부금속부<br>• 절연된 2차권선과 외부금속부 | 직류 500 [V]<br>절연저항 측정기 | 5 [MΩ] 이상 |
| | [수신기]<br>• 절연된 충전부와 외함 간 및 차단기구의 개폐부<br>• 열린 상태에서는 같은 극의 전원단자와 부하 측 단자와의 사이<br>• 닫힌 상태에서는 충전부와 손잡이 사이 | 직류 500 [V]<br>절연저항 측정기 | 5 [MΩ] 이상 |
| 유도등 | • 교류입력 측과 외함<br>• 교류입력 측과 충전부 사이<br>• 절연된 충전부와 외함 사이 | 직류 500 [V]<br>절연저항 측정기 | 5 [MΩ] 이상 |
| 비상조명등 | • 교류입력 측과 외함<br>• 교류입력 측과 충전부 사이<br>• 절연된 충전부와 외함 사이 | 직류 500 [V]<br>절연저항 측정기 | 5 [MΩ] 이상 |
| 비상콘센트 | 절연된 충전부와 외함 | 직류 500 [V]<br>절연저항 측정기 | 20 [MΩ] 이상 |

## 03    배점 8

옥내소화전설비의 감시 및 동력제어반의 연결계통도를 참고하여 다음 각 물음에 답하시오.

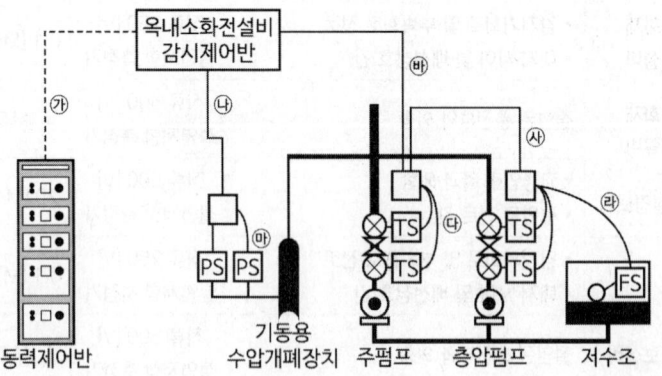

가. ㉮ ~ ㉳의 최소배선 가닥 수를 쓰시오.

| ㉮ | ㉯ | ㉰ | ㉱ | ㉲ | ㉳ | ㉴ |
|---|---|---|---|---|---|---|
|   |   |   |   |   |   |   |

나. ㉰에 내열배선을 입선하기 위해 사용하는 전선관 종류를 쓰시오.

다. 기동용 수압개폐장치에 설치된 압력스위치는 어떤 경우 작동신호를 감시제어반으로 송출하는지 쓰시오.

### 정답

가.

| ㉮ | ㉯ | ㉰ | ㉱ | ㉲ | ㉳ | ㉴ |
|---|---|---|---|---|---|---|
| 5 | 3 | 2 | 2 | 2 | 6 | 4 |

나. 금속제 가요전선관

다. 기동용 수압개폐장치의 압력이 낮아졌을 때

### 참고

□ 전선 가닥 수 및 용도

| 기호 | 내역 | 배선의 용도 |
|---|---|---|
| ㉮ | HFIX 2.5 - 5 | 기동 1, 정지 1, 공통 1, 전원표시등 1, 기동표시등 1 |
| ㉯ | HFIX 2.5 - 3 | 압력스위치 2, 공통 1 |
| ㉰ | HFIX 2.5 - 2 | 플로트스위치 2 |
| ㉱ | HFIX 2.5 - 2 | 압력스위치 2 |
| ㉲ | HFIX 2.5 - 2 | 압력스위치 2 |
| ㉳ | HFIX 2.5 - 6 | 탬퍼스위치 4, 플로트스위치 1, 공통 1 |
| ㉴ | HFIX 2.5 - 4 | 탬퍼스위치 2, 플로트스위치 1, 공통 1 |

□ 금속제 가요전선관
  - 마음대로 구부릴 수 있는 플렉시블 관
  - 구부러짐이 많은 ㉰, ㉱, ㉲ 부분에 설치

### 핵심이론 옥내소화전설비 감시제어반의 기능

- 각 펌프의 작동 여부를 확인할 수 있는 표시등 및 음향경보 기능이 있어야 할 것
- 각 펌프를 자동 및 수동으로 작동시키거나 작동을 중단시킬 수 있어야 할 것
- 비상전원을 설치한 경우에는 상용전원 및 비상전원 공급 여부를 확인할 수 있을 것
- 다음의 각 확인회로마다 도통시험 및 작동시험을 할 수 있도록 할 것
  (1) 기동용 수압개폐장치의 압력스위치회로
  (2) 수조 또는 물올림수조의 저수위감시회로
  (3) 개폐밸브의 폐쇄상태 확인회로
  (4) 그 밖의 이와 비슷한 회로
- 예비전원이 확보되고 예비전원의 적합 여부를 시험할 수 있어야 할 것

## 04

3개의 입력 A, B, C 중 어느 것이든 먼저 들어간 입력이 우선 동작하고, 출력 $X_A$, $X_B$, $X_C$를 발생시킨다. 그 다음에 들어가는 신호는 먼저 들어간 신호에 의해서 Lock되어 출력이 없다고 할 때 다음 그림과 같은 타임차트를 보고 각 물음에 답하시오.

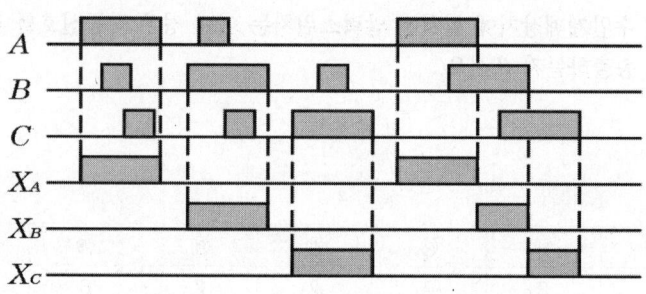

가. 타임차트를 이용하여 출력 $X_A$, $X_B$, $X_C$에 대한 논리식을 쓰시오.

나. 타임차트와 같은 동작이 이루어지도록 유접점회로 및 무접점회로를 그리시오.
 (단, 무접점회로는 3입력 AND 3개, NOT 6개를 사용하시오)

### 정답

가. 1) $X_A = A \cdot \overline{X_B} \cdot \overline{X_C}$
 2) $X_B = B \cdot \overline{X_A} \cdot \overline{X_C}$
 3) $X_C = C \cdot \overline{X_A} \cdot \overline{X_B}$

나.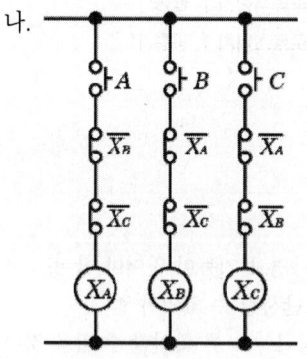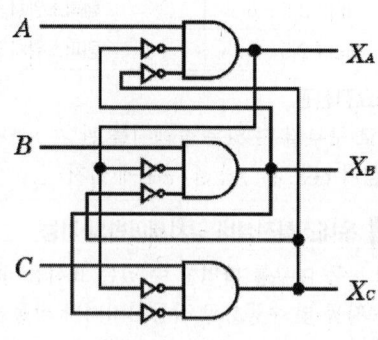

## 핵심이론 논리회로

| 명칭 | 논리식 | 논리회로(무접점회로) | 유접점회로 |
|---|---|---|---|
| AND회로 | $X = A \times B$<br>$X = A \cdot B$ | | |
| OR회로 | $X = A + B$ | | |
| NOT회로 | $X = \overline{A}$ | | |

## 05

배점 5

자동화재탐지설비의 수신기 예비전원으로 DC 24 [V] 알칼리축전지를 사용할 때 셀 수를 구하시오.

### 정답

알칼리축전지의 공칭전압값 : 1.2 [V/cell]

$\therefore N = \dfrac{24[V]}{1.2[V/cell]} = 20$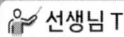

### 선생님 TIP

알칼리축전지와 연축전지의 공칭전압과 공칭용량은 기본적으로 암기해야 하는 수치입니다. 실제 시험에서 공칭전압과 공칭용량을 주지 않고 계산해야 하는 문제 또한 출제되고 있습니다.

### 핵심이론 축전지 종류별 특성

| 구분 | 연축전지 | 알칼리축전지 |
|---|---|---|
| 기전력 [V] | 2.05 ~ 2.08 | 1.32 |
| 공칭전압 [V] | 2.0 | 1.2 |
| **공칭용량 [Ah]** | **10** | **5** |
| 방전종지전압 [V] | 1.6 | 0.96 |
| 충전시간 | 길다. | 짧다. |
| 기계적 강도 | 약하다. | 강하다. |
| 수명 [년] | 5 ~ 15 | 15 ~ 20 |
| 종류 | 페이스트식, 클래드식 | 소결식, 포켓식 |

## 06  배점 4

다음의 소방시설 도시기호 명칭을 쓰시오.

| ① | ② | ③ | ④ |
|---|---|---|---|
| Ⓑ | ⊟ | ⊙ | S I |

### 정답

| 비상벨 | 중계기 | 회로시험기 | 이온화식 감지기<br>(스포트형) |
|---|---|---|---|
| Ⓑ | ⊟ | ⊙ | S I |

| 이온화식 감지기(스포트형) | S I |
|---|---|
| 광전식 연기감지기(아날로그) | S A |
| 광전식 연기감지기(스포트형) | S P |

※ 본 교재에 부록으로 수록된 [소방시설 도시기호] 참조

## 07

배점 5

비상콘센트설비의 화재안전기술기준에 따른 전원 및 콘센트 등에 관한 사항이다. 알맞은 말을 쓰시오.

가. 비상콘센트설비의 전원회로는 단상교류 220 [V]인 것으로서, 그 공급용량은 ( ) [kVA] 이상인 것으로 할 것

나. 전원으로부터 각 층의 비상콘센트에 분기되는 경우에는 분기배선용 ( )을(를) 보호함 안에 설치할 것

다. 지하층을 제외한 층수가 7층 이상으로서 연면적이 ( ) [m²] 이상이거나 지하층의 바닥면적의 합계가 3000 [m²] 이상인 특정소방대상물의 비상콘센트설비에는 자가발전설비, 비상전원수전설비, 축전지설비 또는 전기저장장치를 비상전원으로 설치할 것

### 정답

가. 1.5

나. 차단기

다. 2000

### 핵심이론   비상콘센트설비의 화재안전성능기준(NFPC 504)

□ 비상콘센트설비의 전원회로 설치기준
- 전원회로
  ① 각 층에 2 이상 설치, 비상콘센트 1개만 설치 시 전원회로 1개만 설치가능
  ② 단상교류 220 [V], 공급용량 1.5 [kVA] 이상
- 전원회로 주배전반에서 전용회로로 할 것
- 하나 전용회로 설치 비상콘센트는 10개 이하(전선의 용량은 최대 3개)
- 전원으로부터 각 층의 비상콘센트에 분기되는 경우에는 분기배선용 차단기를 보호함 안에 설치
- 콘센트마다 배선용 차단기를 설치하여야 하며, 충전부가 노출되지 아니하도록 할 것
- 개폐기 "비상콘센트"라고 표시한 표지를 할 것
- 비상콘센트용의 풀박스 등은 방청도장을 한 것으로서, 두께 1.6 [mm] 이상의 철판으로 할 것

□ 비상콘센트설비의 전원회로 기타기준
- 비상콘센트 플러그접속기는 접지형 2극 플러그접속기를 사용해야 함
- 비상콘센트 플러그접속기의 칼받이의 접지극에는 접지공사를 해야 함

□ 비상전원 설치대상 및 종류
  ① 설치대상
    ㄱ. 지하층을 제외한 층수가 7층 이상으로서 연면적이 2000 [m²] 이상
    ㄴ. 지하층의 바닥면적의 합계가 3000 [m²] 이상인 특정소방대상물
  ② 비상전원 종류
    ㄱ. 자가발전설비, 비상전원수전설비, 전기저장장치, 축전지설비
    ㄴ. 둘 이상의 변전소에서 전력을 동시에 공급받을 수 있거나, 하나의 변전소로부터 전력의 공급이 중단되는 때에는 자동으로 다른 변전소로부터 전력을 공급받은 수 있도록 상용전원을 설치한 경우에는 비상전원을 설치하지 아니할 수 있음

## 08

다음 도면의 최소 경계구역 수를 구하시오. (단, 주출입구에서 내부 전체가 보이지 않는 경우이며, 계단, 경사로 등 주어지지 않은 조건은 고려하지 않는다)

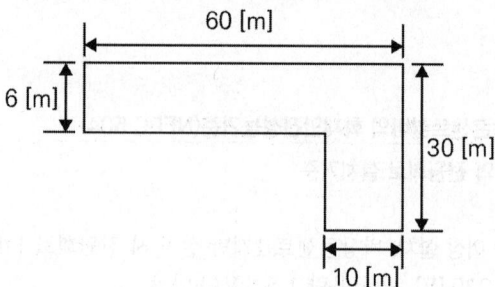

**정답**

① $\dfrac{(50 \times 6)}{600} = 0.5$ → 절상해서 1개

② $\dfrac{10 \times 30}{600} = 0.5$ → 절상해서 1개

∴ 총 2경계구역

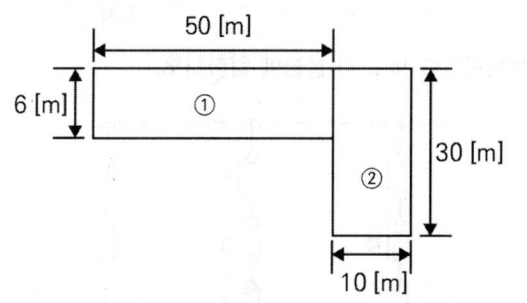

자동화재탐지설비의 수평적 경계구역은 면적 600 [m²]와 길이 50 [m]를 만족해야 한다.
따라서 60 [m]는 길이기준을 초과하므로 ①과 ②로 나누어 수평적 경계구역을 산정한다.

### 핵심이론 경계구역

□ 경계구역의 정의
특정소방대상물 중 화재신호를 발신하고 그 신호를 수신 및 유효하게 제어할 수 있는 구역

□ 경계구역의 설정기준
- 하나의 경계구역이 2개 이상의 건축물에 미치지 않도록 할 것
- 하나의 경계구역이 2개 이상의 층에 미치지 않도록 할 것. 다만 500 [m²] 이하의 범위 안에서는 2개의 층을 하나의 경계구역으로 할 수 있다.
- 하나의 경계구역의 면적은 600 [m²] 이하로 하고 한 변의 길이는 50 [m] 이하로 할 것. 다만 해당 특정소방대상물의 주된 출입구에서 그 내부 전체가 보이는 것에 있어서는 한 변의 길이가 50 [m]의 범위 내에서 1000 [m²] 이하로 할 수 있다.

□ 계단 또는 경사로 등에서의 경계구역 설정기준
계단(직통계단 외의 것에 있어서는 떨어져 있는 상하 계단의 상호 간의 수평거리가 5 [m] 이하로서 서로 간에 구획되지 아니한 것에 한한다)·경사로(에스컬레이터 경사로 포함)·엘리베이터 승강로(권상기실이 있는 경우에는 권상기실)·린넨 슈트·파이프 피트 및 덕트 기타 이와 유사한 부분에 대하여는 별도로 경계구역을 설정하되, 하나의 경계구역은 높이 45 [m] 이하(계단 및 경사로에 한한다)로 하고, 지하층의 계단 및 경사로(지하층의 층수가 한 개 층일 경우는 제외)는 별도로 하나의 경계구역으로 해야 한다.

## 09

그림과 같은 유접점회로를 보고 각 물음에 답하시오.

득점 배점 5

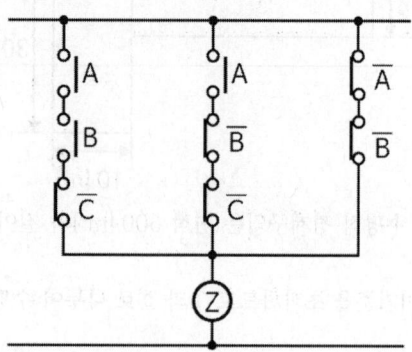

가. 출력 Z를 간략화하여 논리식으로 나타내시오. (단, 간략화과정까지 적을 것)

나. '가'에서 구한 논리식을 무접점 논리회로로 나타내시오. (단, 2입력 AND 2개, 2입력 OR 1개, NOT 3개를 사용한다)

### 정답

가. 간소화
$$Z = A \cdot B \cdot \overline{C} + A \cdot \overline{B} \cdot \overline{C} + \overline{A} \cdot \overline{B} = A\overline{C} \cdot (B + \overline{B}) + \overline{A} \cdot \overline{B} = A \cdot \overline{C} + \overline{A} \cdot \overline{B}$$

나. 무접점 논리회로

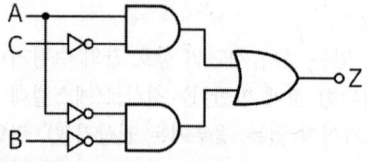

### 참고

무접점회로에 있어서 덧셈은 $\begin{smallmatrix}A\\B\end{smallmatrix}\!\!\!\searrow\!\!-\!\!X$ 기호를, 곱셈은 $\begin{smallmatrix}A\\B\end{smallmatrix}\!\!\!\supset\!\!-\!\!X$ 기호를 사용하며, 부정은 $A\!-\!\!\triangleright\!\!\circ\!-\!X$ 기호를 사용한다.

### 핵심이론 논리회로

| 게이트 | 논리회로 | 논리식 | 시퀀스회로 | 진리표 |
|---|---|---|---|---|
| AND | A, B → X | X = A · B = AB | (A, B 직렬, $X_a$) | A B X<br>0 0 0<br>0 1 0<br>1 0 0<br>1 1 1 |
| OR | A, B → X | X = A + B | (A, B 병렬, $X_a$) | A B X<br>0 0 0<br>0 1 1<br>1 0 1<br>1 1 1 |
| NOT | A → X | X = $\overline{A}$ | (A, $X_b$) | A X<br>0 1<br>1 0 |

## 10  배점 8

모터컨트롤센터(M.C.C)에서 소화전 펌프모터에 전기를 공급하는 전동기설비에 대한 다음 각 물음에 답하시오. (단, 전압은 3상, 380 [V]이고, 모터의 용량은 20 [kW] 역률은 80 [%]라고 한다)

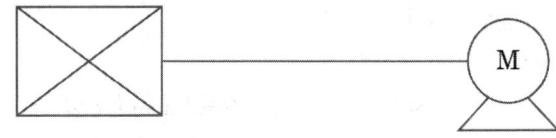

모터컨트롤센터(MCC)

가. 모터의 전부하전류(Full Load Current)는 몇 [A]인가?

○ 계산과정 :

○ 답 :

나. 모터의 역률을 95 [%]로 개선하고자 할 때 필요한 전력용 콘덴서의 용량은 몇 [kVA]인가?

　○ 계산과정 :

　○ 답 :

다. 배관공사를 후강전선관으로 하고자 한다. KS C 8401에 따른 후강전선관의 호칭방법을 오름차순으로 나열할 때 괄호 안에 알맞은 값을 쓰시오.

> [호칭방법]
> 16, 22, ( ① ), 36, 42, ( ② ), 70, 82, 92, 104

### 정답

가. 계산과정

$$I = \frac{20 \times 10^3}{\sqrt{3} \times 380 \times 0.8} = 37.983 ≒ 37.98 [A]$$

답 | 37.98 [A]

| 방식 | 공식 |
|---|---|
| 단상 2선식 | $P = VI\cos\theta$<br>P : 전력 [W], V : 전압 [V], I : 전류 [A], $\cos\theta$ : 역률 |
| 3상 3선식 | $P = \sqrt{3}\,VI\cos\theta$<br>P : 전력 [W], V : 전압 [V], I : 전류 [A], $\cos\theta$ : 역률 |

나. 계산과정

$$Q_c = 20\left(\frac{\sqrt{1-0.8^2}}{0.8} - \frac{\sqrt{1-0.95^2}}{0.95}\right) = 8.43 [kVA]$$

답 | 8.43 [kVA]

#### 핵심이론　역률개선용 콘덴서용량 구하는 식

$$Q_c = P\left(\frac{\sqrt{1-\cos\theta_1^2}}{\cos\theta_1} - \frac{\sqrt{1-\cos\theta_2^2}}{\cos\theta_2}\right)$$

$Q_C$ : 콘덴서용량 [kVA],　$P$ : 유효전력 [kW]
$\cos\theta_1$ : 개선 전 역률,　$\cos\theta_2$ : 개선 후 역률

다. ① 28,　② 54

- 강제전선관 길이(KS 규정) : 3.66 [m]
- 경질 폴리 염화 비닐전선관(KS 규정) : 4.0 [m]

# 11

풍량 10 [m³/s]이고 전압 50 [mmAq]인 송풍기용 전동기 동력[kW]을 구하시오.
(단, 효율은 70 [%]이며 전동기 전달계수는 1.1이다)

**정답**

$$P = \frac{KQP_T}{102 \times 60\,\eta} = \frac{50 \times (10 \times 60) \times 1.1}{102 \times 60 \times 0.7} = 7.7\,[kW]$$

답 | 7.7 [kW]

**핵심이론** 용량공식

(1) 전동기용량 구하는 식

$$P = \frac{\gamma H Q[m^3/s]}{102\,\eta} \times K$$

$$= \frac{9.8 K Q[m^3/s] H}{\eta}$$

$$= \frac{9.8 K V[m^3] \times H}{\eta\, t[s]}$$

$$= \frac{9.8 K \times Q[m^3/min] \times H}{\eta \times 60}\,[kW]$$

P : 전동기용량 [kW], Q : 유량, H : 전양정 [m]
$\gamma$ : 비중량 [kgf/m³](물 : 1000), V : 부피 [m³]
K : 여유계수(전달계수), $\eta$ : 효율, t : 시간 [s]

(2) 제연설비(배연설비)의 송풍기용량 구하는 식

$$P = \frac{KQP_T}{102 \times 60\,\eta}\,[kW]$$

P : 송풍기용량 [kW], K : 여유계수(전달계수)
Q : 풍량 [m³/min], PT : 전양정 [mmAq], $\eta$ : 효율

(3) 단위환산
① 대기압 1 [atm] = 101325 [Pa] = 10332 [mmAq] = 760 [mmHg]
② 1 [HP] = 0.746 [kW]
③ 1 [Lpm] = $10^{-3}$ [m³/min]
④ 1000 [L] = 1 [m³]
⑤ 1 [mmAq] = $10^{-3}$ [mAq]

## 12

득점 ☐ 배점 5

소방시설 배관배선공사에 대한 다음 설명에 알맞은 부품을 쓰시오.

가. 금속관과 박스를 접속할 때 사용되는 것

나. 전선의 절연피복을 보호하기 위하여 금속관 끝에 취부하여 사용하는 것

다. 금속관 상호 간을 접속하는 것으로 관이 고정되어 있을 때 사용되는 것

라. 노출배관공사에서 관을 직각으로 굽히는 곳에 사용되는 것

마. 후강전선관 1본의 표준길이를 쓰시오.

### 정답

가. 로크너트

나. 부싱

다. 유니언커플링

라. 유니버설엘보

마. 3.66 [m]

- 강제전선관 길이(KS 규정) : 3.66 [m]
- 경질 폴리 염화 비닐전선관(KS 규정) : 4.0 [m]

### 핵심이론 금속관공사재료

| 명칭 | 외형 | 설명 |
| --- | --- | --- |
| 부싱<br>(Bushing) | | 전선의 절연피복을 보호하기 위하여 금속관 끝에 취부하여 사용되는 부품 |
| 유니언커플링<br>(Union Coupling) | | 금속전선관 상호 간을 접속하는 데 사용되는 부품<br>(관이 고정되어 있을 때) |
| 노멀밴드<br>(Normal Bend) | | 매입배관공사를 할 때 직각으로 굽히는 곳에 사용하는 부품 |
| 유니버설엘보<br>(Universal Elbow) | | 노출배관공사를 할 때 관을 직각으로 굽히는 곳에 사용하는 부품 |
| 링리듀서<br>(Ring Reducer) | | 금속관을 아웃렛 박스에 로크너트만으로 고정하기 어려울 때 보조적으로 사용되는 부품 |

| 명칭 | 외형 | 설명 |
|---|---|---|
| 커플링<br>(Coupling) | | 금속전선관 상호 간을 접속하는 데 사용되는 부품<br>(관이 고정되어 있지 않을 때) |
| 새들(Saddle) | | 관을 지지하는 데 사용하는 재료 |
| **로크너트**<br>**(Lock Nut)** | | **금속관과 박스를 접속할 때 사용하는 재료로 최소 2개를 사용한다.** |
| 리머<br>(Reamer) | | • 목적 : 금속관 말단의 모를 다듬기 위한 기구<br>• 사용이유 : 전선의 피복보호 |
| 파이프커터<br>(Pipe Cutter) | | 금속관을 절단하는 기구 |
| 환형 3방출<br>정크션박스 | | 배관을 분기할 때 사용하는 박스 |
| 파이프벤더<br>(Pipe Bender) | | 금속관(후강전선관, 박강전선관)을 구부릴 때 사용하는 공구 |
| 후강전선관 | | 1. 콘크리트 매입배관용으로 사용되는 강관<br>2. 관의 호칭은 안지름의 근사치짝수로 표시<br>  (16, 22, 28, 36, 42, 54 [mm] …….) |
| 박강전선관 | | 1. 노출 배관용, 일반배관용으로 사용되는 강관<br>2. 관의 호칭은 바깥지름의 근사치를 홀수로 표시<br>  (19, 25, 31, 39, 51 [mm] …….) |
| 스트레이트 박스 커넥터 | | 가요전선관과 박스의 연결에 사용되는 부품 |
| 콤비네이션 커플링 | | 가요전선관과 금속전선관 연결에 사용되는 부품 |
| 스프리트 커플링 | | 가요전선관과 가요전선관 연결에 사용되는 부품 |

## 13

차동식 분포형 공기관식 감지기의 시험방법 2가지를 쓰시오.

①

②

### 정답

① 화재작동시험

② 작동계속시험

### 핵심이론 | 차동식 분포형 공기관식 감지기 시험방법

□ 화재작동시험
- 감지기의 작동공기압에 상당하는 공기량을 송입하여 접점이 작동하기(붙을 때)까지 걸리는 시간 측정할 것
- 검출부에 명시된 시간 내 접점이 작동하면 정상

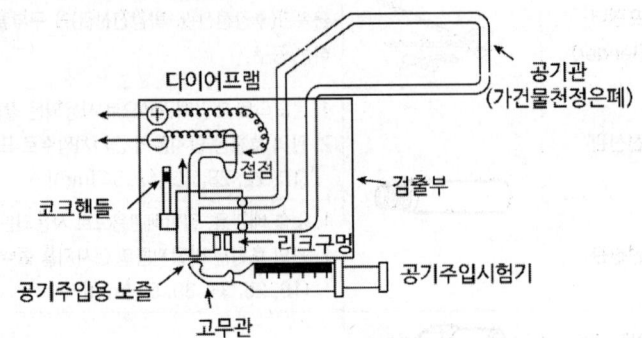

□ 작동계속시험
- 화재작동시험에서 접점이 작동하여 정지할(떨어질) 때까지 걸리는 시간을 측정할 것
- 검출부에 명시된 범위 이내일 때 정상

□ 유통시험
- 공기관 내 공기를 유입시켜 공기관의 누설, 찌그러짐, 막힘, 공기관의 길이 확인하기 위한 시험
- 검출부의 시험공 또는 공기관의 한쪽 끝을 마노미터로 접속하고, 공기주입시험기를 접속하고, 공기를 마노미터 수위 100 [mm]까지 상승 후 50 [mm]가 될 때까지 시간을 측정할 것
- 공기관 길이에 따라 정해진 시간 이내 정상

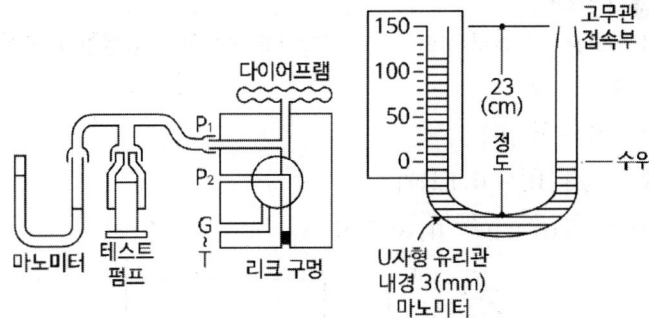

- 유통시험에 필요한 기구 3가지 : 마노미터, 공기주입시험기, 초시계
- 접점수고(압력)시험 : 접점수고치가 적정 간격을 유지하고 있는지 여부를 확인
- 비정상적인 경우 : 감지기 작동 안함
- 낮은 경우 : 비화재보(화재감지 너무 빠름)
- 높은 경우 : 지연동작(화재감지 너무 느림)

## 14

| 득점 | 배점 6 |

2전력계법으로 평형 3상전력을 측정하였더니 각각 400 [W], 600 [W]가 측정되었다. 다음 각 물음에 답하시오.

가. 피상전력[VA]을 구하시오.

나. 역률[%]을 구하시오.

### 정답

가. 피상전력

$$P_a = 2\sqrt{W_1^2 + W_2^2 - W_1 W_2} = 2\sqrt{400^2 + 600^2 - (400 \times 600)} = 1058.3 [VA]$$

나. 역률 $\cos\theta = \dfrac{P}{P_a}$

이때, 유효전력 $P = W_1 + W_2 = 400 + 600 = 1000 [W]$

∴ 역률 $= \dfrac{P}{P_a} = \dfrac{1000}{1058.3} \times 100 = 94.49 [\%]$

### 선생님 TIP

2전력계법은 '필기'시험에 출제되었던 문제입니다. 최근 출제경향을 보면 '필기'시험의 2과목 '전기일반'의 계산문제가 보기에도 출제되고 있습니다.

> **핵심이론** 2전력계법

2개의 전력 측정을 이용하여 부하에 공급되는 3상 피상전력, 유효전력, 무효전력을 측정하는 방법

유효전력 $P = W_1 + W_2 [W]$

무효전력 $P_r = \sqrt{3}(W_2 - W_1)[Var]$

피상전력 $P_a = 2\sqrt{W_1^2 + W_2^2 - W_1 W_2}[VA]$

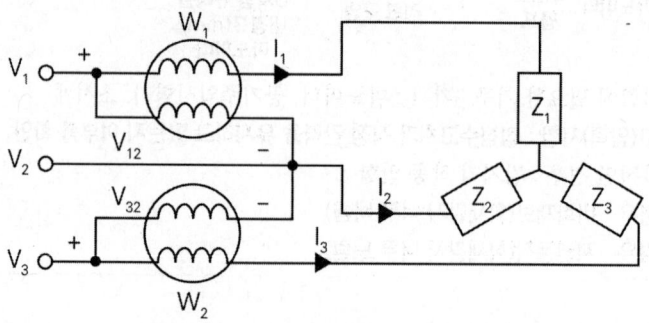

## 15 [배점 5]

자동화재탐지설비 및 시각경보장치의 화재안전기술기준에 따라 감지기회로의 도통시험을 위한 종단저항의 설치기준 3가지를 쓰시오.

① ② ③

> **정답**

① 점검 및 관리가 쉬운 장소에 설치할 것
② 전용함 설치 시 바닥으로부터 1.5 [m] 이내의 높이에 설치할 것
③ 감지기회로의 끝부분에 설치하며, 종단감지기에 설치할 경우에는 구별이 쉽도록 해당 감지기의 기판 및 감지기 외부 등에 별도의 표시를 할 것

> **핵심이론** 감지기회로 도통시험을 위한 종단저항 설치기준

- 점검 및 관리가 쉬운 장소에 설치할 것
- 전용함 설치 시 바닥으로부터 1.5 [m] 이내의 높이에 설치할 것
- 감지기회로의 끝부분에 설치하며, 종단감지기에 설치할 경우에는 구별이 쉽도록 해당 감지기의 기판 및 감지기 외부 등에 별도의 표시를 할 것

## 16    배점 5

3선식 배선에 의하여 상시 충전되는 유도등의 전기회로에 점멸기를 설치하는 경우에는 어느 때에 점등되도록 하여야 하는지 그 경우 2가지를 쓰시오.

①                                    ②

### 정답

① 자동화재탐지설비의 감지기 또는 발신기가 작동되는 때
② 비상경보설비의 발신기가 작동되는 때

### 핵심이론 유도등

□ 유도등 2선식과 3선식

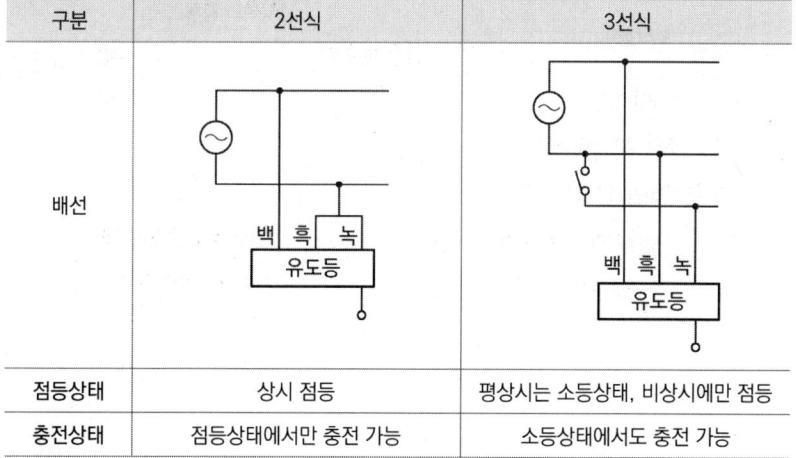

| 구분 | 2선식 | 3선식 |
|---|---|---|
| 배선 | (그림) | (그림) |
| 점등상태 | 상시 점등 | 평상시는 소등상태, 비상시에만 점등 |
| 충전상태 | 점등상태에서만 충전 가능 | 소등상태에서도 충전 가능 |

□ 유도등 2선식과 3선식 특징

| 2선식 | 3선식 |
|---|---|
| • 평상시는 상시 점등<br>• 전선소모 적음<br>• 전력소모 많음<br>• 원격스위치 불필요 | • 평상시는 소등상태, 비상시에만 점등<br>• 전선소모 많음<br>• 전력소모 적음<br>• 원격스위치 필요 |

□ 3선식 유도등이 점등되는 경우
- 자동화재탐지설비의 감지기 또는 발신기가 작동되는 때
- 비상경보설비의 발신기가 작동되는 때
- 상용전원이 정전되거나 전원선이 단선되는 때
- 방재업무 통제하는 곳 또는 전기실 배전반에서 수동점등 때
- 자동소화설비가 작동되는 때

## 17

배점 5

바닥면적 550 [m²], 내화구조인 창고에 연기감지기(광전식 스포트형 2종)를 설치하려고 한다. 연기감지기 최소 수량을 구하시오. (단, 감지기 부착높이는 10 [m]이다)

### 정답

$\dfrac{550}{75} = 7.33 \rightarrow$ 절상해서 8개

### 핵심이론 연기감지기 설치기준

- 연기감지기 설치면적 (단위 : [m²])

| 부착높이 | 감지기의 종류 | |
| --- | --- | --- |
| | 1종 및 2종 | 3종 |
| 4 [m] 미만 | 150 | 50 |
| 4 [m] 이상 20 [m] 미만 | 75 | - |

- 복도에 설치하는 연기감지기

| 보행거리 20 [m] 이하 | 보행거리 30 [m] 이하 |
| --- | --- |
| 3종 연기감지기 | 1·2종 연기감지기 |

## 18

배점 5

소방시설 설치 및 관리에 관한 법률 시행령에 따른 소방시설의 분류 중 경보설비 3가지를 쓰시오.

① ② ③

### 정답

① 자동화재탐지설비
② 비상방송설비
③ 자동화재속보설비

### 핵심이론 설비

| 구분 | 정의 |
| --- | --- |
| 소화설비 | 물 또는 그 밖의 소화약제를 사용하여 소화하는 기계·기구·설비 |
| 경보설비 | 화재 발생 사실을 통보하는 기계·기구·설비 |
| 피난구조설비 | 화재 시 피난하기 위해 사용하는 기구·설비 |
| 소화용수설비 | 화재를 진압하는 데 필요한 물을 공급·저장하는 설비 |
| 소화활동설비 | 화재를 진압하거나 인명구조 활동을 위해 사용하는 설비 |

□ 경보설비 종류
- 단독경보형 감지기
- 비상경보설비
  ① 비상벨설비
  ② 자동식 사이렌설비
- 시각경보기
- 자동화재탐지설비
- 비상방송설비
- 자동화재속보설비
- 통합감시시설
- 누전경보기
- 가스누설경보기
- 화재알림설비

격차를 뛰어넘어 압도적인 격차를 만들다

# 2023

| 1회 | 2023.04.23 |
| 2회 | 2023.07.22 |
| 4회 | 2023.11.05 |

# 2023년 1회

2023.04.23

## 01 [배점 3]

유도등 및 유도표지의 화재안전기술기준에서 명시하는 다음의 정의를 쓰시오.

가. 피난구유도등

나. 통로유도등

다. 객석유도등

### 정답

가. 피난구유도등 : 피난구 또는 피난경로로 사용되는 출입구를 표시하여 피난을 유도하는 등
나. 통로유도등 : 피난통로를 안내하기 위한 유도등으로 복도통로유도등, 거실통로유도등, 계단통로유도등
다. 객석유도등 : 객석의 통로, 바닥 또는 벽에 설치하는 유도등을 말한다.

### 핵심이론 유도등

(1) 유도등 : 화재 시에 피난을 유도하기 위한 등으로서 정상상태에서는 상용전원에 따라 켜지고 상용전원이 정전되는 경우에는 비상전원으로 자동전환되어 켜지는 등을 말한다.
(2) 피난구유도등 : 피난구 또는 피난경로로 사용되는 출입구를 표시하여 피난을 유도하는 등
(3) 통로유도등 : 피난통로를 안내하기 위한 유도등으로 복도통로유도등, 거실통로유도등, 계단통로유도등
(4) 객석유도등 : 객석의 통로, 바닥 또는 벽에 설치하는 유도등을 말한다.
(5) 거실통로유도등 : 거주, 집무, 작업, 집회, 오락 그 밖에 이와 유사한 목적을 위하여 계속적으로 사용하는 거실, 주차장 등 개방된 통로에 설치하는 유도등으로 피난의 방향을 명시하는 것
(6) 복도통로유도등 : 피난통로가 되는 복도에 설치하는 통로유도등으로서 피난구의 방향을 명시하는 것
(7) 계단통로유도등 : 피난통로가 되는 계단이나 경사로에 설치하는 통로유도등으로 바닥면 및 디딤 바닥면을 비추는 것

⑻ 피난구유도표지 : 피난구 또는 피난경로로 사용되는 출입구를 표시하여 피난을 유도하는 표지
⑼ 통로유도표지 : 피난통로가 되는 복도, 계단 등에 설치하는 것으로서 피난구의 방향을 표시하는 유도표지
⑽ 피난유도선 : 햇빛이나 전등불에 따라 축광("축광방식")하거나 전류에 따라 빛을 발하는 "광원점등방식" 유도체로서 어두운 상태에서 피난을 유도할 수 있도록 띠 형태로 설치되는 피난유도시설
⑾ 입체형 : 유도등 표시면을 2면 이상으로 하고 각 면마다 피난유도표시가 있는 것

## 02
| 득점 | | 배점 | 3 |

자동화재탐지설비에서 도통시험을 원활하게 하기 위해 회로의 끝부분에 설치하는 것을 쓰시오.

### 정답
종단저항

### 핵심이론 감지기회로 도통시험을 위한 종단저항 설치기준
- 점검 및 관리가 쉬운 장소에 설치할 것
- 전용함 설치 시 바닥으로부터 1.5 [m] 이내의 높이에 설치할 것
- 감지기회로의 끝부분에 설치하며, 종단감지기에 설치할 경우에는 구별이 쉽도록 해당 감지기의 기판 및 감지기 외부 등에 별도의 표시를 할 것

## 03
| 득점 | | 배점 | 3 |

자동화재탐지설비 및 시각경보장치의 화재안전성능기준에 따라 다음에서 설명하고 있는 감지기를 쓰시오.

⑴ 공칭감시거리 및 공칭시야각은 형식승인 내용에 따른다.
⑵ 감지기는 공칭감시거리와 공칭시야각을 기준으로 감시구역이 모두 포용될 수 있도록 설치할 것
⑶ 감지기는 화재감지를 유효하게 감지할 수 있는 모서리 또는 벽 등에 설치할 것
⑷ 감지기를 천장에 설치하는 경우에는 감지기는 바닥을 향하여 설치할 것
⑸ 수분이 많이 발생할 우려가 있는 장소에는 방수형으로 설치할 것

### 정답

불꽃감지기

#### 핵심이론 | 불꽃감지기

ㄱ. 자외선식(UV) : 불꽃에서 방사되는 자외선의 변화가 일정량 이상이 되면 작동하는 감지기로서 일국소의 자외선에 의하여 수광 소자의 수광량 변화를 검출하여 작동하는 감지기

ㄴ. 적외선식(IR) : 불꽃에서 방사되는 적외선의 변화가 일정량 이상이 되면 작동하는 것으로 일국소의 적외선에 의하여 수광 소자의 수광량의 변화에 의하여 작동하는 감지기

ㄷ. 복합형 : 자외선과 적외선의 불꽃감지기 성능에 모두 갖춘 것으로 두 가지 성능이 동시에 작동하거나 두 개의 화재신호를 각각 발신함

## 04   배점 13

지상 1층 건물에서 자동화재탐지설비를 설치해야 하는 특정소방대상물이 가로 40 [m], 세로 20 [m]인 경우 다음 조건을 고려하여 각각의 감지기 종류별 설치해야 하는 최소 감지기 수량을 계산하시오.

**조건**
(1) 감지기의 설치 높이는 3.0 [m]이다.
(2) 해당 건축물의 주요구조부는 내화구조이다.

가. 차동식 스포트형 2종

나. 정온식 스포트형 1종

다. 광전식 스포트형 2종

### 정답

가. $\dfrac{40 \times 20}{70} = 11.4$ → 절상해서 12개

나. $\dfrac{40 \times 20}{60} = 13.3$ → 절상해서 14개

다. $\dfrac{40 \times 20}{150} = 5.3$ → 절상해서 6개

자동화재탐지설비의 수평적 경계구역기준(면적 600 [m²])를 고려하여 경계구역을 나누어준 후 산정하여도 되지만, 총 바닥면적을 감지기 설치기준으로 바로 나누어서 설치개수를 산정하여도 된다.

### 핵심이론 감지기 종류

(1) 차동식 스포트형 감지기
- 주위온도가 일정 상승률 이상일 때 작동하는 것으로 일국소에서의 열효과에 의하여 작동하는 것(온도 일정 상승률 이상 + 일국소)
- 차동식 분포형 감지기 : 온도 일정 상승률 이상 + 넓은 범위

(2) 정온식 스포트형 감지기
- 일국소의 주위온도가 일정 온도 이상일 때 작동하는 것으로 외관이 전선이 아닌 것(일정한 온도 이상 + 외관 전선 ×)
- 정온식 감지선형 감지기 : 일정한 온도 이상 + 외관 전선 ○

(3) 보상식 스포트형 감지기
- 차동식 스포트형 + 정온식 스포트형의 성능을 겸한 것으로, 둘 중 한 기능이 작동되면 신호를 발하는 것
- 열감지기 설치면적

(단위 : [m²])

| 부착높이 및<br>특정소방대상물의 구분 | | 감지기의 종류 | | | | | | |
|---|---|---|---|---|---|---|---|---|
| | | 차동식 스포트형 | | 보상식 스포트형 | | 정온식 스포트형 | | |
| | | 1종 | 2종 | 1종 | 2종 | 특종 | 1종 | 2종 |
| 4 [m] 미만 | 내화구조 | 90 | 70 | 90 | 70 | 70 | 60 | 20 |
| | 기타구조 | 50 | 40 | 50 | 40 | 40 | 30 | 15 |
| 4 [m] 이상<br>8 [m] 미만 | 내화구조 | 45 | 35 | 45 | 35 | 35 | 30 | |
| | 기타구조 | 30 | 25 | 30 | 25 | 25 | 15 | |

(4) 이온화식 스포트형 감지기
주위의 공기가 일정 농도의 연기를 포함하는 경우에 작동하는 것으로 일국소의 연기에 의해 이온전류가 변화하여 작동하는 것

(5) 광전식 스포트형(분리형) 감지기
주위의 공기가 일정한 농도의 연기를 포함하게 되는 경우에 작동하는 것으로 일국소의 연기에 의하여 광전 소자에 접하는 광량의 변화로 작동하는 것

## 05

공기관식 차동식 분포형 감지기의 설치기준 4가지를 쓰시오.

배점 4

①

②

③

④

### 정답

① 공기관의 노출부분은 감지구역마다 20 [m] 이상이 되도록 할 것
② 공기관과 감지구역의 각 변과의 수평거리는 1.5 [m] 이하가 되도록 하고, 공기관 상호 간의 거리는 6 [m](주요구조부를 내화구조로 한 특정소방대상물 또는 그 부분에 있어서는 9 [m]) 이하가 되도록 할 것
③ 공기관은 도중에서 분기하지 아니하도록 할 것
④ 하나의 검출부분에 접속하는 공기관의 길이는 100 [m] 이하로 할 것
⑤ 검출부는 5° 이상 경사되지 아니하도록 부착할 것
⑥ 검출부는 바닥으로부터 0.8 [m] 이상 1.5 [m] 이하의 위치에 설치할 것

### 핵심이론 | 공기관식 차동식 분포형 감지기 구조

- 수열부 : 공기관
- 검출부 : 리크구멍(비화재보방지), 다이어프램, 접점, 시험장치

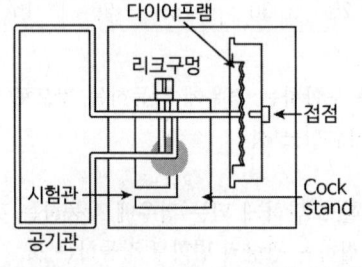
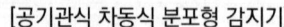
[공기관식 차동식 분포형 감지기]

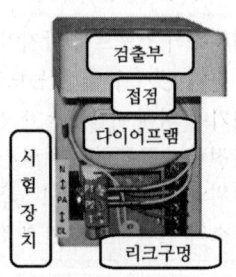

- 공기관의 노출부분은 감지구역마다 20 [m] 이상이 되도록 할 것
- 공기관과 감지구역의 수평거리는 1.5 [m] 이하가 되도록 할 것
- 공기관 상호 간의 거리는 6 [m](내화구조 9 [m]) 이하가 되도록 할 것
- 공기관은 도중에서 분기하지 않도록 할 것
- 하나의 검출부에 접속하는 공기관 길이는 100 [m] 이하로 할 것
- 검출부는 바닥에서 0.8 [m] 이상 1.5 [m] 이하에 위치하며, 5° 이상 경사되지 않도록 할 것

## 06

배점 5

길이 30 [m], 폭 10 [m], 높이 4 [m]인 사무실이 있다. 이 사무실에 조명률 50 [%], 광속 2400 [lm]의 40 [W] 형광등을 정전 시 비상조명으로 사용하여서 평균 조도 150 [lx]를 얻으려고 한다. 이때 필요한 형광등의 개수를 구하시오. 단, 조명 유지율은 80 [%]이다.

### 정답

$$EAD = FUN \rightarrow N = \frac{EAD}{FU} = \frac{AE}{FUM} = \frac{(30 \times 10) \times 150}{2400 \times 0.5 \times 0.8} = 46.9$$

답 | 47 [개]

감광보상률 D가 주어지지 않은 경우 조명유지율 M을 이용하여 $D = \frac{1}{M}$를 대입한다.

E : 조도 [lx], A : 단면적 [m²], D : 감광보상률
F : 광속 [lm], U : 조명률 [%], N : 등개수

## 07

배점 6

자동화재탐지설비 및 시각경보장치의 화재안전기술기준에 따라 연기감지기를 설치할 때 다음 물음에 답하시오.

가. 연기감지기를 종별로 복도 및 통로에 설치할 경우 보행거리 몇 [m]마다 설치해야 하는지 구분하여 쓰시오.

나. 연기감지기를 종별로 계단 및 경사로에 설치할 경우 수직거리 몇 [m]마다 설치해야 하는지 구분하여 쓰시오.

### 정답

가. 연기감지기를 복도 및 통로에 설치할 경우
 1) 1종과 2종 : 보행거리 30 [m]마다 설치
 2) 3종 : 보행거리 20 [m]마다 설치
나. 연기감지기를 계단 및 경사로에 설치할 경우
 1) 1종과 2종 : 수직거리 15 [m]마다 설치
 2) 3종 : 수직거리 10 [m]마다 설치

### 핵심이론 연기감지기

(단위 : [m²])

| 부착높이 | 감지기의 종류 | |
|---|---|---|
| | 1종 및 2종 | 3종 |
| 4 [m] 미만 | 150 | 50 |
| 4 [m] 이상 20 [m] 미만 | 75 | - |

※ 감지기는 복도 및 통로에 있어서는 보행거리 30 [m](3종에 있어서는 20 [m])마다, 계단 및 경사로에 있어서는 수직거리 15 [m](3종에 있어서는 10 [m])마다 1개 이상으로 할 것

## 08 [배점 5]

비상콘센트설비의 화재안전기술기준에 따라 비상콘센트설비에는 전원을 설치해야 한다. 상용전원회로의 배선은 다음의 경우 어디에서 분기하여 전용배선으로 해야 하는지 쓰시오.

가. 저압수전인 경우

나. 고압 또는 특고압수전인 경우

### 정답

가. 인입개폐기 직후

나. 전력용 변압기 2차 측의 주차단기 1차 측 또는 2차 측에서 분기하여 전용배선으로 할 것

### 핵심이론 비상콘센트설비의 상용전원회로의 배선

- 저압수전 : 인입개폐기 직후

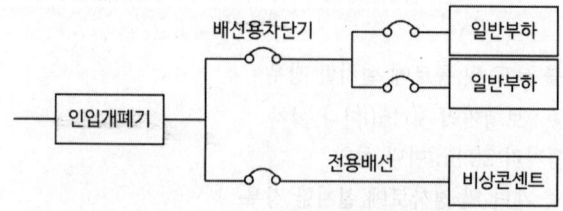

- 고압수전 또는 특고압수전 : 전력용 변압기 2차 측의 주차단기 1차 측 또는 2차 측에서 분기하여 전용배선으로 할 것

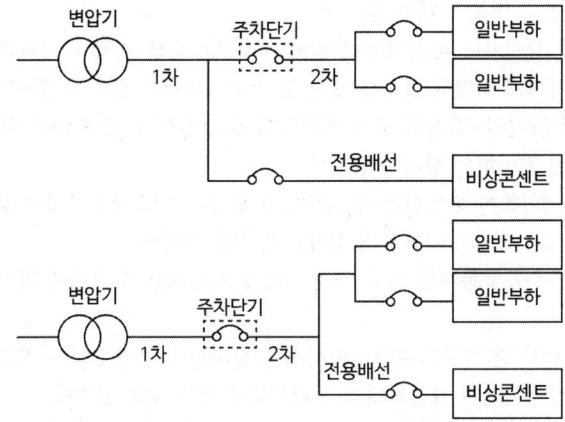

## 09

| 득점 | | 배점 | 3 |

**다음은 자동화재탐지설비에서 사용하는 용어의 정의이다. 해당 용어를 쓰시오.**

가. 특정소방대상물 중 화재신호를 발신하고 그 신호를 수신 및 유효하게 제어할 수 있는 구역

나. 감지기나 발신기에서 발하는 화재신호를 직접 수신하거나 중계기를 통하여 수신하여 화재의 발생을 표시 및 경보하여주는 장치

다. 감지기, 발신기 또는 전기적인 접점 등의 작동에 따른 신호를 받아 이를 수신기에 전송하는 장치

### 정답

가. 경계구역

나. 수신기

다. 중계기

> **핵심이론** 자동화재탐지설비 용어
> 1. "경계구역"이란 특정소방대상물 중 화재신호를 발신하고 그 신호를 수신 및 유효하게 제어할 수 있는 구역을 말한다.
> 2. "수신기"란 감지기나 발신기에서 발하는 화재신호를 직접 수신하거나 중계기를 통하여 수신하여 화재의 발생을 표시 및 경보하여주는 장치를 말한다.
> 3. "중계기"란 감지기·발신기 또는 전기적인 접점 등의 작동에 따른 신호를 받아 이를 수신기에 전송하는 장치를 말한다.
> 4. "감지기"란 화재 시 발생하는 열, 연기, 불꽃 또는 연소생성물을 자동적으로 감지하여 수신기에 화재신호 등을 발신하는 장치를 말한다.
> 5. "발신기"란 수동누름버턴 등의 작동으로 화재신호를 수신기에 발신하는 장치를 말한다.
> 6. "시각경보장치"란 자동화재탐지설비에서 발하는 화재신호를 시각경보기에 전달하여 청각장애인에게 점멸형태의 시각경보를 하는 것을 말한다.

## 10

배점 8

**다음은 비상방송설비이다. 각 물음에 답하시오.**

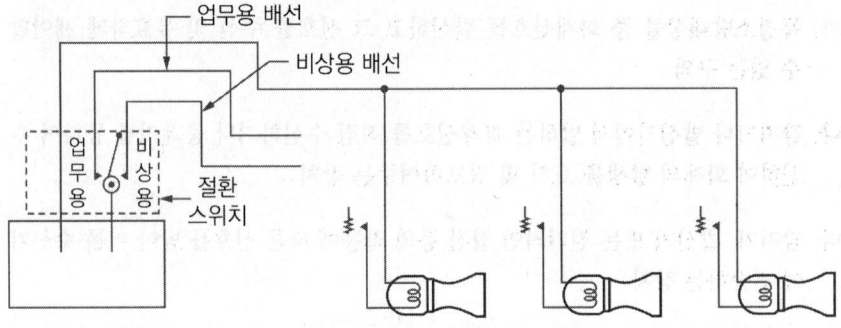

가. 비상방송설비의 배선에 대해 미완성 부분을 완성하시오.

나. 확성기의 음성입력은 실내에 설치하는 경우 몇 [W] 이상이어야 하는가?

다. 비상방송설비의 화재안전기술기준에 따라 확성기는 각 층마다 설치하되, 그 층의 각 부분으로부터 하나의 확성기까지의 수평거리가 얼마 이하가 되도록 설치해야 하는가?

정답

가.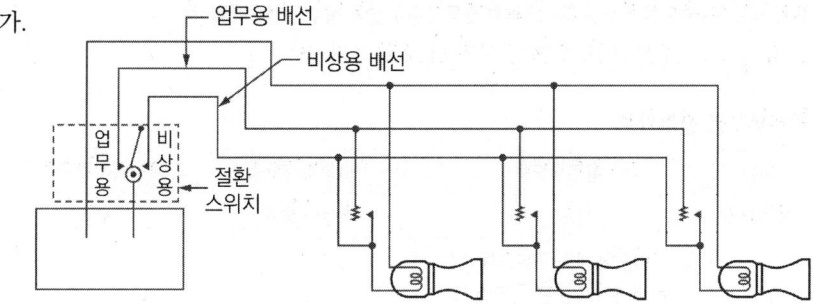

나. 1 [W] 이상

다. 25 [m] 이하

#### 핵심이론 | 비상방송설비의 설치기준

- 확성기의 음성입력은 3 [W](실내는 1 [W]) 이상일 것
- 음량조정기의 배선은 3선식으로 할 것
- 기동장치에 의한 화재신호를 수신한 후 필요한 음량으로 방송이 개시될 때까지의 소요시간은 10초 이하로 할 것
- 조작부의 조작스위치는 바닥으로부터 0.8 [m] 이상 1.5 [m] 이하의 높이에 설치할 것
- 다른 전기회로에 의하여 유도장애가 생기지 아니하도록 할 것
- 확성기는 각 층마다 설치하되, 각 부분으로부터의 수평거리는 25 [m] 이하일 것

## 11

유도등 및 유도표지의 화재안전성능기준에 관한 내용 중 다음은 피난구유도등에 대한 내용이다. 각 물음에 답하시오.

가. 피난구유도등 설치장소 4가지를 쓰시오.

나. 피난구유도등은 바닥으로부터 몇 [m] 이상으로서 출입구에 인접하도록 설치해야 하는지 쓰시오.

정답

가. 1) 옥내로부터 직접 지상으로 통하는 출입구 및 그 부속실 출입구
2) 직통계단·직통계단의 계단실 및 그 부속실의 출입구
3) 출입구에 이르는 복도 또는 통로로 통하는 출입구
4) 안전구획된 거실로 통하는 출입구

나. 1.5 [m] 이상

### 핵심이론 통로유도등

□ 통로유도등(복도통로유도등, 거실통로유도등) 설치개수 산정식(절상)

$$설치개수 = \frac{구부러진 \ 곳 \ 없는 \ 부분의 \ 보행거리 \ [m]}{20} - 1$$

□ 통로유도등 설치기준

| 구분 | 복도통로유도등 | 거실통로유도등 | 계단통로유도등 |
|---|---|---|---|
| 설치장소 | 복도 | 거실의 통로 | 계단 |
| 설치방법 | ① 출입구에 피난구유도등 있는 복도 : 맞은편 복도에 입체형 또는 바닥<br>② 구부러진 모퉁이<br>③ ① 통로유도등 기점으로 보행거리 20 [m]마다 | 구부러진 모퉁이 및 보행거리 20 [m]마다 | 각 층의 경사로참 또는 계단참마다 |
| 설치높이 | 바닥으로부터 높이 1 [m] 이하 | 바닥으로부터 높이 1.5 [m] 이상(단, 기둥에 설치 시 : 바닥으로부터 1.5 [m] 이하) | 바닥으로부터 높이 1 [m] 이하 |

- 출입구에 피난구유도등 : 직접 지상으로 통하는 출입구·계단실 또는 그 부속실 출입구
- 복도통로유도등 바닥에 설치 시
  ① 지하층/무창층 용도 도소매시장·여객자동차터미널·지하역사 또는 지하상가인 경우 : 복도·통로의 바닥 설치 가능
  ② 바닥에 설치하는 통로유도등은 하중에 따라 파괴되지 아니하는 강도의 것으로 할 것

## 12
배점 3

다음의 유접점 시퀀스회로도를 보고 출력 X에 대한 무접점 논리회로를 그리시오.

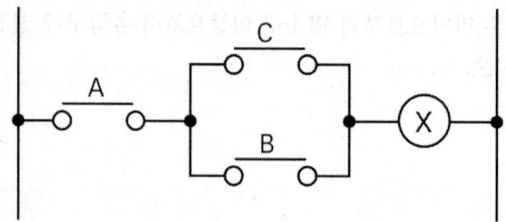

정답

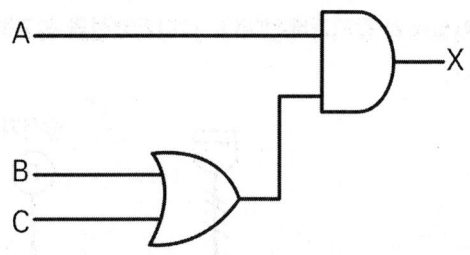

직렬로 연결되어 있으면 곱셈을, 병렬로 연결되어 있으면 덧셈을 해준다.
X = A(B + C)

### 핵심이론 | 시퀀스

□ 드 모르간의 정리

| 논리식 | 논리식 |
|---|---|
| $\overline{A+B} = \overline{A} \cdot \overline{B}$ | $\overline{A \cdot B} = \overline{A} + \overline{B}$ |

□ 논리회로

| 명칭 | 논리식 | 논리회로 | 유접점회로 |
|---|---|---|---|
| AND회로 | $X = A \times B$<br>$X = A \cdot B$ | A, B → X | A, B 직렬, X |
| OR회로 | $X = A + B$ | A, B → X | A, B 병렬, X |

## 13

다음은 자동화재탐지설비의 감지기배선이다. 감지기배선을 참고하여 실제배선도를 완성하시오.

배점 6

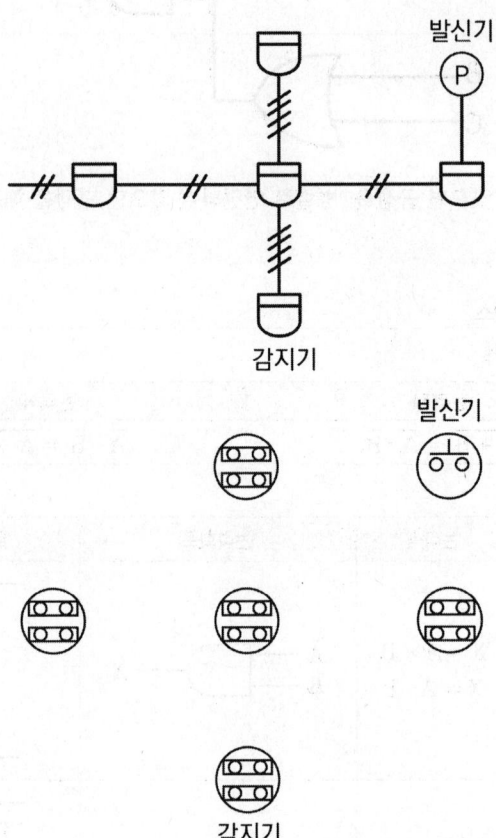

정답

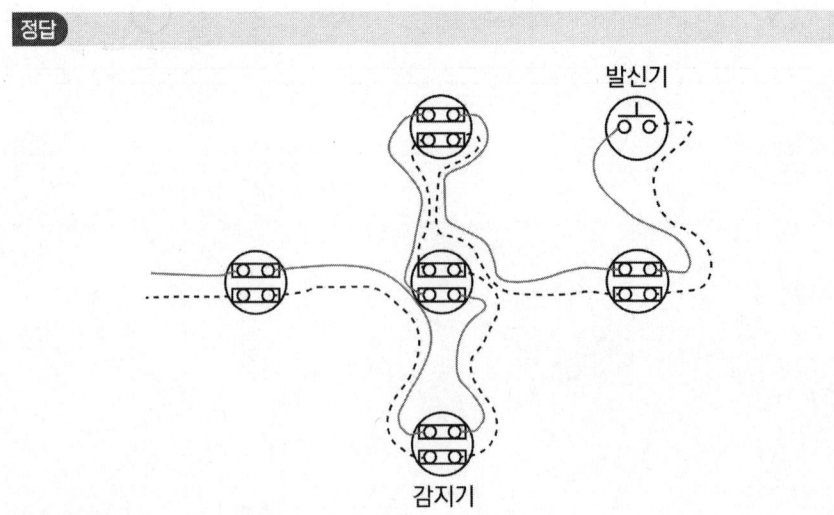

## 14

다음은 옥상에 설치된 탱크에 물을 공급하기 위한 펌프의 자동 및 수동기동방식을 나타낸 시퀀스도면이다. 각 물음에 답하시오.

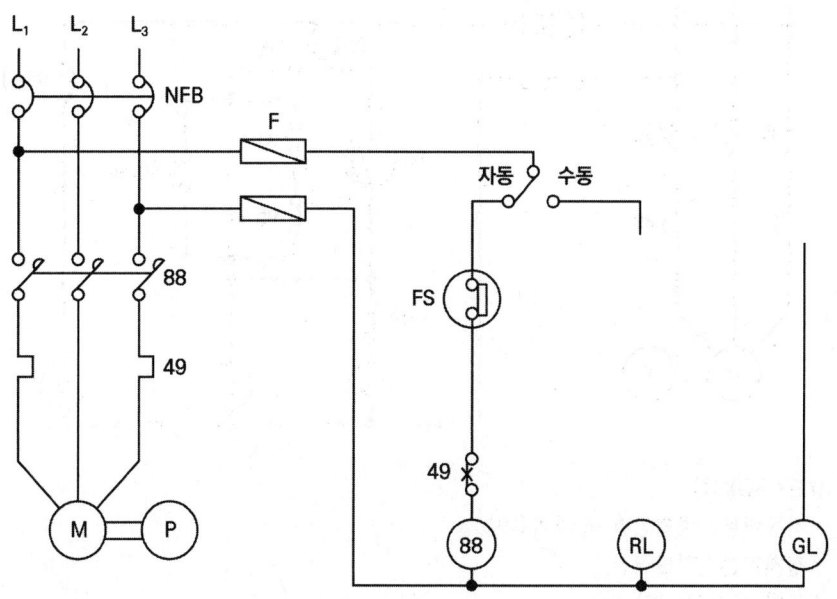

가. 배선용 차단기 NFB의 명칭을 원어(또는 원어에 대한 우리말 발음)로 쓰고 이 차단기의 특징을 쓰시오.

나. 제어반의 "49"의 명칭은 무엇인가?

다. 동작접점을 "수동"으로 인가하였을 때 누름버튼스위치의 PB-on, PB-off가 되도록접점으로 시퀀스회로를 구성하시오. (단, 전원을 투입하면 GL램프가 점등되나 PB-on스위치를 ON하면 GL램프가 소등되고 RL램프가 점등된다)

### 정답

가. 1) 원어 : No Fuse Breaker(또는 노우 퓨즈 브레이커)

  2) 특징
  ㉠ 소형이고, 경량이다.
  ㉡ 기기의 신뢰도가 크다.
  ㉢ 과전류에 대한 차단성능이 우수하다.
  ㉣ 동작 시 수동으로 복귀가 간단하다.
  ㉤ 퓨즈가 필요치 않다.
  ㉥ 기기의 수명이 길다.

나. 열동계전기

다.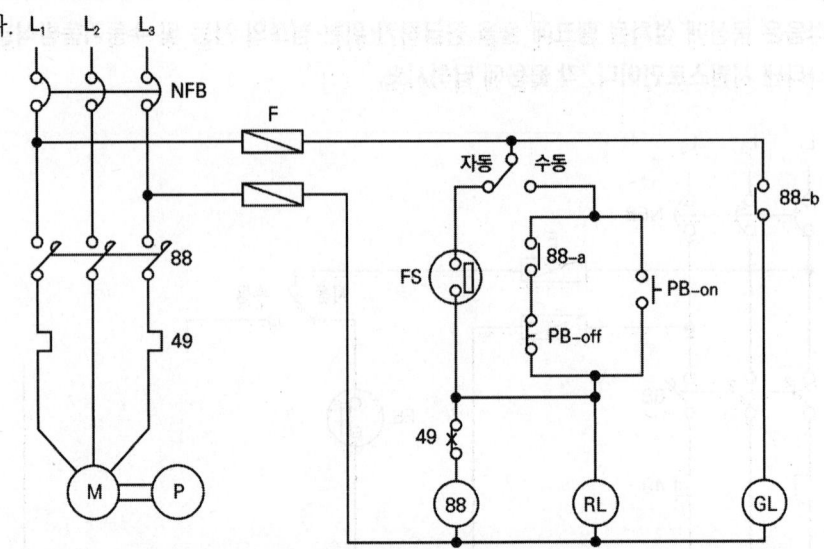

[KEY POINT]
- 기동버튼 : 병렬연결 및 자기유지
- 정지버튼 : 직렬연결
- 분기 시 "•"를 찍는다.
- 연동
  88코일 : 88-a 표기, 88-b 표기
  49(열동형 계전기히터)
- <u>전원투입 ⇒ 정지등 GL</u>
- <u>수동(PBS-ON) ⇒ 기동등 RL</u>
- <u>수동(PBS-OFF) ⇒ 정지등 GL</u>
- 자동 ⇒ 플로트스위치 모터 동작

## 15

다음은 수신기 기능시험에 대한 내용이다. 다음에서 설명하는 수신기 시험 명칭을 쓰시오.

[시험방법]
(1) 동작시험스위치를 시험위치에 놓는다.
(2) 5회선(수회선)을 동시에 작동시킨다.
(3) 주음향장치와 지구음향장치를 명동시킨다.

[판정기준]
수신기와 부수신기, 표시장치, 음향장치 등의 기능에 이상이 없을 것

### 정답

동시작동시험

### 핵심이론 수신기 기능시험

- 화재표시작동시험 : 지구표시등, 화재표시등 점등, 음향장치 명동 확인
- 예비전원시험 : 정전 시 상용전원에서 예비전원 자동전환 여부 확인 및 정상상태 복구 시 상용전원으로 자동전환 여부 확인
- 동시작동시험(회로수가 2회선 이상) : 2회로 이상 동작 시 수신기 기능 정상 여부 확인
- 공통선시험 : 공통선이 담당하고 있는 경계구역의 적정 여부 확인
- 회로도통시험 : 감지기회로의 단선, 단락 및 접속상태의 이상 유무를 파악
- 저전압시험 : 저전압상태(정격전압 80 [%] 이하) 수신기 기능 유지 확인
- 회로저항시험 : 감지기회로 1회선 선로 저항이 수신기 기능에 이상을 주지 않는 것을 확인
- 지구음향장치 작동시험 : 감지기의 작동과 연동하여 당해 지구음향장치가 정상으로 작동하는가 확인하기 위한 시험
- 비상전원시험 : 상용전원이 사고 등으로 정전된 경우 자동적으로 비상전원으로 절환되며 또한 정전복구 시에 자동적으로 일반 상용전원으로 절환되는지의 여부를 확인

## 16

배점 7

그림과 같은 무접점회로에 대해 유접점회로를 완성하고, $X_A$, $X_B$, $X_C$의 논리식을 쓰시오.

가. 다음의 무접점회로를 참고하여 유접점회로를 그리시오.

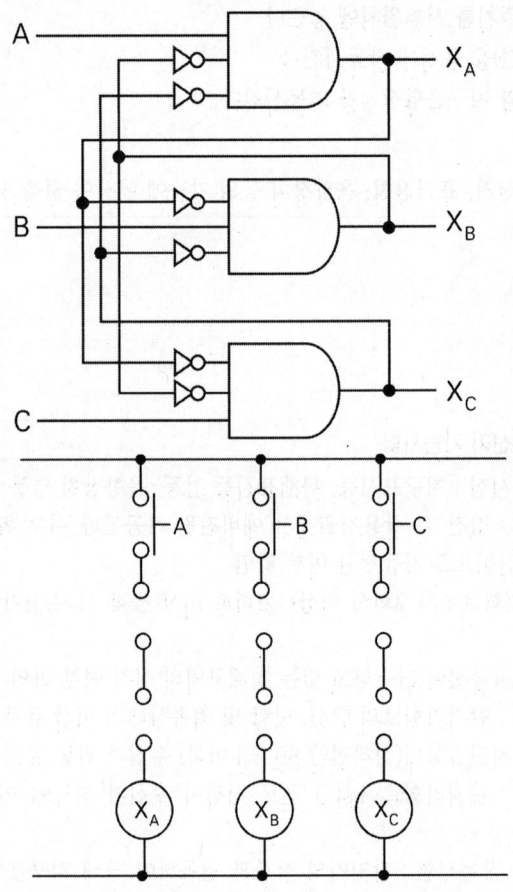

나. 다음 무접점회로를 논리식으로 표현하시오.

1) $X_A$
2) $X_B$
3) $X_C$

**정답**

가.

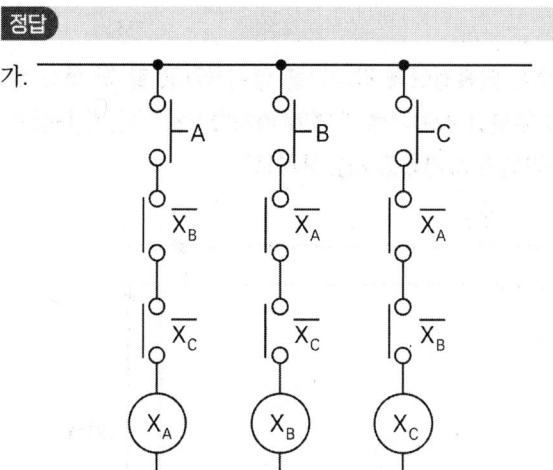

나. 1) $X_A = A\overline{X_B}\overline{X_C}$  2) $X_B = B\overline{X_A}\overline{X_C}$  3) $X_C = C\overline{X_A}\overline{X_B}$

### 핵심이론 | 시퀀스

▫ 드 모르간의 정리

| 논리식 | 논리식 |
|---|---|
| $\overline{A+B} = \overline{A} \cdot \overline{B}$ | $\overline{A \cdot B} = \overline{A} + \overline{B}$ |

▫ 논리회로

| 명칭 | 논리식 | 논리회로 | 유접점회로 |
|---|---|---|---|
| AND회로 | $X = A \times B$<br>$X = A \cdot B$ | | |
| OR회로 | $X = A + B$ | | |
| NOT회로 | $X = \overline{A}$ | | |

## 17

다음은 어느 건물의 평면도이다. 단독경보형 감지기를 설치하려고 할 때 최소 몇 개를 설치해야 하는지 수량을 구하고 감지기를 도면에 배치하시오. (단, 단독경보형 감지기의 기호는 연기감지기의 도시기호를 사용하시오)

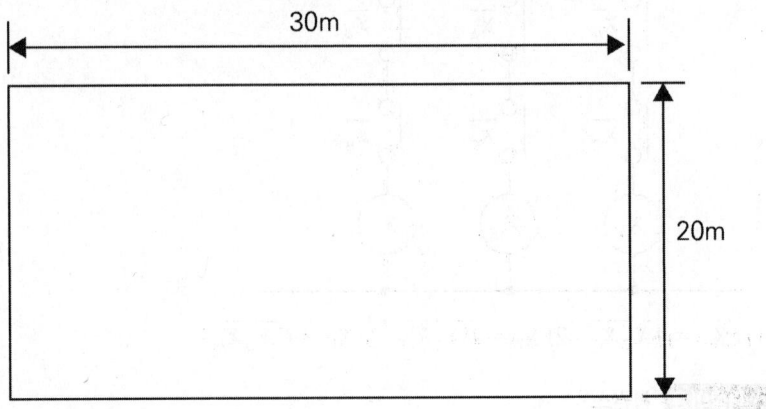

◯ 계산과정 :

◯ 답 :

### 정답

☑ 계산과정

단독경보형 감지기는 바닥면적 150 [m²]마다 설치하므로

$$\frac{30 \times 20}{150} = 4$$

답 | 4 [개] 설치

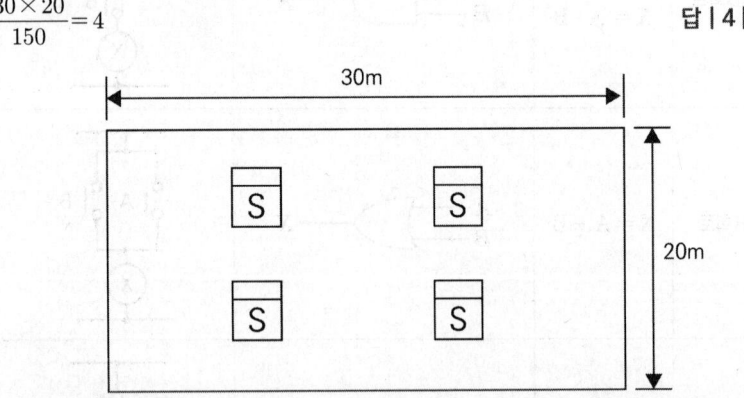

단독경보형 감지기의 도시기호를 문제에서 '연기감지기 도시기호를 사용'하라고 하였으므로 연기감지기 기호를 사용하여 배치해준다.

> **핵심이론** 단독경보형 감지기의 설치기준
>
> (1) 각 실(이웃하는 실내의 바닥 면적이 각각 30 [m²] 미만이고, 벽체의 상부의 전부 또는 일부가 개방되어 이웃하는 실내와 공기가 상호 유통되는 경우에는 이를 1개의 실로 본다)마다 설치하되, 바닥면적 150 [m²]를 초과하는 경우에는 150 [m²]마다 1개 이상 설치할 것
> (2) 최상층의 계단실의 천장(외기가 상통하는 계단실의 경우 제외)에 설치할 것
> (3) 건전지를 주전원으로 사용하는 단독경보형 감지기는 정상적인 작동상태를 유지할 수 있도록 건전지를 교환할 것
> (4) 상용전원을 주전원으로 사용하는 단독경보형 감지기의 2차 전지는 제품검사에 합격한 것을 사용할 것

## 18

득점 ___ 배점 5

모터컨트롤센터(M.C.C)에서 소화전 펌프모터에 전기를 공급하는 전동기설비에 대한 다음 각 물음에 답하시오. (단, 전압은 3상 380 [V]이고 모터의 용량은 20 [kW], 역률은 80 [%]라고 한다)

가. 모터의 전부하전류는 몇 [A]인가?

  ○ 계산과정 :

  ○ 답 :

나. 모터의 역률을 95 [%]로 개선하고자 할 때 필요한 전력용 콘덴서의 용량은 몇 [kVA]인가?

  ○ 계산과정 :

  ○ 답 :

**정답**

가. 계산과정

$P = \sqrt{3}\, V I \cos\theta$

$\therefore I = \dfrac{P}{\sqrt{3}\, V \cos\theta} = \dfrac{20 \times 10^3}{\sqrt{3} \times 380 \times 0.8} = 37.983 ≒ 37.98 [A]$

답 | 37.98 [A]

나. 계산과정

$Q_c = P\left(\dfrac{\sqrt{1-\cos\theta_1^2}}{\cos\theta_1} - \dfrac{\sqrt{1-\cos\theta_2^2}}{\cos\theta_2}\right) = 20 \times \left(\dfrac{\sqrt{1-0.8^2}}{0.8} - \dfrac{\sqrt{1-0.95^2}}{0.95}\right)$
$= 8.43 [kVA]$

답 | 8.43 [kVA]

## 핵심이론 역률개선

□ 전력공식

| 방식 | 공식 |
|---|---|
| 단상 2선식 | $P = VI\cos\theta$<br>P : 전력 [W], V : 전압 [V], I : 전류 [A], $\cos\theta$ : 역률 |
| 3상 3선식 | $P = \sqrt{3}\,VI\cos\theta$<br>P : 전력 [W], V : 전압 [V], I : 전류 [A], $\cos\theta$ : 역률 |

□ 역률개선용 콘덴서용량 구하는 식

$$Q_c = P\left(\frac{\sqrt{1-\cos^2\theta_1}}{\cos\theta_1} - \frac{\sqrt{1-\cos^2\theta_2}}{\cos\theta_2}\right)$$

$Q_C$ : 콘덴서용량 [kVA], $P$ : 유효전력 [kW]
$\cos\theta_1$ : 개선 전 역률, $\cos\theta_2$ : 개선 후 역률

# 2023년 2회

2023.07.22

## 01

유도등 및 유도표지에 대한 다음 각 물음에 답하시오.

가. 2선식 유도등의 결선도를 완성하시오.

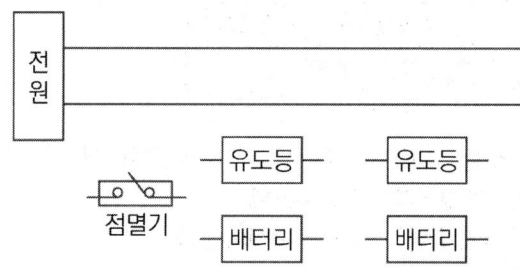

나. 3선식 유도등의 결선도를 완성하시오.

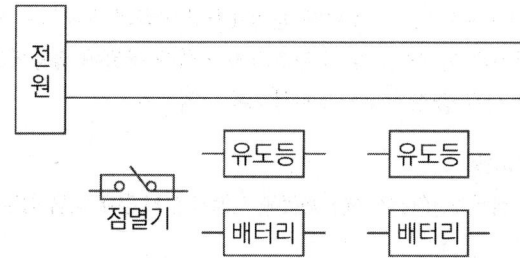

다. 3선식 유도등의 전기회로에 점멸기를 설치하는 경우 어떠한 때에 반드시 점등되어야 하는지 4가지만 쓰시오.

라. 피난유도선은 햇빛이나 전등불에 따라 축광하거나 전류에 따라 빛을 발하는 유도체로서 어두운 상태에서 피난을 유도할 수 있도록 띠 형태로 설치되는 피난유도시설이다. 피난유도선 중 광원점등방식의 피난유도선의 설치기준 4가지만 쓰시오.

## 정답

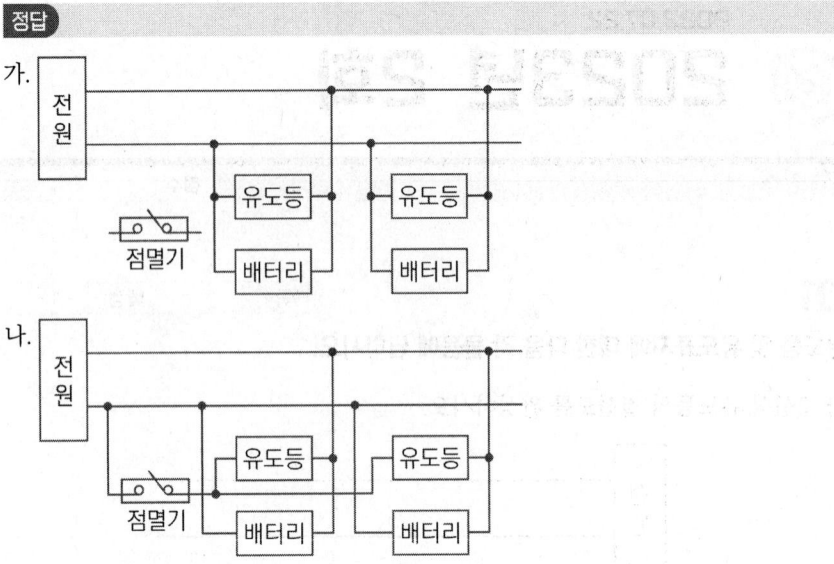

다.
- 자동화재탐지설비의 감지기 또는 발신기가 작동되는 때
- 비상경보설비의 발신기가 작동되는 때
- 상용전원이 정전되거나 전원선이 단선되는 때
- 자동소화설비가 작동되는 때

라.
- 구획된 각 실로부터 주출입구 또는 비상구까지 설치
- 피난유도 표시부는 바닥으로부터 높이 1 [m] 이하의 위치 또는 바닥면에 설치
- 수신기로부터의 화재신호 및 수동조작에 의하여 광원이 점등되도록 설치
- 비상전원이 상시 충전상태를 유지하도록 설치

### 핵심이론 유도등

□ 3선식 유도등 점등조건(3선식 배선회로에 점멸기 설치 경우 다음 경우에 점등되도록 해야 함)
- 자동화재탐지설비의 감지기 또는 발신기가 작동되는 때
- 비상경보설비의 발신기가 작동되는 때
- 상용전원이 정전되거나 전원선이 단선되는 때
- 방재업무 통제하는 곳 또는 전기실 배전반에서 수동점등 때
- 자동소화설비가 작동되는 때

□ 유도등 2선식과 3선식 특징

| 2선식 | 3선식 |
| --- | --- |
| • 평상시는 상시 점등 | • 평상시는 소등상태, 비상시에만 점등 |
| • 전선소모 적음 | • 전선소모 많음 |
| • 전력소모 많음 | • 전력소모 적음 |
| • 원격스위치 불필요 | • 원격스위치 필요 |

□ 광원점등방식의 피난유도선 설치기준
- 구획된 각 실로부터 주출입구 또는 비상구까지 설치할 것
- 피난유도 표시부는 바닥으로부터 높이 1 [m] 이하의 위치 또는 바닥 면에 설치
- 피난유도 표시부는 50 [cm] 이내의 간격으로 연속되도록 설치하되 실내장식물 등으로 설치가 곤란할 경우 1 [m] 이내로 설치
- 수신기로부터의 화재신호 및 수동조작에 의하여 광원이 점등되도록 설치
- 비상전원이 상시 충전상태를 유지하도록 설치
- 바닥에 설치되는 피난유도 표시부는 매립하는 방식을 사용할 것
- 피난유도 제어부는 조작 및 관리가 용이하도록 바닥으로부터 0.8 [m] 이상 1.5 [m] 이하의 높이에 설치

## 02

배점 5

**다음 전선 및 케이블 명칭을 쓰시오.**

가. HIV 전선

나. IV 전선

다. RB 전선

라. OW 전선

마. CV 케이블

### 정답

가. 600 [V] 2종 비닐절연선

나. 600 [V] 비닐절연선

다. 고무절연선

라. 옥외용 비닐절연선

마. 가교폴리에틸렌 절연비닐 외장케이블

### 핵심이론 전선의 약호 및 명칭

| 약호 | 명칭 |
|---|---|
| DV | 인입용 비닐절연전선 |
| OW | 옥외용 비닐절연전선 |
| RB | 고무절연전선 |
| IV | 600 [V] 비닐절연전선 |
| HIV | 600 [V] 2종 비닐절연전선 |
| HFIX | 450/750 [V] 저독성 난연가교 폴리올레핀 절연전선 |
| CV | 가교폴리에틸렌 절연비닐 외장케이블 |
| E | 접지선 |
| GV | 접지용 비닐절연전선 |

• IV, HIV는 소방용으로 사용하지 않음

DV : PVC insulated drop wire
OW : out-door weather proof insulated wire
RB : rubber insulated wire
IV : 450/750 [V] PVC insulated wire
HIV : heat-resistant wire
GV : ground wire
HFIX : halogen free crosslinked(x) polyolefin insulation wire

## 03  [배점 5]

양수량이 매분 2600 [L]이고, 전양정이 11 [m]인 펌프용 전동기의 용량은 몇 [kW]이겠는가? (단, 펌프효율은 80 [%]이고, 펌프의 동력은 20 [%]의 여유를 둔다)

○ 계산과정 :

○ 답 :

### 정답

☑ 계산과정

$$P = \frac{9.8 KQH}{\eta t} = \frac{9.8 \times 1.2 \times 2.6 \times 11}{0.8 \times 60} = 7.007 ≒ 7.01 \text{ [kW]}$$

답 | 7.01 [kW]

> **핵심이론** 전동기용량 구하는 식

$$P = \frac{9.8KQH}{\eta t} = \frac{9.8K \times Q[m^3/\text{min}] \times H}{\eta t \times 60} \text{ [kW]}$$

P : 전동기용량 [kW]   K : 여유계수   Q : 유량 [m³]
H : 전양정 [m]   η : 효율   t : 시간 [s]

## 04

득점 / 배점 3

자동화재탐지설비의 감지기회로는 직류 24 [V]의 전압을 사용한다. 이때 감지기가 작동할 때 부하전류는 100 [mA]이다. 단면적 2.5 [mm²] HFIX 전선을 사용할 때 수신기로부터 100 [m] 떨어진 곳에서의 전압강하[V]를 구하시오.

○ 계산과정 :       ○ 답 :

> **정답**

☑ 계산과정

$$e = \frac{35.6 LI}{1000 A} = \frac{35.6 \times 100 \times 0.1}{1000 \times 2.5} = 0.14 \, V$$

답 | 0.14 [V]

문제에서 저항값이 주어지지 않았으므로 $e = \frac{35.6 LI}{1000 A}$ 공식을 사용한다.

> **핵심이론** 전압강하공식

□ 전압강하
- 단상 2선식 $e = V_s - V_r = 2IR$ [V]
- 3상 3선식 $e = V_s - V_r = \sqrt{3} IR$ [V]

e : 전압강하 [V], $V_s$ : 정격전압 [V], $V_r$ : 단자전압 [V]

□ 전압강하(조건에 저항 없을 때)

| 전기방식 | 전압강하 |
|---|---|
| 단상 2선식 | $e = \dfrac{35.6 LI}{1000 A}$ |
| 3상 3선식 | $e = \dfrac{30.8 LI}{1000 A}$ |
| 단상 3선식, 3상 4선식 | $e = \dfrac{17.8 LI}{1000 A}$ |

여기서 L : 선로길이 [m], I : 전부하전류 [A]
e : 한 선의 전압강하 [V], A : 전선의 단면적 [mm²]

## 05

차동식 스포트형 감지기의 리크공이 막혔을 때 작동개시시간이 어떻게 작동하는지 답하시오.

### 정답

작동개시시간이 빨라진다.

- 차동식 스포트형 감지기 리크구멍(리크공)

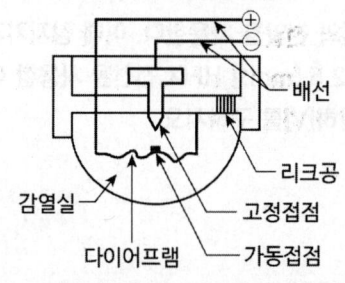

① 감지기의 비화재보를 방지하기 위함
② 이물질 등으로 막혔을 경우 : 감지기 작동개시시간 빨라짐

### 핵심이론 차동식 스포트형 감지기 구조

- 동작원리 : 화재 발생 시 감열부의 공기가 팽창하여 다이어프램을 밀어 올려 접점을 붙게 함으로써 수신기에 신호를 보낸다.

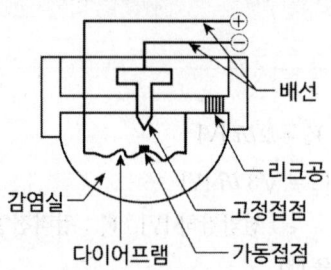

① 감열실 : 열을 유효하게 받음
② 다이어프램 : 공기팽창에 의해 접점이 잘 밀려올라가도록 함
③ 고정접점 : 가동접점과 접촉되어 화재신호 발신
④ 리크구멍(리크공) : 감지기의 비화재보를 방지하기 위하여

# 06

다음의 유접점 시퀀스회로와 무접점회로는 같다. 다음을 보고 각 물음에 답하시오.

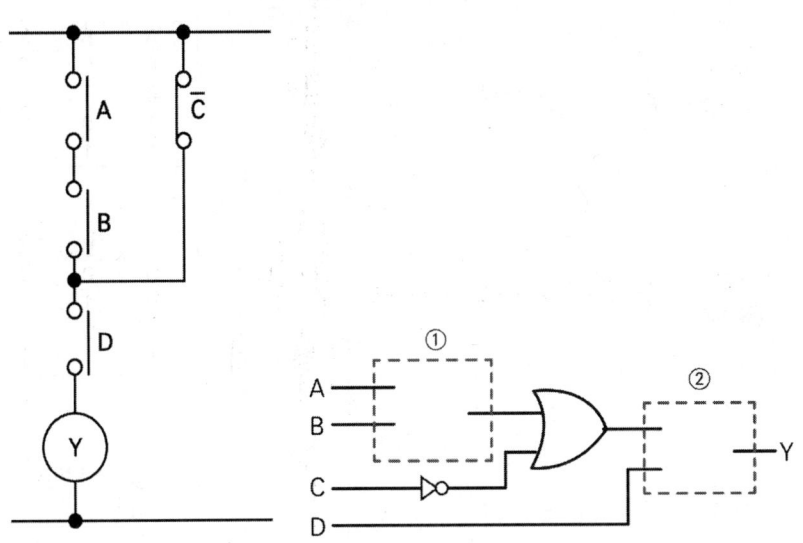

가. 무접점회로를 보고 ①, ②에 해당하는 논리기호를 그리시오.

나. 논리식을 쓰시오.

**정답**

가.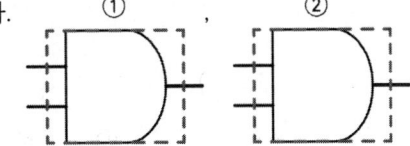

나. $Y = (AB + \overline{C})D$

### 핵심이론 시퀀스

▫ 드 모르간의 정리

| 논리식 | 논리식 |
|---|---|
| $\overline{A + B} = \overline{A} \cdot \overline{B}$ | $\overline{A \cdot B} = \overline{A} + \overline{B}$ |

□ 논리회로

| 게이트 | 논리회로(논리기호) | 논리식 | 시퀀스회로 | 진리표 | | |
|---|---|---|---|---|---|---|
| AND (직렬회로) | A, B → X | X = A · B = AB | | A | B | X |
| | | | | 0 | 0 | 0 |
| | | | | 0 | 1 | 0 |
| | | | | 1 | 0 | 0 |
| | | | | 1 | 1 | 1 |
| OR (병렬회로) | A, B → X | X = A + B | | A | B | X |
| | | | | 0 | 0 | 0 |
| | | | | 0 | 1 | 1 |
| | | | | 1 | 0 | 1 |
| | | | | 1 | 1 | 1 |
| NOT | A → X | X = $\overline{A}$ | | A | | X |
| | | | | 0 | | 1 |
| | | | | 1 | | 0 |
| NAND (Not AND) | A, B → X | X = $\overline{AB}$ | | A | B | X |
| | | | | 0 | 0 | 1 |
| | | | | 0 | 1 | 1 |
| | | | | 1 | 0 | 1 |
| | | | | 1 | 1 | 0 |

## 07  배점 5

직류 2선식 배전선이 있다. 회로를 개방한 뒤 각 선과 대지 사이 절연저항을 측정했을 때 2 [MΩ]과 3 [MΩ]이 나왔다. 이 배전선의 합성절연저항을 구하시오.

**정답**

$$R_T = \frac{1}{\frac{1}{2}+\frac{1}{3}} = 1.2 [M\Omega]$$

배전선의 합성절연저항은 병렬공식을 이용하여 풀어준다.
$$R_T = \frac{R_1 \times R_2}{R_1 + R_2}$$

# 08

배점 3

임시소방시설의 화재안전성능시험에 따른 비상경보장치 종류 3가지를 쓰시오.

①
②
③

**정답**

① 비상벨
② 사이렌
③ 휴대용 확성기

**심화** 임시소방시설의 종류

가. 소화기
나. 간이소화장치 : 물을 방사(放射)하여 화재를 진화할 수 있는 장치로서 소방청장이 정하는 성능을 갖추고 있을 것
다. 비상경보장치 : 화재가 발생한 경우 주변에 있는 작업자에게 화재사실을 알릴 수 있는 장치로서 소방청장이 정하는 성능을 갖추고 있을 것
라. 가스누설경보기 : 가연성 가스가 누설되거나 발생된 경우 이를 탐지하여 경보하는 장치로서 법 제37조에 따른 형식승인 및 제품검사를 받은 것
마. 간이피난유도선 : 화재가 발생한 경우 피난구 방향을 안내할 수 있는 장치로서 소방청장이 정하는 성능을 갖추고 있을 것
바. 비상조명등 : 화재가 발생한 경우 안전하고 원활한 피난활동을 할 수 있도록 자동 점등되는 조명장치로서 소방청장이 정하는 성능을 갖추고 있을 것
사. 방화포 : 용접·용단 등의 작업 시 발생하는 불티로부터 가연물이 착화되는 것을 방지해주는 천 또는 불연성 물품으로서 소방청장이 정하는 성능을 갖추고 있을 것

# 09

배점 6

모터컨트롤센터(M.C.C)에서 소화전 펌프모터에 전기를 공급하는 전동기설비를 역률 90 [%]로 개선하려면 전력용 콘덴서는 몇 [kVA]가 필요한가? (단, 전압은 3상 380 [V]이고 모터의 용량은 37 [kW], 역률은 80 [%]라고 한다)

○ 계산과정 :

○ 답 :

### 정답

☑ 계산과정

$$Q_c = P\left(\frac{\sqrt{1-\cos\theta_1^2}}{\cos\theta_1} - \frac{\sqrt{1-\cos\theta_2^2}}{\cos\theta_2}\right) = 37\left(\frac{\sqrt{1-0.8^2}}{0.8} - \frac{\sqrt{1-0.9^2}}{0.9}\right)$$

≒ 9.83 [kVA]

답 | 9.83 [kVA]

#### 핵심이론 역률개선용 콘덴서용량 구하는 식

$$Q_c = P\left(\frac{\sqrt{1-\cos\theta_1^2}}{\cos\theta_1} - \frac{\sqrt{1-\cos\theta_2^2}}{\cos\theta_2}\right)$$

$Q_C$ : 콘덴서용량 [kVA], $P$ : 유효전력 [kW]
$\cos\theta_1$ : 개선 전 역률, $\cos\theta_2$ : 개선 후 역률

## 10 [배점 5]

누전경보기의 형식승인 및 제품검사의 기술기준에 따라 누전경보기에 사용되는 변류기의 1차권선과 2차권선의 절연저항측정에 사용되는 측정기구 명칭과 절연저항 판정에 대한 기준을 쓰시오.

가. 측정기기

나. 절연저항 판정기준

### 정답

가. 직류 500 [V]의 절연저항계

나. 5 [MΩ] 이상

#### 핵심이론 누전경보기 절연저항시험

(1) 측정장치 : DC 500 [V]의 절연저항계
(2) 절연저항시험 : 5 [MΩ] 이상
(3) 측정위치
- 절연된 1차권선과 2차권선 간의 절연저항
- 절연된 1차권선과 외부금속부 간의 절연저항
- 절연된 2차권선과 외부금속부 간의 절연저항

## 11

> 득점 / 배점 8

비상콘센트설비의 성능인증 및 제품검사의 기술기준에 따른 내용이다. 다음 물음에 답하시오.

가. 전원회로를 어떻게 구성해야 하는지 단상교류와 3상교류를 각각 설명하시오.
  1) 단상교류
  2) 3상교류

나. 비상콘센트설비의 절연내력시험방법과 판정기준을 쓰시오.

### 정답

가. 1) 단상교류 : 220 [V], 공급용량 1.5 [kVA] 이상
  2) 3상교류 : 380 [V], 공급용량 3 [kVA] 이상
나. 1440 [V]의 실효전압을 가하여 1분간 견딜 것

### 핵심이론 비상콘센트설비의 전원부와 외함 사이의 절연저항 및 절연내력기준

- 절연저항은 전원부와 외함 사이를 500 [V] 절연저항계로 측정할 때 20 [MΩ] 이상일 것
- 절연내력은 전원부와 외함 사이에 정격전압이 150 [V] 이하인 경우에는 1000 [V]의 실효전압을, 정격전압이 150 [V] 초과인 경우에는 그 정격전압에 2를 곱하여 1000을 더한 실효전압을 가하는 시험에서 1분 이상 견디는 것으로 할 것

### 참고 비상콘센트설비의 성능인증 및 제품검사의 기술기준

제6조(비상콘센트설비의 기능) 비상콘센트설비의 기능은 다음 각 호에 적합하여야 한다.
1. 전원회로는 단상 220 [V]인 것으로서 공급용량은 1.5 [kVA] 이상인 것으로 할 것. 다만 단상교류 100 [V] 또는 3상 교류 200 [V] 또는 380 [V]인 것으로 공급용량은 3상 교류인 경우 3 [kVA] 이상인 것과 단상교류인 경우 1.5 [kVA] 이상인 것을 추가할 수 있다.
2. 비상콘센트설비의 플럭접속기는 3상 교류 200 [V] 또는 3상 교류 380 [V]의 것에 있어서는 접지형 3극 플럭접속기(KS C 8305)를 단상교류 100 [V] 또는 단상교류 220 [V]의 것에 있어서는 접지형 2극 플럭접속기(KS C 8305)를 사용할 것
3. 비상콘센트설비의 배선용 차단기용량은 제2호의 접속기용량과 같아야 한다.

## 12

가스누설경보기를 설치해야 하는 특정소방물의 종류 6가지를 쓰시오.

① ②
③ ④
⑤ ⑥

**정답**

① 판매시설, ② 종교시설, ③ 운수시설, ④ 의료시설, ⑤ 수련시설, ⑥ 운동시설

**소방시설 설치 및 관리에 관한 법률 시행령 [별표 4]**
특정소방대상물의 관계인이 특정소방대상물에 설치·관리해야 하는 소방시설의 종류

...

차. 가스누설경보기를 설치해야 하는 특정소방대상물(가스시설이 설치된 경우만 해당한다)은 다음의 어느 하나에 해당하는 것으로 한다.
  1) 문화 및 집회시설, 종교시설, 판매시설, 운수시설, 의료시설, 노유자시설
  2) 수련시설, 운동시설, 숙박시설, 창고시설 중 물류터미널, 장례시설

...

## 13

자동화재탐지설비 및 시각경보장치의 화재안전성능기준에 따라 연기감지기 설치기준 4가지를 쓰시오.

① ② ③ ④

**정답**

① 복도·통로 : 보행거리 30 [m](3종 20 [m])마다
② 계단·경사로 : 수직거리 15 [m](3종 10 [m])마다
③ 천장 또는 반자 낮은 실내 또는 좁은 실내에 있어서는 출입구 가까운 부분에 설치
④ 천장 또는 반자부근에 배기구 있는 경우 그 부근에 설치
⑤ 벽 또는 보로부터 0.6 [m] 이상 떨어진 곳에 설치

[연기감지기]
ㄱ. 설치장소
  ⓐ 계단·경사로 및 에스컬레이터 경사로
  ⓑ 복도(30 [m] 미만의 것을 제외한다)
  ⓒ 엘리베이터 승강로(권상기실이 있는 경우에는 권상기실)·린넨슈트·파이프피트 및 덕트 기타 이와 유사한 장소
  ⓓ 천장 또는 반자의 높이가 15 [m] 이상 20 [m] 미만의 장소
  ⓔ 다음 각 목의 어느 하나에 해당하는 특정소방대상물의 취침·숙박·입원 등 이와 유사한 용도로 사용되는 거실
    • 공동주택·오피스텔·숙박시설·노유자시설·수련시설
    • 교육연구시설 중 합숙소
    • 의료시설, 근린생활시설 중 입원실이 있는 의원·조산원
    • 교정 및 군사시설
    • 근린생활시설 중 고시원

ㄴ. 설치기준
  ⓐ 감지기의 부착높이에 따른 바닥면적                        (단위 [m²])

| 부착높이 | 감지기의 종류 | |
|---|---|---|
| | 1종 및 2종 | 3종 |
| 4 [m] 미만 | 150 | 50 |
| 4 [m] 이상 20 [m] 미만 | 75 | – |

  ⓑ 감지기는 복도 및 통로에 있어서는 보행거리 30 [m](3종에 있어서는 20 [m])마다, 계단 및 경사로에 있어서는 수직거리 15 [m](3종에 있어서는 10 [m])마다 1개 이상으로 할 것
  ⓒ 천장 또는 반자가 낮은 실내 또는 좁은 실내에 있어서는 출입구의 가까운 부분에 설치할 것
  ⓓ 천장 또는 반자부근에 배기구가 있는 경우에는 그 부근에 설치할 것
  ⓔ 감지기는 벽 또는 보로부터 0.6 [m] 이상 떨어진 곳에 설치할 것

# 14

득점 | 배점 5

**휴대용 비상조명등의 설치장소에 관한 다음 (   ) 안을 완성하시오.**

(1) 숙박시설 또는 다중이용업소에는 객실 또는 영업장 안의 구획된 실마다 잘 보이는 곳(외부에 설치 시 출입문 손잡이로부터 ( ① ) [m] 이내 부분)에 1개 이상 설치
(2) 대규모점포(지하상가 및 지하역사는 제외)와 영화상영관에는 보행거리 ( ② ) [m] 이내마다 ( ③ )개 이상 설치
(3) 지하상가 및 지하역사에는 보행거리 ( ④ ) [m] 이내마다 ( ⑤ )개 이상 설치

**정답**

① 1, ② 50, ③ 3, ④ 25, ⑤ 3

### 핵심이론 | 휴대용 비상조명등 설치기준

(1) 설치장소
- 숙박시설 또는 다중이용업소에는 객실·영업장 안의 구획된 실마다 잘 보이는 곳에 1개 이상 설치(외부 설치 시 출입문 손잡이로부터 1 [m] 이내)
- 대규모점포와 영화상영관에는 보행거리 50 [m] 이내마다 3개 이상 설치
- 지하상가 및 지하역사에는 보행거리 25 [m] 이내마다 3개 이상 설치

(2) 설치높이 : 바닥부터 0.8 [m] 이상 1.5 [m] 이하
(3) 어둠 속 위치를 확인 가능
(4) 사용 시 자동으로 점등되는 구조
(5) 외함 난연 성능 필요
(6) 건전지를 사용 시 방전방지조치를 하여야 하고, 충전식 배터리의 경우 상시 충전 되도록 할 것
(7) 건전지 및 충전식 배터리의 용량 : 20분 이상

## 15 [배점 6]

유도등의 3선식 배선이 가능한 장소를 3가지 쓰시오. (단, 3선식 배선에 따라 상시 충전되는 구조인 경우이다)

①
②
③

**정답**

① 외부광에 따라 피난구 또는 피난방향을 쉽게 식별할 수 있는 장소
② 공연장, 암실 등으로서 어두워야 할 필요가 있는 장소
③ 특정소방대상물의 관계인 또는 종사원이 주로 사용하는 장소

**핵심이론** 유도등의 3선식 배선이 가능한 장소

▫ 유도등의 3선식 배선이 가능한 장소
- 특정소방대상물 또는 그 부분에 사람이 없는 장소
- 외부광에 따라 피난구 또는 피난방향을 쉽게 식별할 수 있는 장소
- 공연장, 암실 등으로서 어두워야 할 필요가 있는 장소
- 특정소방대상물의 관계인 또는 종사원이 주로 사용하는 장소

▫ 유도등 2선식과 3선식 특징

| 2선식 | 3선식 |
| --- | --- |
| • 평상시는 상시 점등<br>• 전선소모 적음<br>• 전력소모 많음<br>• 원격스위치 불필요 | • 평상시는 소등상태, 비상시에만 점등<br>• 전선소모 많음<br>• 전력소모 적음<br>• 원격스위치 필요 |

# 16

득점 | 배점 3

자동화재탐지설비 평면도의 전선 가닥 수를 각각 적으시오.

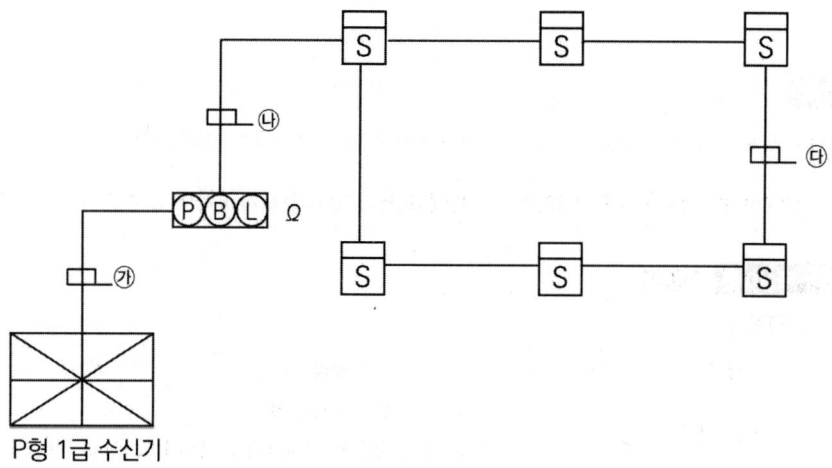

**정답**

㉮ 6가닥
㉯ 4가닥
㉰ 2가닥

**중요** ▶ 지구, 공통, 응답, 경종, 표시등, 경종표시등공통선

자동화재탐지설비는 송배선방식으로서 종단저항을 전용함에 설치했을 때 루프는 2가닥, 나머지는 4가닥이다.

> **핵심이론** 자동화재탐지설비의 송배선방식
>
> - 자동화재탐지설비의 송배선방식
>   도통시험을 용이하게 하기 위해 배선의 도중에서 분기하지 않는 방식
> - 자동화재탐지설비의 교차회로방식
>   하나의 담당구역 내에 2 이상의 감지기회로를 설치하고 2 이상의 감지기회로가 동시에 감지되는 때에 설비가 작동하는 방식
> - 교차회로방식으로 감지기를 설치해야 하는 자동식 소화설비
>   분말소화설비, 할론소화설비, 할로겐화합물 및 불활성기체소화설비, 이산화탄소소화설비, 준비작동식 스프링클러설비, 일제살수식 스프링클러설비

## 17 [배점 3]

옥내소화전설비를 전동기에 3상 380 [V]의 전압을 가하여 20 [A]의 전류가 흘렀다. 이 전동기의 소비전력[kW]을 구하시오. (단, 역률은 90 [%]이다)

> **정답**
>
> 3상이기 때문에 $P = \sqrt{3}\,VI\cos\theta\eta = \sqrt{3} \times 380 \times 20 \times 0.9 \times 1 = 11.85\,[kW]$

문제에서 효율은 주어지지 않았기 때문에 효율 100 [%]로 가정하여 풀어준다.

> **핵심이론** 전동기
>
> □ 전력공식
>
> | 방식 | 공식 |
> |---|---|
> | 단상 2선식 | $P = VI\cos\theta$<br>P : 전력 [W], V : 전압 [V], I : 전류 [A], $\cos\theta$ : 역률 |
> | 3상 3선식 | $P = \sqrt{3}\,VI\cos\theta$<br>P : 전력 [W], V : 전압 [V], I : 전류 [A], $\cos\theta$ : 역률 |
>
> □ 역률개선용 콘덴서용량 구하는 식
>
> $$Q_c = P\left(\frac{\sqrt{1-\cos\theta_1^2}}{\cos\theta_1} - \frac{\sqrt{1-\cos\theta_2^2}}{\cos\theta_2}\right)$$
>
> $Q_C$ : 콘덴서용량 [kVA], $P$ : 유효전력 [kW]
> $\cos\theta_1$ : 개선 전 역률, $\cos\theta_2$ : 개선 후 역률

## 18 [배점 4]

자동화재탐지설비 및 시각경보장치의 화재안전성능기준에 따라 정온식 감지선형 감지기 설치기준 3가지를 쓰시오.

①
②
③

**정답**

① 보조선이나 고정금구를 사용하여 감지선이 늘어지지 않도록 설치할 것
② 단자부와 마감 고정금구와의 설치간격은 10 [cm] 이내로 설치할 것
③ 감지선형 감지기 굴곡반경 5 [cm] 이상
④ 케이블트레이에 감지기를 설치하는 경우 케이블트레이 받침대에 마감금구를 사용하여 설치

### 핵심이론 | 정온식 감지선형 감지기 설치기준

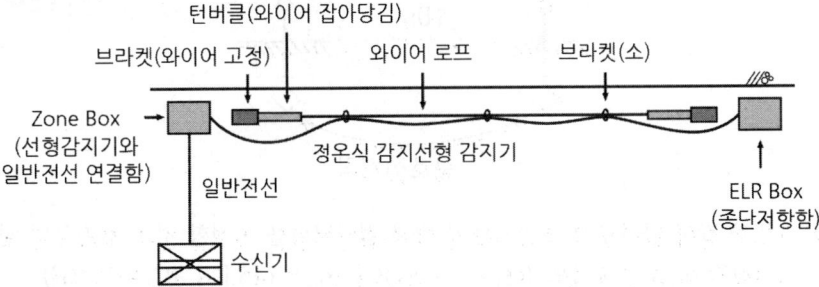

- 보조선이나 고정금구를 사용하여 감지선이 늘어지지 않도록 설치할 것
- 단자부와 마감 고정금구와의 설치간격은 10 [cm] 이내로 설치할 것
- 감지선형 감지기 굴곡반경 5 [cm] 이상
- 감지기와 감지구역의 각 부분과의 수평거리
  ① 내화구조 : 1종 4.5 [m] 이하, 2종 3 [m] 이하
  ② 기타구조 : 1종 3 [m] 이하, 2종 1 [m] 이하
- 케이블트레이에 감지기를 설치하는 경우 케이블트레이 받침대에 마감금구를 사용하여 설치
- 지하구나 창고의 천장 등에 지지물이 적당하지 않는 장소에서는 보조선을 설치하고 그 보조선에 설치
- 분전반 내부에 설치하는 경우 접착제를 이용하여 돌기를 바닥에 고정시키고 그곳에 감지기를 설치
- 공칭작동온도(감지선형) : 백색(80 [℃] 이하), 청색(80 [℃] 이상 120 [℃] 이하), 적색(120 [℃] 이상)

## 2023년 4회

**01** 배점 5

비상콘센트설비에 접지공사를 하려고 한다. 다음 물음에 답하시오.

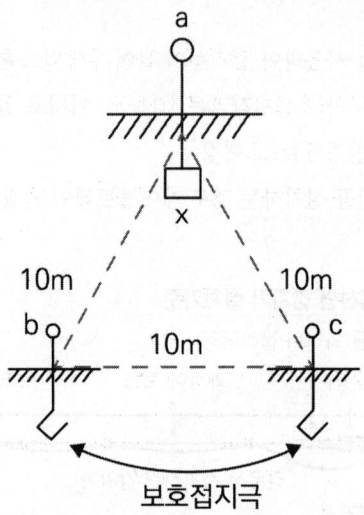

가. 그림과 같이 콜라우시 브리지법에 의해 접지저항을 측정할 경우 접지극의 접지저항값 $R_X$을 구하시오. (단, $R_{ab}$ = 70 [Ω], $R_{bc}$ = 145 [Ω], $R_{ca}$ = 95 [Ω])

나. 비상콘센트설비의 플러그접속기에 사용하는 플러그접속기 명칭을 쓰시오.

### 정답

가. $R_x = \dfrac{1}{2}(R_{ab} + R_{ca} - R_{bc}) = \dfrac{1}{2}(70 + 95 - 145) = 10[\Omega]$

나. 접지형 2극

> **핵심이론** 비상콘센트설비의 화재안전성능기준(NFPC 504)

□ 비상콘센트설비의 전원회로 설치기준
- 전원회로
  ① 각 층에 2 이상 설치, 비상콘센트 1개만 설치 시는 전원회로 1개만 설치 가능
  ② 단상교류 220 [V], 공급용량 1.5 [kVA] 이상
- 전원회로 주배전반에서 전용회로로 할 것
- 하나 전용회로 설치 비상콘센트는 10개 이하(전선의 용량은 최대 3개)
- 전원으로부터 각 층의 비상콘센트에 분기되는 경우에는 분기배선용 차단기를 보호함 안에 설치
- 콘센트마다 배선용 차단기를 설치하여야 하며, 충전부가 노출되지 아니하도록 할 것
- 개폐기 "비상콘센트"라고 표시한 표지를 할 것
- 비상콘센트용의 풀박스 등은 방청도장을 한 것으로서, 두께 1.6 [mm] 이상의 철판으로 할 것

□ 비상콘센트설비의 전원회로 기타기준
- 비상콘센트 플러그접속기는 접지형 2극 플러그접속기를 사용해야 함
- 비상콘센트 플러그접속기의 칼받이의 접지극에는 접지공사를 해야 함

## 02

배점 6

다음은 화재조기진압용 스프링클러설비의 상용전원회로 배선설치기준에 대한 사항이다. 괄호 안에 알맞은 말을 쓰시오.

(1) 저압수전인 경우 ( ① )의 직후에서 분기하여 ( ② )으로 해야 하며, 전용의 전선관에 보호되도록 할 것

(2) 특고압수전 또는 고압수전일 경우에는 전력용 변압기 2차 측의 ( ③ )에서 분기하여 ( ④ )으로 하되, 상용전원의 상시공급에 지장이 없을 경우에는 ( ⑤ )에서 분기하여 ( ⑥ )으로 할 것. 다만 가압송수장치의 정격입력전압이 수전전압과 같은 경우에는 (1)의 기준에 따른다.

> **정답**

① 인입개폐기, ② 전용배선, ③ 주차단기 1차 측, ④ 전용배선, ⑤ 주차단기 2차 측, ⑥ 전용배선

### 핵심이론 | 화재조기진압용 스프링클러설비의 화재안전기술기준(NFTC 103B)

2.11 전원

2.11.1 화재조기진압용 스프링클러설비에는 다음의 기준에 따른 상용전원회로의 배선을 설치해야 한다. 다만 가압수조방식으로서 모든 기능이 20분 이상 유효하게 지속될 수 있는 경우에는 그렇지 않다.

2.11.1.1 저압수전인 경우에는 인입개폐기의 직후에서 분기하여 전용배선으로 해야 하며, 전용의 전선관에 보호되도록 할 것

2.11.1.2 특별고압수전 또는 고압수전일 경우에는 전력용 변압기 2차 측의 주차단기 1차 측에서 분기하여 전용배선으로 하되, 상용전원의 상시공급에 지장이 없을 경우에는 주차단기 2차 측에서 분기하여 전용배선으로 할 것. 다만 가압송수장치의 정격입력전압이 수전전압과 같은 경우에는 2.11.1.1의 기준에 따른다.

2.11.2 화재조기진압용 스프링클러설비에는 자가발전설비, 축전지설비(내연기관에 따른 펌프를 설치한 경우에는 내연기관의 기동 및 제어용 축전지를 말한다. 이하 같다) 또는 전기저장장치(외부 전기에너지를 저장해두었다가 필요한 때 전기를 공급하는 장치. 이하 같다)에 따른 비상전원을 설치해야 한다. 다만 2 이상의 변전소(「전기사업법」 제67조에 따른 변전소를 말한다. 이하 같다)에서 전력을 동시에 공급받을 수 있거나 하나의 변전소로부터 전력의 공급이 중단되는 때에는 자동으로 다른 변전소로부터 전력을 공급받을 수 있도록 상용전원을 설치한 경우와 가압수조방식에는 비상전원을 설치하지 않을 수 있다.

## 03  배점 5

설치장소의 환경상태와 적응장소를 참고하여 당해 설치장소에 적응성을 가지는 감지기를 표에 ○로 나타내시오. (단, 연기감지기를 설치할 수 없는 경우이다)

| 설치장소 | | 적응열감지기 | | | | | | | | 불꽃감지기 |
|---|---|---|---|---|---|---|---|---|---|---|
| 환경상태 | 적응장소 | 차동식 스포트형 | | 차동식 분포형 | | 보상식 스포트형 | | 정온식 | | 열아날로그식 |
| | | 1종 | 2종 | 1종 | 2종 | 1종 | 2종 | 특종 | 1종 | |
| 현저하게 고온으로 되는 장소 | 건조실, 살균실, 보일러실, 주조실, 영사실, 스튜디오 | | | | | | | | | |

**정답**

| 설치장소 | | 적응열감지기 | | | | | | | | 불꽃 감지기 |
|---|---|---|---|---|---|---|---|---|---|---|
| 환경상태 | 적응장소 | 차동식 스포트형 | | 차동식 분포형 | | 보상식 스포트형 | | 정온식 | | 열 아날로그 식 |
| | | 1종 | 2종 | 1종 | 2종 | 1종 | 2종 | 특종 | 1종 | |
| 현저하게 고온으로 되는 장소 | 건조실, 살균실, 보일러실, 주조실, 영사실, 스튜디오 | × | × | × | × | × | × | ○ | ○ | ○ | × |

[설치장소별 감지기 적응성(연기감지기를 설치할 수 없는 경우 적용)]

| 설치장소 | | 적응열감지기 | | | | | | | | 열 아 날 로 그 식 | 불 꽃 감 지 기 | 비고 |
|---|---|---|---|---|---|---|---|---|---|---|---|---|
| 환경상태 | 적응장소 | 차동식 스포트형 | | 차동식 분포형 | | 보상식 스포트형 | | 정온식 | | | | |
| | | 1종 | 2종 | 1종 | 2종 | 1종 | 2종 | 특종 | 1종 | | | |
| 먼지 또는 미분 등이 다량으로 체류하는 장소 | 쓰레기장, 하역장, 도장실, 섬유·목재· 석재 등 가공 공장 | ○ | ○ | ○ | ○ | ○ | ○ | ○ | ○ | × | ○ | 1. 불꽃감지기에 따라 감시가 곤란한 장소는 적응성이 있는 열감지기를 설치할 것<br>2. 차동식 분포형 감지기를 설치하는 경우에는 검출부에 먼지, 미분 등이 침입하지 않도록 조치할 것<br>3. 차동식 스포트형 감지기 또는 보상식 스포트형 감지기를 설치하는 경우에는 검출부에 먼지, 미분 등이 침입하지 않도록 조치할 것<br>4. 섬유, 목재가공 공장 등 화재확대가 급속하게 진행될 우려가 있는 장소에 설치하는 경우 정온식 감지기는 특종으로 설치할 것. 공칭작동온도 75[℃] 이하, 열아날로그식 스포트형 감지기는 화재표시 설정은 80[℃] 이하가 되도록 할 것 |

| 설치장소 | | 적응열감지기 | | | | | | | | 불꽃감지기 | 비고 |
|---|---|---|---|---|---|---|---|---|---|---|---|
| 환경상태 | 적응장소 | 차동식 스포트형 | | 차동식 분포형 | | 보상식 스포트형 | | 정온식 | | 열아날로그식 | |
| | | 1종 | 2종 | 1종 | 2종 | 1종 | 2종 | 특종 | 1종 | | |
| 수증기가 다량으로 머무는 장소 | 증기 세정실, 탕비실, 소독실 등 | × | × | × | ○ | × | ○ | ○ | ○ | ○ | 1. 차동식 분포형 감지기 또는 보상식 스포트형 감지기는 급격한 온도 변화가 없는 장소에 한하여 사용할 것<br>2. 차동식 분포형 감지기를 설치하는 경우에는 검출부에 수증기가 침입하지 않도록 조치할 것<br>3. 보상식 스포트형 감지기, 정온식 감지기 또는 열아날로그식 감지기를 설치하는 경우에는 방수형으로 설치할 것<br>4. 불꽃감지기를 설치할 경우 방수형으로 할 것 |
| 부식성 가스가 발생할 우려가 있는 장소 | 도금공장, 축전지실, 오수처리장 등 | × | × | ○ | ○ | ○ | ○ | × | ○ | ○ | 1. 차동식 분포형 감지기를 설치하는 경우에는 감지부가 피복되어 있고 검출부가 부식성 가스에 영향을 받지 않는 것 또는 검출부에 부식성 가스가 침입하지 않도록 조치할 것<br>2. 보상식 스포트형 감지기, 정온식 감지기 또는 열아날로그식 스포트형 감지기를 설치하는 경우에는 부식성 가스의 성상에 반응하지 않는 내산형 또는 내알칼리형으로 설치할 것 |

| 설치장소 | | 적응열감지기 | | | | | | | | 열아날로그식 | 불꽃감지기 | 비고 |
|---|---|---|---|---|---|---|---|---|---|---|---|---|
| 환경상태 | 적응장소 | 차동식 스포트형 | | 차동식 분포형 | | 보상식 스포트형 | | 정온식 | | | | |
| | | 1종 | 2종 | 1종 | 2종 | 1종 | 2종 | 특종 | 1종 | | | |
| 주방, 기타 평상시에 연기가 체류하는 장소 | 주방, 조리실, 용접작업장 등 | × | × | × | × | × | × | ○ | ○ | ○ | ○ | 1. 주방, 조리실 등 습도가 많은 장소에는 방수형 감지기를 설치할 것<br>2. 불꽃감지기는 UV/IR형을 설치할 것 |
| 현저하게 고온으로 되는 장소 | 건조실, 살균실, 보일러실, 주조실, 영사실, 스튜디오 | × | × | × | × | × | × | ○ | ○ | ○ | × | - |
| 배기가스가 다량으로 체류하는 장소 | 주차장, 차고, 화물취급소 차로, 자가발전실, 트럭터미널, 엔진시험실 | ○ | ○ | ○ | ○ | ○ | ○ | × | × | ○ | ○ | 1. 불꽃감지기에 따라 감시가 곤란한 장소는 적응성이 있는 열감지기를 설치할 것<br>2. 아날로그식 스포트형 감지기는 화재표시 설정이 60[℃] 이하가 바람직하다. |
| 연기가 다량으로 유입할 우려가 있는 장소 | 음식물 배급실, 주방전실, 주방 내 식품저장실, 음식물 운반용 엘리베이터, 주방주변의 복도 및 통로, 식당 등 | ○ | ○ | ○ | ○ | ○ | ○ | ○ | ○ | ○ | × | 1. 고체연료 등 가연물이 수납되어 있는 음식물 배급실, 주방전실에 설치하는 정온식 감지기는 특종으로 설치할 것<br>2. 주방 주변의 복도 및 통로, 식당 등에는 정온식 감지기를 설치하지 말 것<br>3. 제1호 및 제2호의 장소에 열아날로그식 스포트형 감지기를 설치하는 경우에는 화재표시 설정을 60[℃] 이하로 할 것 |

| 설치장소 | | 적응열감지기 | | | | | | | | | 비고 |
|---|---|---|---|---|---|---|---|---|---|---|---|
| 환경상태 | 적응장소 | 차동식 스포트형 | | 차동식 분포형 | | 보상식 스포트형 | | 정온식 | | 열아날로그식 | 불꽃감지기 | |
| | | 1종 | 2종 | 1종 | 2종 | 1종 | 2종 | 특종 | 1종 | | | |
| 물방울이 발생하는 장소 | 스레트 또는 철판으로 설치한 지붕 창고·공장, 패키지형 냉각기전용 수납실, 밀폐된 지하창고, 냉동실 주변 등 | × | × | ○ | ○ | ○ | ○ | ○ | ○ | ○ | ○ | 1. 보상식 스포트형 감지기, 정온식 감지기 또는 열아날로그식 스포트형 감지기를 설치하는 경우에는 방수형으로 설치할 것<br>2. 보상식 스포트형 감지기는 급격한 온도변화가 없는 장소에 한하여 설치할 것<br>3. 불꽃감지기를 설치하는 경우에는 방수형으로 설치할 것 |
| 불을 사용하는 설비로서 불꽃이 노출되는 장소 | 유리공장, 용선로가 있는 장소, 용접실, 주방, 작업장, 주방, 주조실 등 | × | × | × | × | × | × | ○ | ○ | ○ | × | - |

1. "○"는 해당 설치장소에 적응하는 것을 표시, "×"는 해당 설치장소에 적응하지 않는 것을 표시
2. 차동식 스포트형, 차동식 분포형 및 보상식 스포트형 1종은 감도가 예민하기 때문에 비화재보 발생은 2종에 비해 불리한 조건이라는 것을 유의할 것
3. 차동식 분포형 3종 및 정온식 2종은 소화설비와 연동하는 경우에 한해서 사용할 것
4. 다신호식 감지기는 그 감지기가 가지고 있는 종별, 공칭작동온도별로 따르지 말고 상기 표에 따른 적응성이 있는 감지기로 할 것

## 04 　　　　　　　　　　　　　　　　배점 5

자동화재탐지설비의 화재안전기술기준에서 정하는 배선기준 중 P형 수신기의 감지기회로 배선에 있어서 공통선 시험방법에 대하여 설명하고, 하나의 공통선에 접속할 수 있는 경계구역의 수를 쓰시오.

### 정답

가. 시험방법
　① 수신기 내 접속단자의 회로공통선 1선 제거
　② 도통시험스위치를 누르고, 회로선택스위치를 차례로 회전
　③ 전압계 또는 표시등을 확인하여 '단선'을 지시한 경계구역 회선수 확인
나. 7개

### 핵심이론　공통선시험

(1) 목적 : 공통선이 담당하고 있는 경계구역의 적정 여부 확인
(2) 시험방법
　• 수신기 내 접속단자의 공통선 1선 제거
　• 회로도통시험의 예에 따라 도통시험스위치를 누른 후 회로선택스위치를 차례로 회전
　• 전압계 또는 표시등을 확인하여 단선을 지시한 경계구역의 회선수 확인
(3) 가부판정 : 단선 표시 되는 회선수가 7회선 이하이면 정상

▢ 수신기시험
　• 화재표시작동시험 : 지구표시등, 화재표시등 점등, 음향장치 명동 확인
　• 예비전원시험 : 정전 시 상용전원에서 예비전원 자동전환 여부 확인 및 정상상태 복구 시 상용전원으로 자동전환 여부 확인
　• 동시작동시험(회로 수가 2회선 이상) : 2회로 이상 동작 시 수신기 기능 정상 여부 확인
　• 공통선시험 : 공통선이 담당하고 있는 경계구역의 적정 여부 확인
　• 회로도통시험 : 감지기회로의 단선, 단락 및 접속상태의 이상 유무를 파악
　• 저전압시험 : 저전압상태(정격전압 80[%] 이하) 수신기 기능 유지 확인
　• 회로저항시험 : 감지기회로 1회선 선로 저항이 수신기 기능에 이상을 주지 않는 것을 확인
　• 지구음향장치 작동시험 : 감지기의 작동과 연동하여 당해 지구음향장치가 정상으로 작동하는가 확인하기 위한 시험
　• 비상전원시험 : 상용전원이 사고 등으로 정전된 경우 자동적으로 비상전원으로 절환되며, 또한 정전복구 시에 자동적으로 일반 상용전원으로 절환되는지의 여부를 확인

## 05 　　　　　　　　　　　　　　　　　　　　　　　　득점　　　배점 6

**스프링클러설비에서 사용되는 비상전원의 출력용량 충족기준 3가지를 쓰시오.**

①

②

③

---

### 정답

① 비상전원설비에 설치되어 동시에 운전될 수 있는 모든 부하의 합계 입력용량을 기준으로 정격출력을 선정할 것(단, 소방전원 보존형 발전기를 사용할 경우 제외)

② 기동전류가 가장 큰 부하가 기동될 때에도 부하의 허용 최저입력전압 이상의 출력전압 유지

③ 단시간 과전류에 견디는 내력은 입력용량이 가장 큰 부하가 최종 기동할 경우에도 견딜 수 있을 것

### 핵심이론 스프링클러설비의 화재안전기술기준(NFTC 103)

2.9.3.7 비상전원의 출력용량은 다음 각 기준을 충족할 것

2.9.3.7.1 비상전원설비에 설치되어 동시에 운전될 수 있는 모든 부하의 합계 입력용량을 기준으로 정격출력을 선정할 것. 다만 소방전원 보존형 발전기를 사용할 경우에는 그렇지 않다.

2.9.3.7.2 기동전류가 가장 큰 부하가 기동될 때에도 부하의 허용 최저입력전압 이상의 출력전압을 유지할 것

2.9.3.7.3 단시간 과전류에 견디는 내력은 입력용량이 가장 큰 부하가 최종 기동할 경우에도 견딜 수 있을 것

2.9.3.8 자가발전설비는 부하의 용도와 조건에 따라 다음의 어느 하나를 설치하고 그 부하 용도별 표지를 부착해야 한다. 다만 자가발전설비의 정격출력용량은 하나의 건축물에 있어서 소방부하의 설비용량을 기준으로 하고, 2.9.3.8.2의 경우 비상부하는 국토해양부장관이 정한 「건축전기설비설계기준」의 수용률 범위 중 최댓값 이상을 적용한다.

2.9.3.8.1 소방전용 발전기 : 소방부하용량을 기준으로 정격출력용량을 산정하여 사용하는 발전기

2.9.3.8.2 소방부하 겸용 발전기 : 소방 및 비상부하 겸용으로서 소방부하와 비상부하의 전원용량을 합산하여 정격출력용량을 산정하여 사용하는 발전기

2.9.3.8.3 소방전원 보존형 발전기 : 소방 및 비상부하 겸용으로서 소방부하의 전원용량을 기준으로 정격출력용량을 산정하여 사용하는 발전기

2.9.3.9 비상전원실의 출입구 외부에는 실의 위치와 비상전원의 종류를 식별할 수 있도록 표지판을 부착할 것

## 06

배점 6

다음은 자동화재탐지설비 및 시각경보장치의 화재안전기술기준에 따른 상용전원에 대한 내용이다. 괄호 안에 알맞은 말을 쓰시오.

> 자동화재탐지설비에는 그 설비에 대한 감시상태를 ( ① )분간 지속한 후 유효하게 ( ② )분 이상 경보할 수 있는 비상전원으로서 ( ③ )(수신기에 내장하는 경우를 포함한다) 또는 ( ④ )(외부전기에너지를 저장해두었다가 필요한 때 전기를 공급하는 장치)를 설치해야 한다. 다만 상용전원이 ( ⑤ )인 경우 또는 건전지를 주전원으로 사용하는 ( ⑥ )인 경우에는 그렇지 않다.

### 정답

① 60, ② 10, ③ 축전지설비, ④ 전기저장장치, ⑤ 축전지설비, ⑥ 무선식 설비

### 핵심이론 자동화재탐지설비 및 시각경보장치의 화재안전기술기준(NFTC 203)

2.7 전원

2.7.1 자동화재탐지설비의 상용전원은 다음의 기준에 따라 설치해야 한다.

2.7.1.1 상용전원은 전기가 정상적으로 공급되는 축전지설비, 전기저장장치(외부 전기에너지를 저장해두었다가 필요한 때 전기를 공급하는 장치) 또는 교류전압의 옥내 간선으로 하고, 전원까지의 배선은 전용으로 할 것

2.7.1.2 개폐기에는 "자동화재탐지설비용"이라고 표시한 표지를 할 것

2.7.2 자동화재탐지설비에는 그 설비에 대한 감시상태를 60분간 지속한 후 유효하게 10분 이상 경보할 수 있는 비상전원으로서 축전지설비(수신기에 내장하는 경우를 포함한다) 또는 전기저장장치(외부 전기에너지를 저장해두었다가 필요한 때 전기를 공급하는 장치)를 설치해야 한다. 다만 상용전원이 축전지설비인 경우 또는 건전지를 주전원으로 사용하는 무선식 설비인 경우에는 그렇지 않다.

## 07

전선의 굵기를 결정하는 요소 3가지를 쓰시오.

① 
② 
③ 

> 배점 4

**정답**

① 허용전류
② 전압강하
③ 기계적 강도

## 08

다음은 감지기의 설치기준에 대한 내용이다. 괄호 안에 알맞은 용어를 쓰시오.

> 배점 6

(1) 감지기(차동식 분포형의 것은 제외한다)는 실내로의 공기유입구로부터 ( ① ) 떨어진 위치에 설치할 것
(2) 스포트형 감지기는 ( ② ) 경사되지 않도록 부착할 것
(3) 차동식 분포형 감지기의 검출부는 바닥으로부터 ( ③ ) 이상 1.5 [m] 이하의 위치에 설치할 것
(4) 차동식 분포형 감지기에서 하나의 검출 부분에 접속하는 공기관의 길이는 ( ④ )로 할 것

**정답**

① 1.5 [m] 이상  ② 45° 이상  ③ 0.8 [m]  ④ 100 [m] 이하

**핵심이론 감지기**

자동화재탐지설비 및 시각경보장치의 화재안전기술기준(NFTC 203)
2.4.3.1 감지기(차동식 분포형의 것을 제외한다)는 실내로의 공기유입구로부터 1.5 [m] 이상 떨어진 위치에 설치할 것
2.4.3.2 감지기는 천장 또는 반자의 옥내에 면하는 부분에 설치할 것
2.4.3.6 스포트형 감지기는 45° 이상 경사되지 않도록 부착할 것

## 09

옥내배선도면에 다음과 같이 표현되었을 때 각각 어떤 배선을 의미하는지 쓰시오.

가. ─────────

나. ── ── ── ──

다. ················

**정답**

가. 천장 은폐배선, 나. 바닥 은폐배선, 다. 노출배선

**핵심이론** 옥내배선 그림기호

| 명칭 | 그림기호 | 개요 |
|---|---|---|
| 천장 은폐배선 | ───── | 전선의 종류를 표시할 필요가 있는 경우는 기호를 기입<br>예) 450/750 [V] 저독성 난연가교 폴리올레핀 절연전선 → HFIX 전선 |
| 천장 속 은폐배선 | ─·─·─ | |
| 바닥 은폐배선 | ── ── ── | |
| 노출배선 | ── ── ── | |
| 바닥면 노출배선 | ─··─··─ | |

## 10

비상용 전원설비의 축전지설비를 하려고 한다. 최저허용전압은 1.06 [V/셀]이며, 사용되는 부하의 방전전류-시간특성곡선이 그림과 같을 때 다음 각 물음에 답하시오. (단, 축전지의 용량환산시간계수 K는 주어진 표에 의하여 계산한다)

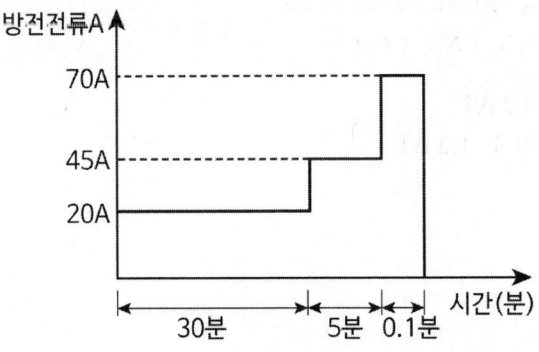

[용량환산시간계수 K(온도 5 [℃]에서)]

| 형식 | 최저허용전압 [V/셀] | 0.1분 | 1분 | 5분 | 10분 | 20분 | 30분 | 60분 | 120분 |
|---|---|---|---|---|---|---|---|---|---|
| AH | 1.10 | 0.30 | 0.46 | 0.56 | 0.66 | 0.87 | 1.04 | 1.56 | 2.60 |
|  | 1.06 | 0.24 | 0.33 | 0.45 | 0.53 | 0.70 | 0.85 | 1.40 | 2.45 |
|  | 1.00 | 0.20 | 0.27 | 0.37 | 0.45 | 0.60 | 0.77 | 1.30 | 2.30 |

가. 보수율이란 무엇이며 일반적으로 그 값은 얼마를 적용하는가?

나. 단위 전지의 방전 종지전압(최저사용전압)은 1.06 [V]일 때 축전지용량은 몇 [Ah]가 필요한가?

　　○ 계산과정 :

　　○ 답 :

다. 연축전지와 알칼리 축전지의 공칭전압은 각각 몇 [V]인가?

### 정답

가. 부하를 만족하는 용량을 감정하기 위한 계수, 80 [%]

나. $C = \dfrac{1}{L}KI$

$= \dfrac{1}{0.8}[(0.85 \times 20) + (0.45 \times 45) + (0.24 \times 70)] ≒ 67.56 \,[Ah]$

> ※ 보수율이 주어지지 않았을 때는 0.8을 대입한다.
> ※ 방전전류가 증가할 때는 축전지용량을 다 더해주면 된다.
> - $K_1$ : 최저허용전압 1.06에서 30분 시간계수(0.85)
> - $K_2$ : 최저허용전압 1.06에서 5분 시간계수(0.45)
> - $K_3$ : 최저허용전압 1.06에서 0.1분 시간계수(0.24)
> - $I_1, I_2, I_3$ : 20 [A], 45 [A], 70 [A]
> - $KI = K_1 I_1 + K_2 I_2 + K_3 I_3$

다. ① 연축전지 : 2 [V]

　② 알칼리축전지 : 1.2 [V]

### 핵심이론 축전지설비

□ 축전지용량 구하는 식

$$C = \frac{1}{L}KI \text{ [Ah]}$$
$$= \frac{1}{L}KI \text{ [A·h]} = \frac{1}{L}[K_1I_1 + K_2(I_2-I_1) + K_3(I_3-I_2) + ... + K_n(I_n-I_{n-1})]$$

C : 축전지용량 [Ah], L : 보수율 (용량저하율)
K : 용량환산시간 [h], I : 방전전류 [A]

□ 축전지 종류별 특성

| 구분 | 연축전지 | 알칼리축전지 |
|---|---|---|
| 기전력 [V] | 2.05 ~ 2.08 | 1.32 |
| 공칭전압 [V] | 2.0 | 1.2 |
| 공칭용량 [Ah] | 10 | 5 |

## 11

득점 ___ 배점 6

주어진 다이오드를 이용한 무접점회로를 참고하여 각 물음에 답하시오.

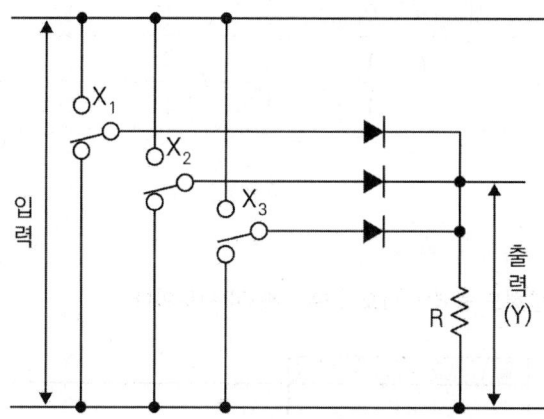

가. 이 회로는 스위치 $X_1$, $X_2$, $X_3$와 다이오드를 사용하여 출력이 나오는 회로이다. 입력 개수를 포함하여 해당 회로의 명칭을 쓰시오.

나. 타임차트를 완성하시오.

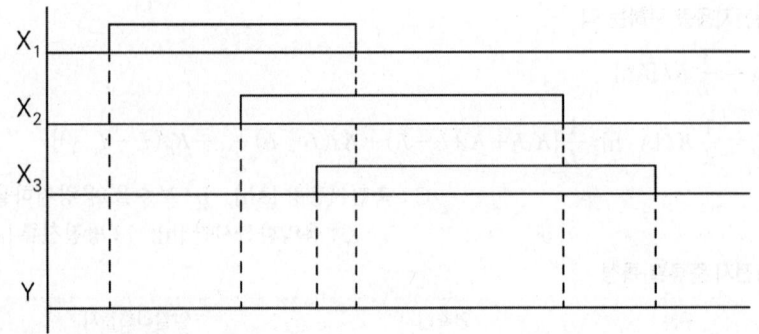

다. 다음의 진리표를 완성하시오.

| 입력 | | | 출력 |
| --- | --- | --- | --- |
| $X_1$ | $X_2$ | $X_3$ | Y |
| 0 | 0 | 0 | |
| 0 | 0 | 1 | |
| 0 | 1 | 0 | |
| 0 | 1 | 1 | |
| 1 | 0 | 0 | |
| 1 | 0 | 1 | |
| 1 | 1 | 0 | |
| 1 | 1 | 1 | |

**정답**

가. 어느 하나만 닫혀도 출력이 나오기 때문에 OR회로이다.

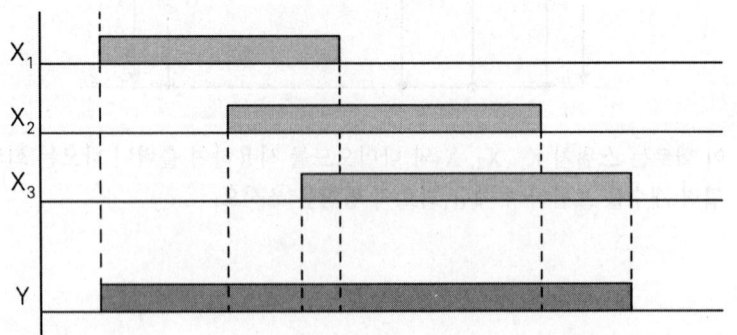

나. OR회로이기 때문에 어느 하나의 입력이 주어져도 출력이 나온다.

다.

| 입력 | | | 출력 |
|---|---|---|---|
| $X_1$ | $X_2$ | $X_3$ | Y |
| 0 | 0 | 0 | 0 |
| 0 | 0 | 1 | 1 |
| 0 | 1 | 0 | 1 |
| 0 | 1 | 1 | 1 |
| 1 | 0 | 0 | 1 |
| 1 | 0 | 1 | 1 |
| 1 | 1 | 0 | 1 |
| 1 | 1 | 1 | 1 |

### 핵심이론 논리회로

| 명칭 | 논리식 | 논리회로 | 유접점회로 |
|---|---|---|---|
| AND회로 | $X = A \times B$<br>$X = A \cdot B$ | A, B → X (AND gate) | A, B 직렬, X 램프 |
| OR회로 | $X = A + B$ | A, B → X (OR gate) | A, B 병렬, X 램프 |
| NOT회로 | $X = \overline{A}$ | A → X (NOT gate) | A b접점, X 램프 |

## 12

득점 | 배점 5

수신기로부터 180 [m] 위치에 아래의 조건으로 사이렌이 접속되어 있다. 다음의 각 물음에 답하시오.

**조건**

(1) 수신기는 정전압출력이다.
(2) 전선은 2.5 [mm²](HFIX 전선)을 사용한다.
(3) 사이렌의 정격출력은 48 [W]이다.
(4) 2.5 [mm²] HFIX 전선의 전기저항은 8.75 [Ω/km]이다.

가. 전원이 공급되어 사이렌을 동작시키고자 할 때 단자전압을 구하시오. (단, 전압변동에 의한 부하전류의 변동은 무시한다)
　○ 계산과정 :　　　　　　　　○ 답 :

나. "가"항의 단자전압의 결과를 참고하여 경종의 작동 여부를 설명하시오. (단, 그 이유를 반드시 쓰시오)
　○ 계산과정 :　　　　　　　　○ 답 :

**정답**

가. 계산과정

- $I = \dfrac{P}{V} = \dfrac{48}{24} = 2$ [A]
- $e$(전압강하) $= 2IR = 2 \times 2 \times 1.575 = 6.3$ [V]
  (8.75 [Ω/km] × 0.18 [km] = 1.575 [Ω])
- $V_r = 24 - 6.3 = 17.7$ [V]

답 | 17.7 [V]

> 동선의 전기저항이 8.75 [Ω/km]이라는 것은, 1 [km]일 때 저항이 8.75 [Ω]라는 뜻으로, 배선거리 180 [m]일 때 전기저항을 구해서 대입한다.
> 저항값이 주어졌으므로 전압강하 e = 2IR의 공식을 사용한다.

나. 계산과정

정격전압의 80 [%] 전압인 24 × 0.8 = 19.2 [V] 미만이므로 작동하지 않는다.

답 | 작동하지 않는다.

**★ 핵심이론** 음향장치 구조 및 성능(스프링클러, 간이스프링클러, 화재조기진압용 스프링클러설비)

- 정격전압의 80 [%] 전압에서 음향을 발할 수 있는 것으로 할 것
- 음량은 부착된 음향장치의 중심으로부터 1 [m] 떨어진 위치에서 90 [dB] 이상이 되는 것으로 할 것

## 13

무선통신보조설비의 증폭기 및 무선이동중계기의 설치기준에 대한 다음 ( ) 안을 완성하시오.

(1) 전원은 전기가 정상적으로 공급되는 축전지, 전기저장장치 또는 교류전압 옥내간선으로 하고, 전원까지의 배선은 ( ① )으로 할 것
(2) 증폭기의 전면에는 주회로의 전원이 정상인지의 여부를 표시할 수 있는 ( ② ) 및 ( ③ )를(을) 설치할 것
(3) 증폭기에는 비상전원이 부착된 것으로 하고 해당 비상전원용량은 무선통신보조설비를 유효하게 ( ④ )분 이상 작동시킬 수 있는 것으로 할 것

①
②
③
④

### 정답

① 전용, ② 표시등, ③ 전압계, ④ 30

### 핵심이론  무선통신보조설비 설치기준

□ 누설동축케이블의 정의
- 동축케이블의 외부도체에 가느다란 홈을 만들어서 전파가 외부로 새어나갈 수 있도록 한 케이블

□ 누설동축케이블의 설치기준
- 소방전용주파수대에서 전파의 전송 또는 복사에 적합한 것으로서 소방전용의 것으로 할 것. 다만 소방대 상호 간의 무선 연락에 지장이 없는 경우에는 다른 용도와 겸용할 수 있다.
- 누설동축케이블과 이에 접속하는 안테나 또는 동축케이블과 이에 접속하는 안테나로 구성할 것
- 누설동축케이블 및 동축케이블은 불연 또는 난연성의 것으로서 습기 등의 환경조건에 따라 전기의 특성이 변질되지 않는 것으로 하고, 노출하여 설치한 경우에는 피난 및 통행에 장애가 없도록 할 것
- 누설동축케이블 및 동축케이블은 화재에 따라 해당 케이블의 피복이 소실된 경우에 케이블 본체가 떨어지지 않도록 4 [m] 이내마다 금속제 또는 자기제 등의 지지금구로 벽·천장·기둥 등에 견고하게 고정시킬 것. 다만 불연재료로 구획된 반자 안에 설치하는 경우에는 그렇지 않다.
- 누설동축케이블 및 안테나는 금속판 등에 따라 전파의 복사 또는 특성이 현저하게 저하되지 않는 위치에 설치할 것

- 누설동축케이블 및 안테나는 고압의 전로로부터 1.5 [m] 이상 떨어진 위치에 설치할 것. 다만 해당 전로에 정전기 차폐장치를 유효하게 설치한 경우에는 그렇지 않다.
- 누설동축케이블의 끝부분에는 무반사 종단저항을 견고하게 설치할 것

□ 증폭기 등
- 전원은 전기가 정상적으로 공급되는 축전지, 전기저장장치 또는 교류전압 옥내 간선으로 하고, 전원까지의 배선은 전용으로 할 것
- 증폭기의 전면에는 주회로의 전원이 정상인지의 여부를 표시할 수 있는 표시등 및 전압계를 설치할 것
- 증폭기에는 비상전원이 부착된 것으로 하고 해당 비상전원 용량은 무선통신보조설비를 유효하게 30분 이상 작동시킬 수 있는 것으로 할 것
- 증폭기 및 무선중계기를 설치하는 경우에는 「전파법」 제58조의2에 따른 적합성 평가를 받은 제품으로 설치하고 임의로 변경하지 않도록 할 것
- 디지털방식의 무전기를 사용하는 데 지장이 없도록 설치할 것

[중요] **무반사 종단저항** : 누설동축케이블의 종단부에 전송된 전파는 케이블종단에서 반사되어 교신 방해, 송신효율이 저하되며, 반사파방지를 위해 누설동축케이블의 말단에 설치하는 저항

## 14  배점 4

객석통로의 직선부분의 길이가 18 [m]일 때 객석유도등의 최소설치개수를 계산하시오.

○ 계산과정 :

○ 답 :

### 정답

☑ 계산과정

$$설치개수 = \frac{객석통로의\ 직선부분의\ 길이\ [m]}{4} - 1 = \frac{18}{4} - 1 = 3.5$$

→ 절상해서 4 [개]

답 | 4 [개]

### 핵심이론 객석유도등 설치개수 산정식(절상)

$$설치개수 = \frac{객석통로의\ 직선부분의\ 길이\ [m]}{4} - 1$$

# 15

바닥면적 200 [m²], 광속 2000 [lm]인 40 [W] 비상조명등을 설치하여 평균조도가 60 [lx]가 되려고 할 때 설치해야 하는 비상조명등 개수를 구하시오. (단, 조명률은 50 [%], 감광보상률은 1.2이다)

**정답**

$EAD = FUN \rightarrow N = \dfrac{EAD}{FU} = \dfrac{200 \times 60 \times 1.2}{2000 \times 0.5} = 14.4$  답 | 15 [개]

E : 조도 [lx], A : 단면적 [m²], D : 감광보상률
F : 광속 [lm], U : 조명률 [%], N : 등개수

### 선생님 TIP

2024년도 기사시험에는 EAD = FUN공식을 이용하여 광속을 구하는 문제가 출제되었으므로 광속을 구하는 공식 $F = \dfrac{EAD}{UN}$ 또한 암기해둡시다.

# 16

다음의 시퀀스도면을 참고하여 각 물음에 답하시오.

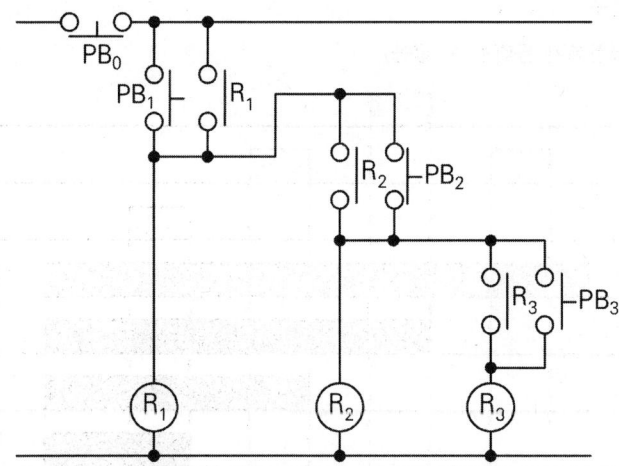

가. 푸시버튼스위치 $PB_1$, $PB_2$, $PB_3$, $PB_0$를 차례대로 눌렀을 때의 동작상황을 쓰시오.

나. 가장 먼저 $PB_2$를 눌렀을 경우의 동작상태를 쓰시오.

다. 다음의 타임차트를 완성하시오. (단, b접점은 누르지 않은 상태로 항상 도통상태이다)

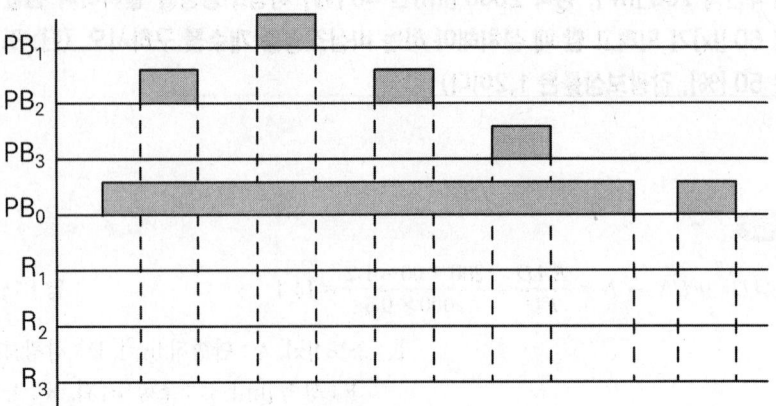

### 정답

가. 1) $R_1$ 여자
   2) $R_2$ 여자($R_1$ 여자상태 유지)
   3) $R_3$ 여자($R_1$과 $R_2$ 여자상태 유지)
   4) 원상복구

나. 동작불가(전류가 흘러올 수 없음)

다.

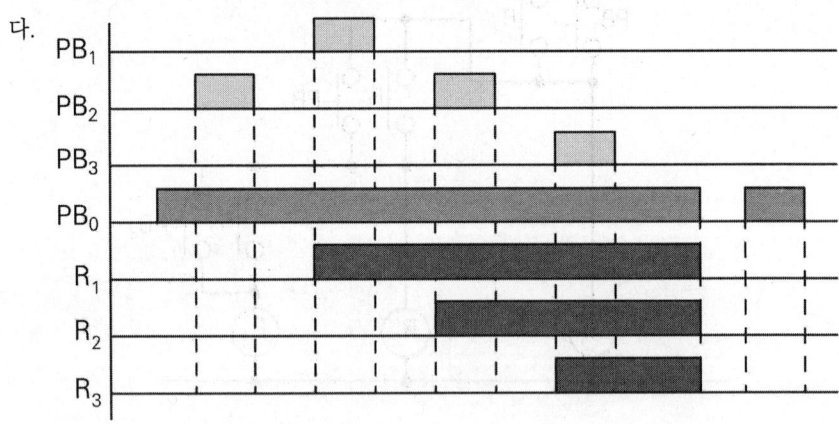

## 17

자동화재탐지설비의 경계구역 설정기준에 관한 다음 (    ) 안을 완성하시오.

(1) 하나의 경계구역이 ( ① )개 이상의 건축물에 미치지 아니하도록 할 것
(2) 하나의 경계구역이 ( ① )개 이상의 층에 미치지 아니하도록 할 것. 다만 ( ② ) [m²] 이하의 범위 안에서는 ( ① )개의 층을 하나의 경계구역으로 할 수 있다.
(3) 하나의 경계구역의 면적은 ( ③ ) [m²] 이하로 하고 한 변의 길이는 ( ④ ) [m] 이하로 할 것. 다만 해당 특정소방대상물의 주된 출입구에서 그 내부 전체가 보이는 것에서는 한 변의 길이가 ( ④ ) [m]의 범위 내에서 ( ⑤ ) [m²] 이하로 할 수 있다.

### 정답

① 2, ② 500, ③ 600, ④ 50, ⑤ 1000

### 핵심이론 ▸ 자동화재탐지설비 경계구역 설정기준

□ 수평적 경계구역
- 하나의 경계구역이 2개 이상의 건축물에 미치지 않도록 할 것
- 하나의 경계구역이 2개 이상의 층에 미치지 않도록 할 것
  단, 500 [m²] 이하의 범위 안에서 2개의 층을 하나의 경계구역할 수 있음
- 하나의 경계구역 면적 600 [m²] 이하로 하고 한 변의 길이 50 [m] 이하로 할 것
  단, 주된 출입구에서 그 내부 전체가 보이는 것은 한 변의 길이 50 [m] 범위 내에서 1000 [m²] 이하로 할 수 있음
- 도로터널 : 100 [m] 이하로 할 것
- 지하구 : 700 [m] 이하로 할 것(지하구의 화재안전성능기준 NFPC 605 제13조 (기존 지하구에 대한 특례) 법 제13조에 따라 기존 지하구에 설치하는 소방시설 등에 대해 강화된 기준을 적용하는 경우에는 다음의 설치·관리 관련 특례를 적용한다.
  → 특고압 케이블이 포설된 송·배전 전용의 지하구(공동구를 제외한다)에는 온도 확인 기능 없이 최대 700 [m]의 경계구역을 설정하여 발화지점(1 [m] 단위)을 확인할 수 있는 감지기를 설치할 수 있다.

□ 수직적 경계구역
- 계단·경사로 : 별도의 경계구역으로 하며 경계구역 높이 45 [m] 이하로 할 것
- 엘리베이터 승강로(권상기실이 있는 경우에는 권상기실)·린넨슈트·파이프 피트 및 덕트 등 : 별도의 경계구역
- 지하층의 계단 및 경사로(지하층의 층수가 1일 경우 제외) : 별도의 경계구역

□ 기타
- 외기에 면하여 상시 개방된 부분(차고·주차장·창고 등) : 외기에 면하는 각 부분으로부터 5 [m] 미만의 범위 안에 있는 부분은 경계구역 면적에 산입하지 않음
- 스프링클러설비·물분무등소화설비 또는 제연설비의 화재감지장치로서 화재감지기를 설치한 경우의 경계구역은 해당 소화설비의 방사구역 또는 제연구역과 동일하게 설정할 수 있음

## 18  배점 5

다음은 누전경보기의 수신기 내부구조를 블록다이어그램으로 나타낸 것이다. 보기의 내용을 참조하여 괄호 안을 채우시오.

[보기]
정류부, 트랜지스터 증폭부, 계전기, 변압부, 다이어프램, 지구경보부, 감도절환부

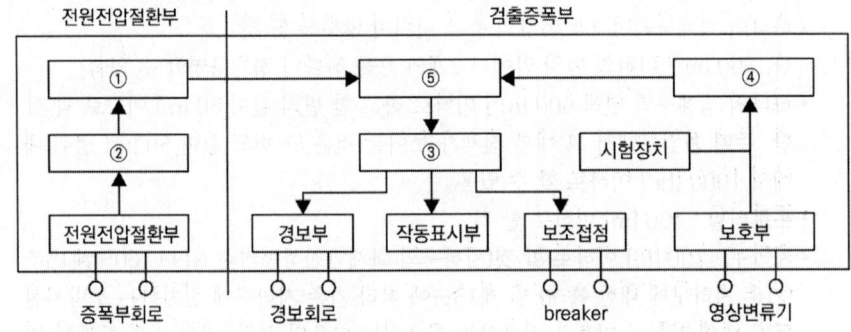

### 정답

① 정류부

② 변압부

③ 계전기

④ 감도절환부

⑤ 트랜지스터 증폭부

## 핵심이론 누전경보기

□ 경계전로 정격전류에 따른 구분

| 정격전류 | 60 [A] 초과 | 60 [A] 이하 |
|---|---|---|
| 경보기 종류 | 1급 | 1급 또는 2급 |

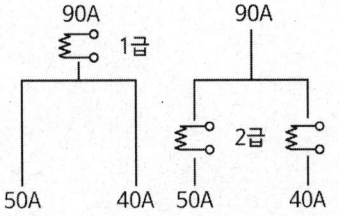

□ 누전경보기 전원
- 전원은 분전반으로부터 전용회로로 하고, 각 극에 개폐기 및 15 [A] 이하의 과전류 차단기(배선용 차단기에 있어서는 20 [A] 이하의 것으로 각 극을 개폐할 수 있는 것)를 설치할 것
- 전원을 분기할 때에는 다른 차단기에 따라 전원이 차단되지 아니하도록 할 것
- 전원의 개폐기에는 누전경보기용임을 표시한 표지를 할 것

□ 변류기(영상변류기, ZCT)
- 경계전로의 누설전류 자동 검출하여 이를 누전경보기의 수신부에 송신

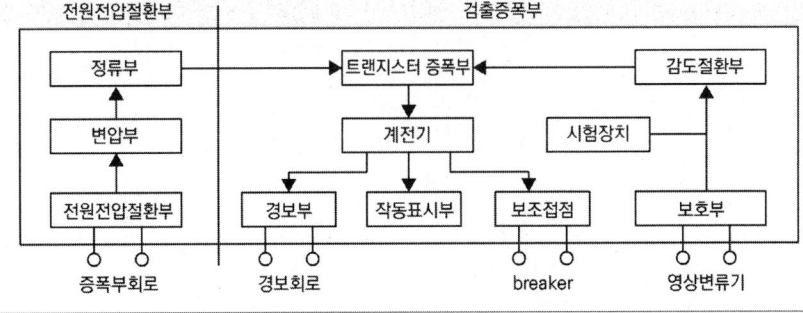

중요 ▶ KEC에서는 16 [A] 이하의 과전류차단기로 개정되었지만, 아직까지 누전경보기의 화재안전기술기준(NFTC 205)에는 15 [A] 이하라고 명시되어 있기 때문에 15 [A] 이하로 암기할 것

격차를 뛰어넘어 압도적인 격차를 만들다

# 2022

| 1회 | 2022.05.07 |
| 2회 | 2022.07.24 |
| 4회 | 2022.11.19 |

# 2022년 1회

2022.05.07

## 01 [배점 5]

축적기능이 없는 감지기를 사용해야 하는 경우 3가지를 기술하시오.

가.

나.

다.

### 정답

가. 교차회로방식에 사용되는 감지기
나. 급속한 연소 확대가 우려되는 장소에 사용되는 감지기
다. 축적기능이 있는 수신기에 연결하여 사용하는 감지기

축적기능이 있는 감지기는 비화재보의 방지를 위해 사용한다.

### 핵심이론 1 감지기 공통 설치기준

교차회로방식에 사용되는 감지기, 급속한 연소 확대가 우려되는 장소에 사용되는 감지기 및 축적기능이 있는 수신기에 연결하여 사용하는 감지기는 축적기능이 없는 것으로 설치하여야 한다.

### 핵심이론 2 비화재보 우려가 있는 장소와 설치할 수 있는 감지기

- 비화재보 우려 장소
  - 특정소방대상물 또는 그 부분이 지하층·무창층 등으로서 환기가 잘되지 아니한 곳
  - 실내면적이 40 [m²] 미만인 장소
  - 감지기의 부착면과 실내바닥과의 거리가 2.3 [m] 이하인 장소
- 설치가능 감지기(아래 8가지 감지기 설치 시 축적형 수신기 설치 제외)
  - 불꽃감지기
  - 분포형 감지기
  - 광전식 분리형 감지기
  - 다신호방식의 감지기
  - 정온식 감지선형 감지기
  - 복합형 감지기
  - 아날로그방식의 감지기
  - 축적방식의 감지기

## 02  배점 6

자동화재탐지설비를 설치해야 할 특정소방대상물의 바닥면적이 600 [m²]인 경우 다음 조건을 고려하여 감지기의 종류별 설치해야 할 최소감지기의 수량을 계산하시오.

**조건**
(1) 감지기의 설치부착높이 : 바닥으로부터 3.5 [m]
(2) 주요구조부 : 내화구조

가. 정온식 스포트형 특종 감지기의 최소설치개수
 ○ 계산과정 :
 ○ 답 :

나. 정온식 스포트형 1종 감지기의 최소설치개수
 ○ 계산과정 :
 ○ 답 :

다. 정온식 스포트형 2종 감지기의 최소설치개수
 ○ 계산과정 :
 ○ 답 :

### 정답

☑ 계산과정

가. $\frac{600}{70} = 8.5 \rightarrow$ 절상해서 9 [개]  답 | 9 [개]

나. $\frac{600}{60} = 10$ [개]  답 | 10 [개]

다. $\frac{600}{20} = 30$ [개]  답 | 30 [개]

### 핵심이론  열감지기 설치면적

(단위 : [m²])

| 부착높이 및 특정소방대상물의 구분 | | 감지기의 종류 | | | | | | |
|---|---|---|---|---|---|---|---|---|
| | | 차동식 스포트형 | | 보상식 스포트형 | | 정온식 스포트형 | | |
| | | 1종 | 2종 | 1종 | 2종 | 특종 | 1종 | 2종 |
| 4 [m] 미만 | 내화구조 | 90 | 70 | 90 | 70 | 70 | 60 | 20 |
| | 기타구조 | 50 | 40 | 50 | 40 | 40 | 30 | 15 |
| 4 [m] 이상 8 [m] 미만 | 내화구조 | 45 | 35 | 45 | 35 | 35 | 30 | |
| | 기타구조 | 30 | 25 | 30 | 25 | 25 | 15 | |

## 03

득점 / 배점 6

다음 그림은 자동화재탐지설비의 전원설비를 표시한 것이다. 빈칸에 알맞은 관계전원을 쓰시오. (단, ②는 정전 시 10분 이상 작동하는 설비이며, ③은 수신기 내부에 설치하는 설비이다)

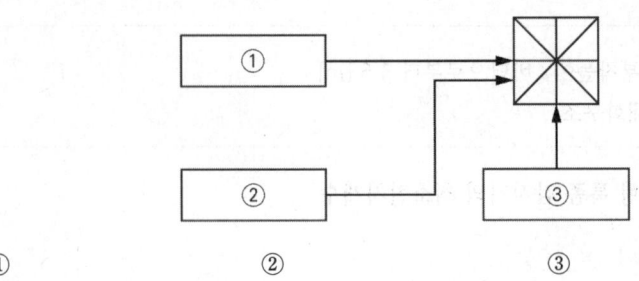

① ② ③

### 정답

① 상용전원, ② 비상전원, ③ 예비전원

수신기 내부에 설치하는 것은 예비전원이다(작은 배터리 구조로 주전원이 정지한 경우에는 자동적으로 예비전원으로 전환되고, 주전원이 정상상태로 복귀한 경우에는 자동적으로 예비전원으로부터 주전원으로 전환).

## 04

득점 / 배점 8

그림과 같은 논리회로를 보고 각 물음에 답하시오.

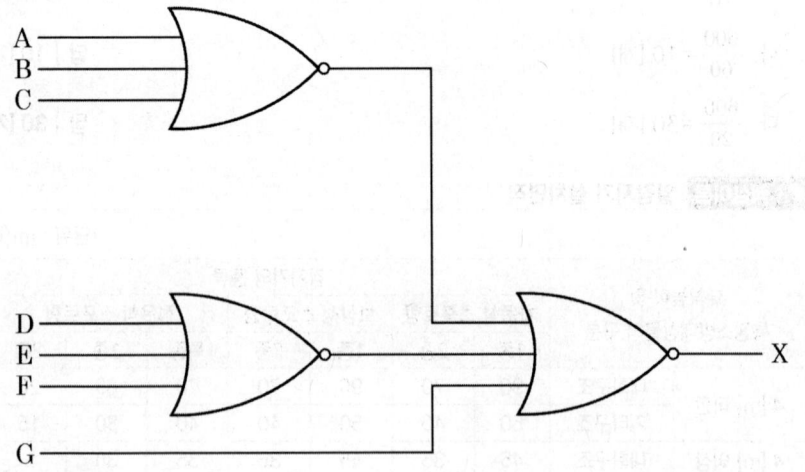

가. 논리식으로 표현하시오.

나. AND, OR, NOT회로를 이용한 등가회로로 그리시오.

다. 유접점(릴레이)회로로 그리시오.

**정답**

가. $X = (A+B+C) \cdot (D+E+F) \cdot \overline{G}$

　☑ 해설
　$X = \overline{\overline{(A+B+C)} + \overline{(D+E+F)} + G}$
　　$= (A+B+C) \cdot (D+E+F) \cdot \overline{G}$

나.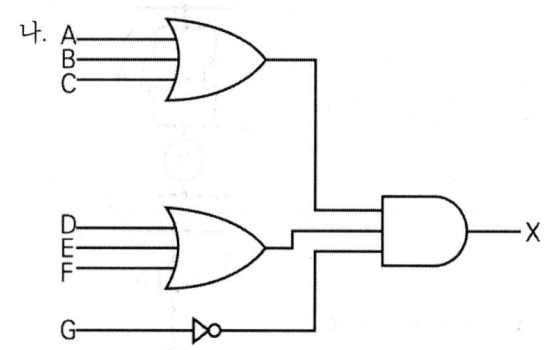

다.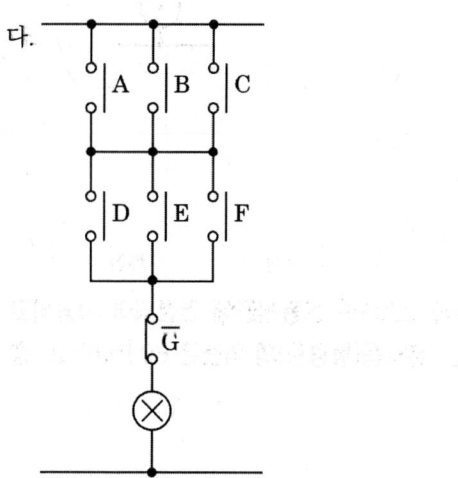

### 핵심이론 시퀀스

□ 드 모르간의 정리

| 논리식 | 논리식 |
|---|---|
| $\overline{A+B} = \overline{A} \cdot \overline{B}$ | $\overline{A \cdot B} = \overline{A} + \overline{B}$ |

□ 논리회로

| 명칭 | 논리식 | 논리회로 | 유접점회로 |
|---|---|---|---|
| AND회로 | $X = A \times B$<br>$X = A \cdot B$ | 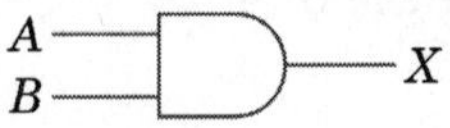 | 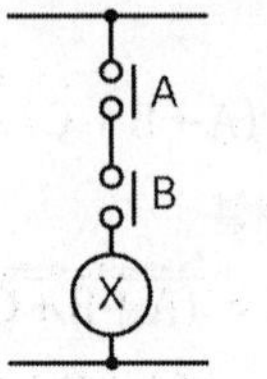 |
| OR회로 | $X = A + B$ | 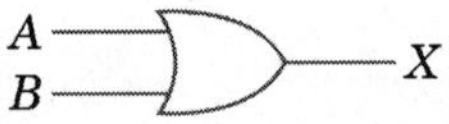 | 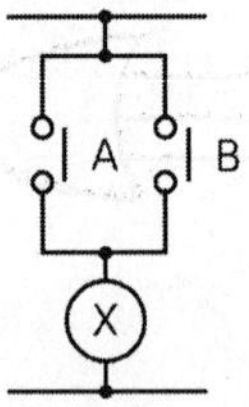 |
| NOT회로 | $X = \overline{A}$ | 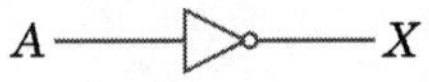 | 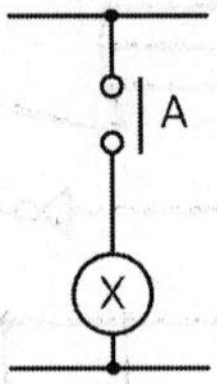 |

## 05

배점 5

40 [W] 대형 피난구 유도등 9개가 교류 220 [V] 상용전원에 연결되어 사용되고 있다면, 소요되는 전류를 구하시오. (단, 유도등(형광등)의 역률은 60 [%]이고, 충전전류는 무시한다)

○ 계산과정 :

○ 답 :

### 정답

✓ 계산과정

$$P = VI\cos\theta$$

$$I = \frac{P}{V\cos\theta} = \frac{(40 \times 9개)}{220 \times 0.6} = 2.727 ≒ 2.73 \text{ [A]}$$

답 | 2.73 [A]

단상 2선식 : $P = VI\cos\theta$
3상 3선식 : $P = \sqrt{3}\,VI\cos\theta$

### ✦ 핵심이론 전력공식

| 방식 | 공식 |
|---|---|
| 단상 2선식 | $P = VI\cos\theta$<br>P : 전력 [W], V : 전압 [V], I : 전류 [A], $\cos\theta$ : 역률 |
| 3상 3선식 | $P = \sqrt{3}\,VI\cos\theta$<br>P : 전력 [W], V : 전압 [V], I : 전류 [A], $\cos\theta$ : 역률 |

중요 ▶ 문제에서 효율이 주어지면 효율값도 고려한다.

## 06

감지기회로의 도통시험을 위한 종단저항의 설치기준을 3가지 쓰시오.

①
②
③

### 정답

① 점검 및 관리가 쉬운 장소에 설치할 것
② 전용함 설치 시 바닥으로부터 1.5 [m] 이내의 높이에 설치
③ 감지기회로의 끝부분에 설치하며, 종단감지기에 설치 시 구별이 쉽도록 해당 감지기의 기판 및 감지기의 외부 등에 별도의 표시를 할 것

### ✦ 핵심이론 감지기회로 도통시험을 위한 종단저항 설치기준

- 점검 및 관리가 쉬운 장소에 설치할 것
- 전용함 설치 시 바닥으로부터 1.5 [m] 이내의 높이에 설치할 것
- 감지기회로의 끝부분에 설치하며, 종단감지기에 설치할 경우에는 구별이 쉽도록 해당 감지기의 기판 및 감지기 외부 등에 별도의 표시를 할 것

## 07

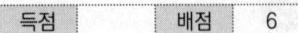

다음 그림과 같이 발신기와 감지기(S)를 설치할 때 이를 송배선방식으로 처리하면 각각의 배선수는 몇 가닥이 되어야 하는지 각각의 개소에 숫자로 표시하시오. (단, 종단저항은 발신기에 설치하는 조건이다)

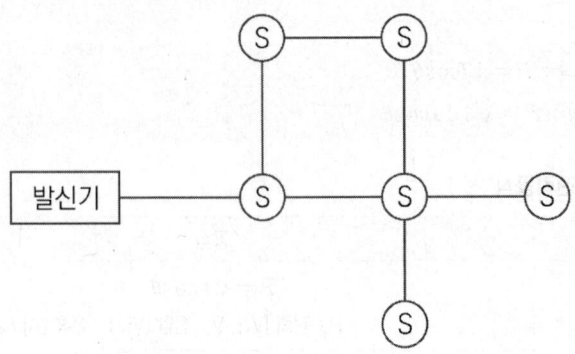

**정답**

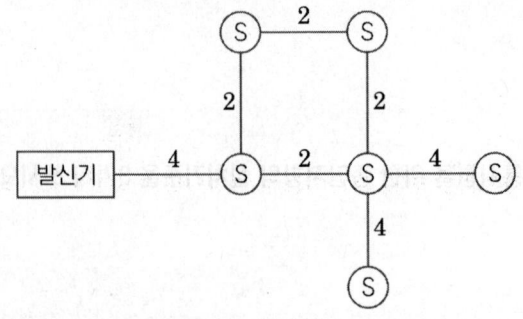

자동화재탐지설비에서 감지기배선은 송배선방식을 채택한다.
이때 종단저항을 전용함에 설치 시, 루프는 2가닥 나머지는 4가닥이다.

## 08

공기관식 차동식 분포형 감지기의 설치도면이다. 다음 각 물음에 답하시오. (단, 주요구조부를 내화구조로 한 소방대상물인 경우이다)

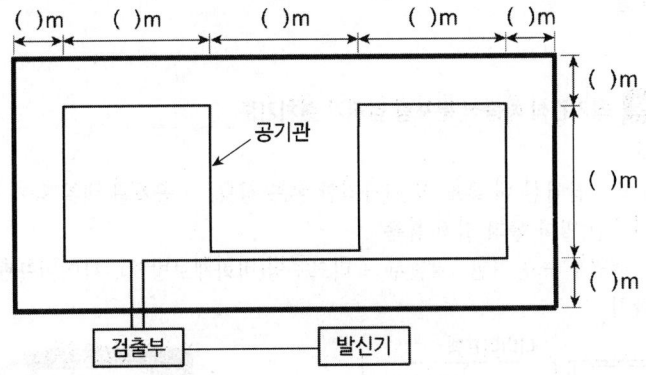

가. 내화구조일 경우의 공기관 상호 간의 거리와 감지구역의 각 변과의 거리는 몇 [m] 이하가 되도록 하여야 하는지 도면의 (   ) 안에 쓰시오.

나. 공기관의 노출부분의 길이는 몇 [m] 이상이 되어야 하는지 쓰시오.

다. 종단저항을 발신기에 설치할 경우 차동식 분포형 감지기의 검출기와 발신기 간에 연결해야 하는 전선의 가닥 수를 도면에 표기하시오.

라. 검출부의 설치높이를 쓰시오.

마. 검출부분에 접속하는 공기관의 길이는 몇 [m] 이하로 하여야 하는지 쓰시오.

바. 공기관의 재질을 쓰시오.

사. 검출부의 경사도는 몇 도 이하이어야 하는지 쓰시오.

### 정답

가, 다.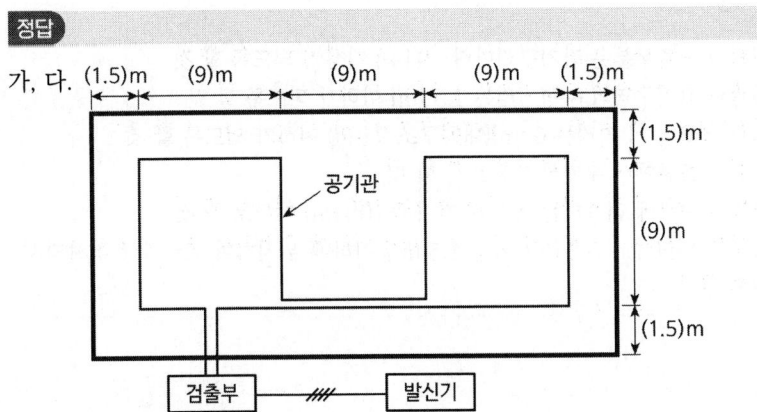

나. 20 [m]

라. 바닥에서 0.8 [m] 이상 1.5 [m] 이하

마. 100 [m]

바. (중공)동관

사. 5°

> 보충 ▶ 중공동관은 중앙이 뚫려있는 관이며, 동관은 cu관(구리관)이다.

### 핵심이론 공기관식 차동식 분포형 감지기 설치기준

□ 공기관식
- 작동원리 : 감열실 내 온도 상승(급격한 온도 상승) → 공기관 내부 공기 팽창 → 다이어프램 밀어 올려 접점 붙음
- 구조 : 수열부 - 공기관, 검출부 - 리크구멍(비화재보방지), 다이어프램, 접점, 시험장치

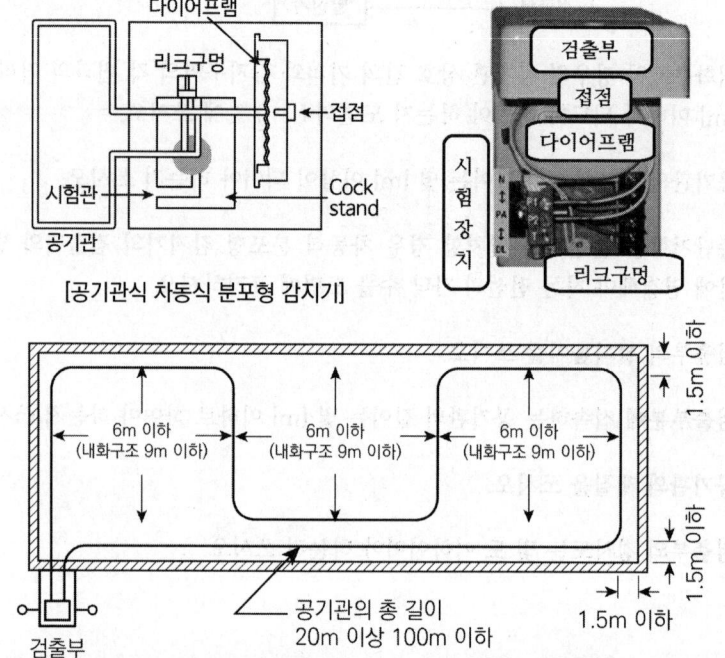

[공기관식 차동식 분포형 감지기]

- 공기관의 노출부분은 감지구역마다 20 [m] 이상이 되도록 할 것
- 공기관과 감지구역의 수평거리는 1.5 [m] 이하가 되도록 할 것
- 공기관 상호 간의 거리는 6 [m](내화구조 9 [m]) 이하가 되도록 할 것
- 공기관은 도중에서 분기하지 않도록 할 것
- 하나의 검출부에 접속하는 공기관 길이는 100 [m] 이하로 할 것
- 검출부는 바닥에서 0.8 [m] 이상 1.5 [m] 이하에 위치하며, 5° 이상 경사되지 않도록 할 것

## 09

미완성 배선 도면을 보고 다음 각 물음에 답하시오. (단, 경종과 표시등 공통선을 하나로 하였으며, 발신기 단자는 순서대로, 응답, 지구, 여분, 지구공통이다)

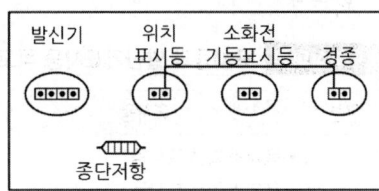

가. 각 기기장치를 수신기의 단자에 알맞게 연결하시오.

나. 종단저항을 연결해야 하는 기기의 명칭과 단자의 명칭을 쓰시오.

다. 소화전 기동표시등의 색깔을 쓰시오.

라. 발신기의 위치표시등에 대하여 다음 각 항목의 물음에 답하시오.
  1) 불빛의 식별범위 :
  2) 표시등의 색깔 :

### 정답

가.

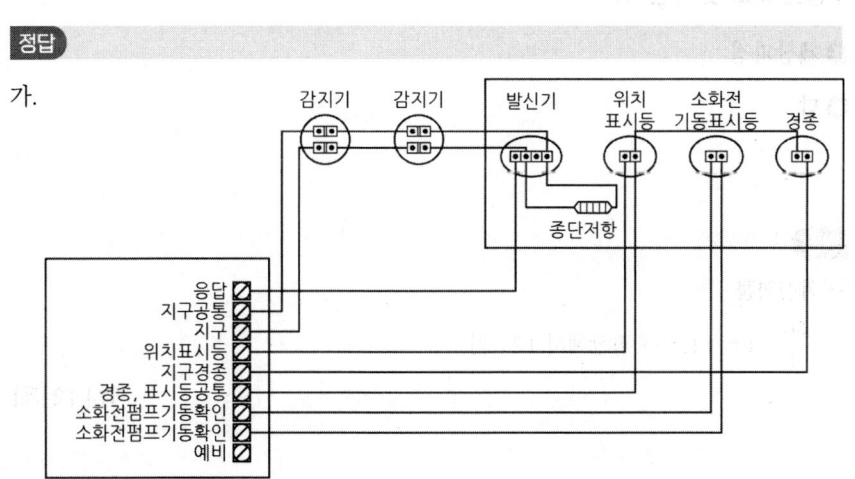

나. 기기의 명칭 : 발신기, 단자의 명칭 : 지구, 지구공통

다. 적색

라. ① 부착면으로부터 15° 이상의 범위 안에서 부착지점으로부터 10 [m] 이내
　② 적색

### 핵심이론  표시등과 발신기표시등 비교

| 구분 | 표시등 | 발신기표시등 |
|---|---|---|
| 종류 | • 옥내소화전 표시등<br>• 옥외소화전 표시등<br>• 연결송수관설비 표시등 | • 자동화재탐지설비 발신기표시등<br>• 스프링클러설비 화재감지기회로 발신기표시등<br>• 미분무소화설비 화재감지기회로 발신기표시등<br>• 포소화설비 화재감지기회로 발신기표시등<br>• 비상경보설비 화재감지기회로 발신기표시등 |
| 식별<br>범위 | 부착면과 15° 이하의 각도로도 발산되어야 하며 주위의 밝기가 0 [lx]인 장소에서 측정하여 10 [m] 떨어진 위치에서 켜진 등이 확실히 식별될 것 | 부착면으로부터 15° 이상의 범위만큼 발산되며, 10 [m] 거리에서 식별될 것 |

위치표시등은 상시 점등되어 있으며, 기동표시등은 평상시엔 소등되어 있다가 화재발생 시 펌프가 작동할 때 점등된다.

## 10　　　　　　　　　　　　　　　　　　　　　　　득점 □　배점 3

길이 50 [m]의 통로에 객석유도등을 설치하려고 한다. 이때 필요한 객석유도등의 수량은 최소 몇 개인가?

○ 계산과정 :

○ 답 :

### 정답

☑ 계산과정

$\dfrac{50}{4} - 1 = 11.5$ → 절상해서 12 [개]

답 | 12 [개]

> **핵심이론** 최소 설치개수 구하는 식

(소수점 절상)

| 구분 | 공식 |
| --- | --- |
| 객석유도등 | $\dfrac{\text{객석통로의 직선부분의 길이 [m]}}{4} - 1$ |
| 유도표지 | $\dfrac{\text{구부러진 곳이 없는 부분의 보행거리 [m]}}{15} - 1$ |
| 복도통로유도등, 거실통로유도등 | $\dfrac{\text{구부러진 곳이 없는 부분의 보행거리 [m]}}{20} - 1$ |

## 11

득점 ___ 배점 7

**비상콘센트설비에 대한 다음 각 물음에 답하시오.**

가. 비상콘센트를 설치하는 목적을 쓰시오.

나. 지상 11층인 건물에 비상콘센트를 설치하고자 한다. 가닥 수는 몇 가닥인가? (단, 접지선은 1가닥으로 한다)

다. 단상용 콘센트에 2 [kW]용 송풍기를 연결하여 운전하면 몇 [A]의 전류가 흐르는가? (단, 역률은 70 [%]이다)

○ 계산과정 :   ○ 답 :

> 정답

가. 화재 시 소방대의 조명용 또는 소방활동상 필요한 장비의 전원설비로 사용하기 위하여

나. 3가닥

다. 계산과정

$$I = \dfrac{P}{V\cos\theta} = \dfrac{2 \times 10^3}{220 \times 0.7} = 12.987 ≒ 12.99 \text{ [A]}$$

답 | 12.99 [A]

단상 2선식 : $P = VI\cos\theta$
3상 3선식 : $P = \sqrt{3}\,VI\cos\theta$

> 보충
- 문제에서 효율이 주어지면 효율 값도 고려한다.
- 단상용이므로 $P = VI\cos\theta$ 공식을 사용한다.

### 핵심이론 1 단상 2선식 공식

- $P = VI\cos\theta$

$P$ : 단상전력 [W], $V$ : 전압 [V], $I$ : 전류 [A], $\cos\theta$ : 역률

### 핵심이론 2 비상콘센트설비의 화재안전성능기준(NFPC 504)

□ 비상콘센트설비의 전원회로 설치기준
- 전원회로
  ① 각 층에 2 이상 설치, 비상콘센트 1개만 설치 시는 전원회로 1개만 설치 가능
  ② 단상교류 220 [V], 공급용량 1.5 [kVA] 이상
- 전원회로 주배전반에서 전용회로로 할 것
- 하나 전용회로 설치 비상콘센트는 10개 이하(전선의 용량은 최대 3개)
- 전원으로부터 각 층의 비상콘센트에 분기되는 경우에는 분기배선용 차단기를 보호함 안에 설치
- 콘센트마다 배선용 차단기를 설치하여야 하며, 충전부가 노출되지 아니하도록 할 것
- 개폐기 "비상콘센트"라고 표시한 표지를 할 것
- 비상콘센트용의 풀박스 등은 방청도장을 한 것으로서, 두께 1.6 [mm] 이상의 철판으로 할 것

□ 비상콘센트설비의 전원회로 기타기준
- 비상콘센트 플러그접속기는 접지형 2극 플러그접속기를 사용해야 함
- 비상콘센트 플러그접속기의 칼받이의 접지극에는 접지공사를 해야 함

## 12

득점 | 배점 5

다음은 건물의 평면도를 나타낸 것으로 거실에는 차동식 스포트형 감지기 2종, 복도에는 연기감지기 2종을 설치하고자 한다. 건물의 주요구조부는 내화구조건물이며, 감지기의 설치높이는 3 [m]이다. 각 실에 설치될 감지기의 개수를 계산하시오. (단, 계산식을 활용하여 설치수량을 구하시오)

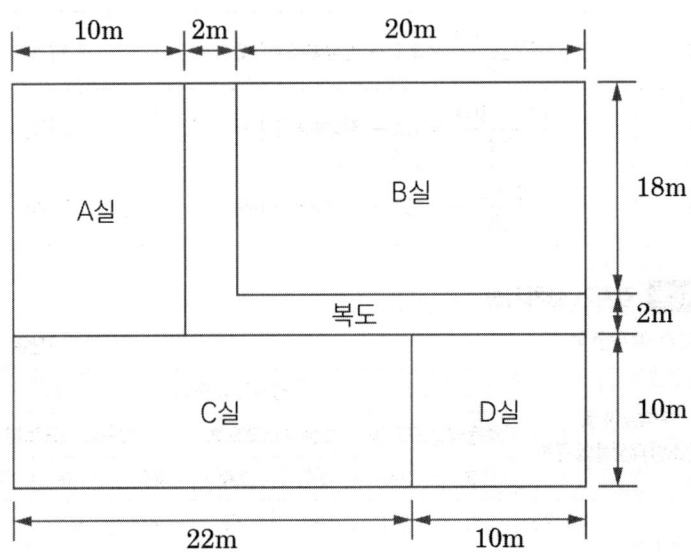

○ 감지기 설치수량

| 구분 | 계산과정 | 설치수량(개) |
|---|---|---|
| A실 | | |
| B실 | | |
| C실 | | |
| D실 | | |
| 복도 | | |

**중요** 복도는 정중앙을 이은 보행거리기준으로 산정한다.

### 정답

| 구분 | 계산과정 | 설치수량(개) |
|---|---|---|
| A실 | $\dfrac{10 \times (18+2)}{70} = 2.8 \rightarrow$ 절상해서 3 [개] | 3 [개] |
| B실 | $\dfrac{(20 \times 18)}{70} = 5.1 \rightarrow$ 절상해서 6 [개] | 6 [개] |
| C실 | $\dfrac{(22 \times 10)}{70} = 3.1 \rightarrow$ 절상해서 4 [개] | 4 [개] |
| D실 | $\dfrac{(10 \times 10)}{70} = 1.4 \rightarrow$ 절상해서 2 [개] | 2 [개] |
| 복도 | $\dfrac{(19+21)}{30} = 1.3 \rightarrow$ 절상해서 2 [개] | 2 [개] |

### 핵심이론 감지기 설치기준

□ 열감지기 설치면적 (단위 : [m²])

| 부착높이 및 특정소방대상물의 구분 | | 감지기의 종류 | | | | | | |
|---|---|---|---|---|---|---|---|---|
| | | 차동식 스포트형 | | 보상식 스포트형 | | 정온식 스포트형 | | |
| | | 1종 | 2종 | 1종 | 2종 | 특종 | 1종 | 2종 |
| 4 [m] 미만 | 내화구조 | 90 | 70 | 90 | 70 | 70 | 60 | 20 |
| | 기타구조 | 50 | 40 | 50 | 40 | 40 | 30 | 15 |
| 4 [m] 이상 8 [m] 미만 | 내화구조 | 45 | 35 | 45 | 35 | 35 | 30 | |
| | 기타구조 | 30 | 25 | 30 | 25 | 25 | 15 | |

□ 복도에 설치하는 연기감지기

| 보행거리 20 [m] 이하 | 보행거리 30 [m] 이하 |
|---|---|
| 3종 연기감지기 | 1·2종 연기감지기 |

## 13

자동화재탐지설비의 중계기의 설치기준에 대한 다음 (   ) 안을 완성하시오.

(1) 수신기에서 직접 감지기회로의 도통시험을 행하지 아니하는 것에 있어서는 ( ① )와 ( ② ) 사이에 설치할 것
(2) 수신기에 의하여 감시되지 아니하는 배선을 통하여 전력을 공급받는 것에 있어서는 전원입력 측의 배선에 ( ③ )를 설치하고 해당 전원의 정전 시 즉시 수신기에 표시되는 것으로 하며, ( ④ ) 및 ( ⑤ )의 시험을 할 수 있도록 할 것

**정답**

① 수신기, ② 감지기, ③ 과전류 차단기, ④ 상용전원, ⑤ 예비전원

**핵심이론** 중계기 설치기준

- 수신기에서 직접 감지기회로의 도통시험을 행하지 아니하는 것에 있어서는 수신기와 감지기 사이에 설치할 것
- 조작 및 점검에 편리하고 화재 및 침수 등의 재해로 인한 피해를 받을 우려가 없는 장소에 설치할 것
- 수신기에 따라 감시되지 아니하는 배선을 통하여 전력을 공급받는 것에 있어서는 전원입력 측의 배선에 과전류 차단기를 설치하고 해당 전원의 정전이 즉시 수신기에 표시되는 것으로 하며, 상용전원 및 예비전원의 시험을 할 수 있도록 할 것

## 14

P형 수신기 기능시험의 종류를 9가지 쓰시오.

① 　　　　　　　　　　② 
③ 　　　　　　　　　　④ 
⑤ 　　　　　　　　　　⑥ 
⑦ 　　　　　　　　　　⑧ 
⑨

정답

① 화재표시작동시험　② 회로도통시험
③ 공통선시험　　　　④ 예비전원시험
⑤ 동시작동시험　　　⑥ 저전압시험
⑦ 회로저항시험　　　⑧ 지구음향장치 작동시험
⑨ 비상전원시험

### 핵심이론 수신기 기능시험

- 화재표시작동시험 : 지구표시등, 화재표시등 점등, 음향장치 명동 확인
- 예비전원시험 : 정전 시 상용전원에서 예비전원 자동전환 여부 확인 및 정상상태 복구 시 상용전원으로 자동전환 여부 확인
- 동시작동시험(회로수가 2회선 이상) : 2회로 이상 동작 시 수신기 기능 정상 여부 확인
- 공통선시험 : 공통선이 담당하고 있는 경계구역의 적정 여부 확인
- 회로도통시험 : 감지기회로의 단선, 단락 및 접속상태의 이상 유무를 파악
- 저전압시험 : 저전압상태(정격전압 80 [%] 이하) 수신기 기능 유지 확인
- 회로저항시험 : 감지기회로 1회선 선로 저항이 수신기 기능에 이상을 주지 않는 것을 확인
- 지구음향장치 작동시험 : 감지기의 작동과 연동하여 당해 지구음향장치가 정상으로 작동하는가 확인하기 위한 시험
- 비상전원시험 : 상용전원이 사고 등으로 정전된 경우 자동적으로 비상전원으로 절환되며 또한 정전복구 시에 자동적으로 일반 상용전원으로 절환되는지의 여부를 확인

## 15  배점 3

발신기의 위치를 표시하는 표시등의 설치기준 중 다음 (　) 안에 알맞은 내용을 쓰시오.

발신기의 위치를 표시하는 표시등은 함의 상부에 설치하되, 그 불빛은 부착면으로부터 ( ① )도 이상의 범위 안에서 부착지점으로부터 ( ② ) [m] 이내의 어느 곳에서도 쉽게 식별할 수 있는 ( ③ )색등으로 하여야 한다.

①

②

③

**정답**

① 15, ② 10, ③ 적

### 핵심이론 | 발신기 설치기준

(1) 조작이 쉬운 장소에 설치하고, 스위치는 바닥으로부터 0.8 [m] 이상 1.5 [m] 이하의 높이에 설치할 것
(2) 특정소방대상물의 층마다 설치하되,
  - 수평거리 : 25 [m] 이하 설치(각 부분부터 하나의 발신기까지의 거리)
  - 보행거리 : 40 [m] 이상 경우 추가설치(복도·별도구획된 실)
(3) (2)의 기준을 초과하는 경우로서 기둥·벽이 설치되지 아니한 대형공간의 경우 발신기는 설치대상장소의 가장 가까운 장소의 벽·기둥 등에 설치할 것
(4) 발신기의 위치를 표시하는 표시등은 함의 상부에 설치하되, 그 불빛은 부착면으로부터 15° 이상의 범위 안에서 부착지점으로부터 10 [m] 이내의 어느 곳에서도 쉽게 식별할 수 있는 적색등으로 한다.

---

## 16

득점: □  배점: 5

**다음에서 제시하는 전선의 명칭을 쓰시오.**

| HIV | |
| --- | --- |
| IV | |
| RB | |
| OW | |
| CV | |

**정답**

| HIV | 600 [V] 2종 비닐절연전선 |
| --- | --- |
| IV | 600 [V] 비닐절연전선 |
| RB | 고무절연전선 |
| OW | 옥외용 비닐절연전선 |
| CV | 가교폴리에틸렌 절연비닐 외장케이블 |

## 핵심이론 | 배선용 심벌

□ 전선의 약호 명칭

| 약호 | 명칭 |
|---|---|
| DV | 인입용 비닐절연전선 |
| OW | 옥외용 비닐절연전선 |
| RB | 고무절연전선 |
| IV | 600 [V] 비닐절연전선 |
| HIV | 600 [V] 2종 비닐절연전선 |
| HFIX | 450/750 [V] 저독성 난연가교 폴리올레핀 절연전선 |
| CV | 가교폴리에틸렌 절연비닐 외장케이블 |
| E | 접지선 |
| GV | 접지용 비닐절연전선 |

DV : PVC insulated drop wire
OW : out-door weather proof insulated wire
RB : rubber insulated wire
IV : 450/750V PVC insulated wire
HIV : heat-resistant wire
GV : ground wire
HFIX : halogen free crosslinked(x) polyolefin insulation wire

- IV, HIV는 소방용으로 사용하지 않음

□ 옥내배선 그림기호

| 명칭 | 그림기호 | 개요 |
|---|---|---|
| 천장 은폐배선 | ─────── | 전선의 종류를 표시할 필요가 있는 경우는 기호를 기입<br>예) 450/750 [V] 저독성 난연가교 폴리올레핀 절연전선 → HFIX 전선 |
| 천장 속 은폐배선 | ─ · ─ · ─ · ─ | |
| 바닥 은폐배선 | ─ ─ ─ ─ | |
| 노출배선 | ─ ─ ─ ─ ─ | |
| 바닥면 노출배선 | ─ · · ─ · · ─ | |

## 17

3∅ 380 [V], 4 [P], 75 [HP]의 전동기가 있다. 동기속도가 1500 [rpm]일 때 이 전동기의 주파수[Hz]를 구하시오.

○ 계산과정 :

○ 답 :

---

**정답**

☑ 계산과정

$N_S = \dfrac{120}{P} \times f$ 이므로 $f = \dfrac{N_s \times P}{120} = \dfrac{1500 \times 4}{120} = 50$ [Hz]

답 | 50 [Hz]

**핵심이론** 동기속도, 회전속도

▫ 동기속도 구하는 식

$N_s = \dfrac{120f}{P}$ [rpm]

▫ 회전속도 구하는 식

$N = \dfrac{120f}{P}(1-S)$ [rpm]

$N_s$ : 동기속도 [rpm], $N$ : 회전속도 [rpm]
$f$ : 주파수 [Hz], P : 극수, S : 슬립

## 18

배점 4

매분 12 [m³]의 물을 높이 20 [m]인 소화설비용 탱크에 양수하는 데 필요한 전동기의 소요출력[kW]을 구하시오. (단, 펌프와 전동기의 합성효율은 75 [%]이고, 여유계수는 1.2이다)

○ 계산과정 :

○ 답 :

### 정답

☑ 계산과정

- $P = \dfrac{9.8 \times Q \times H \times K}{\eta} = \dfrac{9.8 \times 1.2 \times 20 \times 12}{0.75 \times 60} = 62.72\,[\text{kW}]$

- K : 여유계수 1.25
- Q : 매분당 12 [m³] = 12/60 [m³/s]

답 | 62.72 [kW]

### 핵심이론 | 전동기용량 구하는 식

$$P = \dfrac{9.8 KQH}{\eta t} = \dfrac{9.8 K \times Q[m^3/\min] \times H}{\eta t \times 60}\,[\text{kW}]$$

P : 전동기용량 [kW], K : 여유계수, Q : 유량 [m³]
H : 전양정 [m], $\eta$ : 효율, t : 시간 [s]

2022.07.24

점수 :

## 01

독점 | 배점 | 6

옥내배선도면에 다음과 같이 표현되었을 때 각각 어떤 배선을 의미하는지 쓰시오.

가. ─────────

나. ── ── ── ──

다. ─ ─ ─ ─ ─ ─

**[정답]**

가. 천장 은폐배선

나. 바닥 은폐배선

다. 노출배선

**[핵심이론] 옥내배선 그림기호**

| 명칭 | 그림기호 | 개요 |
|---|---|---|
| 천장 은폐배선 | ─────── | 전선의 종류를 표시할 필요가 있는 경우는 기호를 기입<br>⑩ 450/750 [V] 저독성 난연가교 폴리올레핀 절연전선 → HFIX 전선 |
| 천장 속 은폐배선 | ─ · ─ · ─ · |  |
| 바닥 은폐배선 | ── ── ── |  |
| 노출배선 | ─ ─ ─ ─ ─ |  |
| 바닥면 노출배선 | ─ · · ─ · · ─ |  |

## 02

그림과 같은 시퀀스회로를 보고 다음 각 물음에 답하시오.

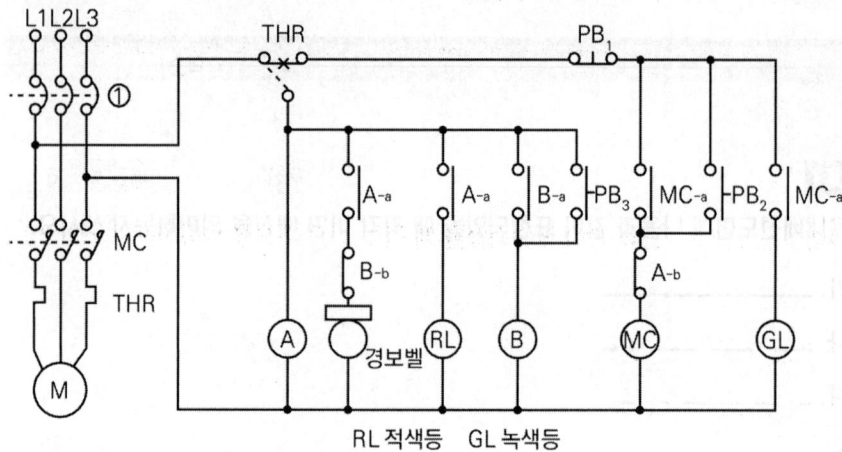

가. 도면의 ①부분에 표시될 제어약호는?

○답 :

나. 도면의 주회로에 표기된 THR의 명칭은 무엇인가?

○답 :

다. 계전기 Ⓐ가 여자되었을 때 회로의 동작상황을 상세히 설명하시오.

○답 :

라. 경보벨이 명동되고 있다고 할 때 이 울림을 정지시키려면 어떻게 하여야 하는가?

○답 :

마. 도면에서 $PB_1$과 $PB_2$의 용도는 무엇인가?

○답 :

바. 어떤 원인에 의하여 THR의 보조 b접점이 떨어져서 계전기 Ⓐ쪽에 붙었다고 할 때 접점이 떨어질 제반장애를 없앤 다음 이 접점을 원위치시키려면 어떻게 하여야 하는가?

○답 :

사. 문제의 도면 내용 중 동작에 불필요한 부분이 있으면 쓰고 없으면 '없음'이라고 쓰시오.

○답 :

### 정답

가. MCCB

나. 열동계전기

다. 계전기 $A_{-a}$접점에 의하여 경보벨이 명동됨과 동시에 RL램프가 점등된다.

라. $PB_3$를 누른다.

마. ① $PB_1$ : 모터 정지용, ② $PB_2$ : 모터 기동용

바. 수동으로 복귀시킨다.

사. $A_{-b}$접점

> $A_{-b}$접점은 THR이 동작 시 안전을 위해 MC를 다시 한 번 개방시켜 주는 역할을 함. 생략해도 문제가 없으므로 불필요한 부분이나 틀린 부분은 아님
> - 기동버튼 : 병렬연결 및 자기유지
> - 정지버튼 : 직렬연결
> - 분기 시 "●"를 찍는다.
> - MC 코일 : $MC_{-a}$로 표기

#### 핵심이론 | 배선용 차단기, 열동형 계전기

- 배선용 차단기(Molded-Case Circuit Breaker : MCCB(= MCB = NFB, No Fuse Breaker))

  (1) 목적 : 과전류, 단락전류 차단(재사용 가능)

  (2) 특징
  - 소형이고 경량이다.
  - 기기의 신뢰도가 크다.
  - 과전류에 대한 차단성능이 우수하다.
  - 동작 시 수동으로 복귀가 간단하다.
  - 퓨즈가 필요치 않다.
  - 기기의 수명이 길다.

- 열동형 계전기(Thermal Relay : THR) : 과부하(과전류) 보호용 계전기

| 주회로 THR | 제어회로 THR |
|---|---|
| | |
| 열동계전기 | 열동계전기 b접점 |

## 03

사무실(1동)과 공장(2동)으로 구분되어 있는 건물에 P형 발신기세트를 설치하고, 수신기는 경비실에 설치하였다. 경보방식은 동별 구분경보방식을 적용하였으며, 옥내소화전의 가압송수장치는 기동용 수압개폐장치를 사용하는 방식인 경우에 표 안의 지구선과 경종선의 가닥 수를 쓰시오. (단, 경종과 표시등 공통선을 같이 한다)

배점 6

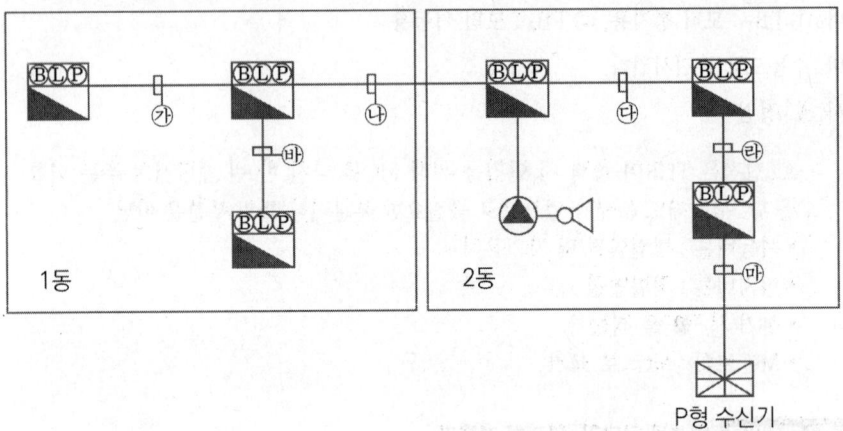

| 항목 | 지구선 | 경종선 |
| --- | --- | --- |
| ㉮ | | |
| ㉯ | | |
| ㉰ | | |
| ㉱ | | |
| ㉲ | | |
| ㉳ | | |

**정답**

| 항목 | 지구선 | 경종선 |
| --- | --- | --- |
| ㉮ | 1 | 1 |
| ㉯ | 3 | 1 |
| ㉰ | 4 | 2 |
| ㉱ | 5 | 2 |
| ㉲ | 6 | 2 |
| ㉳ | 1 | 1 |

✓ 해설

| 구분 | 회로선 | 회로공통선 | 경종선 | 경종표시등공통선 | 표시등선 | 응답선 | 기동확인표시등 | 탬퍼스위치 | 압력스위치 | 사이렌 | 공통 | 합계 |
|---|---|---|---|---|---|---|---|---|---|---|---|---|
| ㉮ | 1 | 1 | 1 | 1 | 1 | 1 | 2 | | | | | 8 |
| ㉯ | 3 | 1 | 1 | 1 | 1 | 1 | 2 | | | | | 10 |
| ㉰ | 4 | 1 | 2 | 1 | 1 | 1 | 2 | 1 | 1 | 1 | 1 | 16 |
| ㉱ | 5 | 1 | 2 | 1 | 1 | 1 | 2 | 1 | 1 | 1 | 1 | 17 |
| ㉲ | 6 | 1 | 2 | 1 | 1 | 1 | 2 | 1 | 1 | 1 | 1 | 18 |
| ㉳ | 1 | 1 | 1 | 1 | 1 | 1 | 2 | | | | | 8 |

- 동별 구분 명동방식이기 때문에 동이 늘어남에 따라 경종선을 추가해준다.
- 옥내소화전함과 겸용하였기 때문에 기동확인표시등 2가닥을 추가한다.
- 습식 스프링클러설비에 있어서는 TS, PS가 설치되며 여기에 사이렌까지 함께 하여 공통선은 1가닥으로 쓴다.
- 옥내소화전설비의 기동방식 2가지
  ① ON, OFF 기동방식 : 5가닥(기동, 정지, 공통, 기동확인 2)
  ② 기동용 수압개폐장치방식 : 2가닥(기동표시등 2)
- 펌프기동표시등(= 기동표시등, 기동확인표시등, 기동확인등)

## 04

득점 / 배점 6

**금속관공사의 배선방법에 대한 설명이다. (   ) 안에 알맞은 것은?**

(1) 금속관을 구부릴 때 금속관의 단면이 심하게 변형되지 아니하도록 구부려진 굴곡 반지름은 관 안지름의 ( ① )배 이상이 되어야 한다.
(2) 아우트렛박스 사이 또는 전선 인입구를 가지는 기구 내의 금속관에는 ( ② )개소 초과하는 직각 또는 직각에 가까운 굴곡개소를 만들어서는 아니 된다.
(3) 관과 박스, 기타 이와 유사한 것과를 접속하는 경우로서 틀어 끼우는 방법에 의하지 아니할 때는 ( ③ ) 2개를 사용하여 박스 또는 캐비닛 접속부분의 양측을 조일 것
(4) 금속관과 박스를 접속할 경우 박스의 구멍이 관보다 클 때에는 ( ④ )를 사용하여 접속할 것
(5) 관과 관의 연결은 ( ⑤ )을 사용하고, 관의 끝부분은 ( ⑥ )를 사용하여 관 끝부분을 매끄럽게 다듬는다.

### 정답

① 6, ② 3, ③ 로크너트, ④ 링리듀서, ⑤ 커플링, ⑥ 리머

#### 핵심이론 | 금속관공사

□ 금속관공사의 시설(내규 2225-8)
- 금속관을 구부릴 때 금속관의 단면이 심하게 변형되지 아니하도록 구부려야 하며, 그 안측의 반지름은 관 안지름의 6배 이상이 되어야 한다.
- 아웃렛박스(Outlet Nox) 사이 또는 전선인입구가 있는 기구 사이의 금속관은 3개소를 초과하는 직각 또는 직각에 가까운 굴곡 개소를 만들어서는 아니 된다. 굴곡 개소가 많은 경우 또는 관의 길이가 30[m]를 넘는 경우에는 풀박스를 설치하는 것이 바람직하다.

□ 금속관공사재료

| 명칭 | 외형 | 설명 |
|---|---|---|
| 부싱(Bushing) | | 전선의 절연피복을 보호하기 위하여 금속관 끝에 취부하여 사용되는 부품 |
| 유니언커플링(Union Coupling) | | 금속전선관 상호 간을 접속하는 데 사용되는 부품(관이 고정되어 있을 때) |
| 노멀밴드(Normal Bend) | | 매입배관공사를 할 때 직각으로 굽히는 곳에 사용하는 부품 |
| 유니버설엘보(Universal Elbow) | | 노출배관공사를 할 때 관을 직각으로 굽히는 곳에 사용하는 부품 |
| 링리듀서(Ring Reducer) | | 금속관을 아웃렛박스에 로크너트만으로 고정하기 어려울 때 보조적으로 사용되는 부품 |
| 커플링(Coupling) | | 금속전선관 상호 간을 접속하는 데 사용되는 부품(관이 고정되어 있지 않을 때) |
| 새들(Saddle) | | 관을 지지하는 데 사용하는 재료 |
| 로크너트(Lock Nut) | | 금속관과 박스를 접속할 때 사용하는 재료로 최소 2개를 사용한다. |
| 리머(Reamer) | | 금속관 말단의 모를 다듬기 위한 기구 |

## 05

배점 5

40 [W] 대형 피난구 유도등 9개가 교류 220 [V] 상용전원에 연결되어 사용되고 있다면, 소요되는 전류를 구하시오. (단, 유도등(형광등)의 역률은 60 [%]이고, 충전전류는 무시한다)

O 계산과정 :          O 답 :

### 정답

☑ 계산과정

$P = VI\cos\theta$ 이므로, $I = \dfrac{P}{V\cos\theta}$     $I = \dfrac{(40 \times 9개)}{220 \times 0.6} = 2.727 ≒ 2.73$ [A]

답 | 2.73 [A]

### 핵심이론 전력공식

| 방식 | 공식 |
| --- | --- |
| 단상 2선식 | $P = VI\cos\theta$<br>P : 전력 [W], V : 전압 [V], I : 전류 [A], $\cos\theta$ : 역률 |
| 3상 3선식 | $P = \sqrt{3}\,VI\cos\theta$<br>P : 전력 [W], V : 전압 [V], I : 전류 [A], $\cos\theta$ : 역률 |

피난구 유도등은 단상 2선식이므로 $P = VI\cos\theta$의 공식을 사용한다.

## 06

배점 4

다음 그림은 자동화재탐지설비의 음향장치에 관한 그림이다. 다음 각 물음에 답하시오.

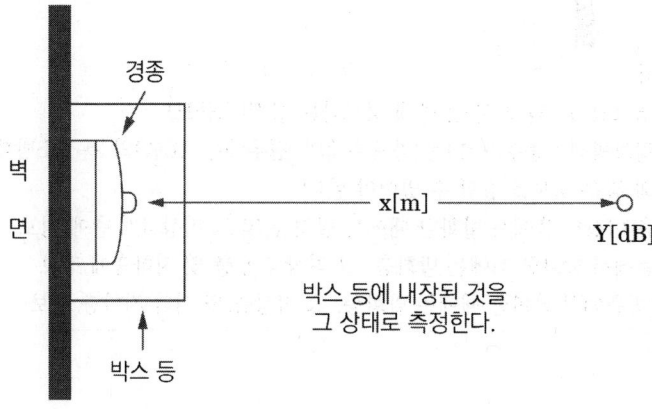

가. X의 최대거리는 몇 [m] 인가?

나. Y에서의 음량은 몇 [dB] 이상이어야 하는가?

### 정답

가. 1 [m]

나. 90 [dB]

#### 📌 핵심이론 | 자동화재탐지설비의 음향장치

□ **주음향장치**
  수신기의 내부 또는 그 직근에 설치할 것

□ **지구음향장치**
  특정소방대상물의 층마다 설치, 해당 특정소방대상물의 각 부분으로부터 하나의 음향장치까지의 수평거리가 25 [m] 이하가 되도록 하고, 해당 층의 각 부분에 유효하게 경보를 발할 수 있도록 설치(기둥 또는 벽이 설치되지 아니한 대형공간의 경우 지구음향장치는 설치대상장소의 가장 가까운 장소의 벽 또는 기둥 등에 설치)

□ **음향장치 구조 및 성능**
  • 정격전압의 80 [%] 전압에서 음향을 발할 수 있는 것으로 할 것
  • 음량은 부착된 음향장치의 중심으로부터 1 [m] 떨어진 위치에서 90 [dB] 이상이 되는 것으로 할 것
  • 감지기 및 발신기의 작동과 연동하여 작동할 수 있는 것으로 할 것

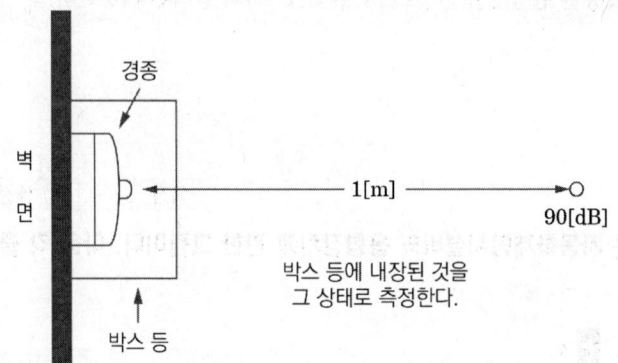

□ **경보방식**
  • 일제경보방식 : 화재 시 전 층에 경보하는 방식(소규모)
  • 우선경보방식 : 층수가 11층(공동주택의 경우에는 16층)의 특정소방대상물은 다음과 같은 경보를 발할 수 있어야 한다.
    ① 2층 이상의 층에서 발화한 때에는 발화층 및 그 직상 4개 층에 경보
    ② 1층에서 발화한 때에는 발화층. 그 직상 4개 층 및 지하층에 경보
    ③ 지하층에서 발화한 때에는 발화층. 그 직상층 및 기타 지하층 경보

# 07

비상방송설비의 확성기(Speaker)회로에 음량조정기를 설치하고자 한다. 미완성 결선도를 완성하시오.

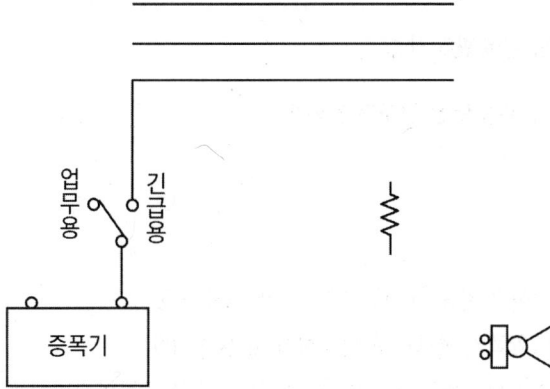

**정답**

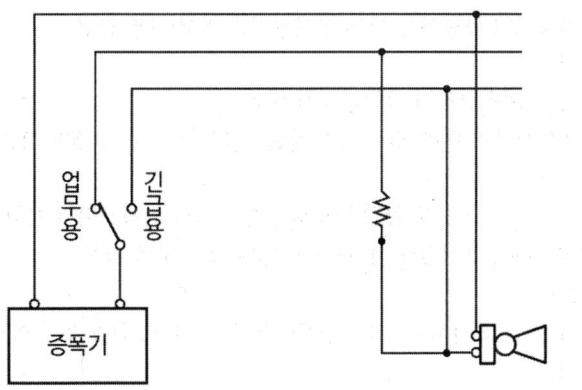

**핵심이론** 비상방송설비 결선도

- 음량조정기를 설치하는 경우 음량조정기의 배선은 3선식으로 할 것

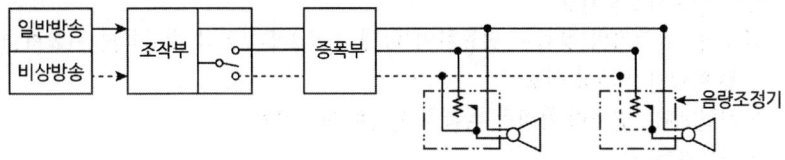

업무용, 일반용은 음량조정기(가변저항)을 거치지만, 비상방송용은 가변저항을 거치지 않는다.
(실외 3 [W] 이상, 실내 1 [W] 이상으로 음성입력이 정해져 있음)

## 08  배점 6

**P형 수신기 점검 시 다음 시험의 양부판정기준을 쓰시오.**

가. 공통선시험 양부판정기준

나. 회로저항시험 양부판정기준

다. 지구음향장치 작동시험 양부판정기준

### 정답

가. 공통선이 담당하고 있는 경계구역수가 7개 이하일 것

나. 하나의 감지기회로의 전로저항 합성치가 50 [Ω] 이하

다. 지구음향장치가 작동하고 음량이 정상일 것, 음량은 음향장치의 중심에서 1 [m] 떨어진 위치에서 90 [dB] 이상일 것

### 핵심이론 | P형 수신기

□ **공통선시험**
  (1) 목적 : 공통선이 담당하고 있는 경계구역의 적정 여부 확인
  (2) 시험방법
    - 수신기 내 접속단자의 공통선 1선 제거
    - 회로도통시험의 예에 따라 도통시험스위치를 누른 후 회로선택스위치를 차례로 회전
    - 전압계 또는 표시등을 확인하여 단선을 지시한 경계구역의 회선수 확인
  (3) 가부판정 : 단선 표시 되는 회선수가 7회선 이하이면 정상

□ **회로저항시험**
  (1) 목적 : 감지기회로 1회선 선로 저항이 수신기 기능에 이상 주지 않는 것을 확인
  (2) 시험방법
    - 저항계 사용해 감지기회로 공통선과 표시선 사이의 전로를 측정
    - 회로 말단 단락 시켜 도통상태에서 선로 저항 측정
  (3) 가부판정 : 하나의 감지기회로의 전로저항의 합성치가 50 [Ω] 이하

□ **지구음향장치 작동시험**
  (1) 목적 : 감지기의 작동과 연동하여 당해 지구음향장치가 정상으로 작동하는가를 확인하기 위한 시험
  (2) 시험방법 : 임의의 감지기 또는 발신기를 작동시킴
  (3) 가부판정
    - 지구음향장치가 작동하고 음량이 정상일 것
    - 음량은 음향장치의 중심에서 1 [m] 떨어진 위치에서 90 [dB] 이상일 것

## 09

**가스누설경보기에 관한 다음 각 물음에 답하시오.**

가. 수신 개시로부터 가스누설표시까지의 소요시간은 몇 초 이내이며, 지구등은 등이 켜질 때 어떤 색으로 표시되어야 하는지 쓰시오.

  1) 소요시간 :

  2) 색깔 :

나. 예비전원으로 사용하는 축전지의 종류를 쓰시오.

다. 예비전원의 용량에 대하여 간단히 쓰시오.

  1) 1회선용 :

  2) 2회로 이상 :

라. 경보기와 절연된 충전부와 외함 간 및 절연된 선로 간의 절연저항은 DC 500 [V] 절연저항계로 측정한 값이 각각 몇 [MΩ] 이상이어야 하는지 쓰시오.

  1) 절연된 충전부와 외함 간 :

  2) 절연된 선로 간 :

### 정답

가. 1) 60초 이내

  2) 황색

나. 알칼리계 2차 축전지, 리튬계 2차 축전지 또는 무보수밀폐형 연축전지

다. 1) 1회선용 : 감시상태를 20분간 계속한 후 유효하게 작동되어 10분간 경보할 수 있는 용량

  2) 2회로 이상 : 연결된 모든 회로에 대하여 감시상태를 10분간 계속한 후 2회선을 유효하게 작동시키고 10분간 경보할 수 있는 용량

라. 1) 절연된 충전부와 외함 간 : 5 [MΩ] 이상

  2) 절연된 선로 간 : 20 [MΩ] 이상

> **중요** 소방에서 기본적으로 표시등은 '적색'이지만 가스누설경보기의 지구등만 예외로 '황색'이다.

### 핵심이론 기타

□ 소요시간

| 기기 | 시간 |
|---|---|
| P·R형 수신기 | 5초 이내(축적형 60초 이내) |
| 중계기 | 5초 이내 |
| 비상방송설비 | 10초 이내 |
| 가스누설경보기 | 60초 이내 |

□ 점등색

| 가스누설경보기(누설등, 지구등) | 화재등 |
|---|---|
| 황색 | 적색 |

□ 예비전원
- 가스누설경보기, 비상방송설비, 자동화재속보설비 : 알칼리계 2차 축전기, 리튬계 2차 축전지, 무보수밀폐형 연축전지
- 유도등 : 알칼리계 2차 축전기, 리튬계 2차 축전지, 콘덴서

□ 용량
- 1회선용(단독형 포함)의 경우는 감시상태를 20분간 계속한 후 유효하게 작동되어 10분간 경보할 수 있는 용량
- 2회로 이상인 경보기의 경우는 연결된 모든 회로에 대하여 감시상태를 10분간 계속한 후 2회선을 유효하게 작동시키고 10분간 경보할 수 있는 용량

## 10 [배점 6]

그림과 같은 회로도를 보고 다음 각 질문에 답하시오.

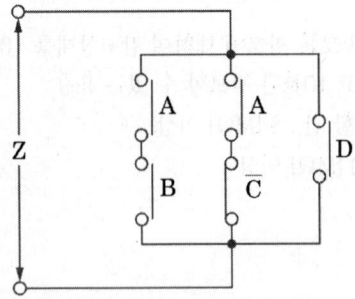

가. 그림의 회로에 대한 논리식을 표현하시오.

나. 논리회로를 그리시오.

**정답**

가. $Z = AB + A\overline{C} + D$

나.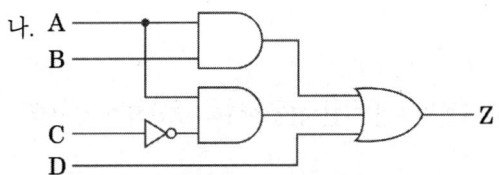

**핵심이론** 논리회로

| 명칭 | 논리식 | 논리회로 | 유접점회로 |
|---|---|---|---|
| AND회로 | $X = A \times B$<br>$X = A \cdot B$ | | |
| OR회로 | $X = A + B$ | | |
| NOT회로 | $X = \overline{A}$ | | |

## 11

전압강하에 대해 설명하고, 분기회로의 전압강하를 공급전압의 몇 [%] 이내로 하는지 쓰시오.

가. 전압강하 :

나. 분기회로의 전압강하 : 공급전압의 (    ) [%] 이내

### 정답

가. 입력전압과 출력전압의 차

나. 2

[KEC 전압강하]

허용전류에 의한 전선의 굵기가 선정(필요조건)되면 전압강하를 고려하여 전선의 굵기(충분조건)를 결정하여야 한다.

(1) 전압강하 : 전선에 전류를 흘리면 전선의 임피던스로 인하여 부하 측(수전단) 전압이 감소한다. 전압강하가 작을수록 그 배선은 전기적 특성이 좋으나, 도체의 단면적을 크게 하여 경제성이 저하하므로 전기적인 특성과 경제성의 양면에서 전체적인 특성을 평가하여야 한다.

(2) 수용가설비의 인입구로부터 기기까지의 전압강하

| 구분 | 조명(%) | 기타(%) |
|---|---|---|
| 저압으로 수전하는 경우 | 3 | 5 |
| 고압 이상으로 수전하는 경우 | 6 | 8 |

분기회로의 전압강하는 일반적으로 2 [%]이고 나머지는 간선의 전압강하로 한다.

### 핵심이론 | 전압강하공식

□ 전압강하
- 단상 2선식 $e = V_s - V_r = 2IR$ [V]
- 3상 3선식 $e = V_s - V_r = \sqrt{3} IR$ [V]

$e$ : 전압강하 [V], $V_s$ : 정격전압 [V], $V_r$ : 단자전압 [V]

□ 전압강하(조건에 저항 없을 때)

| 전기방식 | 전압강하 |
|---|---|
| 단상 2선식 | $e = \dfrac{35.6LI}{1000A}$ |
| 3상 3선식 | $e = \dfrac{30.8LI}{1000A}$ |
| 단상 3선식, 3상 4선식 | $e = \dfrac{17.8LI}{1000A}$ |

여기서 L : 선로길이 [m], I : 전부하전류 [A]
e : 한 선의 전압강하 [V], A : 전선의 단면적 [mm$^2$]

## 12

다음 평면도는 복도이다. 이곳에 유도표지를 설치하려고 한다. 최소 설치개수는 얼마인지 구하시오.

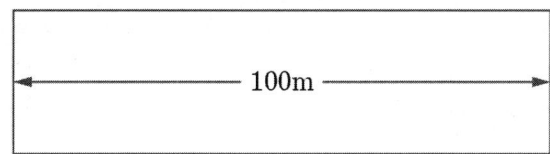

○ 계산과정 :

○ 답 :

### 정답

☑ 계산과정

$$\frac{100}{15} - 1 = 5.6 \rightarrow 절상해서 6 [개]$$

답 | 6 [개]

### 핵심이론 유도등과 유도표지

▫ 유도표지 설치기준
유도표지는 계단에 설치하는 것을 제외하고 각 층마다 복도 및 통로의 각 부분으로부터 하나의 유도표지까지 보행거리가 15 [m] 이하가 되는 곳과 구부러진 모퉁이의 벽에 설치

▫ 최소 설치개수 구하는 식
(소수점 절상)

| 구분 | 공식 |
|---|---|
| 객석유도등 | $\dfrac{객석통로의 직선부분의 길이 [m]}{4} - 1$ |
| 유도표지 | $\dfrac{구부러진 곳이 없는 부분의 보행거리 [m]}{15} - 1$ |
| 복도통로유도등, 거실통로유도등 | $\dfrac{구부러진 곳 없는 부분의 보행거리 [m]}{20} - 1$ |

## 13

| 득점 | | 배점 | 6 |
|---|---|---|---|

**그림과 같은 건물평면도의 경우 자동화재탐지설비의 최소경계구역의 수를 구하시오.**

가.

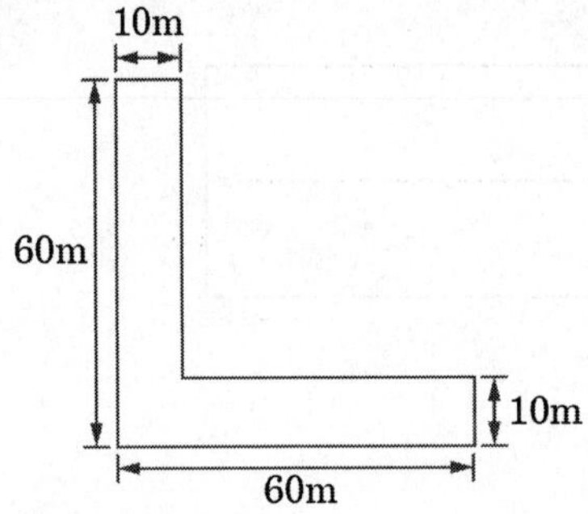

10m
60m
10m
60m


○ 계산과정 :

○ 답 :

나.

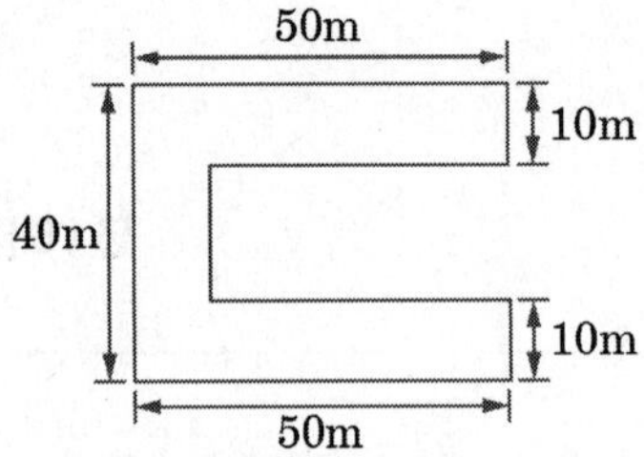

50m
10m
40m
10m
50m


○ 계산과정 :

○ 답 :

**정답**

가. 계산과정

① $\frac{50\times10}{600}=0.8$ → 절상해서 1경계구역

② $\frac{50\times10}{600}=0.8$ → 절상해서 1경계구역

③ $\frac{10\times10}{600}=0.1$ → 절상해서 1경계구역

**답 | 3경계구역**

나. 계산과정

① $\frac{(50\times10)+(10\times10)}{600}=1$경계구역

② $\frac{(50\times10)+(10\times10)}{600}=1$경계구역

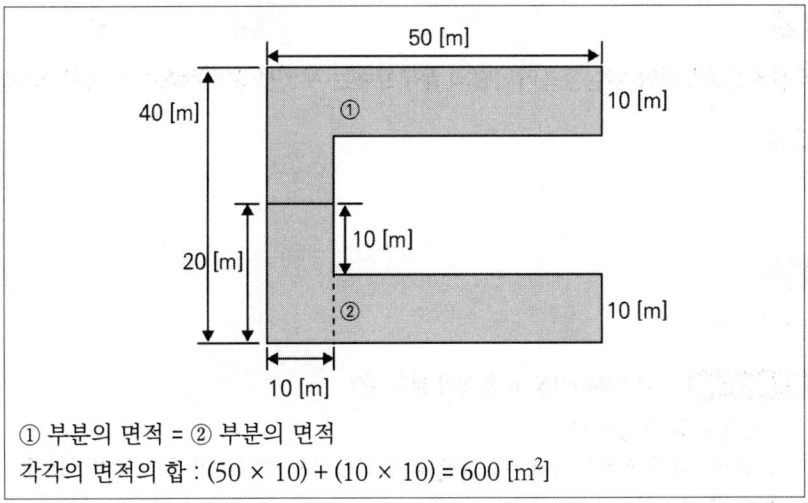

① 부분의 면적 = ② 부분의 면적
각각의 면적의 합 : (50 × 10) + (10 × 10) = 600 [m²]

답 | 2경계구역

### 핵심이론 자동화재탐지설비 경계구역 설정기준

□ 수평적 경계구역
- 하나의 경계구역이 2개 이상의 건축물에 미치지 않도록 할 것
- 하나의 경계구역이 2개 이상의 층에 미치지 않도록 할 것
  단, 500 [m²] 이하의 범위 안에서 2개의 층을 하나의 경계구역할 수 있음
- 하나의 경계구역 면적 600 [m²] 이하로 하고 한 변의 길이 50 [m] 이하로 할 것
  단, 주된 출입구에서 그 내부 전체가 보이는 것은 한 변의 길이 50 [m] 범위 내에서 1000 [m²] 이하로 할 수 있음
- 도로터널 : 100 [m] 이하로 할 것(도로터널의 화재안전기술기준 NFTC 603)
- 지하구 : 700 [m] 이하로 할 것(지하구의 화재안전성능기준 NFPC 605 제13조 (기존 지하구에 대한 특례) 법 제13조에 따라 기존 지하구에 설치하는 소방시설 등에 대해 강화된 기준을 적용하는 경우에는 다음의 설치·관리 관련 특례를 적용한다. → 특고압 케이블이 포설된 송·배전 전용의 지하구(공동구를 제외한다) 에는 온도 확인 기능 없이 최대 700 [m]의 경계구역을 설정하여 발화지점(1 [m] 단위)을 확인할 수 있는 감지기를 설치할 수 있다.

□ 수직적 경계구역
- 계단·경사로 : 별도의 경계구역으로 하며 경계구역 높이 45 [m] 이하로 할 것
- 엘리베이터 승강로(권상기실이 있는 경우에는 권상기실)·린넨슈트·파이프 피트 및 덕트 등 : 별도의 경계구역
- 지하층의 계단 및 경사로(지하층의 층수가 1일 경우 제외) : 별도의 경계구역

□ 기타
- 외기에 면하여 상시 개방된 부분(차고·주차장·창고 등) : 외기에 면하는 각 부분으로부터 5 [m] 미만의 범위 안에 있는 부분은 경계구역 면적에 산입하지 않음
- 스프링클러설비·물분무등소화설비 또는 제연설비의 화재감지장치로서 화재감지기를 설치한 경우의 경계구역은 해당 소화설비의 방사구역 또는 제연구역과 동일하게 설정할 수 있음

## 14

무선통신보조설비 누설동축케이블의 끝부분에는 무엇을 설치하여야 하는지 쓰시오.

O 답 :

> **정답**
>
> 무반사 종단저항

> **핵심이론** 누설동축케이블 등 혼합기 설치기준
>
> □ 누설동축케이블의 정의
>   동축케이블의 외부도체에 가느다란 홈을 만들어서 전파가 외부로 새어나갈 수 있도록 한 케이블
> □ 누설동축케이블의 설치기준
>   - 소방전용주파수대에서 전파의 전송 또는 복사에 적합한 것으로서 소방전용의 것으로 할 것. 다만 소방대 상호 간의 무선 연락에 지장이 없는 경우에는 다른 용도와 겸용할 수 있다.
>   - 누설동축케이블과 이에 접속하는 안테나 또는 동축케이블과 이에 접속하는 안테나로 구성할 것
>   - 누설동축케이블 및 동축케이블은 불연 또는 난연성의 것으로서 습기 등의 환경조건에 따라 전기의 특성이 변질되지 않는 것으로 하고, 노출하여 설치한 경우에는 피난 및 통행에 장애가 없도록 할 것
>   - 누설동축케이블 및 동축케이블은 화재에 따라 해당 케이블의 피복이 소실된 경우에 케이블 본체가 떨어지지 않도록 4 [m] 이내마다 금속제 또는 자기제 등의 지지금구로 벽·천장·기둥 등에 견고하게 고정시킬 것. 다만 불연재료로 구획된 반자 안에 설치하는 경우에는 그렇지 않다.
>   - 누설동축케이블 및 안테나는 금속판 등에 따라 전파의 복사 또는 특성이 현저하게 저하되지 않는 위치에 설치할 것
>   - 누설동축케이블 및 안테나는 고압의 전로로부터 1.5 [m] 이상 떨어진 위치에 설치할 것. 다만 해당 전로에 정전기 차폐장치를 유효하게 설치한 경우에는 그렇지 않다.
>   - 누설동축케이블의 끝부분에는 무반사 종단저항을 견고하게 설치할 것

중요 ▶ 무반사 종단저항 : 누설동축케이블의 종단부에 전송된 전파는 케이블종단에서 반사되어 교신 방해, 송신효율이 저하되며, 반사파방지를 위해 누설동축케이블의 말단에 설치하는 저항

## 15

**자동화재탐지설비 감지기 사이의 회로의 배선방식과 이 배선방식의 사용 목적을 쓰시오.**

가. 배선방식 :

나. 사용목적 :

**정답**

가. 배선방식 : 송배선방식
나. 사용목적 : 도통시험을 용이하게 하기 위해

**핵심이론** 자동화재탐지설비의 송배선방식

- 자동화재탐지설비의 송배선방식
  도통시험을 용이하게 하기 위해 배선의 도중에서 분기하지 않는 방식
- 자동화재탐지설비의 교차회로방식
  하나의 담당구역 내에 2 이상의 감지기회로를 설치하고 2 이상의 감지기회로가 동시에 감지되는 때에 설비가 작동하는 방식
- 교차회로방식으로 감지기를 설치해야 하는 자동식 소화설비
  분말소화설비, 할론소화설비, 할로겐화합물 및 불활성기체소화설비, 이산화탄소소화설비, 준비작동식 스프링클러설비, 일제살수식 스프링클러설비

중요 ▶ 도통시험은 감지기회로의 단락, 단선, 접속상태의 이상유무를 파악하는 시험이다.

※ 가스계소화설비와 준비작동식 스프링클러설비는 감지기를 교차회로방식으로 설치하며 그 목적은 설비의 오동작방지이다.

## 16

**간선의 굵기를 결정하는 요소 3가지를 쓰시오.**

① ② ③

**정답**

① 허용전류  ② 전압강하  ③ 기계적 강도

전선의 허용전류는 해당 전선이 전달할 수 있는 최대전류를 나타낸다.
전압강하는 감소된 전압이며 기계적 강도는 전선의 단락이 발생할 때 전기회로가 기계적 & 열적으로 견딜 수 있는 강도이다.

## 17

다음 그림과 같이 지하 1층에서 지상 5층까지 각 층의 평면이 동일하고, 각 층의 높이가 4 [m]인 학원건물에 자동화재탐지설비를 설치한 경우이다. 다음 물음에 답하시오.

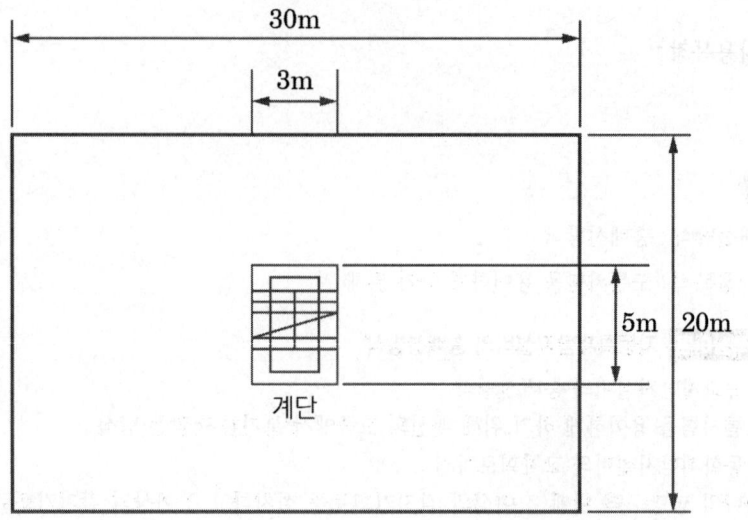

가. 하나의 층에 대한 자동화재탐지설비의 수평경계구역수를 구하시오.
  ○ 계산과정 :
  ○ 답 :

나. 본 소방대상물 자동화재탐지설비의 수직 및 수평 경계구역수를 구하시오.
  1) 수평경계구역
    ○ 계산과정 :
    ○ 답 :
  2) 수직경계구역
    ○ 계산과정 :
    ○ 답 :

다. 계단에 다음과 같은 감지기를 설치하고자 한다. 각각의 명칭을 쓰시오.
  1)
  2)

라. 이 건물에 추가로 엘리베이터를 설치한다고 할 때 엘리베이터 권상기실 상부에 설치해야 하는 감지기 종류 1가지를 쓰시오.

### 정답

가. 계산과정

$$\frac{(30 \times 20) - (3 \times 5)}{600} = 0.975 \rightarrow 절상해서 1경계구역$$

**답 | 1경계구역**

나. 계산과정
- 수평경계구역

  $1 \times 6 = 6경계구역$

  **답 | 6경계구역**

  한 층당 수평적 경계구역이 1개이며 총 6개의 층이므로 해당 건축물의 수평적 경계구역은 6개이다.

- 수직경계구역

  $\frac{4 \times 6}{45} = 0.53 \rightarrow 절상해서 1경계구역$

  **답 | 1경계구역**

  지하의 층수가 1개의 층이므로 수직적 경계구역 산정에서 지하와 지상을 따로 구분하지 않고 한 번에 산정한다. 따라서 한 층당 층고는 4 [m]이며 6개의 층이므로 $\frac{4 \times 6}{45}$로 계산한다.

다.
- ⌒S⌒ : 연기감지기(매입형)
- |S| : 연기감지기(점검박스붙이형)

라. 연기감지기(연기감지기 2종)

연기감지기 몇 종이라는 언급이 없으면 일반적으로 2종을 사용한다.

### 핵심이론 자동화재탐지설비

□ 자동화재탐지설비 경계구역 설정기준

(1) 수평적 경계구역
- 하나의 경계구역이 2개 이상의 건축물에 미치지 않도록 할 것
- 하나의 경계구역이 2개 이상의 층에 미치지 않도록 할 것
  단, 500 [m²] 이하의 범위 안에서 2개의 층을 하나의 경계구역할 수 있음
- 하나의 경계구역 면적 600 [m²] 이하로 하고 한 변의 길이 50 [m] 이하로 할 것. 단, 주된 출입구에서 그 내부 전체가 보이는 것은 한 변의 길이 50 [m] 범위 내에서 1000 [m²] 이하로 할 수 있음

(2) 수직적 경계구역
- 계단·경사로 : 별도의 경계구역으로 하며 경계구역 높이 45 [m] 이하로 할 것
- 엘리베이터 승강로(권상기실이 있는 경우에는 권상기실)·린넨슈트·파이프 피트 및 덕트 등 : 별도의 경계구역
- 지하층의 계단 및 경사로(지하층의 층수가 1일 경우 제외) : 별도의 경계구역

(3) 기타
- 외기에 면하여 상시 개방된 부분(차고·주차장·창고 등) : 외기에 면하는 각 부분으로부터 5 [m] 미만의 범위 안에 있는 부분은 경계구역 면적에 산입하지 않음
- 스프링클러설비·물분무등소화설비 또는 제연설비의 화재감지장치로서 화재감지기를 설치한 경우의 경계구역은 해당 소화설비의 방사구역 또는 제연구역과 동일하게 설정할 수 있음

□ 연기감지기 설치장소
(1) 계단·경사로 및 에스컬레이터 경사로
(2) 복도(30 [m] 미만의 것을 제외)
(3) 엘리베이터 승강로(권상기실이 있는 경우에는 권상기실)·린넨슈트·파이프피트 및 덕트 기타 이와 유사한 장소
(4) 천장 또는 반자의 높이가 15 [m] 이상 20 [m] 미만의 장소
(5) 다음에 해당하는 특정소방대상물의 취침·숙박·입원 등 용도로 사용되는 거실
- 공동주택·오피스텔·숙박시설·노유자시설·수련시설
- 교육연구시설 중 합숙소
- 의료시설, 근린생활시설 중 입원실이 있는 의원·조산원
- 교정 및 군사시설
- 근린생활시설 중 고시원

## 18

배점 7

자동화재탐지설비와 스프링클러 프리액션밸브의 간선계통도이다. 다음 각 물음에 답하시오.

가. ㉮ ~ ㉯의 매설 가닥 수를 쓰시오. (단, 프리액션밸브용 감지기공통선과 전원 공통선은 분리해서 사용하고 압력스위치, 탬퍼스위치 및 솔레노이드밸브용 공통선은 1가닥을 사용하는 조건이다. 경종과 표시등 공통선은 하나로 한다)

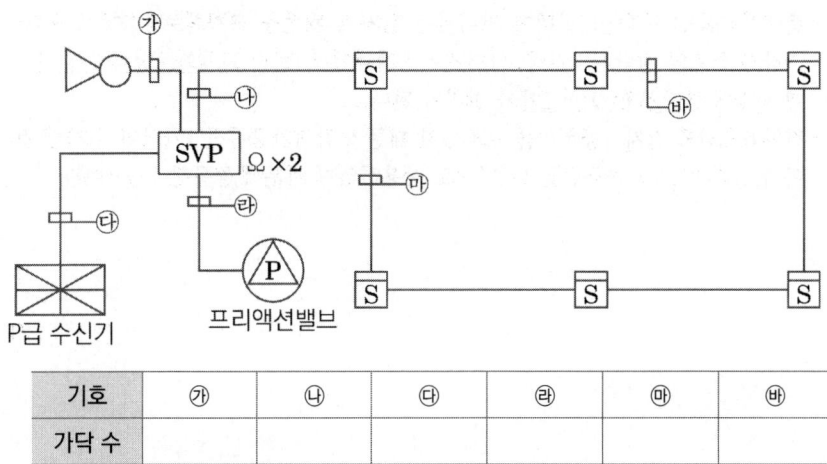

| 기호 | ㉮ | ㉯ | ㉰ | ㉱ | ㉲ | ㉳ |
|---|---|---|---|---|---|---|
| 가닥 수 | | | | | | |

나. ㉰의 배선별 용도를 쓰시오.

### 정답

가.

| 기호 | ㉮ | ㉯ | ㉰ | ㉱ | ㉲ | ㉳ |
|---|---|---|---|---|---|---|
| 가닥 수 | 2가닥 | 8가닥 | 9가닥 | 4가닥 | 4가닥 | 4가닥 |

나. 전원 ⊕·⊖, 사이렌, 감지기 A·B, 솔레노이드밸브, 압력스위치, 탬퍼스위치, 감지기공통

### 해설

| 기호 | 구분 | 배선수 | 배선의 용도 |
|---|---|---|---|
| ㉮ | 사이렌 ↔ SVP | 2 | 사이렌 2 |
| ㉯ | 감지기 ↔ SVP | 8 | 지구 4, 공통 4 |
| ㉰ | SVP ↔ 수신기 | 9 | 전원 ⊕·⊖, 사이렌, 감지기 A·B, 솔레노이드밸브, 압력스위치, 탬퍼스위치, 감지기공통 |
| ㉱ | Preaction Valve ↔ SVP | 4 | 솔레노이드밸브, 압력스위치, 탬퍼스위치, 공통 |
| ㉲ | 감지기 ↔ 감지기 | 4 | 지구 2, 공통 2 |
| ㉳ | 감지기 ↔ 감지기 | 4 | 지구 2, 공통 2 |

- 지구선(= 지구, 회로, 회로선)
- 공통선(= 공통, 회로공통선, 신호공통선, 감지기공통선)
- 솔레노이드밸브 = 밸브기동 = SV(Solenoid Valve) = SOL
- 압력스위치 = 밸브개방확인 = PS(Pressure Switch)
- 탬퍼스위치 = 밸브주의 = TS(Tamper Switch)

- 자동화재탐지설비에 있어서는 감지기 배선을 송배선식으로 한다. 따라서 루프는 2가닥 나머지는 4가닥이다.
- 준비작동식 스프링클러설비에 있어서는 감지기 배선을 교차회로방식으로 한다. 따라서 루프와 말단은 4가닥, 나머지는 8가닥이다. 또한 <u>교차회로방식이기 때문에 SVP에 종단저항[Ω]이 2개</u>가 설치가 된다.
- 전원공통선과 감지기공통선을 분리했기 때문에 감지기공통선 1가닥이 추가된 것이며, SV, PS, TS 공통선을 1가닥으로 사용하였기 때문에 공통선 1가닥이다.

# 2022년 4회

**2022.11.19**

## 01 [배점 6]

자동화재탐지설비의 수신기 예비전원시험에서 확인해야 하는 사항 3가지를 쓰시오.

①

②

③

### 정답

① 예비전원의 전압이 정상일 것
② 예비전원의 용량이 정상일 것
③ 예비전원의 절환상태가 정상일 것

### 핵심이론 | 수신기 예비전원시험

① 목적 : 정전 시 상용전원에서 예비전원 자동전환 여부 확인 및 정상상태 복구 시 상용전원으로 자동전환 여부 확인
② 시험방법
  1. 수신기스위치 중 "예비전원스위치" 누름(예비전원전압 표시 및 예비전원등 점등 확인)
  2. 전압계의 지시치가 지정치의 범위 내에 있는지 확인
  3. 교류전원을 개로하고 자동절환 릴레이의 작동상황 조사
③ 가부판정
  1. 예비전원의 전압이 정상일 것
  2. 예비전원의 용량이 정상일 것
  3. 예비전원의 절환상태가 정상일 것
  4. 예비전원의 복구 작동이 정상일 것

## 02

배점 5

매분 12 [m³]의 물을 높이 20 [m]인 소화설비용 탱크에 양수하는 데 필요한 전동기의 소요출력[kW]을 구하시오. (단, 펌프와 전동기의 합성효율은 75 [%]이고, 여유계수는 1.2이다)

○ 계산과정 :

○ 답 :

**정답**

☑ 계산과정

$$P = \frac{9.8KQH}{\eta t} = \frac{9.8 \times 1.2 \times 20 \times 12}{0.75 \times 60} = 62.72 \,[\text{kW}]$$

답 | 62.72 [kW]

**핵심이론** 전동기용량 구하는 식

$$P = \frac{9.8KQH}{\eta t} = \frac{9.8K \times Q[m^3/min] \times H}{\eta t \times 60}[\text{kW}]$$

P : 전동기용량 [kW], K : 여유계수, Q : 유량 [m³]
H : 전양정 [m], η : 효율, t : 시간 [s]

## 03

배점 6

공기관식 차동식 분포형 감지기의 설치기준에 대한 설명으로 (  ) 안에 알맞은 내용을 쓰시오.

(1) 공기관의 노출부분은 감지구역마다 ( ① ) [m] 이상이 되도록 할 것
(2) 공기관과 감지구역의 각 변과의 수평거리는 ( ② ) [m] 이하가 되도록 하고, 공기관 상호 간의 거리는 ( ③ ) [m](주요 구조부를 내화구조로 한 특정소방대상물 또는 그 부분에 있어서는 ( ④ ) [m]) 이하가 되도록 할 것
(3) 하나의 검출부분에 접속하는 공기관의 길이는 ( ⑤ ) [m] 이하로 할 것
(4) 검출부는 ( ⑥ )도 이상 경사되지 아니하도록 부착할 것
(5) ( ⑦ )은(는) 바닥으로부터 ( ⑧ ) [m] 이상 ( ⑨ ) [m] 이하의 위치에 설치할 것

| ① | ② | ③ |
|---|---|---|
| ④ | ⑤ | ⑥ |
| ⑦ | ⑧ | ⑨ |

### 정답

| ① | 20 | ② | 1.5 | ③ | 6 |
|---|---|---|---|---|---|
| ④ | 9 | ⑤ | 100 | ⑥ | 5 |
| ⑦ | 검출부 | ⑧ | 0.8 | ⑨ | 1.5 |

### 핵심이론 공기관식 차동식 분포형 감지기 설치기준

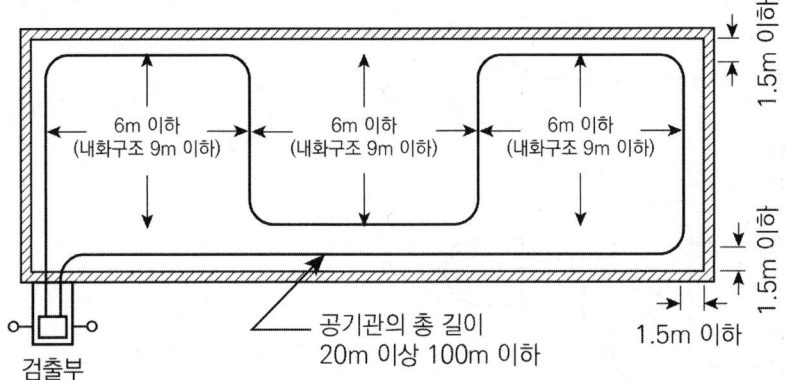

- 공기관의 노출부분은 감지구역마다 20 [m] 이상이 되도록 할 것
- 공기관과 감지구역의 수평거리는 1.5 [m] 이하가 되도록 할 것
- 공기관 상호 간의 거리는 6 [m](내화구조 9 [m]) 이하가 되도록 할 것
- 공기관은 도중에서 분기하지 않도록 할 것
- 하나의 검출부에 접속하는 공기관 길이는 100 [m] 이하로 할 것
- 검출부는 바닥에서 0.8 [m] 이상 1.5 [m] 이하에 위치하며, 5° 이상 경사되지 않도록 할 것

## 04

득점 ____ 배점 8

논리식 Z = A + B · C에 대한 다음 각 물음에 답하시오.

가. 유접점 릴레이회로를 구성하여 그리시오.

나. 무접점회로를 구성하여 그리시오.

다. NAND시퀀스(NAND 무접점회로)로 구성하시오.

### 정답

가.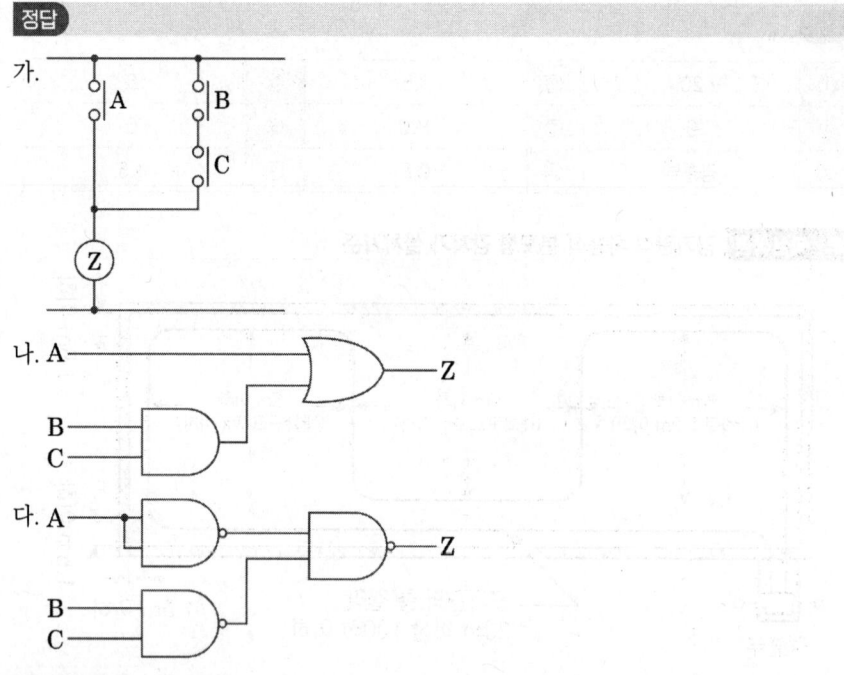

나.

다.

### ★ 핵심이론 · 논리회로

| 명칭 | 논리식 | 논리회로 | 유접점회로 |
|---|---|---|---|
| AND회로 | $X = A \times B$<br>$X = A \cdot B$ | | |
| OR회로 | $X = A + B$ | | |
| NOT회로 | $X = \overline{A}$ | | |

## 05

득점 ___  배점 3

소방시설용 비상전원수전설비의 화재안전기준에 따른 비상전원수전설비를 특고압 또는 고압으로 수전하는 경우 비상전원수전설비의 종류 3가지를 쓰시오.

① ② ③

**정답**

① 방화구획형, ② 옥외개방형, ③ 큐비클형

**핵심이론** 비상전원수전설비

1. 저압으로 수전
   - 전용배전반(1종, 2종)
   - 전용분전반(1종, 2종)
   - 공용분전반(1종, 2종)
2. 고압으로 수전
   - 방화구획형
   - 옥외개방형
   - 큐비클형

중요 ▶ 저압수전인 경우 공용배전반은 없음을 주의

## 06

득점 ___  배점 3

비닐전선 또는 비닐코드선의 피복을 벗기기 위해 사용되는 공구 명칭을 쓰시오.

○ 답 :

**정답**

와이어 스트리퍼

스트리퍼의 집게 부분에는 다양한 크기의 구멍이 있고 그 옆에 수치가 표시되어 있다. 해당 수치는 전선의 굵기를 나타낸 것으로 피복을 벗겨내야 하는 전선 굵기와 일치하는 수치가 새겨진 구멍에 넣어준 뒤 스트리퍼를 조여주고 잡아 빼내어 피복을 벗겨낸다.

## 07

배점 4

객석유도등을 설치하지 않아도 되는 곳 2가지를 쓰시오.

① 

② 

### 정답

① 주간에만 사용하는 장소로서 채광이 충분한 객석
② 거실 등의 각 부분으로부터 하나의 거실출입구에 이르는 보행거리가 20 [m] 이하인 객석의 통로로서 그 통로에 통로유도등이 설치된 객석

### 핵심이론 유도등 설치 제외

(1) 피난구유도등 설치 제외
  ① 바닥면적이 1000 [m²] 미만인 층으로서 옥내로부터 직접 지상으로 통하는 출입구(외부의 식별이 용이한 경우에 한한다)
  ② 대각선 길이가 15 [m] 이내인 구획된 실의 출입구
  ③ 거실 각 부분으로부터 하나의 출입구에 이르는 보행거리가 20 [m] 이하이고, 비상조명등과 유도표지가 설치된 거실의 출입구
  ④ 출입구가 3 이상 있는 거실로서 그 거실 각 부분으로부터 하나의 출입구에 이르는 보행거리가 30 [m] 이하인 경우에는 주된 출입구 2개소 외의 출입구(유도표지가 부착된 출입구를 말한다)(다만 공연장·집회장·관람장·전시장·판매시설·운수시설·숙박시설·노유자시설·의료시설·장례식장의 경우에는 그러하지 아니하다)

(2) 통로유도등 설치 제외
  ① 구부러지지 아니한 복도 또는 통로로서 길이가 30 [m] 미만인 복도 또는 통로
  ② '①'에 해당하지 아니하는 복도 또는 통로로서 보행거리가 20 [m] 미만이고, 그 복도 또는 통로와 연결된 출입구 또는 그 부속실의 출입구에 피난구유도등이 설치된 복도 또는 통로

## 08

다음은 어느 특정소방대상물의 평면도이다. 건축물의 구조는 비내화구조이고, 층간 높이는 3.8 [m]일 때 다음 각 물음에 답하시오. (단, 설치하여야 할 감지기는 1종을 설치한다)

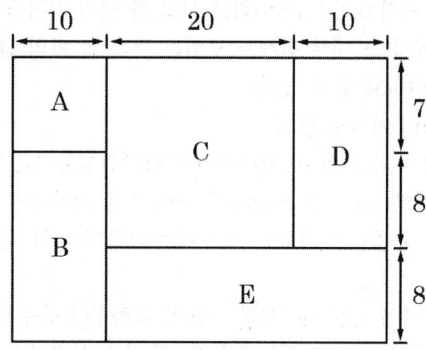

가. 차동식 스포트형 감지기 1종을 설치할 경우 각 실에 설치되는 감지기의 개수를 구하시오.
  ○ 계산과정 :     ○ 답 :

나. 해당 특정소방대상물의 경계구역 수를 구하시오.
  ○ 계산과정 :     ○ 답 :

### 정답

가. 계산과정
- A : $\dfrac{10 \times 7}{50} = 1.4$ → 절상해서 2개
- B : $\dfrac{10 \times (8+8)}{50} = 3.2$ → 절상해서 4개
- C : $\dfrac{20 \times (7+8)}{50} = 6$ → 6개
- D : $\dfrac{10 \times (7+8)}{50} = 3$ → 3개
- E : $\dfrac{8 \times (20+10)}{50} = 4.8$ → 절상해서 5개

답 | 20 [개]

나. 계산과정
- 경계구역 수 : $\dfrac{(10+20+10) \times (7+8+8)}{600} = 1.533$ → 절상해서 2개

답 | 2 [개]

### 핵심이론 자동화재탐지설비 경계구역 설정기준

□ **수평적 경계구역**
- 하나의 경계구역이 2개 이상의 건축물에 미치지 않도록 할 것
- 하나의 경계구역이 2개 이상의 층에 미치지 않도록 할 것
  단, 500 [m²] 이하의 범위 안에서 2개의 층을 하나의 경계구역할 수 있음
- 하나의 경계구역 면적 600 [m²] 이하로 하고 한 변의 길이 50 [m] 이하로 할 것
  단, 주된 출입구에서 그 내부 전체가 보이는 것은 한 변의 길이 50 [m] 범위 내에서 1000 [m²] 이하로 할 수 있음
- 도로터널 : 100 [m] 이하로 할 것
- 지하구 : 700 [m] 이하로 할 것(지하구의 화재안전성능기준 NFPC 605 제13조(기존 지하구에 대한 특례) 법 제13조에 따라 기존 지하구에 설치하는 소방시설 등에 대해 강화된 기준을 적용하는 경우에는 다음의 설치·관리 관련 특례를 적용한다.
  → 특고압 케이블이 포설된 송·배전 전용의 지하구(공동구를 제외한다)에는 온도 확인 기능 없이 최대 700 [m]의 경계구역을 설정하여 발화지점(1 [m] 단위)을 확인할 수 있는 감지기를 설치할 수 있다.

□ **수직적 경계구역**
- 계단·경사로 : 별도의 경계구역으로 하며 경계구역 높이 45 [m] 이하로 할 것
- 엘리베이터 승강로(권상기실이 있는 경우에는 권상기실)·린넨슈트·파이프 피트 및 덕트 등 : 별도의 경계구역
- 지하층의 계단 및 경사로(지하층의 층수가 1일 경우 제외) : 별도의 경계구역

□ **기타**
- 외기에 면하여 상시 개방된 부분(차고·주차장·창고 등) : 외기에 면하는 각 부분으로부터 5 [m] 미만의 범위 안에 있는 부분은 경계구역 면적에 산입하지 않음
- 스프링클러설비·물분무등소화설비 또는 제연설비의 화재감지장치로서 화재감지기를 설치한 경우의 경계구역은 해당 소화설비의 방사구역 또는 제연구역과 동일하게 설정할 수 있음

### 핵심이론 감지기

□ 열감지기의 설치면적                                    (단위 : [m²])

| 부착높이 및 특정소방대상물의 구분 | | 감지기의 종류 | | | | | | |
|---|---|---|---|---|---|---|---|---|
| | | 차동식 스포트형 | | 보상식 스포트형 | | 정온식 스포트형 | | |
| | | 1종 | 2종 | 1종 | 2종 | 특종 | 1종 | 2종 |
| 4 [m] 미만 | 내화구조 | 90 | 70 | 90 | 70 | 70 | 60 | 20 |
| | 기타구조 | 50 | 40 | 50 | 40 | 40 | 30 | 15 |
| 4 [m] 이상 8 [m] 미만 | 내화구조 | 45 | 35 | 45 | 35 | 35 | 30 | |
| | 기타구조 | 30 | 25 | 30 | 25 | 25 | 15 | |

□ 자동화재탐지설비의 교차회로방식
  하나의 담당구역 내에 2 이상의 감지기회로를 설치하고, 2 이상의 감지기회로가 동시에 감지되는 때에 설비가 작동하는 방식
□ 교차회로방식으로 감지기를 설치하여야 하는 자동식 소화설비
  분말소화설비, 할론소화설비, 할로겐화합물 및 불활성기체소화설비, 이산화탄소 소화설비, 준비작동식 스프링클러설비, 일제살수식 스프링클러설비

## 09 | 배점 5

자동화재탐지설비 및 시각경보장치의 화재안전기술기준에서 정한 부착높이에 따른 연기감지기를 바닥면적당 1개 이상 설치해야 한다. (  ) 안에 알맞은 말을 채우시오.

(단위 : [m²])

| 부착높이 | 감지기의 종류 | |
|---|---|---|
| | 1종 및 2종 | 3종 |
| 4 [m] 미만 | (  ) | (  ) |
| 4 [m] 이상 20 [m] 미만 | 75 | - |

### 정답

(단위 : [m²])

| 부착높이 | 감지기의 종류 | |
|---|---|---|
| | 1종 및 2종 | 3종 |
| 4 [m] 미만 | 150 | 50 |
| 4 [m] 이상 20 [m] 미만 | 75 | - |

### 핵심이론 연기감지기 설치면적

(단위 : [m²])

| 부착높이 | 감지기의 종류 | |
|---|---|---|
| | 1종 및 2종 | 3종 |
| 4 [m] 미만 | 150 | 50 |
| 4 [m] 이상 20 [m] 미만 | 75 | - |

※ 감지기는 복도 및 통로에 있어서는 보행거리 30 [m](3종에 있어서는 20 [m])마다, 계단 및 경사로에 있어서는 수직거리 15 [m](3종에 있어서는 10 [m])마다 1개 이상으로 할 것

## 10

옥내배선도면에 다음과 같이 표현되었을 때 각각 어떤 배선을 의미하는지 쓰시오.

가. ─────────

나. ── ── ── ──

다. ─ ─ ─ ─ ─ ─

**정답**

가. 천장 은폐배선

나. 바닥 은폐배선

다. 노출배선

**핵심이론** 옥내배선 그림기호

| 명칭 | 그림기호 | 개요 |
|---|---|---|
| 천장 은폐배선 | ───────── | 전선의 종류를 표시할 필요가 있는 경우는 기호를 기입<br>예 450/750 [V] 저독성 난연가교 폴리올레핀 절연전선 → HFIX 전선 |
| 천장 속 은폐배선 | ─·─·─·─ | |
| 바닥 은폐배선 | ── ── ── ── | |
| 노출배선 | ─ ─ ─ ─ ─ | |
| 바닥면 노출배선 | ─··─··─ | |

## 11

그림과 같은 건물평면도의 경우 자동화재탐지설비의 최소경계구역의 수를 구하시오.

가.

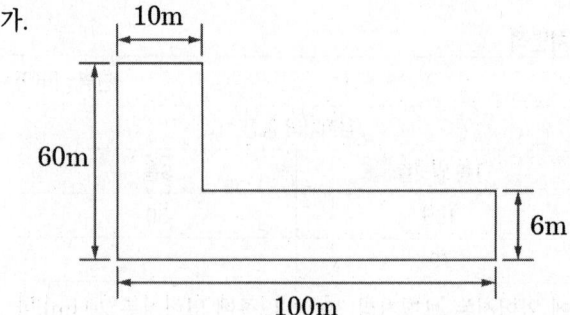

○ 계산과정 :

○ 답 :

나.

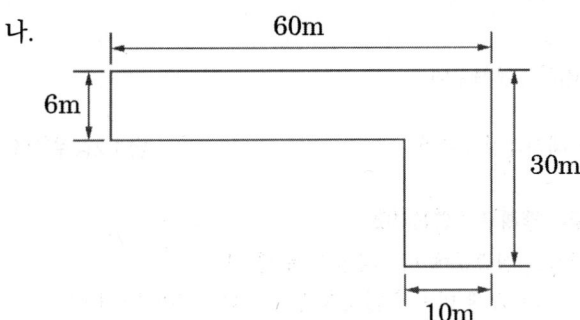

○ 계산과정 :

○ 답 :

## 정답

가. 계산과정

① $\dfrac{50 \times 10}{600} = 0.8$ → 절상해서 1경계구역

② $\dfrac{50 \times 6}{600} = 0.5$ → 절상해서 1경계구역

③ $\dfrac{(10 \times 4) + (50 \times 6)}{600} = 0.57$ → 절상해서 1경계구역

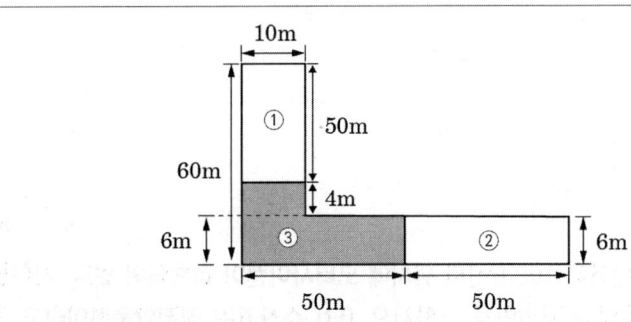

③ 경계구역을 보면 ⓐ와 ⓑ로 나눌 수 있다.

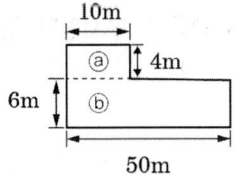

ⓐ : $10 \times 4 = 40 \ [m^2]$

ⓑ : $50 \times 6 = 300 \ [m^2]$

ⓐ + ⓑ : $340 \ [m^2]$

이며 면적기준과 길이기준을 충족하므로 ⓐ + ⓑ를 하나의 경계구역으로 보고, '가'의 경계구역은 총 3개가 나온다.

나. 계산과정

① $\dfrac{50 \times 6}{600} = 0.5 \rightarrow$ 절상해서 1경계구역

② $\dfrac{30 \times 10}{600} = 0.5 \rightarrow$ 절상해서 1경계구역

답 | 2경계구역

### 핵심이론 자동화재탐지설비 경계구역 설정기준

- 하나의 경계구역이 2개 이상의 건축물에 미치지 않도록 할 것
- 하나의 경계구역이 2개 이상의 층에 미치지 않도록 할 것. 다만 500 [m²] 이하의 범위 안에서는 2개의 층을 하나의 경계구역으로 할 수 있다.
- 하나의 경계구역의 면적은 600 [m²] 이하로 하고 한 변의 길이는 50 [m] 이하로 할 것. 다만 해당 특정소방대상물의 주된 출입구에서 그 내부 전체가 보이는 것에 있어서는 한 변의 길이가 50 [m]의 범위 내에서 1000 [m²] 이하로 할 수 있다.
- 계단·경사로·엘리베이터 승강로·린넨슈트·파이프 피트 및 덕트 기타 이와 유사한 부분에 대하여는 별도로 경계구역을 설정하되, 하나의 경계구역은 높이 45 [m] 이하로 하고, 지하층의 계단 및 경사로(지하층의 층수가 1일 경우는 제외)는 별도로 하나의 경계구역으로 하여야 한다.
- 외기에 면하여 상시 개방된 부분이 있는 차고·주차장·창고 등에 있어서는 외기에 면하는 각 부분으로부터 5 [m] 미만의 범위 안에 있는 부분은 경계구역의 면적에 산입하지 않는다.
- 스프링클러설비·물분무등소화설비 또는 제연설비의 화재감지장치로서 화재감지기를 설치한 경우의 경계구역은 해당 소화설비의 방사구역 또는 제연구역과 동일하게 설정할 수 있다.

## 12

배점 5

수신기로부터 배선거리 100 [m]의 위치에 모터사이렌이 접속되어 있다. 사이렌이 명동될 때 사이렌의 단자전압을 구하시오. (단, 수신기는 정전압출력이라고 하고 전선은 2.5 [mm²] HFIX전선이며, 사이렌의 정격전력은 48 [W]라고 가정한다. 전압변동에 의한 부하전류의 변동은 무시한다. 2.5 [mm²] 동선의 전기저항은 8.75 [Ω/km]라고 한다)

○ 계산과정 :

○ 답 :

### 정답

✓ 계산과정

- $I = \dfrac{P}{V} = \dfrac{48}{24} = 2\,[A]$
- $e(\text{전압강하}) = 2IR = 2 \times 2 \times 0.875 = 3.5\,[V]$
  ($8.75\,[\Omega/km] \times 0.1\,[km] = 0.875\,[\Omega]$)
- $V_r = 24 - 3.5 = 20.5\,[V]$

답 | 20.5 [V]

※ 동선의 전기저항이 8.75 [Ω/km]이라는 것은, 1 [km]일 때 저항이 8.75 [Ω]라는 뜻으로, 배선거리 100 [m]일 때 전기저항을 구해서 대입한다.
저항값이 주어졌으므로 전압강하 e = 2IR 공식을 사용한다.

#### 핵심이론  전압강하

- 단상 2선식 $e = V_s - V_r = 2IR\,[V]$
- 3상 3선식 $e = V_s - V_r = \sqrt{3}\,IR\,[V]$

$e$ : 전압강하 [V], $V_s$ : 정격전압 [V], $V_r$ : 단자전압 [V]

## 13

득점 / 배점 6

감지기회로의 결선도이다. 송배선식과 교차회로방식의 사용목적, 적용설비, 가닥수 산정에 대하여 다음 각 물음에 답하시오.

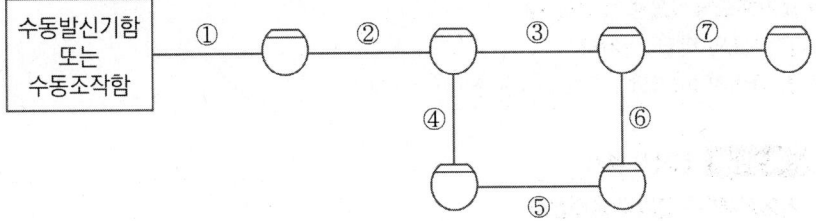

가. 송배선식 사용목적

나. 송배선식 적용설비(2가지)

  1)
  2)

다. 송배선식으로 배선할 때 ① ~ ⑦의 최소 전선수

| ① | ② | ③ | ④ | ⑤ | ⑥ | ⑦ |
|---|---|---|---|---|---|---|
|   |   |   |   |   |   |   |

라. 교차회로방식 사용목적

마. 교차회로방식으로 배선할 때 ① ~ ⑦의 최소 전선수

| ① | ② | ③ | ④ | ⑤ | ⑥ | ⑦ |
|---|---|---|---|---|---|---|
|   |   |   |   |   |   |   |

> [정답]

가. 도통시험을 용이하게 하기 위하여

나. 1) 자동화재탐지설비
    2) 제연설비

다.

| ① | ② | ③ | ④ | ⑤ | ⑥ | ⑦ |
|---|---|---|---|---|---|---|
| 4가닥 | 4가닥 | 2가닥 | 2가닥 | 2가닥 | 2가닥 | 4가닥 |

라. 설비의 오동작방지

마.

| ① | ② | ③ | ④ | ⑤ | ⑥ | ⑦ |
|---|---|---|---|---|---|---|
| 8가닥 | 8가닥 | 4가닥 | 4가닥 | 4가닥 | 4가닥 | 4가닥 |

[종단저항이 전용함(수신기, 발신기)에 설치된 경우]
- 감지기를 송배선방식으로 배선할 때
  1. 루프 : 2가닥
  2. 나머지 : 4가닥
- 교차회로방식으로 배선할 때
  1. 루프와 말단 : 4가닥
  2. 나머지 : 8가닥

> **핵심이론** 감지기 설치

□ 자동화재탐지설비의 송배선식
  도통시험을 용이하게 하기 위해 배선의 도중에서 분기하지 않는 방식
□ 자동화재탐지설비의 교차회로방식
  설비의 오동작(= 오작동)을 방지하기 위해
□ 자동화재탐지설비의 교차회로방식
  하나의 담당구역 내에 2 이상의 감지기회로를 설치하고 2 이상의 감지기회로가 동시에 감지되는 때에 설비가 작동하는 방식
□ 송배선식 적용설비
  자동화재탐지설비, 제연설비
□ 교차회로방식으로 감지기를 설치하여야 하는 자동식 소화설비
  분말소화설비, 할론소화설비, 할로겐화합물 및 불활성기체소화설비, 이산화탄소소화설비, 준비작동식 스프링클러설비, 일제살수식 스프링클러설비

## 14

비상방송설비의 3선식 배선에 대한 미완성 회로이다. 다음 ①~③의 명칭을 쓰고 이 회로의 미완성 부분을 완성하시오.

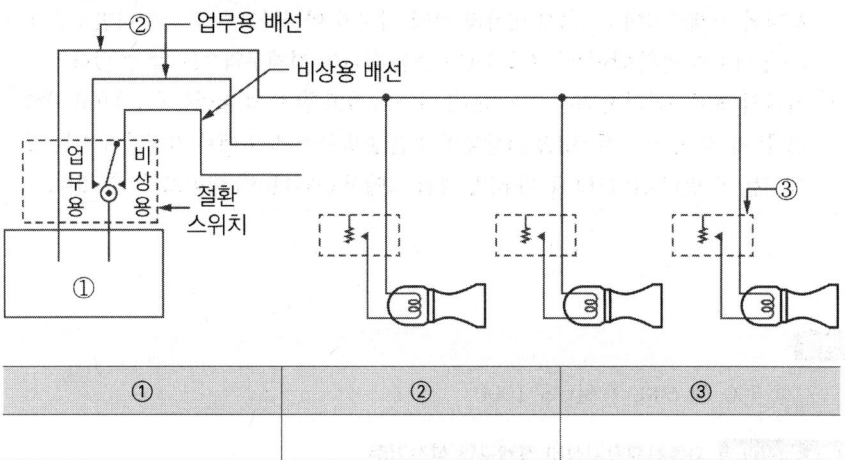

| ① | ② | ③ |
|---|---|---|
|   |   |   |

### 정답

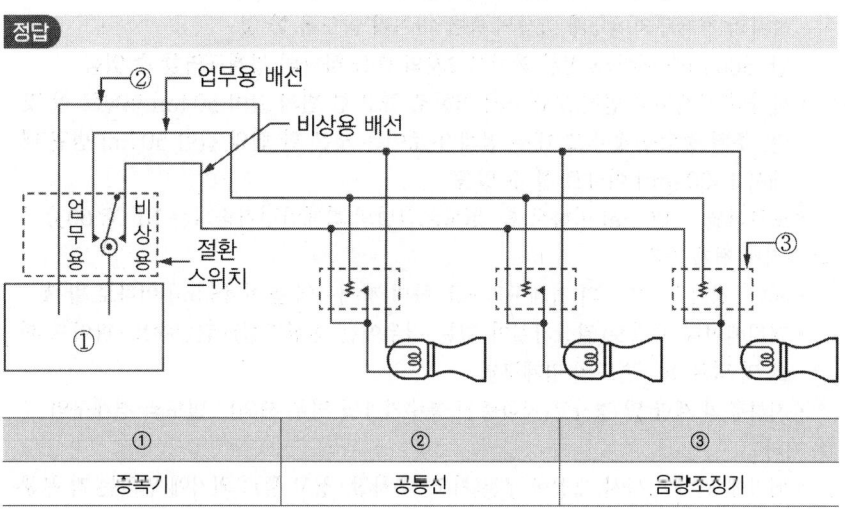

| ① | ② | ③ |
|---|---|---|
| 증폭기 | 공통선 | 음량조정기 |

## 15  배점 7

**자동화재탐지설비의 경계구역 설정기준에 관한 다음 (  ) 안을 완성하시오.**

(1) 하나의 경계구역이 ( ① )개 이상의 건축물에 미치지 아니하도록 할 것
(2) 하나의 경계구역이 ( ① )개 이상의 층에 미치지 아니하도록 할 것. 다만 ( ② ) [m²] 이하의 범위 안에서는 ( ① )개의 층을 하나의 경계구역으로 할 수 있다.
(3) 하나의 경계구역의 면적은 ( ③ ) [m²] 이하로 하고 한 변의 길이는 ( ④ ) [m] 이하로 할 것. 다만 해당 특정소방대상물의 주된 출입구에서 그 내부 전체가 보이는 것에서는 한 변의 길이가 ( ④ ) [m]의 범위 내에서 ( ⑤ ) [m²] 이하로 할 수 있다.

### 정답

① 2, ② 500, ③ 600, ④ 50, ⑤ 1000

### 핵심이론 | 자동화재탐지설비 경계구역 설정기준

(1) 수평적 경계구역
- 하나의 경계구역이 2개 이상의 건축물에 미치지 않도록 할 것
- 하나의 경계구역이 2개 이상의 층에 미치지 않도록 할 것
  단, 500 [m²] 이하의 범위 안에서 2개의 층을 하나의 경계구역할 수 있음
- 하나의 경계구역 면적 600 [m²] 이하로 하고 한 변의 길이 50 [m] 이하로 할 것
  단, 주된 출입구에서 그 내부 전체가 보이는 것은 한 변의 길이 50 [m] 범위 내에서 1000 [m²] 이하로 할 수 있음
- 도로터널 : 100 [m] 이하로 할 것(도로터널의 화재안전기술기준 NFTC 603)

(2) 수직적 경계구역
- 계단·경사로 : 별도의 경계구역으로 하며 경계구역 높이 45 [m] 이하로 할 것
- 엘리베이터 승강로(권상기실이 있는 경우에는 권상기실)·린넨슈트·파이프 피트 및 덕트 등 : 별도의 경계구역
- 지하층의 계단 및 경사로(지하층의 층수가 1일 경우 제외) : 별도의 경계구역

(3) 기타
- 외기에 면하여 상시 개방된 부분(차고·주차장·창고 등) : 외기에 면하는 각 부분으로부터 5 [m] 미만의 범위 안에 있는 부분은 경계구역 면적에 산입하지 않음
- 스프링클러설비·물분무등소화설비 또는 제연설비의 화재감지장치로서 화재감지기를 설치한 경우의 경계구역은 해당 소화설비의 방사구역 또는 제연구역과 동일하게 설정할 수 있음

**16** 　　　　　　　　　　　득점　　　배점 5

할론소화설비, 분말소화설비, 이산화탄소소화설비 등에 사용되는 교차회로방식에 대한 다음 물음에 답하시오.

가. AB를 구분하여 교차회로방식이 되도록 회로를 결선하시오.

   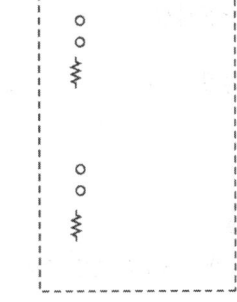

나. 교차회로방식의 목적을 쓰시오.
　○답:

---

**정답**

가.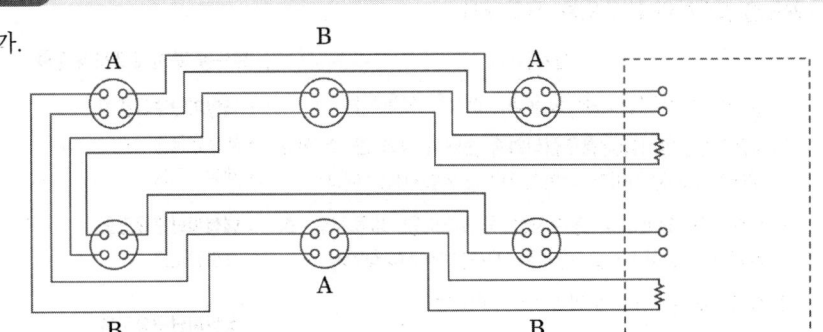

나. 설비의 오동작방지

### ★ 핵심이론　감지기회로 배선

- 자동화재탐지설비의 송배선방식
  도통시험을 용이하게 하기 위해 배선의 도중에서 분기하지 않는 방식
- 자동화재탐지설비의 교차회로방식
  하나의 담당구역 내에 2 이상의 감지기회로를 설치하고 2 이상의 감지기회로가 동시에 감지되는 때에 설비가 작동하는 방식
- 교차회로방식으로 감지기를 설치해야 하는 자동식 소화설비
  분말소화설비, 할론소화설비, 할로겐화합물 및 불활성기체소화설비, 이산화탄소소화설비, 준비작동식 스프링클러설비, 일제살수식 스프링클러설비

## 17

유도등 및 유도표지의 화재안전기준에 의거하여 다음 특정소방대상물에 설치해야 하는 유도등의 종류를 모두 쓰시오.

가. 지하철역사

나. 발전시설

다. 공장

**배점 3**

### 정답

가. 대형피난구유도등, 통로유도등
나. 소형피난구유도등, 통로유도등
다. 소형피난구유도등, 통로유도등

통로유도등은 어디든지 전부 설치한다.

### 핵심이론 유도등과 유도표지

□ 용도별 설치해야 할 유도등·유도표지

| 설치장소 | 유도등 및 유도표지의 종류 |
|---|---|
| 1. 공연장·집회장(종교집회장 포함)·관람장·운동시설<br>2. 유흥주점영업시설(유흥주점영업중 손님이 춤을 출 수 있는 무대가 설치된 카바레, 나이트클럽 등 영업시설만 해당) | • 대형피난구유도등<br>• 통로유도등<br>• 객석유도등 |
| 3. 위락시설·판매시설·운수시설·관광숙박업·의료시설·장례식장·방송통신시설·전시장·지하상가·지하철역사 | • 대형피난구유도등<br>• 통로유도등 |
| 4. 숙박시설 (관광숙박업 외의 것)·오피스텔 | • 중형피난구유도등<br>• 통로유도등 |
| 5. 1~3 외 건축물로서 지하층·무창층 또는 층수가 11층 이상 특정소방대상물 | |
| 6. 1~5 외 건축물로서 근린생활시설·노유자시설·업무시설·발전시설·종교시설(집회장 용도로 사용하는 부분 제외)·교육연구시설·수련시설·공장·교정 및 군사시설 (국방·군사시설 제외)·자동차정비공장·운전학원 및 정비학원·다중이용업소·복합건축물 | • 소형피난구유도등<br>• 통로유도등 |
| 7. 그 밖의 것 | • 피난구유도표지<br>• 통로유도표지 |

[비고]
1. 소방서장은 특정소방대상물의 위치·구조 및 설비의 상황을 판단하여 대형피난구유도등을 설치하여야 할 장소에 중형피난구유도등 또는 소형피난구유도등을 설치하게 할 수 있다.
2. 복합건축물의 경우 주택의 세대 내에는 유도등을 설치하지 아니할 수 있다.

□ 유도표지 설치높이
- 피난구유도표지 : 출입구 상단에 설치
- 통로유도표지 : 바닥으로부터 높이 1 [m] 이하의 위치에 설치

## 18 [배점 8]

다음 그림과 같은 복도에 연기감지기 2종과 3종을 설치하려고 한다. 설치개수를 계산하여 도면에 표시하고 벽과 감지기 간 및 감지기 사이의 간격을 도면에 작성하시오. (단, 복도의 보행거리기준은 복도의 가운데 선을 기준으로 한다)

가. 연기감지기 2종 설치 시

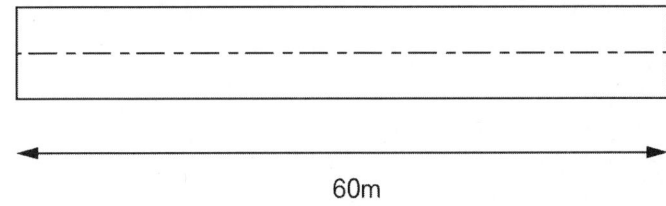

60m

나. 연기감지기 3종 설치 시

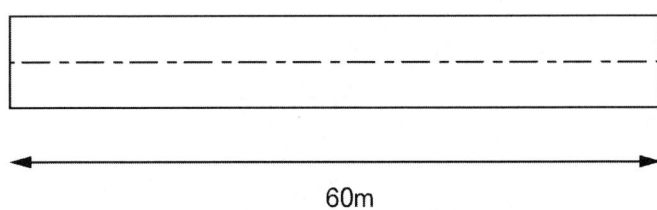

60m

### 정답

가.
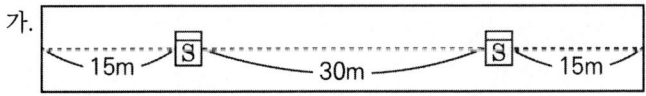

※ 연기감지기 2종은 보행거리 30 [m]마다 설치
∴ 60/30 = 2 [개]

답 | 2 [개]

나.
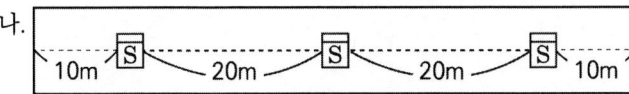

※ 연기감지기 3종은 보행거리 20 [m]마다 설치
∴ 60/20 = 3 [개]

답 | 3 [개]

복도 끝 부분에는 보행거리기준의 절반 이내에 감지기를 설치한다.

> **핵심이론** **연기감지기 설치기준**
> - 복도·통로 : 보행거리 30 [m](3종 20 [m])마다
> - 계단·경사로 : 수직거리 15 [m](3종 10 [m])마다
> - 천장 또는 반자 낮은 실내 또는 좁은 실내에 있어서는 출입구 가까운 부분에 설치
> - 천장 또는 반자부근에 배기구 있는 경우 그 부근에 설치
> - 벽 또는 도보로부터 0.6 [m] 이상 떨어진 곳에 설치

모아바 www.moa-ba.com
모아소방전기학원 www.moate.co.kr

격차를 뛰어넘어 압도적인 격차를 만들다

# 2021

| 1회 | 2021.04.24 |
| 2회 | 2021.07.22 |
| 4회 | 2021.11.24 |

## 01

그림은 소방펌프를 작동시키기 위한 유도전동기의 Y-△ 기동운전제어의 미완성 도면이다. 도면을 보고 다음 표의 (　) 안을 완성하시오.

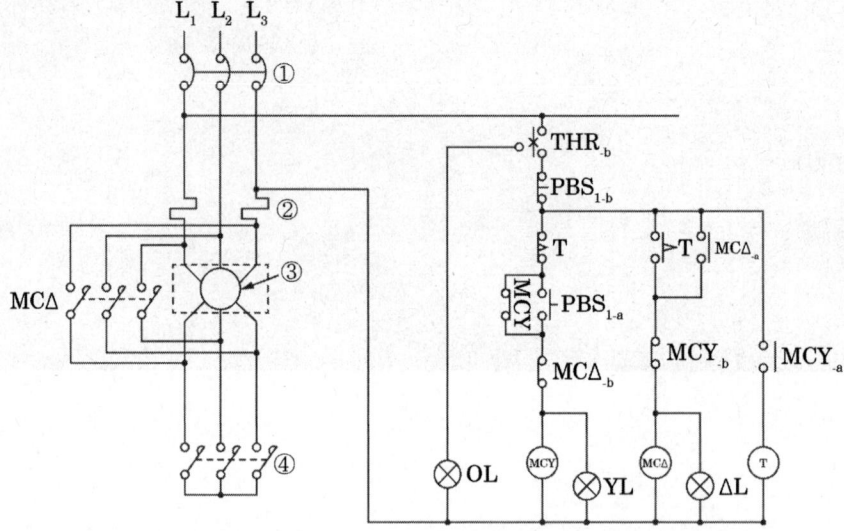

| 번호 | 기호 | 명칭 | 기능 |
|---|---|---|---|
| ① | (　) | (　) | (　) |
| ② | THR | 열동계전기 | (　) |
| ③ | (　) | (　) | 펌프 작동 |
| ④ | (　) | (　) | 전동기 기동 |

### 정답

| 번호 | 기호 | 명칭 | 기능 |
|---|---|---|---|
| ① | MCCB | 배선용 차단기 | 과전류 차단 |
| ② | THR | 열동계전기 | 전동기의 과부하(과전류) 보호 |
| ③ | IM | 3상 유도전동기 | 펌프 작동 |
| ④ | MCY | 전자접촉기 | 전동기 기동 |

Y-△기동방식은 전동기를 Y기동시켜 기동전류를 1/3로 감소시키는 방식이다.

### 핵심이론 시퀀스

□ 자동제어기구 번호
  (1) 49 : 열동계전기(= 열동형 계전기)
  (2) 88 : 전동장치 운전용 개폐기(보조기용 접촉기)

□ 배선용 차단기(Molded-Case Circuit Breaker : MCCB(= MCB = NFB, No Fuse Breaker))
  (1) 목적 : 과전류, 단락전류 차단(재사용 가능)
  (2) 특징
    ㉠ 소형이고 경량이다.
    ㉡ 기기의 신뢰도가 크다.
    ㉢ 과전류에 대한 차단성능이 우수하다.
    ㉣ 동작 시 수동으로 복귀가 간단하다.
    ㉤ 퓨즈가 필요치 않다.
    ㉥ 기기의 수명이 길다.

□ 열동형 계전기(Thermal Relay : THR) : 과부하(과전류) 보호용 계전기

| 주회로 THR | 제어회로 THR |
|---|---|
| 열동계전기 | 열동계전기 b접점 |

# 02

합성수지관 공사방법에 대한 다음 각 물음에 답하시오.

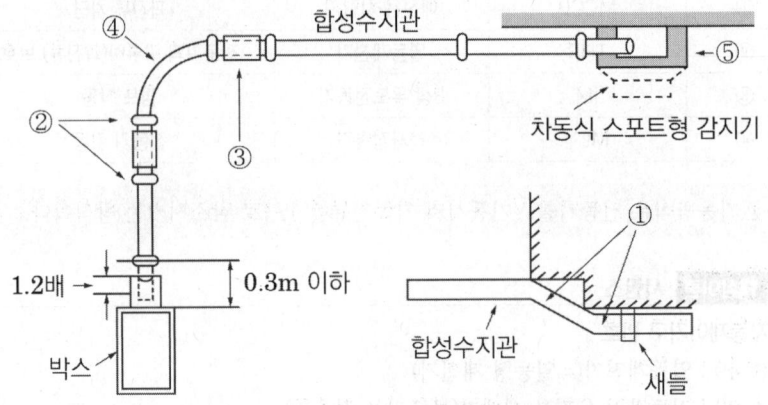

가. 기호 ①의 굴곡반경은 직경의 몇 배 이상이어야 하는가?

나. 기호 ② ~ ⑤의 명칭과 기능을 쓰시오.

| 기호 | 명칭 | 기능 |
|---|---|---|
| ② | | |
| ③ | | |
| ④ | | |
| ⑤ | | |

### 정답

가. 6배

나.

| 기호 | 명칭 | 기능 |
|---|---|---|
| ② | 새들 | 관을 지지하는 데 사용 |
| ③ | 커플링 | 금속전선관 상호 간을 접속하는 데 사용 |
| ④ | 노멀밴드 | 매입배관공사를 할 때 직각으로 굽히는 곳 사용 |
| ⑤ | 8각 박스 | 감지기 부착하는 곳 사용 |

[박스]
- 4각 박스 : 3방출 이상과 한쪽 면에서 2방출인 부분에 사용
- 8각 박스 : 4각박스 외의 부분에 사용

## 핵심이론 공사

□ 금속관공사의 시설(내규 2225 - 8)
- 금속관을 구부릴 때 금속관의 단면이 심하게 변형되지 아니하도록 구부려야 하며, 그 안측의 반지름은 관 안지름의 6배 이상이 되어야 한다.
- 아웃렛박스(Outlet Box) 사이 또는 전선인입구가 있는 기구 사이의 금속관은 3개소를 초과하는 직각 또는 직각에 가까운 굴곡 개소를 만들어서는 아니 된다. 굴곡 개소가 많은 경우 또는 관의 길이가 30 [m]를 넘는 경우에는 풀박스를 설치하는 것이 바람직하다.

□ 금속관공사재료

| 명칭 | 외형 | 설명 |
|---|---|---|
| 부싱<br>(Bushing) | | 전선의 절연피복을 보호하기 위하여 금속관 끝에 취부하여 사용되는 부품 |
| 유니온 커플링<br>(Union Coupling) | | 금속전선관 상호 간을 접속하는 데 사용되는 부품<br>(관이 고정되어 있을 때) |
| 노멀밴드<br>(Normal Bend) | | 매입배관공사를 할 때 직각으로 굽히는 곳에 사용하는 부품 |
| 유니버설엘보<br>(Universal Elbow) | | 노출배관공사를 할 때 관을 직각으로 굽히는 곳에 사용하는 부품 |
| 링리듀서<br>(Ring Reducer) | | 금속관을 아웃렛박스에 로크너트만으로 고정하기 어려울 때 보조적으로 사용되는 부품 |
| 커플링<br>(Coupling) | | 금속전선관 상호 간을 접속하는 데 사용되는 부품<br>(관이 고정되어 있지 않을 때) |
| 새들(Saddle) | | 관을 지지하는 데 사용하는 재료 |
| 로크너트<br>(Lock Nut) | | 금속관과 박스를 접속할 때 사용하는 재료로 최소 2개를 사용한다. |

## 03

배점 7

**논리식 X = A(B + C)에 대한 다음 각 물음에 답하시오.**

가. 다음의 표와 같이 입력 A, B, C가 주어질 때 진리표를 완성하시오.

| A | B | C | Y |
|---|---|---|---|
| 0 | 0 | 0 | |
| 0 | 0 | 1 | |
| 0 | 1 | 0 | |
| 0 | 1 | 1 | |
| 1 | 0 | 0 | |
| 1 | 0 | 1 | |
| 1 | 1 | 0 | |
| 1 | 1 | 1 | |

나. 무접점회로를 그리시오.

### 정답

가.

| A | B | C | Y |
|---|---|---|---|
| 0 | 0 | 0 | 0 |
| 0 | 0 | 1 | 0 |
| 0 | 1 | 0 | 0 |
| 0 | 1 | 1 | 0 |
| 1 | 0 | 0 | 0 |
| 1 | 0 | 1 | 1 |
| 1 | 1 | 0 | 1 |
| 1 | 1 | 1 | 1 |

나.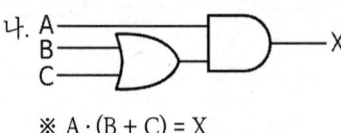

※ $A \cdot (B + C) = X$

### 핵심이론 논리회로

| 명칭 | 논리식 | 논리회로 | 유접점회로 |
|---|---|---|---|
| AND회로 | $X = A \times B$<br>$X = A \cdot B$ | | |
| OR회로 | $X = A + B$ | | |

## 04

배점 3

객석통로의 직선부분의 길이가 16 [m]일 때 객석유도등의 최소설치개수를 계산하시오.

○ 계산과정 :

○ 답 :

### 정답

☑ 계산과정

설치개수 = $\dfrac{\text{객석통로의 직선부분의 길이}\,[m]}{4} - 1 = \dfrac{16}{4} - 1 = 3$

답 | 3 [개]

### 핵심이론 객석유도등 설치개수 산정식(절상)

설치개수 = $\dfrac{\text{객석통로의 직선부분의 길이}\,[m]}{4} - 1$

## 05

P형 수신기에서 감지기회로의 단선의 유무와 기기 등의 접속 상황을 확인하는 시험을 쓰시오.

○ 답 :

배점 3

**정답**

회로도통시험

[회로도통시험]
ㄱ. 시험목적 : 감지기회로의 단선, 단락 및 접속상태의 이상 유무를 파악
ㄴ. 시험방법
　ⓐ 수신기스위치 중 "도통시험스위치"를 누름
　ⓑ 회로 선택스위치를 회전시킴
　ⓒ 각 회선의 계기 지시상태, 종단저항 접속 여부를 확인
ㄷ. 가부판정
　ⓐ 전압계 지시 약 4 [V](녹색) 지시 : 정상
　ⓑ 전압계 지시 24 [V](적색) 지시 : 단락
　ⓒ 전압계 지시 0 [V] : 단선

**중요** ▶ 종단저항 설치목적 : 감지기회로 단선, 단락 및 접속상태 이상 유무 파악

**핵심이론** 수신기 기능시험

(1) 화재표시작동시험 : 지구표시등, 화재표시등 점등, 음향장치 명동 확인
(2) 예비전원시험 : 정전 시 상용전원에서 예비전원 자동전환 여부 확인 및 정상상태 복구 시 상용전원으로 자동전환 여부 확인
(3) 동시작동시험(회로수가 2회선 이상) : 2회로 이상 동작 시 수신기 기능 정상 여부 확인
(4) 공통선시험 : 공통선이 담당하고 있는 경계구역의 적정 여부 확인
(5) 회로도통시험 : 감지기회로의 단선, 단락 및 접속상태의 이상 유무를 파악
(6) 저전압시험 : 저전압상태(정격전압 80 [%] 이하) 수신기 기능 유지 확인
(7) 회로저항시험 : 감지기회로 1회선 선로 저항이 수신기 기능에 이상을 주지 않는 것을 확인
(8) 지구음향장치 작동시험 : 감지기의 작동과 연동하여 당해 지구음향장치가 정상으로 작동하는가 확인하기 위한 시험
(9) 비상전원시험 : 상용전원이 사고 등으로 정전된 경우 자동적으로 비상전원으로 절환되며 또한 정전복구 시에 자동적으로 일반 상용전원으로 절환되는지의 여부를 확인

## 06

다음 소방시설 도시기호 각각의 명칭을 쓰시오.

가. Ⓑ   나. ▢   다. ⊙   라. ▣S

**정답**

가. 비상벨, 나. 중계기, 다. 회로시험기, 라. 연기감지기

- 동그라미 두 개 안에 B가 적혀 있으면 화재 경보벨
- 동그라미 한 개 안에 B가 적혀 있으면 비상벨

## 07

모터컨트롤센터(M.C.C)에서 소화전 펌프모터에 전기를 공급하는 전동기설비에 대한 다음 각 물음에 답하시오. (단, 전압은 3상, 380 [V]이고 모터의 용량은 20 [kW] 역률은 80 [%]라고 한다)

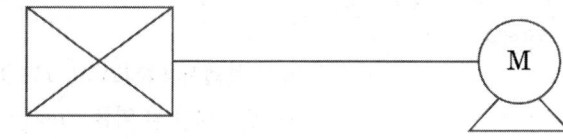

모터컨트롤센터(MCC)

가. 모터의 전부하전류(Full Load Current)는 몇 [A]인가?

　○ 계산과정 :

　○ 답 :

나. 모터의 역률을 95 [%]로 개선하고자 할 때 필요한 전력용 콘덴서의 용량은 몇 [kVA]인가?

　○ 계산과정 :

　○ 답 :

다. 배관공사를 후강전선관으로 하고자 한다. 후강전선관 1본의 길이는 몇 [m]인가?

**정답**

가. 계산과정

3상이기 때문에 $P = \sqrt{3}\, VI\cos\theta$ 이며,

$$I = \frac{P}{\sqrt{3}\, V\cos\theta} = \frac{20 \times 10^3}{\sqrt{3} \times 380 \times 0.8} = 37.983 \fallingdotseq 37.98\,[A]$$

답 | 37.98 [A]

나. 계산과정

$$Q_c = P\left(\frac{\sqrt{1-\cos\theta_1^2}}{\cos\theta_1} - \frac{\sqrt{1-\cos\theta_2^2}}{\cos\theta_2}\right)$$

$$= 20\left(\frac{\sqrt{1-0.8^2}}{0.8} - \frac{\sqrt{1-0.95^2}}{0.95}\right) = 8.43\,[kVA]$$

답 | 8.43 [kVA]

다. 3.66 [m]

- 강제전선관 길이(KS 규정) : 3.66 [m]
- 경질 폴리 염화 비닐전선관(KS 규정) : 4.0 [m]

**핵심이론** 펌프용량

□ 부하용량
$P = P_a \cos\theta = VI\cos\theta\,[kW]$

$P$ : 유효전력 [kW], $P_a$ : 피상전력(부하용량) [KVA], $\cos\theta$ : 역률

□ 역률개선용 콘덴서용량 구하는 식

$$Q_c = P\left(\frac{\sqrt{1-\cos\theta_1^2}}{\cos\theta_1} - \frac{\sqrt{1-\cos\theta_2^2}}{\cos\theta_2}\right)$$

$Q_C$ : 콘덴서용량 [kVA], $P$ : 유효전력 [kW]
$\cos\theta_1$ : 개선 전 역률, $\cos\theta_2$ : 개선 후 역률

## 08

배점 6

유도등은 전기회로에 점멸기를 설치하지 아니하고 항상 점등상태를 유지하여야 하는데 점멸기 필요시(3선식) 상시 충전되는 구조인 경우 그렇게 하지 않아도 되는 장소 3가지를 쓰시오.

① 
② 
③

> **정답**
> ① 외부광에 따라 피난구 또는 피난방향을 쉽게 식별할 수 있는 장소
> ② 공연장, 암실 등으로서 어두워야 할 필요가 있는 장소
> ③ 특정소방대상물의 관계인 또는 종사원이 주로 사용하는 장소

**핵심이론** 유도등의 3선식 배선이 가능한 장소
① 특정소방대상물 또는 그 부분에 사람이 없는 장소
② 외부광에 따라 피난구 또는 피난방향을 쉽게 식별할 수 있는 장소
③ 공연장, 암실 등으로서 어두워야 할 필요가 있는 장소
④ 특정소방대상물의 관계인 또는 종사원이 주로 사용하는 장소

3선식 배선으로 상시 충전되는 유도등의 전기회로에 점멸기를 설치하는 경우에는 다음 각 호의 어느 하나에 해당되는 경우에 점등되도록 하여야 한다.
ㄱ. 자동화재탐지설비의 감지기 또는 발신기가 작동되는 때
ㄴ. 비상경보설비의 발신기가 작동되는 때
ㄷ. 상용전원이 정전되거나 전원선이 단선되는 때
ㄹ. 방재업무를 통제하는 곳 또는 전기실의 배전반에서 수동으로 점등하는 때
ㅁ. 자동소화설비가 작동되는 때

## 09

득점 ___ 배점 8

다음은 솔레노이드스위치에 의한 댐퍼기동방식과 수동복구방식을 채택한 전실제연설비의 계통도를 보여주고 있다. 시스템을 운영하는 데 필요한 전선 가닥 수와 선로의 용도를 쓰시오.

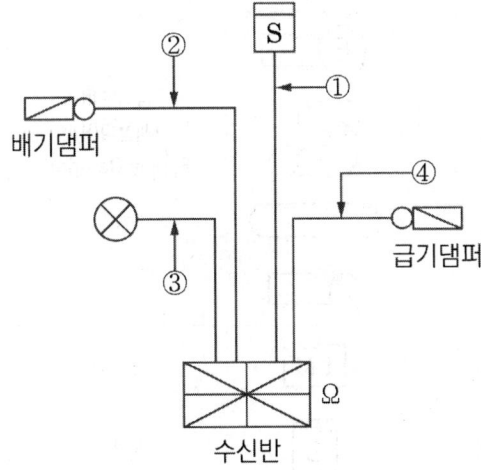

| 구분 | 가닥 수 | 용도 |
|---|---|---|
| ① | | |
| ② | | |
| ③ | | |
| ④ | | |

### 정답

| 구분 | 가닥 수 | 용도 |
|---|---|---|
| ① | 4 | 지구 2, 공통 2 |
| ② | 5 | 전원 ⊕·⊖, 배기기동 1, 배기확인 1, 복구 1 |
| ③ | 3 | 기동 1, 기동확인 1, 공통 1 |
| ④ | 5 | 전원 ⊕·⊖, 급기댐퍼기동 1, 급기확인 1, 복구 1 |

- 수동복구 – 복구선 있음
  ① 급기댐퍼 5가닥(전원 ⊕·⊖, 급기기동 1, 급기확인 1, 복구스위치 1)
  ② 배기댐퍼 5가닥(전원 ⊕·⊖, 배기기동 1, 배기확인 1, 복구스위치 1)
- 자동복구(모터방식) – 복구선 없음 ⇨ 기본방식
-  : 도어릴리즈

☑ 연설비 도시기호

| 명칭 | 도시기호 | 명칭 | 도시기호 |
|---|---|---|---|
| 배기댐퍼<br>(이그조스트,<br>Exhaust Damper) | Ⓔ / □ | 급기댐퍼<br>(서플라이,<br>Supply Damper) | / Ⓢ □ |
| | Ⓔ □ | | Ⓢ □ |
| | / □ | | / □ |
| | ⬭ | | ⬭ |
| | ∅ □ | | ∅ □ |
| 수동조작함 | RM | 수신반 | ⊠ |
| 연기감지기 | S | 중계기 | ⊟ |

## 10

독점 □   배점 8

그림은 자동화재탐지설비와 프리액션 스프링클러설비의 계통도이다. 그림을 보고 다음 각 물음에 답하시오. (단, 감지기공통선과 전원공통선은 분리해서 사용하고, 프리액션밸브용 압력스위치, 탬퍼스위치 및 솔레노이드밸브의 공통선은 1가닥을 사용하며, 경종과 표시등 공통선을 같이 한다. 또한 전화선은 제외한다)

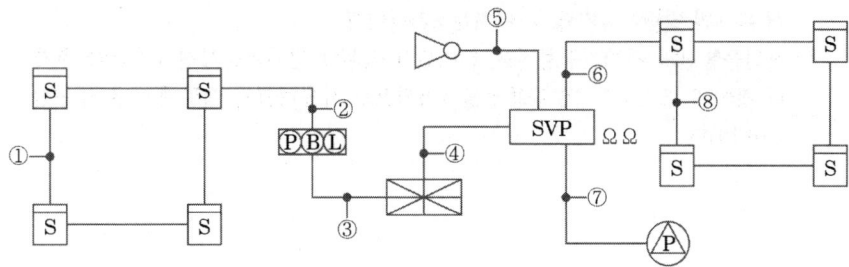

가. 그림을 보고 ① ~ ⑧까지의 가닥 수를 쓰시오.

| 답란 | ① | ② | ③ | ④ | ⑤ | ⑥ | ⑦ | ⑧ |
|---|---|---|---|---|---|---|---|---|
|  |  |  |  |  |  |  |  |  |

나. ④의 배선내역을 쓰시오.

### 정답

가.

| 답란 | ① | ② | ③ | ④ | ⑤ | ⑥ | ⑦ | ⑧ |
|---|---|---|---|---|---|---|---|---|
|  | 2 | 4 | 6 | 9 | 2 | 8 | 4 | 4 |

나. 전원 ⊕·⊖, 사이렌, 솔레노이드밸브(SV), 압력스위치(PS), 탬퍼스위치(TS), 감지기 A·B, 감지기공통

✓ 해설 : 전선 가닥 수 및 용도

| 기호 | 가닥 수 | 배선내역 |
|---|---|---|
| ① | 2가닥 | 지구선 1, 공통선 1 |
| ② | 4가닥 | 지구선 2, 공통선 2 |
| ③ | 6가닥 | 지구선 1, 지구공통선 1, 경종선 1, 경종표시등공통선 1, 응답선 1, 표시등선 1 |
| ④ | 9가닥 | 전원 ⊕·⊖, 사이렌, 솔레노이드밸브, 압력스위치, 탬퍼스위치, 감지기 A·B, 감지기공통 |
| ⑤ | 2가닥 | 사이렌 2 |
| ⑥ | 8가닥 | 지구선 4, 공통선 4 |
| ⑦ | 4가닥 | 솔레노이드밸브 1, 압력스위치 1, 탬퍼스위치 1, 공통선 1 |
| ⑧ | 4가닥 | 지구선 2, 공통선 2 |

TIP ▶ 전화선은 제외한다는 조건이 없더라도 화재안전기준에 전화선 내용이 삭제되었으므로 전화선은 산정하지 않는다.

- 솔레노이드밸브 = 밸브기동 = SV(Solenoid Valve) = SOL
- 압력스위치 = 밸브개방확인 = PS(Pressure Switch)
- 탬퍼스위치 = 밸브주의 = 밸브개폐감시용 스위치 = TS(Tamper Switch)
- 자동화재탐지설비에는 감지기 배선을 송배선식으로 한다. 따라서 루프는 2가닥 나머지는 4가닥이다.
- 준비작동식 스프링클러설비에는 감지기 배선을 교차회로방식으로 한다. 따라서 루프와 말단은 4가닥, 나머지는 8가닥이다.
- 전원공통선과 감지기공통선을 분리했기 때문에 감지기공통선 1가닥이 추가된 것이며, SV, PS, TS 공통선을 1가닥으로 사용하였기 때문에 ㉠은 공통선 1가닥이다.

## 11

| 득점 | 배점 4 |

지상 11층 이상인 특정소방대상물에 자동화재탐지설비 지구음향장치를 설치하고자 한다. 다음 각 물음에 답하시오. (지하층은 없다고 본다)

가. 다음의 경우에 경보를 발하여야 할 층을 쓰시오.

1) 지상 2층 발화 :

2) 지상 1층 발화 :

나. 음향장치의 음량은 부착된 음향장치의 중심으로부터 몇 [m] 떨어진 위치에서 몇 [dB] 이상이 되는 것으로 하여야 하는가?

### 정답

가. • 지상 2층 발화 : 지상 2층, 지상 3층, 지상 4층, 지상 5층, 지상 6층
   • 지상 1층 발화 : 지상 1층, 지상 2층, 지상 3층, 지상 4층, 지상 5층

나. 1 [m], 90 [dB]

### 핵심이론  자동화재탐지설비 우선경보방식

□ 우선경보방식
  • 층수가 11층 이상인 특정소방대상물
    가. 2층 이상의 층 : 발화층 및 직상 4개 층
    나. 1층 : 발화층 및 그 직상 4개 층, 지하층
    다. 지하층 : 발화층 및 그 밖의 지하층

□ 자동화재탐지설비 음향장치 구조 및 성능
- 정격전압의 80 [%] 전압에서 음향을 발할 수 있는 것으로 할 것
- 음량은 부착된 음향장치의 중심으로부터 1 [m] 떨어진 위치에서 90 [dB] 이상이 되는 것으로 할 것
- 감지기 및 발신기의 작동과 연동하여 작동할 수 있는 것으로 할 것

## 12
| 득점 | 배점 |
|---|---|
|  | 9 |

자동화재탐지설비의 평면도이다. 이 도면을 보고 다음 각 물음에 답하시오. (단, 경종과 표시등 공통선을 같이 한다)

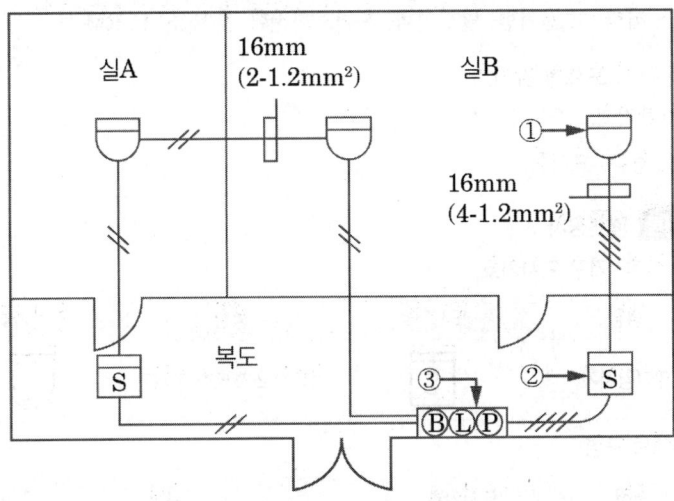

가. 후강전선관으로 배관공사를 할 경우 주어진 다음 표의 배관 부속자재에 대한 수량을 구하시오. (단, 반자가 없는 구조이며, 감지기는 8각 박스에 직접 취부한다고 가정하고 수동발신기세트와 수신기 간의 배선과 관계되는 재료는 고려하지 않도록 한다)

| 품명 | 규격 | 단위 | 수량 |
|---|---|---|---|
| 로크너트 | 16 [mm] | 개 |  |
| 부싱 | 16 [mm] | 개 |  |
| 8각 박스 | 8각 2인치 | 개 |  |

나. ①과 ②의 감지기의 종류를 쓰시오.

다. ③에는 어떤 것들이 내장되어 있는지 그 내장품을 모두 쓰시오.

**정답**

가.

| 품명 | 규격 | 단위 | 수량 |
|---|---|---|---|
| 로크너트 | 16 [mm] | 개 | 24 |
| 부싱 | 16 [mm] | 개 | 12 |
| 8각 박스 | 8각 2인치 | 개 | 5 |

- 부싱 : 금속관 끝에 취부하므로 금속관 1개소에 2개 사용, 6 × 2 = 12개
- 로크너트 : 금속관과 박스를 접속할 때 사용하는 재료로 최소 2개 사용 부싱 취급 개소에 2개 사용, 12 × 2 = 24개
- 부싱, 로크너트 제외 : 전선관 상승, 전선관 인하, 전선관 소통
- 박스 - 4각 박스 : 3방출(4방출) 이상, 한쪽 면이 2방출
   - 8각 박스 : 4각박스 외의 것
- 박스 제외 : 수신기함, 발신기함, 옥내소화전함, T/B, SVP, RM 등

나. ① 차동식 스포트형 감지기
② 연기감지기

다. 발신기, 경종, 표시등

### 핵심이론 | 배관공사

□ 소방용 기계·기구 도시기호

| 명칭 | 도시기호 | 명칭 | 도시기호 |
|---|---|---|---|
| 연기감지기 | S | 차동식 스포트형 감지기 | ⌒ |

□ 발신기세트 구성

| 명칭 | 도시기호 | 구성 |
|---|---|---|
| 발신기세트 | ⓅⒷⓁ | ① 수동발신기(P형)<br>② 경종<br>③ 표시등 |

## 13  배점 6

자동화재탐지설비를 설치해야 할 특정소방대상물의 주요구조부가 내화구조인 바닥면적이 600 [m²]인 경우 감지기의 높이별 설치해야 할 최소 감지기의 수량을 계산하시오.

가. 정온식 스포트형 1종을 3.5 [m] 높이에 설치
   ○ 계산과정:          ○ 답:

나. 정온식 스포트형 1종을 4.0 [m] 높이에 설치
   ○ 계산과정:          ○ 답:

다. 정온식 스포트형 1종을 4.5 [m] 높이에 설치
   ○ 계산과정:          ○ 답:

### 정답

가. 계산과정: $\dfrac{600}{60} = 10$개      답 | 10 [개]

나. 계산과정: $\dfrac{600}{30} = 20$개      답 | 20 [개]

다. 계산과정: $\dfrac{600}{30} = 20$개      답 | 20 [개]

차동식 스포트형·보상식 스포트형 및 정온식 스포트형 감지기는 그 부착높이 및 특정소방대상물에 따라 다음 표에 따른 바닥면적마다 1개 이상을 설치할 것

(단위 [m²])

| 부착높이 및 특정소방대상물의 구분 | | 감지기의 종류 | | | | | | |
|---|---|---|---|---|---|---|---|---|
| | | 차동식 스포트형 | | 보상식 스포트형 | | 정온식 스포트형 | | |
| | | 1종 | 2종 | 1종 | 2종 | 특종 | 1종 | 2종 |
| 4 [m] 미만 | 주요구조부를 내화구조로 한 특정소방대상물 또는 그 부분 | 90 | 70 | 90 | 70 | 70 | 60 | 20 |
| | 기타 구조의 특정소방대상물 또는 그 부분 | 50 | 40 | 50 | 40 | 40 | 30 | 15 |
| 4 [m] 이상 8 [m] 미만 | 주요구조부를 내화구조로 한 특정소방대상물 또는 그 부분 | 45 | 35 | 45 | 35 | 35 | 30 | |
| | 기타 구조의 특정소방대상물 또는 그 부분 | 30 | 25 | 30 | 25 | 25 | 15 | |

## 14

부착높이 15 [m] 이상 20 [m] 미만에 설치가능한 감지기 3가지를 쓰시오.

① 
② 
③ 

배점 3

### 정답

① 이온화식 1종
② 광전식(스포트형, 분리형, 공기흡입형) 1종
③ 연기복합형

### 핵심이론 감지기의 부착높이별 설치기준

| 부착높이 | 감지기의 종류 |
| --- | --- |
| 15 [m] 이상 20 [m] 미만 | • 이온화식 1종<br>• 광전식(스포트형, 분리형, 공기흡입형) 1종<br>• 연기복합형<br>• 불꽃감지기 |
| 20 [m] 이상 | • 불꽃감지기<br>• 광전식(분리형, 공기흡입형) 중 아날로그방식 |
| 8 [m] 이상 15 [m] 미만 | • 차동식 분포형<br>• 이온화식 1종 또는 2종<br>• 광전식(스포트형, 분리형, 공기흡입형) 1종 또는 2종<br>• 연기복합형<br>• 불꽃감지기 |

**TIP**
- 부착높이가 높아지면 열감지기는 적응성이 없어진다(열은 올라가다가 식어버리기 때문에).
- 불꽃감지기는 부착높이에 따라 어디든지 적응성이 있다.

## 15

도면은 할론(Halon) 소화설비의 수동조작함에서 할론제어반까지의 결선도 및 계통도(3zone)이다. 주어진 도면과 조건을 이용하여 다음 각 물음에 답하시오.

**조건**
(1) 전선의 가닥 수는 최소가닥 수로 한다.
(2) 복구스위치 및 도어스위치는 없는 것으로 한다.

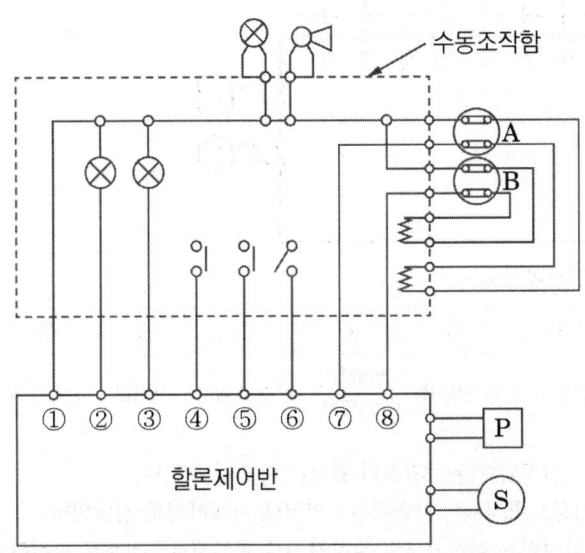

가. 회로도를 완성하시오.

나. ① ~ ⑧의 전선명칭을 쓰시오.

| ① | ② | ③ | ④ | ⑤ | ⑥ | ⑦ | ⑧ |
|---|---|---|---|---|---|---|---|
|   |   |   |   |   |   |   |   |

> [정답]

가.

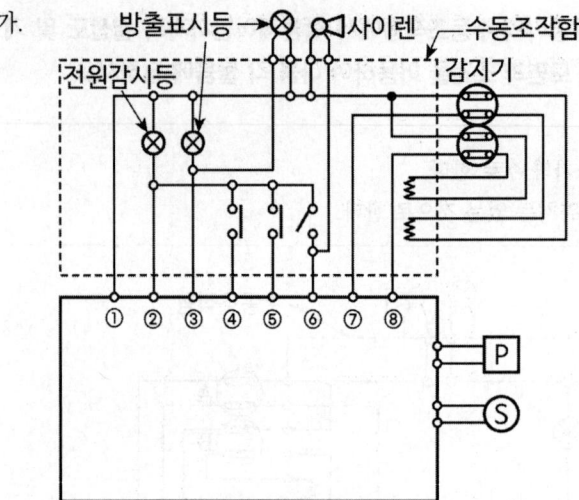

나. ①~⑧의 전선명칭을 쓰시오.

| ① | ② | ③ | ④ | ⑤ | ⑥ | ⑦ | ⑧ |
|---|---|---|---|---|---|---|---|
| 전원 ⊖ | 전원 ⊕ | 방출표시등 | 방출지연<br>스위치 | 기동스위치 | 사이렌 | 감지기 A | 감지기 B |

방출지연스위치와 기동스위치의 위치는 바뀌어도 된다.
즉, ④ : 기동스위치 ⑤ : 방출지연스위치로 기재하여도 정답이다.
가스계소화설비는 감지기 A와 감지기 B를 교차회로방식으로 결선한다.

- 솔레노이드밸브 = 밸브기동 = SV(Solenoid Valve) = SOL
- 압력스위치 = 밸브개방 확인 = PS(Pressure Switch)
- 방출지연스위치 = 약제지연스위치 = abort s/w
- 방출표시등 = 방출확인등

## 16

그림은 시퀀스회로의 미완성 도면이다. 두 가지 중 한 개의 스위치만 작동하도록 하고자 한다. 다음 각 물음에 답하시오.

가. 미완성된 회로를 완성하시오. (단, $R_1$접점 1개, $R_2$접점 1개를 사용한다)

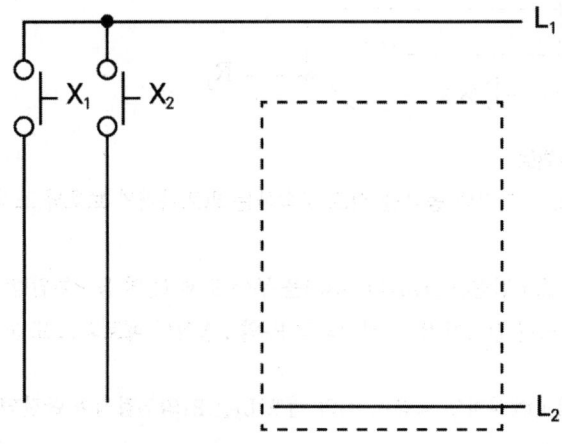

나. 완성된 회로의 논리식을 쓰시오.

   1) $R_1$ =

   2) $R_2$ =

다. 논리식에 알맞은 무접점회로를 그리시오.

### 정답

가.

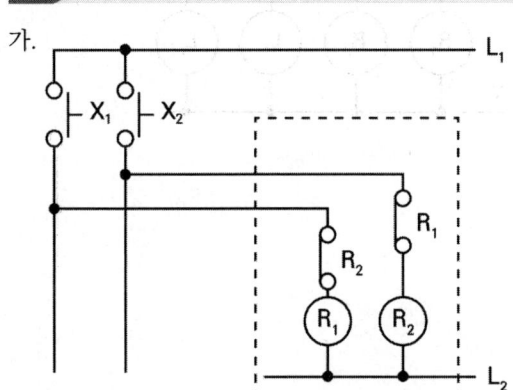

나. 1) $R_1 = X_1 \cdot \overline{R_2}$
   2) $R_2 = X_2 \cdot \overline{R_1}$

다.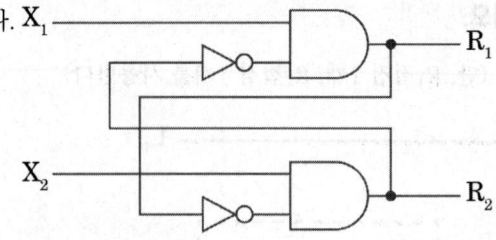

☑ 해설 : 인터록회로
- 상호 관련이 있는 기기의 동작을 서로 구속하는 회로기기의 보호와 조작자의 안전이 목적인 회로
- 병렬회로에 상호 b접점(Normal Close)을 두어 $R_1$과 $R_2$의 동시투입방지
  (1) $PB_1$이 ON되면 릴레이 $R_1$이 여자되고 $R_1$의 a접점이 폐로되고 또한 램프 $L_1$이 점등된다.
  (2) 이때 $PB_2$를 ON시켜도 릴레이 $R_2$와 램프 $L_2$는 $R_1$의 b접점이 단전되기 때문에 작동할 수 없음
  ※ 하나의 릴레이가 동작하면 다른 릴레이는 동작이 금지됨

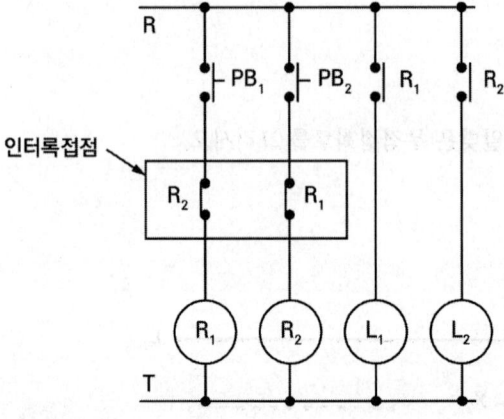

### 핵심이론 논리회로

| 게이트 | 논리회로 | 논리식 | 시퀀스회로 | 진리표 |
|---|---|---|---|---|
| AND | A, B → X | X = A · B<br>= AB | (회로도) | A B X<br>0 0 0<br>0 1 0<br>1 0 0<br>1 1 1 |
| OR | A, B → X | X = A + B | (회로도) | A B X<br>0 0 0<br>0 1 1<br>1 0 1<br>1 1 1 |
| OR | A, B → X | X = A + B | (회로도) | A B X<br>0 0 0<br>0 1 1<br>1 0 1<br>1 1 1 |
| NOT | A → X | X = $\overline{A}$ | (회로도) | A X<br>0 1<br>1 0 |

## 17

득점 / 배점 5

**정온식 감지선형 감지기의 설치기준에 대한 다음 ( ) 안을 완성하시오.**

(1) 보조선이나 ( ① )를 사용하여 감지선이 늘어지지 않도록 설치할 것
(2) 단자부와 마감 ( ① )와의 설치간격은 ( ② ) 이내로 설치할 것
(3) 감지선형 감지기의 굴곡반경은 ( ③ ) 이상으로 할 것
(4) 케이블트레이에 감지기를 설치하는 경우에는 ( ④ )에 마감금구를 사용하여 설치할 것
(5) 창고의 천장 등에 지지물이 적당하지 않는 장소에서는 ( ⑤ )을 설치하고 그 보조선에 설치할 것

**정답**

① 고정금구
② 10 [cm]
③ 5 [cm]
④ 케이블트레이 받침대
⑤ 보조선

### 핵심이론 정온식 감지선형 감지기 설치기준

- 보조선이나 고정금구를 사용하여 감지선이 늘어지지 않도록 설치할 것
- 단자부와 마감 고정금구와의 설치간격은 10 [cm] 이내로 설치할 것
- 감지선형 감지기 굴곡반경 5 [cm] 이상
- 감지기와 감지구역의 각 부분과의 수평거리
  ① 내화구조 : 1종 4.5 [m] 이하, 2종 3 [m] 이하
  ② 기타구조 : 1종 3 [m] 이하, 2종 1 [m] 이하
- 케이블트레이에 감지기를 설치하는 경우 케이블트레이 받침대에 마감금구를 사용하여 설치
- 창고의 천장 등에 지지물이 적당하지 않는 장소에서는 보조선을 설치하고 그 보조선에 설치
- 분전반 내부에 설치하는 경우 접착제를 이용하여 돌기를 바닥에 고정시키고 그 곳에 감지기를 설치
- 공칭작동온도(감지선형) : 백색(80 [℃] 이하), 청색(80 [℃] 이상 ~ 120 [℃] 이하), 적색(120 [℃] 이상)

## 18
득점 ☐ 배점 5

비상경보설비 중 단독경보형 감지기 설치기준에 대한 다음 (    ) 안을 완성하시오.

> 각 실(이웃하는 실내의 바닥면적이 각각 ( ① ) [m²] 미만이고, 벽체의 상부의 전부 또는 일부가 개방되어 이웃하는 실내와 공기가 상호 유통되는 경우에는 이를 1개의 실로 본다)마다 설치하되, 바닥면적이 ( ② ) [m²]를 초과하는 경우에는 ( ③ ) [m²]마다 ( ④ )개 이상 설치할 것

### 정답

① 30, ② 150, ③ 150, ④ 1

#### 핵심이론 │ 단독경보형 감지기의 설치기준

(1) 각 실(이웃하는 실내의 바닥 면적이 각각 30 [m²] 미만이고, 벽체의 상부의 전부 또는 일부가 개방되어 이웃하는 실내와 공기가 상호 유통되는 경우에는 이를 1개의 실로 본다)마다 설치하되, 바닥면적 150 [m²]를 초과하는 경우에는 150 [m²]마다 1개 이상 설치할 것
(2) 최상층의 계단실의 천장(외기가 상통하는 계단실의 경우 제외)에 설치할 것
(3) 건전지를 주전원으로 사용하는 단독경보형 감지기는 정상적인 작동상태를 유지할 수 있도록 건전지를 교환할 것
(4) 상용전원을 주전원으로 사용하는 단독경보형 감지기의 2차 전지는 제품검사에 합격한 것을 사용할 것

# 2021년 2회

2021.07.22

**01**  배점 7

지하 3층, 지상 13층 건물에 비상콘센트를 설치하여야 할 층에 비상콘센트를 설치한다면 몇 개가 필요한지 직접 도면에 그려 넣으시오. (단, 비상콘센트의 심벌은 ⊙으로 한다)

|  |  |
|---|---|
| 13층 | 600m² |
| 12층 | 600m² |
| 11층 | 600m² |
| 10층 | 600m² |
| 9층 | 600m² |
| 8층 | 600m² |
| 7층 | 800m² |
| 6층 | 800m² |
| 5층 | 800m² |
| 4층 | 800m² |
| 3층 | 800m² |
| 2층 | 800m² |
| 1층 | 800m² |
| 지하 1층 | 1200m² |
| 지하 2층 | 800m² |
| 지하 3층 | 800m² |

**[정답]**

| 층 | 비상콘센트 |
|---|---|
| 13층 | ⊙ |
| 12층 | ⊙ |
| 11층 | ⊙ |
| 10층 | |
| 9층 | |
| 8층 | |
| 7층 | |
| 6층 | |
| 5층 | |
| 4층 | |
| 3층 | |
| 2층 | |
| 1층 | |
| 지하 1층 | ⊙ |
| 지하 2층 | ⊙ |
| 지하 3층 | ⊙ |

지하층의 바닥면적의 합계가 2800 [m²]이기 때문에 지하층의 모든 층에도 비상콘센트를 설치한다.

### 핵심이론 비상콘센트설비 설치대상

| 소방대상물 | 설치대상 |
|---|---|
| 층수가 11층 이상인 특정소방대상물 | 11층 이상의 층 |
| 지하층의 층수가 3층 이상이고 지하층의 바닥면적의 합계가 1000 [m²] 이상인 것 | 지하층의 모든 층 |
| 터널 | 길이 500 [m] 이상 |
| 위험물 저장 및 처리시설 중 가스시설 또는 지하구는 제외 | |

## 02

가압송수장치를 기동용 수압개폐방식으로 사용하는 3층 공장 내부에 옥내소화전함과 자동화재탐지설비용 발신기를 다음과 같이 설치하였다. 다음 각 물음에 답하시오. (단, 경종과 표시등 공통선을 같이 한다)

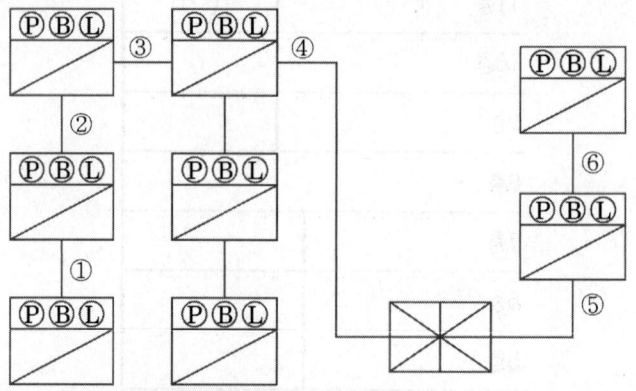

가. 기호 ① ~ ⑥의 배선수를 쓰시오.

| ① | ② | ③ | ④ | ⑤ | ⑥ |
|---|---|---|---|---|---|
|   |   |   |   |   |   |

나. 감지기회로의 전로저항은 몇 [Ω] 이하이어야 하는지 쓰시오.

다. 정격전압 몇 [%] 이하에서 작동하여야 하는가?

라. 감지기회로 종단저항의 설치목적을 쓰시오

### 정답

가.

| ① | ② | ③ | ④ | ⑤ | ⑥ |
|---|---|---|---|---|---|
| 8 | 9 | 10 | 13 | 9 | 8 |

나. 50 [Ω] 이하

다. 80 [%]

라. 도통시험을 용이하게 하기 위하여

☑ 해설 : 전선 가닥 수 및 용도(일제경보방식)

| 기호 | 가닥 수 | 배선내역 |
|---|---|---|
| ① | HFIX 2.5-8 | 지구선 1, 지구공통선 1, 경종선 1, 경종표시등공통선 1, 응답선 1, 표시등 1, 기동확인 2 |
| ② | HFIX 2.5-9 | 지구선 2, 지구공통선 1, 경종선 1, 경종표시등공통선 1, 응답선 1, 표시등 1, 기동확인 2 |
| ③ | HFIX 2.5-10 | 지구선 3, 지구공통선 1, 경종선 1, 경종표시등공통선 1, 응답선 1, 표시등 1, 기동확인 2 |
| ④ | HFIX 2.5-13 | 지구선 6, 지구공통선 1, 경종선 1, 경종표시등공통선 1, 응답선 1, 표시등 1, 기동확인 2 |
| ⑤ | HFIX 1.5-9 | 지구선 2, 지구공통선 1, 경종선 1, 경종표시등공통선 1, 응답선 1, 표시등 1, 기동확인 2 |
| ⑥ | HFIX 2.5-8 | 지구선 1, 지구공통선 1, 경종선 1, 경종표시등공통선 1, 응답선 1, 표시등 1, 기동확인 2 |

중요▶ 옥내소화전함과 겸용하였기 때문에 기동확인표시등 2가닥이 추가된다.

📌 핵심이론 **자동화재탐지설비의 전로저항 및 허용전압강하**

- 감지기회로의 전로저항은 50 [Ω] 이하가 되도록 하여야 하며,
- 수신기의 각 회로별 종단에 설치하는 감지기에 접속되는 배선의 전압은 감지기 정격전압의 80 [%] 이상이어야 할 것

## 03

득점 ___ 배점 4

3종 연기감지기의 보행거리 및 수직거리는 각각 몇 [m] 이하이어야 하는가?

가. 보행거리 :

나. 수직거리 :

### 정답

가. 보행거리 : 20 [m], 나. 수직거리 : 10 [m]

📌 핵심이론 **연기감지기 설치기준**

- 복도·통로 : 보행거리 30 [m](3종 20 [m])마다
- 계단·경사로 : 수직거리 15 [m](3종 10 [m])마다
- 천장 또는 반자 낮은 실내 또는 좁은 실내에 있어서는 출입구 가까운 부분에 설치
- 천장 또는 반자부근에 배기구 있는 경우 그 부근에 설치
- 벽 또는 보로부터 0.6 [m] 이상 떨어진 곳에 설치

### 핵심이론 연기감지기 설치면적

(단위 : [m²])

| 부착높이 | 감지기의 종류 | |
|---|---|---|
| | 1종 및 2종 | 3종 |
| 4 [m] 미만 | 150 | 50 |
| 4 [m] 이상 20 [m] 미만 | 75 | - |

## 04
배점 3

이산화탄소소화설비에 설치하는 방출표시등 및 사이렌의 설치위치 및 목적을 쓰시오.

가. 방출표시등

  1) 설치목적 :

  2) 설치위치 :

나. 사이렌

  1) 설치목적 :

  2) 설치위치 :

### 정답

가. 방출표시등

  1) 설치목적 : 약제가 방출되니 실내 진입금지

  2) 설치위치 : 실외 출입구 상부설치(실 밖의 출입문 상부에 설치)

나. 사이렌

  1) 설치목적 : 방호구역 내의 인원대피 위함

  2) 설치위치 : 방호구역 내 설치

**가스계소화설비 작동순서($CO_2$설비, 할론소화설비, 할로겐화합물 및 불활성기체소화설비)**
감지기(A·B) 동시 작동(또는 수동조작함 기동) → 수신반에 신호(화재등 및 지구등 점등) → 사이렌 경보 → 기동용 솔레노이드밸브 작동 → 소화약제 방출 → 압력스위치 작동 → 수신반에 신호 → 방출표시등 점등

## 05  배점 6

P형 10회로 수신기에 대한 절연저항시험방법과 그 기준을 설명하시오. (단, 정격전압이 220 [V]라고 한다)

가. 절연저항시험

   1) 수신기의 절연된 충전부와 외함 간 :

   2) 교류 입력 측과 외함 간 및 절연된 선로 간 :

나. 절연내력시험

### 정답

가. 1) 수신기의 절연된 충전부와 외함 간 : 직류 500 [V] 절연저항계로 측정하여 절연저항 5 [MΩ] 이상이어야 함

   2) 교류 입력 측과 외함 간 및 절연된 선로 간 : 직류 500 [V] 절연저항계로 측정하여 절연저항 20 [MΩ] 이상이어야 함

나. 1440 [V] 실효전압 시험에서 1분 이상 견딜 것

[절연내력]
(1) 정격전압 150 [V] 이하 : 1000 [V]의 실효전압
(2) 정격전압이 150 [V] 초과 : (정격전압 × 2) + 1000 [V] = 실효전압
   따라서 정격전압 220 [V] : (220 × 2) + 1000 = 1440 [V]
(3) 실효전압 시험에서 1분 이상 견디는 것으로 할 것

### 핵심이론 절연저항시험

| 설비명 | 측정위치 | 측정계기 | 절연저항 |
| --- | --- | --- | --- |
| 자동화재탐지설비 | • 감지기회로 및 부속회로 전로<br>• 대지 사이 및 배선상호 간 | 직류 250 [V] 절연저항 측정기 | 0.1 [MΩ] 이상 |
| 자동화재속보설비<br>+<br>가스누설경보기 | 절연된 충전부와 외함 | 직류 500 [V] 절연저항 측정기 | 5 [MΩ] 이상 |
|  | • 교류입력 측과 외함<br>• 절연된 선로 간 | 직류 500 [V] 절연저항 측정기 | 20 [MΩ] 이상 |
| 비상경보설비 | • 감지기회로 및 부속회로 전로<br>• 대지 사이 및 배선상호 간 | 직류 250 [V] 절연저항 측정기 | 0.1 [MΩ] 이상 |
|  | 절연된 충전부와 외함 | 직류 500 [V] 절연저항 측정기 | 5 [MΩ] 이상 |
|  | • 교류입력 측과 외함<br>• 절연된 선로 간 | 직류 500 [V] 절연저항 측정기 | 20 [MΩ] 이상 |

| 설비명 | 측정위치 | 측정계기 | 절연저항 |
|---|---|---|---|
| 비상방송 설비 | • 감지기회로 및 부속회로 전로<br>• 대지 사이 및 배선상호 간 | 직류 250 [V]<br>절연저항 측정기 | 0.1 [MΩ] 이상 |
| 누전 경보기 | [변류기]<br>• 절연된 1차권선과 2차권선<br>• 절연된 1차권선과 외부금속부<br>• 절연된 2차권선과 외부금속부 | 직류 500 [V]<br>절연저항 측정기 | 5 [MΩ] 이상 |
| | [수신기]<br>• 절연된 충전부와 외함 간 및 차단기구의 개폐부<br>• 열린 상태에서는 같은 극의 전원단자와 부하측 단자와의 사이<br>• 닫힌 상태에서는 충전부와 손잡이 사이 | 직류 500 [V]<br>절연저항 측정기 | 5 [MΩ] 이상 |
| 유도등 | • 교류입력 측과 외함<br>• 교류입력 측과 충전부 사이<br>• 절연된 충전부와 외함 사이 | 직류 500 [V]<br>절연저항 측정기 | 5 [MΩ] 이상 |
| 비상 조명등 | • 교류입력 측과 외함<br>• 교류입력 측과 충전부 사이<br>• 절연된 충전부와 외함 사이 | 직류 500 [V]<br>절연저항 측정기 | 5 [MΩ] 이상 |
| 비상 콘센트 | 절연된 충전부와 외함 | 직류 500 [V]<br>절연저항 측정기 | 20 [MΩ] 이상 |

## 06

다음은 11층의 건축물에 있어서 우선경보방식의 비상방송설비의 계통도를 나타내고 있다. 각 층 사이의 ① ~ ⑤까지의 배선수 및 배선의 용도를 쓰시오. (단, 업무용과 비상용을 겸용하는 방송설비이다)

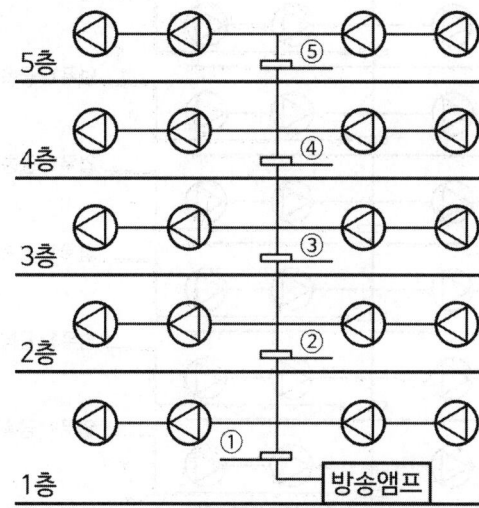

| 구분 | 배선수 | 배선의 용도 |
|---|---|---|
| ① | | |
| ② | | |
| ③ | | |
| ④ | | |
| ⑤ | | |

### 정답

| 구분 | 배선수 | 배선의 용도 |
|---|---|---|
| ① | 23 | 업무 1, 긴급 11, 공통 11 |
| ② | 21 | 업무 1, 긴급 10, 공통 10 |
| ③ | 19 | 업무 1, 긴급 9, 공통 9 |
| ④ | 17 | 업무 1, 긴급 8, 공통 8 |
| ⑤ | 15 | 업무 1, 긴급 7, 공통 7 |

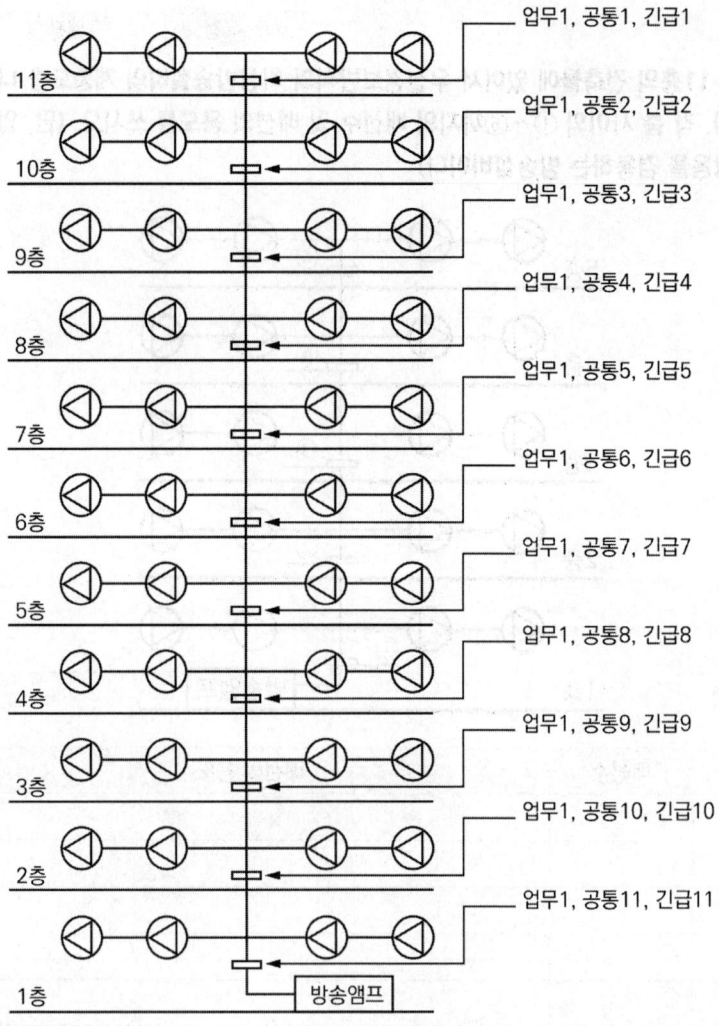

※ 비상방송설비의 화재안전기술기준(NFTC 202)의 2.2 배선 2.2.1.1
- 화재로 인하여 하나의 층의 확성기 또는 배선이 단락 또는 단선되어도 다른 층의 화재 통보에 지장이 없도록 할 것
- '단선'이 되어도 다른 층의 화재 통보에 지장이 없도록 해주어야 하기 때문에 긴급(비상방송용 + 선) 한 가닥이 추가될 때마다 공통선( - 선) 또한 한 가닥씩 추가해준다.
- 업무용 배선은 일반용으로써 한 가닥으로 모든 층을 사용한다.
- 긴급용 배선은 화재가 발생했을 때, 비상방송용으로서 각 층마다 추가한다.

※ 자동화재탐지설비 및 시각경보장치의 화재안전기술기준(NFTC 203)의 2.2 수신기 2.2.3.9
- 화재로 인하여 하나의 층의 지구음향장치 또는 배선이 단락되어도 다른 층의 화재통보에 지장이 없도록 각 층 배선상에 유효한 조치를 할 것
- '단선'이라는 말이 없이 '단락'에 관한 문구만 있기 때문에 각 층의 배선상에 유효한 조치를 하고 경종선과 공통선을 추가하지 않는 것이다. 〈잘 구분할 것!〉

## 07

그림과 같은 유접점 시퀀스회로도를 보고 다음 각 물음에 답하시오.

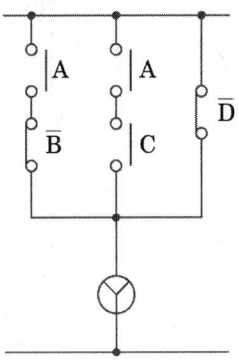

가. 논리식으로 나타내시오.

나. AND, OR, NOT회로를 사용하여 무접점 논리회로를 그리시오.

### 정답

가. $Y = A \cdot \overline{B} + A \cdot C + \overline{D}$

나.
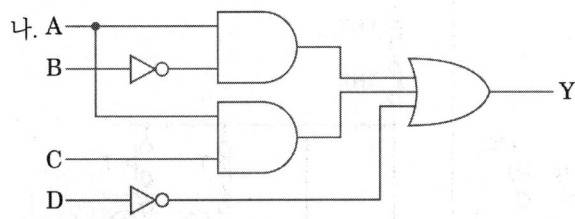

### 핵심이론 논리회로

| 게이트 | 논리회로(논리기호) | 논리식 | 시퀀스회로 | 진리표 ||| 
|---|---|---|---|---|---|---|
| | | | | A | B | X |
| AND<br>(직렬회로) | A─⊐&─X<br>B─ | $X = A \cdot B$<br>$= AB$ | | 0 | 0 | 0 |
| | | | | 0 | 1 | 0 |
| | | | | 1 | 0 | 0 |
| | | | | 1 | 1 | 1 |
| | | | | A | B | X |
| OR<br>(병렬회로) | A─⊐≥1─X<br>B─ | $X = A + B$ | | 0 | 0 | 0 |
| | | | | 0 | 1 | 1 |
| | | | | 1 | 0 | 1 |
| | | | | 1 | 1 | 1 |

| 게이트 | 논리회로(논리기호) | 논리식 | 시퀀스회로 | 진리표 |
|---|---|---|---|---|
| NOT | A —▷∘— X | $X = \overline{A}$ | (A접점, $X_b$) | A / X : 0/1, 1/0 |

## 08

그림은 유도전동기의 Y-△ 기동운전제어의 미완성 도면이다. 도면을 보고 다음 각 물음에 답하시오.

배점 8

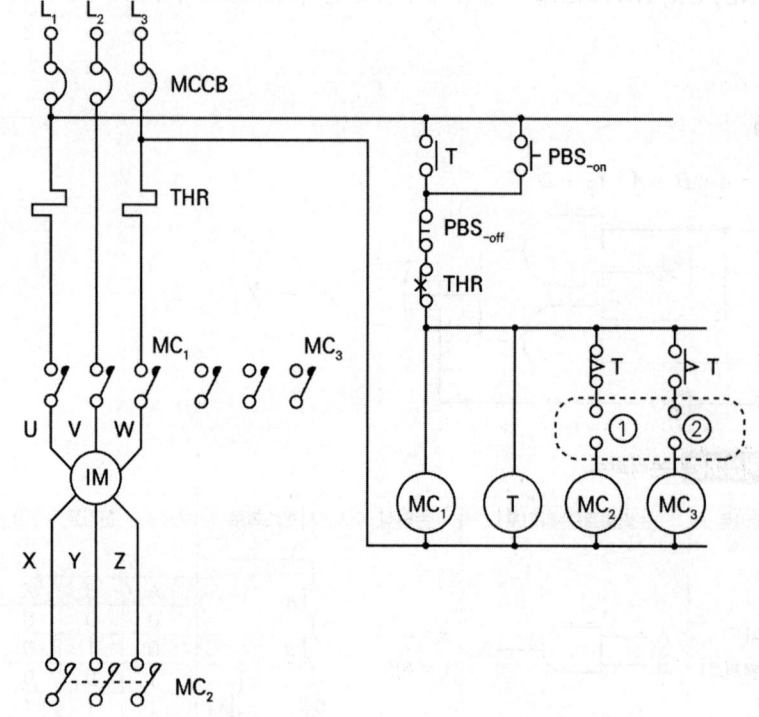

가. 주회로의 Y-△배선을 완성하시오.

나. 점선 안에 ①, ② 부분을 완성하시오.

다. T의 용도를 쓰시오.

라. MCCB의 우리말 명칭을 쓰시오.

**[정답]**

가, 나.

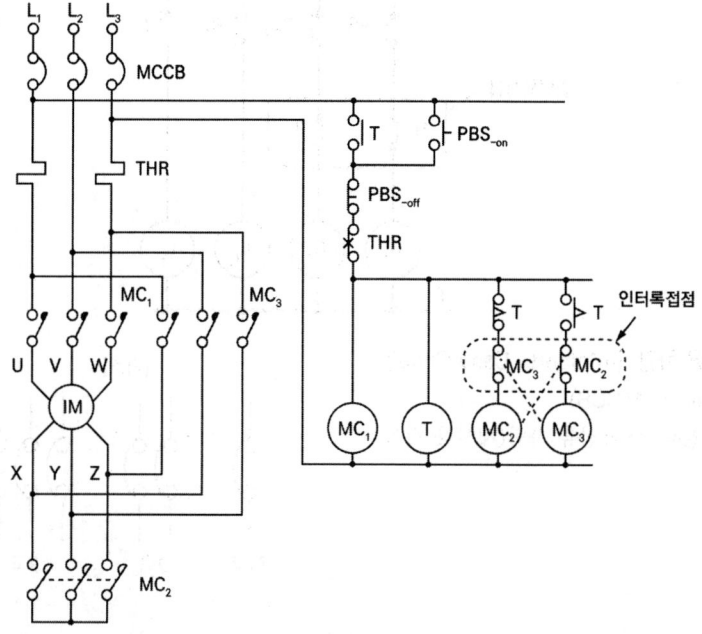

다. 자기유지

> PBS-on은 자동복귀접점이므로 병렬로 자기유지접점을 넣어준다. 이때 MC-a접점으로 넣는 것이 일반적이나 해당 도면은 T-a접점을 자기유지접점으로 사용하였다.

라. 배선용 차단기

### 핵심이론 시퀀스

▢ Y-△제어방식(스타-델타)
- Y-△방식 ⇒ △ = 3Y ⇒ Y = 1/3△
- 기동전류를 줄이기 위해 채택하는 방식)
- 3상 주접점을 모두 교체(U V W ⇒ X Y Z) (U ⇒ Z, V ⇒ X, W ⇒ Y)

▢ 인터록회로
- 상호 관련이 있는 기기의 동작을 서로 구속하는 회로기기의 보호와 조작자의 안전이 목적인 회로
- 병렬회로에 상호 b접점(Normal Close)을 두어 $R_1$과 $R_2$의 동시투입방지
  (1) $PB_1$이 ON되면 릴레이 $R_1$이 여자되고 $R_1$의 a접점이 폐로되고 또한 램프 $L_1$이 점등된다.
  (2) 이때 $PB_2$를 ON시켜도 릴레이 $R_2$와 램프 $L_2$는 $R_1$의 b접점이 단전되기 때문에 작동할 수 없다.
  ※ 하나의 릴레이가 동작하면 다른 릴레이는 동작이 금지됨

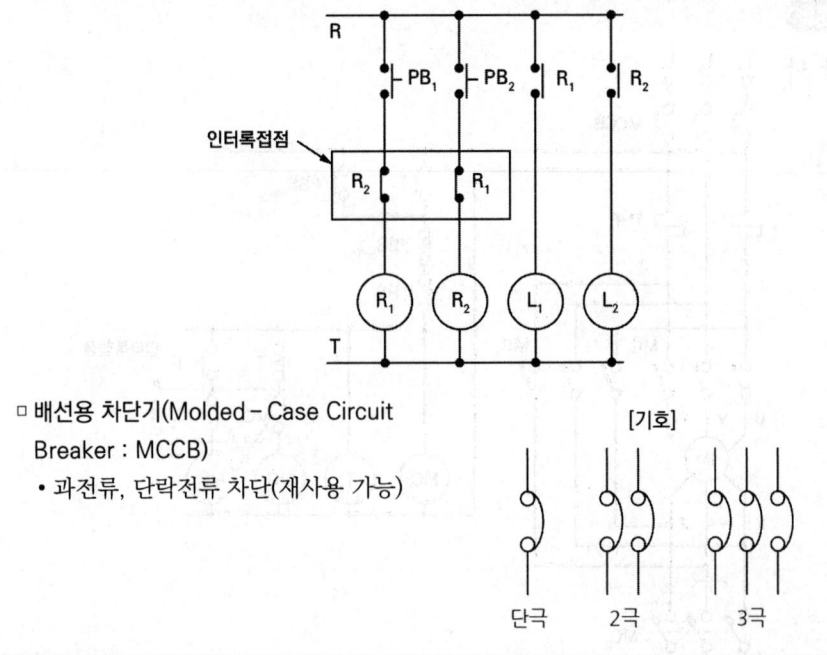

- 배선용 차단기(Molded – Case Circuit Breaker : MCCB)
  - 과전류, 단락전류 차단(재사용 가능)

## 09

다음 주어진 도면은 옥내소화전설비의 3개소 기동정지회로의 미완성 도면이다. 조건을 참조하여 제어실 및 현장 어느 쪽에서도 기동 및 정지가 가능하도록 배선하시오.

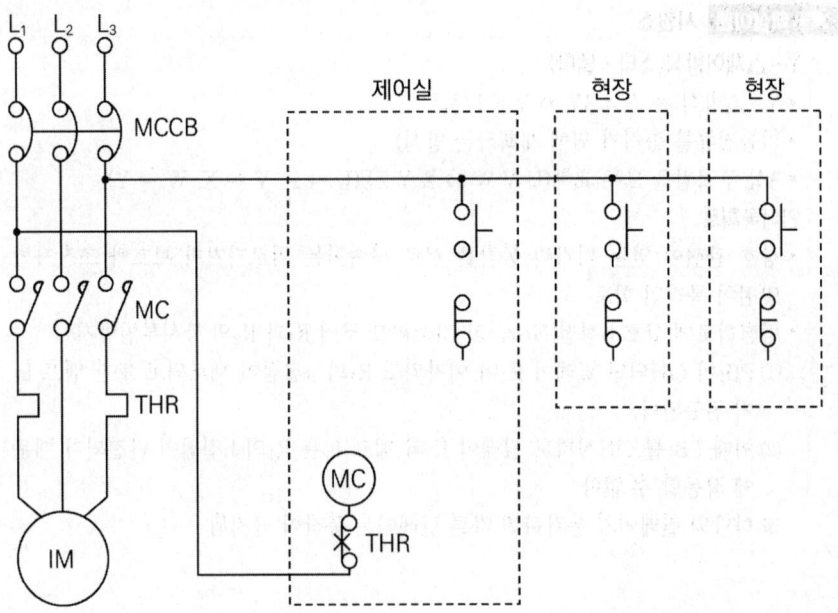

**조건**

(1) 각 층에는 옥내소화전이 1개씩 설치되어 있다.
(2) 이미 그려져 있는 부분은 수정하지 않는다.
(3) 그려진 접점을 삭제하거나 별도로 접점을 추가하지 않는다.
(4) 자기유지는 전자접촉기 a접점 1개를 사용한다.

**정답**

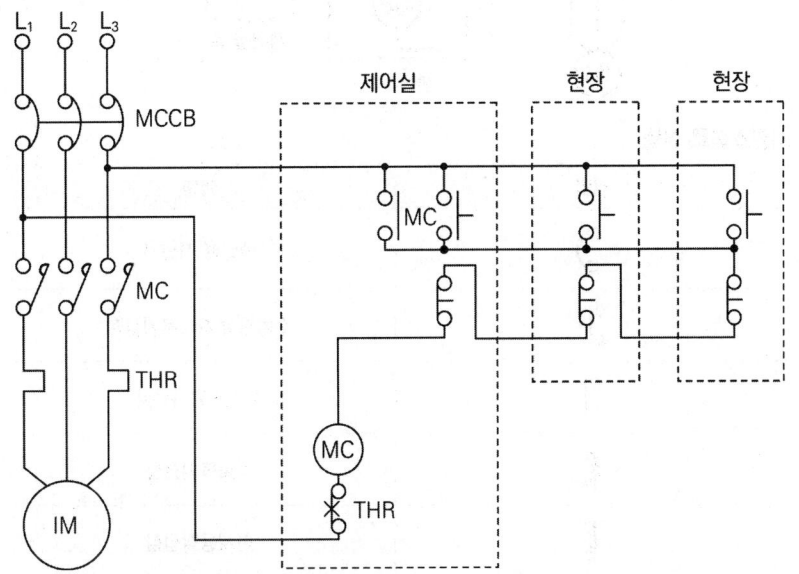

- 현장 측과 제어실 측 어느 쪽에서도 기동이 가능하도록 하기 위해 PB-on스위치를 현장 측과 제어실 측에 각각 넣어준다.
- 자기유지접점은 해당 PB-on스위치와 병렬로 하나를 넣어준다.
- PB-off스위치는 현장 측과 제어실 측에 각각 직렬로 하나씩 넣어준다.

### 핵심이론 | 전동기 운전회로(원방조작기동제어방식)

- 기동버튼 : 병렬연결 및 자기유지
- 정지버튼 : 직렬연결
- 분기시 : "•"를 찍음
- MS 코일 : MS-a로 표기(R 코일 : R-a로 표기, MC 코일 : MC-a로 표기)
- 현장 측과 제어반 측이 있음

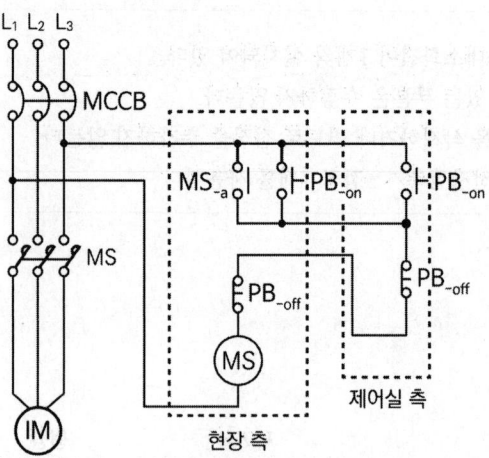

▫ 시퀀스회로 심벌

| 심벌 | 명칭 |
|---|---|
| ∫ | 배선용 차단기 |
| 아 | 수동조작 자동복귀접점 |
| 이 | 보조스위치접점 |
| ⨯ | 수동복귀접점 |
| ⨯ | 한시동작접점 |
| Ⓜ | 3상전동기 |
| ⓂC | 전자개폐기 코일 |

## 10

**소방용 배관설계도에서 다음 명칭의 도시기호(심벌)를 그리시오.**

가. 경보밸브(습식)

나. 경보밸브(건식)

다. 프리액션밸브

**[정답]**

가.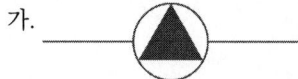

나.

다.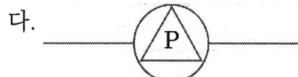

습식 밸브 = 알람밸브
프리액션밸브 = 준비작동식 스프링클러설비밸브

## 11

**다음 그림은 배선도 표시방법이다. 각각이 의미하는 바를 쓰시오.**

―――////―――
HFIX 1.5(22)

가. 가닥 수 :

나. 전선 굵기 :

다. 전선의 종류 :

라. 배선공사명 :

마. 전선관 굵기 :

바. 전선관 종류 :

### 정답

가. 4가닥
나. 1.5 [mm²]
다. 450/750 [V] 저독성 난연가교 폴리올레핀 절연전선
라. 천장 은폐배선
마. 22 [mm]
바. 후강전선관

> 박강전선관의 관의 호칭은 바깥지름의 근사치를 홀수로 표시한다(홀수 = 박강전선관). 후강전선관의 관의 호칭은 안지름의 근사치 짝수로 표시한다(짝수 = 후강전선관).

### 핵심이론 배선도

□ 옥내배선 그림기호

| 명칭 | 그림기호 |
| --- | --- |
| 천장 은폐배선 | ──────── |
| 바닥 은폐배선 | ─ ─ ─ ─ |
| 노출배선 | ― ― ― ― |
| 천장 속 은폐배선 | ─·─·─·─ |
| 바닥면 노출배선 | ─··─··─ |

□ 배선도 표시방법의 예

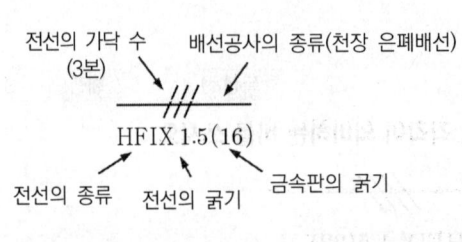

$HFIX - 1.5 \; (F_2 \; 16)$

전선종류 - 전선 굵기(전선관 재질, 전선관 굵기)

- 16 [mm] 2종 금속제 가요전선관에 1.5 [mm²] 굵기의 450/750 [V] 저독성 난연가교 폴리올레핀 절연전선 3가닥을 넣은 천장 은폐배선

□ 전선관 재질

① 별도 표기 없음 : 강제전선관(후강(내경 짝수), 박강(외경 홀수))
② VE : 경질비닐전선관
③ $F_2$ : 2종 금속제 가요전선관
④ PF : 합성수지제 가요관
⑤ ──C── : 전선이 없는 경우

## 12 [배점 6]

자동화재탐지설비의 경계구역 설정기준에 관한 다음 ( ) 안을 완성하시오.

(1) 하나의 경계구역이 ( ① )개 이상의 건축물에 미치지 아니하도록 할 것
(2) 하나의 경계구역이 ( ① )개 이상의 층에 미치지 아니하도록 할 것. 다만 ( ② ) [m²] 이하의 범위 안에서는 ( ① )개의 층을 하나의 경계구역으로 할 수 있다.
(3) 하나의 경계구역의 면적은 ( ③ ) [m²] 이하로 하고 한 변의 길이는 ( ④ ) [m] 이하로 할 것. 다만 해당 특정소방대상물의 주된 출입구에서 그 내부 전체가 보이는 것에서는 한 변의 길이가 ( ④ ) [m]의 범위 내에서 ( ⑤ ) [m²] 이하로 할 수 있다.

### 정답

① 2, ② 500, ③ 600, ④ 50, ⑤ 1000

### 핵심이론 자동화재탐지설비 경계구역 설정기준

□ 수평적 경계구역
- 하나의 경계구역이 2개 이상의 건축물에 미치지 않도록 할 것
- 하나의 경계구역이 2개 이상의 층에 미치지 않도록 할 것
  단, 500 [m²] 이하의 범위 안에서 2개의 층을 하나의 경계구역할 수 있음
- 하나의 경계구역 면적 600 [m²] 이하로 하고 한 변의 길이 50 [m] 이하로 할 것
  단, 주된 출입구에서 그 내부 전체가 보이는 것은 한 변의 길이 50 [m] 범위 내에서 1000 [m²] 이하로 할 수 있음
- 도로터널 : 100 [m] 이하로 할 것
- 지하구 : 700 [m] 이하로 할 것(지하구의 화재안전성능기준 NFPC 605 제13조 (기존 지하구에 대한 특례) 법 제13조에 따라 기존 지하구에 설치하는 소방시설 등에 대해 강화된 기준을 적용하는 경우에는 다음의 설치·관리 관련 특례를 적용한다. → 특고압 케이블이 포설된 송·배전 전용의 지하구(공동구를 제외한다)에는 온도 확인 기능 없이 최대 700 [m]의 경계구역을 설정하여 발화지점(1 [m] 단위)을 확인할 수 있는 감지기를 설치할 수 있다.

□ 수직적 경계구역
- 계단·경사로 : 별도의 경계구역으로 하며 경계구역 높이 45 [m] 이하로 할 것
- 엘리베이터 승강로(권상기실이 있는 경우에는 권상기실)·린넨슈트·파이프 피트 및 덕트 등 : 별도의 경계구역
- 지하층의 계단 및 경사로(지하층의 층수가 1일 경우 제외) : 별도의 경계구역

□ 기타
- 외기에 면하여 상시 개방된 부분(차고·주차장·창고 등) : 외기에 면하는 각 부분으로부터 5 [m] 미만의 범위 안에 있는 부분은 경계구역 면적에 산입하지 않음
- 스프링클러설비·물분무등소화설비 또는 제연설비의 화재감지장치로서 화재감지기를 설치한 경우의 경계구역은 해당 소화설비의 방사구역 또는 제연구역과 동일하게 설정할 수 있음

## 13 [배점 6]

3선식 배선에 의하여 상시 충전되는 유도등의 전기회로에 점멸기를 설치하는 경우에 유도등이 반드시 점등되어야 할 때를 3가지만 쓰시오.

①
②
③

### 정답

① 자동화재탐지설비의 감지기 또는 발신기가 작동되는 때
② 비상경보설비의 발신기가 작동되는 때
③ 상용전원이 정전되거나 전원선이 단선되는 때

### 핵심이론 3선식 유도등 점등조건(3선식 배선회로에 점멸기 설치 경우 다음 경우에 점등돼야 함)

- 자동화재탐지설비의 감지기 또는 발신기가 작동되는 때
- 비상경보설비의 발신기가 작동되는 때
- 상용전원이 정전되거나 전원선이 단선되는 때
- 방재업무 통제하는 곳 또는 전기실 배전반에서 수동점등 때
- 자동소화설비가 작동되는 때

[유도등의 3선식 배선이 가능한 장소]
① 특정소방대상물 또는 그 부분에 사람이 없는 장소
② 외부광에 따라 피난구 또는 피난방향을 쉽게 식별할 수 있는 장소
③ 공연장, 암실 등으로서 어두워야 할 필요가 있는 장소
④ 특정소방대상물의 관계인 또는 종사원이 주로 사용하는 장소

## 14 [배점 5]

자동화재탐지설비의 수신기에 대하여 수신회로 성능검사를 하고자 한다. 수신기의 성능시험을 5가지만 쓰시오.

① ②
③ ④
⑤

> 정답

① 화재표시작동시험, ② 회로도통시험, ③ 공통선시험, ④ 예비전원시험,
⑤ 동시작동시험

> 핵심이론  수신기 기능시험

(1) 화재표시작동시험 : 지구표시등, 화재표시등 점등, 음향장치 명동 확인
(2) 예비전원시험 : 정전 시 상용전원에서 예비전원 자동전환 여부 확인 및 정상상태 복구 시 상용전원으로 자동전환 여부 확인
(3) 동시작동시험(회로수가 2회선 이상) : 2회로 이상 동작 시 수신기 기능 정상 여부 확인
(4) 공통선시험 : 공통선이 담당하고 있는 경계구역의 적정 여부 확인
(5) 회로도통시험 : 감지기회로의 단선, 단락 및 접속상태의 이상 유무를 파악
(6) 저전압시험 : 저전압상태(정격전압 80 [%] 이하) 수신기 기능 유지 확인
(7) 회로저항시험 : 감지기회로 1회선 선로 저항이 수신기 기능에 이상을 주지 않는 것을 확인
(8) 지구음향장치 작동시험 : 감지기의 작동과 연동하여 당해 지구음향장치가 정상으로 작동하는가 확인하기 위한 시험
(9) 비상전원시험 : 상용전원이 사고 등으로 정전된 경우 자동적으로 비상전원으로 절환되며 또한 정전복구 시에 자동적으로 일반 상용전원으로 절환되는지의 여부를 확인

## 15 [배점 10]

**다음은 저압옥내배선의 금속관공사(배선)에 이용되는 부품이다. 다음 명칭에 대하여 설명하시오.**

가. 부싱 :

나. 노멀밴드 :

다. 커플링 :

라. 새들 :

마. 리머 :

**정답**

가. 부싱 : 전선의 절연피복을 보호하기 위해 금속관 끝에 취부하여 사용
나. 노멀밴드 : 매입배관공사를 할 때 직각으로 굽히는 곳 사용
다. 커플링 : 금속전선관 상호 간을 접속하는 데 사용(관이 고정되어 있지 않을 때)
라. 새들 : 관을 지지하는 데 사용
마. 리머 : 금속관 말단의 모를 다듬기 위한 기구

관을 직각으로 연결하는 것에는 노멀밴드와 유니버설엘보가 있다. 이때, 노멀밴드는 매입배관공사를 할 때 사용하지만 노출배관에도 가능하다.

### 핵심이론 금속관 공사재료

| 명칭 | 외형 | 설명 |
| --- | --- | --- |
| 부싱<br>(Bushing) | | 전선의 절연피복을 보호하기 위하여 금속관 끝에 취부하여 사용되는 부품 |
| 노멀밴드<br>(Normal Bend) | | 매입배관공사를 할 때 직각으로 굽히는 곳에 사용하는 부품 |
| 커플링<br>(Coupling) | | 금속전선관 상호 간을 접속하는 데 사용되는 부품(관이 고정되어 있지 않을 때) |
| 새들(Saddle) | | 관을 지지하는 데 사용하는 재료 |
| 리머<br>(Reamer) | | • 목적 : 금속관 말단의 모를 다듬기 위한 기구<br>• 사용이유 : 전선의 피복보호 |
| 유니온 커플링<br>(Union Coupling) | | 금속전선관 상호 간을 접속하는 데 사용되는 부품(관이 고정되어 있을 때) |
| 유니버설엘보<br>(Universal Elbow) | | 노출배관공사를 할 때 관을 직각으로 굽히는 곳에 사용하는 부품 |
| 링리듀서<br>(Ring Reducer) | | 금속관을 아웃렛박스에 로크너트만으로 고정하기 어려울 때 보조적으로 사용되는 부품 |
| 로크너트<br>(Lock Nut) | | 금속관과 박스를 접속할 때 사용하는 재료로 최소 2개를 사용한다. |
| 파이프커터<br>(Pipe Cutter) | | 금속관을 절단하는 기구 |

| 명칭 | 외형 | 설명 |
|---|---|---|
| 환형 3방출 정크션박스 | | 배관을 분기할 때 사용하는 박스 |
| 파이프벤더 (Pipe Bender) | | 금속관(후강전선관, 박강전선관)을 구부릴 때 사용하는 공구 |
| 후강전선관 | | • 콘크리트 매입배관용으로 사용되는 강관<br>• 관의 호칭은 안지름의 근사치를 짝수로 표시<br>(16, 22, 28, 36, 42, 54 [mm] ……) |
| 박강전선관 | | • 노출 배관용, 일반배관용으로 사용되는 강관<br>• 관의 호칭은 바깥지름의 근사치를 홀수로 표시<br>(19, 25, 31, 39, 51 [mm] ……) |
| 스트레이트 박스 커넥터 | | 가요전선관과 박스 연결에 사용되는 부품 |
| 콤비네이션 커플링 | | 가요전선관과 금속전선관 연결에 사용되는 부품 |
| 스프리트 커플링 | | 가요전선관과 가요전선관 연결에 사용되는 부품 |

## 16

| 득점 | | 배점 | 4 |

객석통로에 객석유도등을 설치하려고 한다. 객석통로의 직선부분의 거리가 29 [m]이다. 몇 개의 객석유도등을 설치하여야 하는지 구하시오.

○ 계산과정 :

○ 답 :

### 정답

☑ 계산과정

$$\text{설치개수} = \frac{\text{객석통로의 직선부분의 길이}\,[m]}{4} - 1 = \frac{29}{4} - 1 = 6.25 \rightarrow \text{절상해서 7}$$

답 | 7 [개]

### 핵심이론  객석유도등 설치개수 산정식(절상)

$$\text{설치개수} = \frac{\text{객석통로의 직선부분의 길이}\,[m]}{4} - 1$$

## 17

배점 3

바닥으로부터 천장까지의 높이가 20 [m] 이상의 특정소방대상물에 설치할 수 있는 감지기의 종류 2가지를 쓰시오.

① 

② 

### 정답

① 불꽃감지기
② 광전식(분리형, 공기흡입형) 중 아날로그방식

#### 핵심이론 감지기의 부착높이별 설치기준

| 부착높이 | 감지기의 종류 |
|---|---|
| 8 [m] 이상 15 [m] 미만 | • 차동식 분포형<br>• 이온화식 1종 또는 2종<br>• 광전식 (스포트형, 분리형, 공기흡입형) 1종 또는 2종<br>• 연기복합형<br>• 불꽃감지기 |
| 15 [m] 이상 20 [m] 미만 | • 이온화식 1종<br>• 광전식 (스포트형, 분리형, 공기흡입형) 1종<br>• 연기복합형<br>• 불꽃감지기 |
| 20 [m] 이상 | • 불꽃감지기<br>• 광전식 (분리형, 공기흡입형) 중 아날로그방식 |

## 18

그림과 같은 유접점 시퀀스회로도를 보고 다음 각 물음에 답하시오.

가. 그림의 회로에 대한 논리식을 표현하시오.

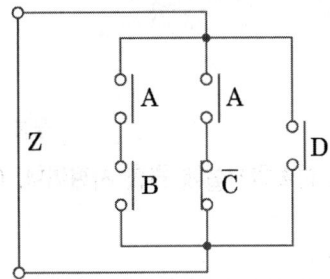

나. 무접점 논리회로를 그리시오.

### 정답

가. $Z = A \cdot B + A \cdot \overline{C} + D$

나.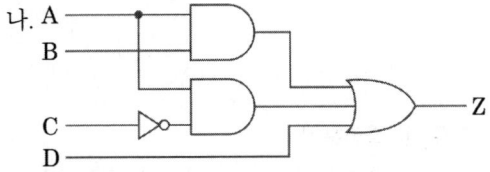

### 핵심이론 논리회로

| 명칭 | 논리식 | 논리회로 | 유접점회로 |
|---|---|---|---|
| AND회로 | $X = A \times B$<br>$X = A \cdot B$ | | |
| OR회로 | $X = A + B$ | | |
| NOT회로 | $X = \overline{A}$ | | |

## 2021년 4회 (2021.11.24)

### 01 [배점 6]

한국전기설비규정(KEC)의 금속관시설에 관한 사항이다. ( ) 안에 알맞은 말을 쓰시오.

(1) 관 상호 간 및 관과 박스 기타의 부속품과는 ( ① ) 접속 기타 이와 동등 이상의 효력이 있는 방법에 의하여 견고하고 또한 전기적으로 완전하게 접속할 것
(2) 관의 ( ② ) 부분에는 전선의 피복을 손상하지 아니하도록 적당한 구조의 ( ③ )을 사용할 것. 다만 금속관공사로부터 ( ④ )공사로 옮기는 경우에는 그 부분의 관의 ( ⑤ )부분에는 ( ⑥ ) 또는 이와 유사한 것을 사용하여야 한다.

**정답**

① 나사, ② 끝, ③ 부싱, ④ 애자사용, ⑤ 끝, ⑥ 절연부싱

금속관 및 부속품의 시설(한국전기설비규정(KEC))
1. 관 상호 간 및 관과 박스 기타의 부속품과는 나사접속 기타 이와 동등 이상의 효력이 있는 방법에 의하여 견고하고 또한 전기적으로 완전하게 접속할 것
2. 관의 끝 부분에는 전선의 피복을 손상하지 아니하도록 적당한 구조의 부싱을 사용할 것. 다만 금속관공사로부터 애자사용공사로 옮기는 경우에는 그 부분의 관의 끝부분에는 절연부싱 또는 이와 유사한 것을 사용하여야 한다.

# 02

배점 6

그림과 같은 건물평면도의 경우 자동화재탐지설비의 최소경계구역의 수를 구하시오.

가.

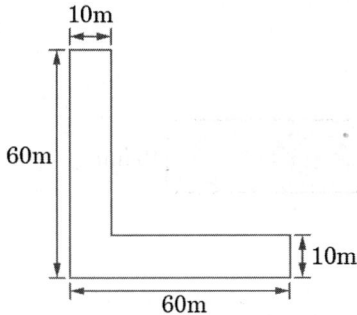

○ 계산과정 :

○ 답 :

나.

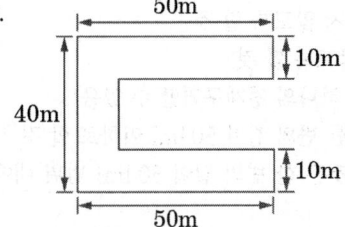

○ 계산과정 :

○ 답 :

### 정답

가. 계산과정

① $\dfrac{50 \times 10}{600} = 0.8 \rightarrow$ 절상해서 1경계구역

② $\dfrac{50 \times 10}{600} = 0.8 \rightarrow$ 절상해서 1경계구역

③ $\dfrac{10 \times 10}{600} = 0.1 \rightarrow$ 절상해서 1경계구역

답 | 3경계구역

나. 계산과정

① $\dfrac{(50 \times 10) + (10 \times 10)}{600} = 1경계구역$

② $\dfrac{(50 \times 10) + (10 \times 10)}{600} = 1경계구역$

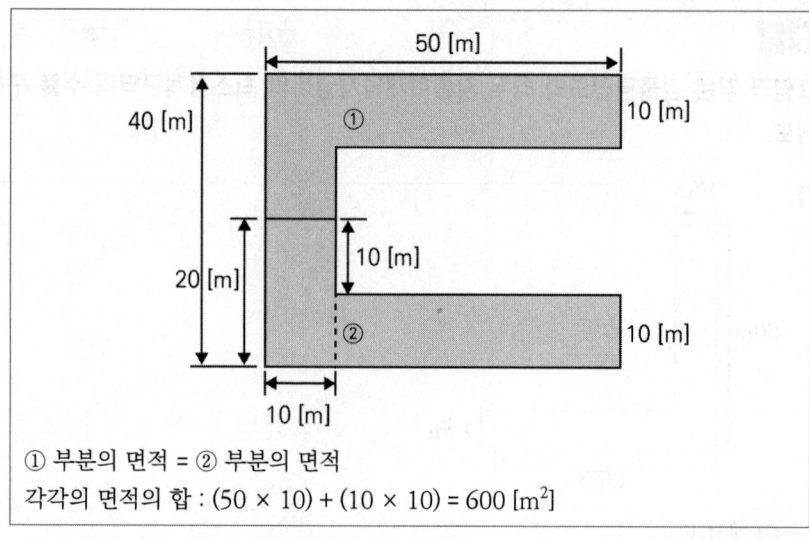

① 부분의 면적 = ② 부분의 면적
각각의 면적의 합 : (50 × 10) + (10 × 10) = 600 [m²]

답 | 2경계구역

### 핵심이론 자동화재탐지설비 경계구역 설정기준 (수평적 경계구역)

- 하나의 경계구역이 2개 이상의 건축물에 미치지 않도록 할 것
- 하나의 경계구역이 2개 이상의 층에 미치지 않도록 할 것
  단, 500 [m²] 이하의 범위 안에서 2개의 층을 하나의 경계구역할 수 있음
- 하나의 경계구역 면적 600 [m²] 이하로 하고 한 변의 길이 50 [m] 이하로 할 것
  단, 주된 출입구에서 그 내부 전체가 보이는 것은 한 변의 길이 50 [m] 범위 내에서 1000 [m²] 이하로 할 수 있음
- 도로터널 : 100 [m] 이하로 할 것
- 지하구 : 700 [m] 이하로 할 것(지하구의 화재안전성능기준 NFPC 605 제13조 (기존 지하구에 대한 특례))
  법 제13조에 따라 기존 지하구에 설치하는 소방시설 등에 대해 강화된 기준을 적용하는 경우에는 다음의 설치·관리 관련 특례를 적용한다.
  → 특고압 케이블이 포설된 송·배전 전용의 지하구(공동구를 제외한다)에는 온도 확인 기능 없이 최대 700 [m]의 경계구역을 설정하여 발화지점(1 [m] 단위)을 확인할 수 있는 감지기를 설치할 수 있다.

# 03

득점 □ 배점 6

P형 수신기와 감지기와의 배선회로가 종단저항 10 [kΩ], 릴레이저항 500 [Ω], 배선회로의 저항 50 [Ω], 회로전압을 DC 24 [V]로 인가한 조건이다. 다음 각 물음에 답하시오.

가. 평소 감시전류[mA]를 구하시오.
- 계산과정 :
- 답 :

나. 화재가 발생하여 감지기가 동작할 때의 전류[mA]를 구하시오.
- 계산과정 :
- 답 :

### 정답

가. 계산과정 : $I_{감시} = \dfrac{회로전압}{종단저항 + 릴레이저항 + 배선저항}$

$I = \dfrac{24}{10 \times 10^3 + 500 + 50} = 2.274 \times 10^{-3} ≒ 2.27 [mA]$

답 | 2.27 [mA]

나. 계산과정 : $I_{동작} = \dfrac{회로전압}{릴레이저항 + 배선저항}$

$I = \dfrac{24}{500 + 50} = 43.636 \times 10^{-3} ≒ 43.64 [mA]$

답 | 43.64 [mA]

### 핵심이론 감시전류, 동작전류

□ 감시전류

$I = \dfrac{회로전압}{릴레이저항 + 배선저항 + 종단저항}$

□ 동작전류

$I = \dfrac{회로전압}{릴레이저항 + 배선저항}$

## 04
배점 4

40 [W] 대형 피난구유도등 9개가 교류 220 [V] 상용전원에 연결되어 사용되고 있다면 소요되는 전류를 구하시오. (단, 유도등(형광등)의 역률은 60 [%]이고, 충전전류는 무시한다)

○ 계산과정 :

○ 답 :

**중요** 문제에서 효율이 주어지면 효율값도 고려한다.

### 정답

✓ 계산과정

$P = VI\cos\theta$

$I = \dfrac{P}{V\cos\theta} = \dfrac{40 \times 9}{220 \times 0.6} ≒ 2.727$ [A]

답 | 2.73 [A]

### 핵심이론 단상 2선식 공식

$P = VI\cos\theta$

$P$ : 단상전력 [W], $V$ : 전압 [V], $I$ : 전류 [A], $\cos\theta$ : 역률

단상 2선식 : $P = VI\cos\theta$
3상 3선식 : $P = \sqrt{3}\, VI\cos\theta$

## 05

**누전경보기에 관한 다음 물음에 답하시오.**

가. 1급 또는 2급 누전경보기를 설치해야 하는 경계전로의 정격전류는 얼마인지 쓰시오.

나. 전원은 분전반으로부터 전용회로로 한다. 각 극에 무엇을 설치하여야 하는지 쓰시오.

### 정답

가. 60 [A] 이하

나. 개폐기 및 15 [A] 이하의 과전류 차단기

### 핵심이론 누전경보기

□ 경계전로 정격전류에 따른 구분

| 정격전류 | 60 [A] 초과 | 60 [A] 이하 |
|---|---|---|
| 경보기 종류 | 1급 | 1급 또는 2급 |

□ 누전경보기 전원
- 전원은 분전반으로부터 전용회로로 하고, 각 극에 개폐기 및 15 [A] 이하의 과전류차단기(배선용 차단기에 있어서는 20 [A] 이하의 것으로 각 극을 개폐할 수 있는 것)를 설치할 것
- 전원을 분기할 때에는 다른 차단기에 따라 전원이 차단되지 아니하도록 할 것
- 전원의 개폐기에는 누전경보기용임을 표시한 표지를 할 것

□ 변류기(영상변류기, ZCT)
- 경계전로의 누설전류 자동 검출하여 이를 누전경보기의 수신부에 송신

중요 ▶ KEC에서는 16 [A] 이하의 과전류차단기로 개정되었지만, 아직까지 누전경보기의 화재안전기술기준(NFTC 205)에는 15 [A] 이하라고 명시되어 있기 때문에 15 [A] 이하로 암기할 것

## 06

자동화재탐지설비의 화재안전기준의 배선에서 P형 수신기 및 GP형 수신기의 감지기회로의 배선에 있어서 하나의 공통선에 접속할 수 있는 경계구역은 몇 개 이하로 하여야 하는가?

○ 답 :

### 정답

7개 이하

### 핵심이론 자동화재탐지설비

□ 감지기 상호 간 또는 감지기로부터 수신기에 이르는 감지기 배선
- 아날로그식, 다신호식 감지기나 R형 수신기용으로 사용되는 것은 전자파 방해를 받지 않는 실드선 등을 사용해야 하며, 광케이블의 경우에는 전자파 방해를 받지 아니하고 내열성능이 있는 경우 사용할 것. 다만 전자파 방해를 받지 않는 방식의 경우에는 그렇지 않다.
- 1.항 외의 일반배선을 사용할 때는 「옥내소화전설비의 화재안전기술기준(NFTC 102)」에 따른 내화배선 또는 내열배선으로 사용할 것

□ 감지기회로의 도통시험을 위한 종단저항
- 점검 및 관리가 쉬운 장소에 설치할 것
- 전용함을 설치하는 경우 그 설치높이는 바닥으로부터 1.5 [m] 이내로 할 것
- 감지기회로의 끝부분에 설치하며, 종단감지기에 설치할 경우에는 구별이 쉽도록 해당 감지기의 기판 및 감지기 외부 등에 별도의 표시를 할 것

□ 기타
- 감지기 사이의 회로의 배선은 송배선식으로 할 것
- 전원회로의 전로와 대지 사이 및 배선상호 간의 절연저항은 「전기사업법」제67조에 따른 「전기설비기술기준」이 정하는 바에 의하고, 감지기회로 및 부속회로의 전로와 대지 사이 및 배선상호 간의 절연저항은 1경계구역마다 직류 250 [V]의 절연저항측정기를 사용하여 측정한 절연저항이 0.1 [MΩ] 이상이 되도록 할 것
- 자동화재탐지설비의 배선은 다른 전선과 별도의 관·덕트(절연효력이 있는 것으로 구획한 때에는 그 구획된 부분은 별개의 덕트로 본다)·몰드 또는 풀박스 등에 설치할 것. 다만 60 [V] 미만의 약 전류회로에 사용하는 전선으로서 각각의 전압이 같을 때에는 그렇지 않다.
- P형 수신기 및 G.P형 수신기의 감지기회로의 배선에 있어서 하나의 공통선에 접속할 수 있는 경계구역은 7개 이하로 할 것
- 자동화재탐지설비의 감지기회로의 전로저항은 50 [Ω] 이하가 되도록 해야 하며, 수신기의 각 회로별 종단에 설치되는 감지기에 접속되는 배선의 전압은 감지기 정격전압의 80 [%] 이상이어야 할 것

## 07

그림은 발신기세트와 P형 수신기 간의 내부결선도이다. 다음 각 물음에 답하시오.

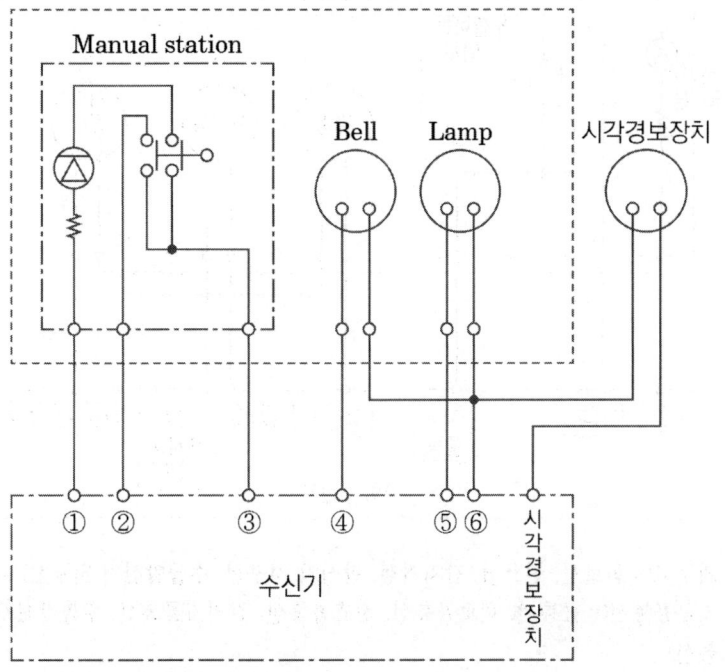

가. ①~⑥의 전선의 명칭을 쓰시오.

| 번호<br>구역 | ① | ② | ③ | ④ | ⑤ | ⑥ |
|---|---|---|---|---|---|---|
| 가닥 수 | | | | | | |

나. 천장높이가 2 [m] 이상인 건축물에 청각장애인용 시각경보장치를 설치하고자 한다. 바닥으로부터 몇 [m] 이상 몇 [m] 이하의 높이에 설치하여야 하는가?

### 정답

가. ① 응답선, ② 지구선, ③ 지구공통선, ④ 경종선, ⑤ 표시등선,
   ⑥ 경종 및 표시등 공통선

나. 2 [m] 이상 2.5 [m] 이하

☑ 해설
P형 수동발신기와 수신기 간의 결선

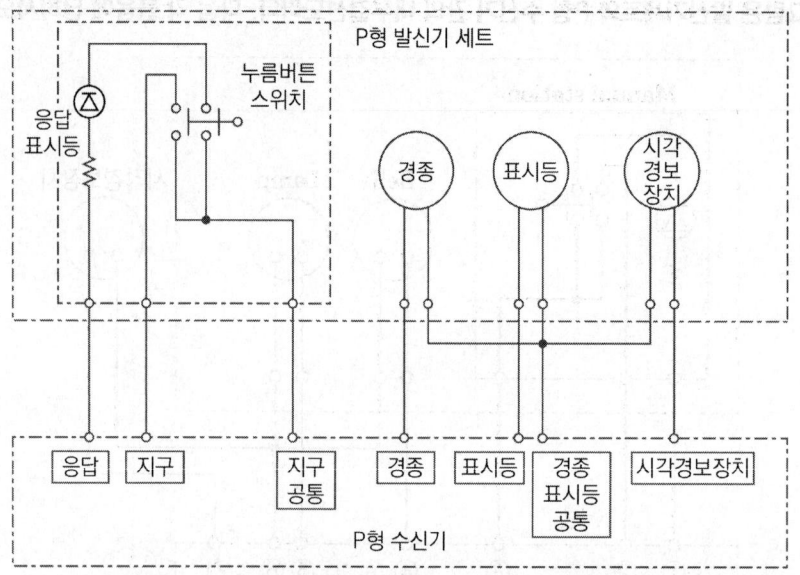

- 지구선(= 회로선, 신호선, 감지기선, 발신기 지구선, 수동발신기 지구선)
- 지구공통선(= 공통선, 회로공통선, 신호공통선, 감지기공통선, 수동발신기 공통선)
- 응답선(= 발신기선, 발신기응답선, 수동발신기 응답선, 확인선)
- 경종 및 표시등공통선(= 공동표시등 공통선, 벨표시등 공통선)

### 핵심이론  시각경보장치의 설치기준

- 복도·통로·청각장애인용 객실 및 공용으로 사용하는 거실에 설치하며, 각 부분에서 유효하게 경보를 발할 수 있는 위치에 설치할 것
- 공연장·집회장·관람장 또는 이와 유사한 장소에 설치하는 경우에는 시선이 집중되는 무대부 부분 등에 설치할 것
- 바닥으로부터 2 [m] 이상 2.5 [m] 이하의 높이에 설치할 것. 단, 천장높이가 2 [m] 이하는 천장에서 0.15 [m] 이내의 장소에 설치

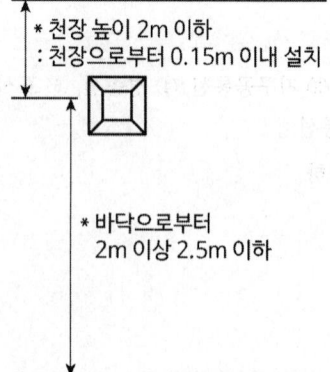

- 광원은 전용의 축전지설비 또는 전기저장장치에 의하여 점등되도록 할 것(단, 시각경보기에 작동전원을 공급할 수 있도록 형식승인을 얻은 수신기를 설치한 경우는 제외)

## 08

배점 4

**다음 소방시설 도시기호 각각의 명칭을 쓰시오.**

| RM | SVP | S | S A |
|---|---|---|---|
| (1) | (2) | (3) | (4) |

### 정답

| RM | SVP | S | S A |
|---|---|---|---|
| 가스계소화설비의 수동조작함 | 프리액션밸브의 수동조작함 | 연기감지기 | 광전식 연기감지기 (아날로그) |

일반적으로 RM은 수동조작함, SVP는 슈퍼비조리판넬로 부르지만 **정확한 명칭으로 암기해둘 것**
- RM : 가스계소화설비의 수동조작함
- SVP : 프리액션밸브의 수동조작함

## 09

다음은 습식 스프링클러설비의 계통도를 보여주고 있다. 각 유수검지장치에는 밸브 개폐감시용 스위치가 부착되어 있지 않았으며, 사용전선은 HFIX 전선을 사용하고 있다. A ~ E의 최소 전선수와 용도를 쓰시오.

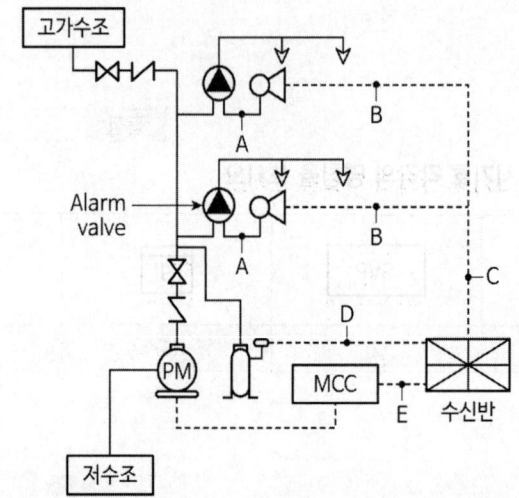

| 기호 | 배선수 | 배선의 용도 |
|---|---|---|
| A | | |
| B | | |
| C | | |
| D | | |
| E | | |

### 정답

| 기호 | 배선수 | 배선의 용도 |
|---|---|---|
| A | 2 | 공통, 유수검지스위치 |
| B | 3 | 공통, 유수검지스위치, 사이렌 |
| C | 5 | 공통, 유수검지스위치(2), 사이렌(2) |
| D | 2 | 공통, 압력스위치 |
| E | 5 | 공통, ON, OFF, 기동표시, 전원감시 |

✔ 해설
- 지구선(= 회로선, 신호선, 감지기선, 발신기 지구선, 수동발신기 지구선)
- 지구공통선(= 공통선, 회로공통선, 신호공통선, 감지기공통선, 수동발신기 공통선)
- 응답선(= 발신기선, 발신기응답선, 수동발신기 응답선, 확인선)

- 경종 및 표시등공통선(= 공동표시등 공통선, 벨표시등 공통선)
- 펌프기동표시등(= 기동표시등, 기동확인표시등)

- 습식 스프링클러설비는 PS, TS가 부착되어 있는데 문제상으로 밸브개폐감시용 스위치 TS는 부착되지 않은 것으로 본다고 하였기 때문에 TS는 제외하고 가닥 수를 산정한다.
- 최소전선수를 사용한다고 하였으므로, PS와 사이렌 공통선은 같이 사용한다.
- 준비작동식 스프링클러설비에는 PS, TS, SV가 부착이 되어 있다.

## 10

배점 4

복도의 길이가 70 [m], 계단의 높이가 40 [m]인 어느 건물에 있어서 연기감지기 1종을 설치하려고 한다. 최소 소요개수를 산정하시오.

가. 복도
- 계산과정 :
- 답 :

나. 계단
- 계산과정 :
- 답 :

### 정답

가. 계산과정 : $\dfrac{70}{30} = 2.3$ → 절상해서 3 [개]   답 | 3 [개]

나. 계산과정 : $\dfrac{40}{15} = 2.6$ → 절상해서 3 [개]   답 | 3 [개]

### 핵심이론 연기감지기 설치기준

- 복도·통로 : 보행거리 30 [m](3종 20 [m])마다
- 계단·경사로 : 수직거리 15 [m](3종 10 [m])마다
- 천장 또는 반자 낮은 실내 또는 좁은 실내에 있어서는 출입구 가까운 부분에 설치
- 천장 또는 반자부근에 배기구 있는 경우 그 부근에 설치
- 벽 또는 보로부터 0.6 [m] 이상 떨어진 곳에 설치

## 11

무선통신보조설비 누설동축케이블의 끝부분에는 무엇을 설치하여야 하는지 쓰시오.

O 답 :

> **정답**
>
> 무반사 종단저항

> **핵심이론** 무선통신보조설비
>
> □ 누설동축케이블의 정의
> - 동축케이블의 외부도체에 가느다란 홈을 만들어서 전파가 외부로 새어나갈 수 있도록 한 케이블
>
> □ 누설동축케이블의 설치기준
> - 소방전용주파수대에서 전파의 전송 또는 복사에 적합한 것으로서 소방전용의 것으로 할 것. 다만 소방대 상호 간의 무선 연락에 지장이 없는 경우에는 다른 용도와 겸용할 수 있다.
> - 누설동축케이블과 이에 접속하는 안테나 또는 동축케이블과 이에 접속하는 안테나로 구성할 것
> - 누설동축케이블 및 동축케이블은 불연 또는 난연성의 것으로서 습기 등의 환경 조건에 따라 전기의 특성이 변질되지 않는 것으로 하고, 노출하여 설치한 경우에는 피난 및 통행에 장애가 없도록 할 것
> - 누설동축케이블 및 동축케이블은 화재에 따라 해당 케이블의 피복이 소실된 경우에 케이블 본체가 떨어지지 않도록 4 [m] 이내마다 금속제 또는 자기제 등의 지지금구로 벽·천장·기둥 등에 견고하게 고정시킬 것. 다만 불연재료로 구획된 반자 안에 설치하는 경우에는 그렇지 않다.
> - 누설동축케이블 및 안테나는 금속판 등에 따라 전파의 복사 또는 특성이 현저하게 저하되지 않는 위치에 설치할 것
> - 누설동축케이블 및 안테나는 고압의 전로로부터 1.5 [m] 이상 떨어진 위치에 설치할 것. 다만 해당 전로에 정전기 차폐장치를 유효하게 설치한 경우에는 그렇지 않다.
> - 누설동축케이블의 끝부분에는 무반사 종단저항을 견고하게 설치할 것

**중요** ▶ 무반사 종단저항 : 누설동축케이블의 종단부에 전송된 전파는 케이블종단에서 반사되어 교신 방해, 송신효율이 저하되며, 반사파방지를 위해 누설동축케이블의 말단에 설치하는 저항

□ 증폭기 등
- 전원은 전기가 정상적으로 공급되는 축전지, 전기저장장치 또는 교류전압 옥내 간선으로 하고, 전원까지의 배선은 전용으로 할 것
- 증폭기의 전면에는 주회로의 전원이 정상인지의 여부를 표시할 수 있는 표시등 및 전압계를 설치할 것
- 증폭기에는 비상전원이 부착된 것으로 하고 해당 비상전원 용량은 무선통신보조설비를 유효하게 30분 이상 작동시킬 수 있는 것으로 할 것
- 증폭기 및 무선중계기를 설치하는 경우에는 「전파법」 제58조의2에 따른 적합성평가를 받은 제품으로 설치하고 임의로 변경하지 않도록 할 것
- 디지털방식의 무전기를 사용하는 데 지장이 없도록 설치할 것

## 12

논리식 Z = A + B · C에 대한 다음 각 물음에 답하시오.

가. 유접점 릴레이회로로 그리시오.

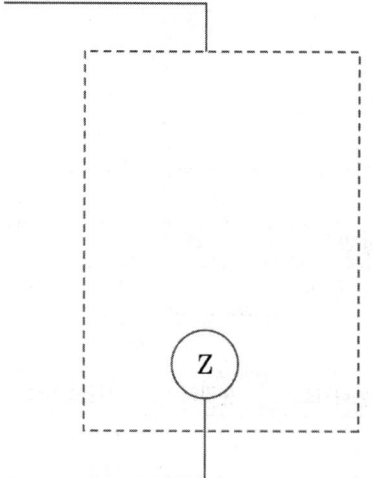

나. 무접점회로를 그리시오.

다. '나.' 무접점회로를 NAND 무접점회로로 변경한 논리식을 쓰시오.

라. '다.'의 논리식을 NAND 시퀀스(NAND 무접점회로)로 구성하시오.

### 정답

가.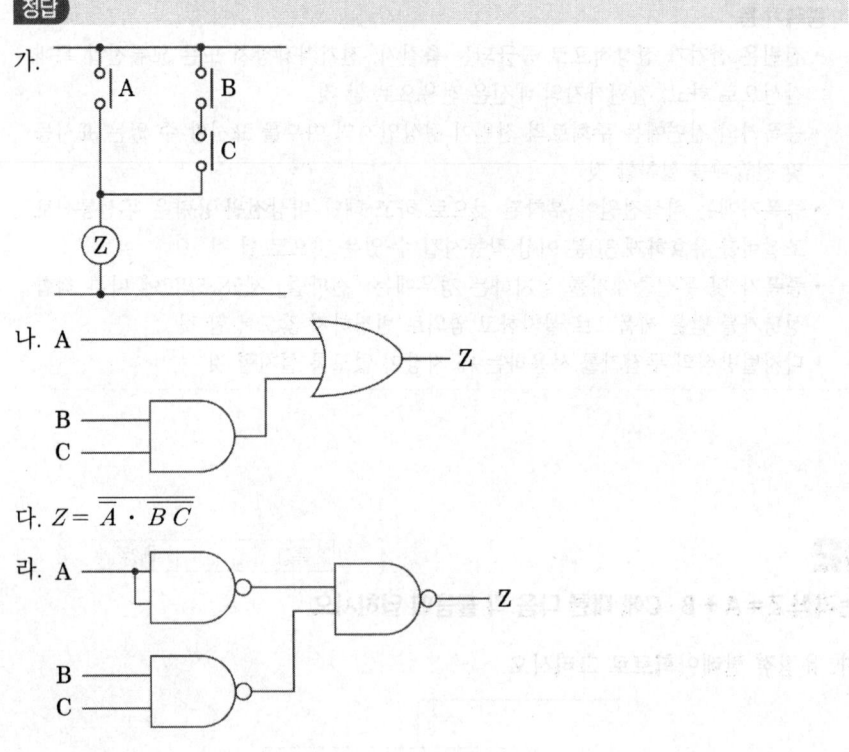

나.

다. $Z = \overline{\overline{A} \cdot \overline{B\,C}}$

라.

### 핵심이론 시퀀스

□ 드 모르간의 정리

| 논리식 | 논리식 |
|---|---|
| $\overline{A+B} = \overline{A} \cdot \overline{B}$ | $\overline{A \cdot B} = \overline{A} + \overline{B}$ |

□ 논리회로

| 게이트 | 논리회로(논리기호) | 논리식 | 시퀀스회로 | 진리표 | | |
|---|---|---|---|---|---|---|
| | | | | A | B | X |
| AND (직렬회로) | | $X = A \cdot B$ $= AB$ | | 0 | 0 | 0 |
| | | | | 0 | 1 | 0 |
| | | | | 1 | 0 | 0 |
| | | | | 1 | 1 | 1 |
| | | | | A | B | X |
| OR (병렬회로) | | $X = A + B$ | | 0 | 0 | 0 |
| | | | | 0 | 1 | 1 |
| | | | | 1 | 0 | 1 |
| | | | | 1 | 1 | 1 |

| 게이트 | 논리회로(논리기호) | 논리식 | 시퀀스회로 | 진리표 |
|---|---|---|---|---|
| NOT | $A \longrightarrow \triangleright\!\circ \longrightarrow X$ | $X = \overline{A}$ | | A\|X<br>0\|1<br>1\|0 |
| NAND (Not AND) | A, B → X | $X = \overline{AB}$ | | A\|B\|X<br>0\|0\|1<br>0\|1\|1<br>1\|0\|1<br>1\|1\|0 |

## 13  배점 3

비상콘센트설비의 화재안전기술기준에서 비상콘센트는 바닥으로부터 높이 몇 [m] 이상 몇 [m] 이하의 위치에 설치하여야 하는가?

◯ 답 :

### 정답

0.8 [m] 이상 1.5 [m] 이하

### 핵심이론 | 비상콘센트설비

1. 설치기준
   - 하나의 전용회로에 설치하는 비상콘센트는 10개 이하로 할 것(전선의 용량은 최대 3개)
   - 전원회로는 각 층에 있어서 2 이상이 되도록 설치할 것(단, 설치하여야 할 층의 콘센트가 1개인 때에는 하나의 회로로 할 수 있다.
   - 플러그접속기의 칼받이 접지극에는 접지공사를 하여야 한다.
   - 풀박스는 1.6 [mm] 이상의 철판을 사용할 것
   - 절연저항은 전원부와 외함 사이를 직류 500 [V] 절연저항계로 측정하여 20 [MΩ] 이상일 것
   - 전원으로부터 각 층의 비상콘센트에 분기되는 경우에는 분기배선용 차단기를 보호함 안에 설치할 것
   - 바닥으로부터 0.8[m] 이상 1.5 [m] 이하의 높이에 설치할 것

- 전원회로는 주배전반에서 전용회로로 하며, 배선의 종류는 내화배선이어야 한다.
- 콘센트마다 배선용 차단기를 설치하며, 충전부가 노출되지 아니하도록 할 것

2. 전원회로기준
   - 비상콘센트설비의 전원회로는 단상교류 220 [V]인 것으로서, 그 공급용량은 1.5 [kVA] 이상인 것으로 할 것
   - 전원회로는 각 층에 2 이상이 되도록 설치할 것. 다만 설치해야 할 층의 비상콘센트가 1개인 때에는 하나의 회로로 할 수 있다.
   - 전원회로는 주배전반에서 전용회로로 할 것. 다만 다른 설비회로의 사고에 따른 영향을 받지 않도록 되어 있는 것은 그렇지 않다.
   - 전원으로부터 각 층의 비상콘센트에 분기되는 경우에는 분기배선용 차단기를 보호함 안에 설치할 것
   - 콘센트마다 배선용 차단기(KS C 8321)를 설치해야 하며, 충전부가 노출되지 않도록 할 것
   - 개폐기에는 "비상콘센트"라고 표시한 표지를 할 것
   - 비상콘센트용의 풀박스 등은 방청도장을 한 것으로서, 두께 1.6 [mm] 이상의 철판으로 할 것
   - 하나의 전용회로에 설치하는 비상콘센트는 10개 이하로 할 것. 이 경우 전선의 용량은 각 비상콘센트(비상콘센트가 3개 이상인 경우에는 3개)의 공급용량을 합한 용량 이상의 것으로 해야 한다.
   - 비상콘센트의 플러그접속기는 접지형 2극 플러그접속기(KS C 8305)를 사용해야 한다.
   - 비상콘센트의 플러그접속기의 칼받이의 접지극에는 접지공사를 해야 한다.

## 14 [배점 8]

비상방송설비에 대한 다음 각 물음에 답하시오.

가. 확성기의 음성입력은 실외의 경우 몇 [W] 이상이어야 하는가?

나. 비상방송설비의 음량조정기는 몇 배선식으로 하여야 하는가?

### 정답

가. 3 [W]

나. 3선식

> **핵심이론** 비상방송설비의 설치기준

- 확성기의 음성입력은 3 [W](실내는 1 [W]) 이상일 것
- 확성기는 각 층마다 설치하되, 각 부분으로부터의 수평거리는 25 [m] 이하일 것
- 음량조정기의 배선은 3선식으로 할 것
- 조작부의 조작스위치는 바닥으로부터 0.8 ~ 1.5 [m] 이하의 높이에 설치할 것
- 다른 전기회로에 의하여 유도장애가 생기지 아니하도록 할 것
- 기동장치에 의한 화재신호를 수신한 후 필요한 음량으로 방송이 개시될 때까지의 소요시간은 10초 이하로 할 것
- 2.1.1.7 층수가 11층(공동주택의 경우에는 16층) 이상의 특정소방대상물은 다음의 기준에 따라 경보를 발할 수 있도록 해야 한다.
  ① 2층 이상의 층에서 발화한 때에는 발화층 및 그 직상 4개 층에 경보를 발할 것
  ② 1층에서 발화한 때에는 발화층·그 직상 4개 층 및 지하층에 경보를 발할 것
  ③ 지하층에서 발화한 때에는 발화층·그 직상층 및 기타의 지하층에 경보를 발할 것

## 15  배점 5

자동화재탐지설비를 설치하여야 할 특정소방대상물(연면적, 바닥면적 등의 기준)에 대한 다음 (    ) 안을 완성하시오. (단, 전부 필요한 경우는 '전부'라고 쓰고, 필요 없는 경우에는 '필요 없음'이라고 답할 것)

| 특정소방대상물 | 기준 |
|---|---|
| 전기저장시설 | ( ① ) |
| 자원순환 관련 시설 | ( ② ) |
| 노유자생활시설 | ( ③ ) |
| 위험물 저장 및 처리시설 | ( ④ ) |
| 전통시장 | ( ⑤ ) |

> **정답**

① 전부
② 연면적 2000 [m²] 이상
③ 전부
④ 연면적 1000 [m²] 이상
⑤ 전부

☑ 해설 : 자동화재탐지설비 설치대상

| 설치대상 | 기준 |
|---|---|
| • 교육연구시설(교육시설 내에 있는 기숙사 및 합숙소를 포함한다), 수련시설(기숙사·합숙소 포함, 숙박시설 제외)<br>• 동·식물 관련 시설<br>• 자원순환 관련 시설<br>• 교정 및 군사시설<br>• 묘지 관련 시설 | 연면적 2000 [m$^2$] 이상인 경우에는 모든 층 |
| 목욕장, 문화 및 집회시설, 종교시설, 판매시설, 운수시설, 운동시설, 업무시설, 창고시설, 공장, 지하상가, 위험물 저장 및 처리시설, 항공기 및 자동차 관련 시설, 교정 및 군사시설 중 국방·군사시설, 방송통신시설, 발전시설, 관광 휴게시설 | 연면적 1000 [m$^2$] 이상인 경우에는 모든 층 |
| • 근린생활시설(목욕장 제외)<br>• 의료시설(정신의료기관, 요양병원 제외)<br>• 위락시설, 장례시설 및 복합건축물 | 연면적 600 [m$^2$] 이상인 경우에는 모든 층 |
| 정신의료기관, 의료재활시설 | • 바닥면적 합계 300 [m$^2$] 이상<br>• 바닥면적 합계 300 [m$^2$] 미만, 창살 설치 |
| 터널 | 길이 1000 [m] 이상 |
| 공장 및 창고시설 | 500배 이상 특수가연물 |
| 요양병원, 지하구, 전통시장, 조산원, 산후조리원 | |
| 전기저장시설, 노유자생활시설 | |
| 공동주택 중 아파트등·기숙사, 숙박시설, 6층 이상인 건축물 | - |
| 노유자시설 | 연면적 400 [m$^2$] 이상인 경우에는 모든 층 |
| 숙박시설이 있는 수련시설 | 수용인원 100명 이상인 경우에는 모든 층 |

## 16

**배점 4**

다음에 제시하는 자동화재탐지설비의 수신기의 명칭을 쓰시오.

(1) P형 수신기의 기능과 가스누설경보기의 수신부 기능을 겸한 것
(2) 감지기 또는 발신기로부터 발하여지는 신호를 직접 또는 중계기를 통하여 고유신호로서 수신하여 화재의 발생을 당해 소방대상물 관계자에게 경보하여주는 것
(3) R형 수신기의 기능과 가스누설경보기의 수신부 기능을 겸한 것
(4) 감지기 또는 발신기로부터 발하여지는 신호를 직접 또는 중계기를 통하여 공통신호로서 수신하여 화재의 발생을 당해 소방대상물의 관계자에게 경보하여 주고 자동 또는 수동으로 옥내·외소화전설비, 스프링클러설비, 물분무소화설비, 포소화설비, 이산화탄소소화설비, 할론소화설비, 분말소화설비, 배연설비 등의 가압송수장치 또는 기동장치 등을 제어하는 것

### 정답

(1) GP형 수신기
(2) R형 수신기
(3) GR형 수신기
(4) P형 복합식 수신기

☑ 해설 : 수신기의 종류

① P형 수신기 : 감지기 또는 발신기로부터 발하여지는 신호를 직접 또는 중계기를 통하여 공통신호로서 수신하여 화재의 발생을 당해 소방대상물의 관계자에게 경보하여주는 것을 말한다.
② R형 수신기 : 감지기 또는 발신기로부터 발하여지는 신호를 직접 또는 중계기를 통하여 고유신호로서 수신하여 화재의 발생을 당해 소방대상물의 관계자에게 경보하여주는 것을 말한다.
③ GP형 수신기 : P형 수신기의 기능 + 가스누설경보기의 수신부 기능
④ GR형 수신기 : R형 수신기의 기능 + 가스누설경보기의 수신부 기능
⑤ 방폭형/방수형
⑥ P형 복합식 수신기 : P형 수신기 + 자동소화설비의 제어반
⑦ R형 복합식 수신기 : R형 수신기 + 자동소화설비의 제어반
⑧ GP형 복합식 수신기 : GP형 수신기 + 자동소화설비의 제어반
⑨ GR형 복합식 수신기 : GR형 수신기 + 자동소화설비의 제어반

## 17

통로유도등의 설치기준에 관한 다음 ( ) 안을 완성하시오.

(1) 복도통로유도등 : 구부러진 모퉁이 및 보행거리 ( ① ) [m]마다 설치하되, 바닥으로부터 높이 ( ② ) [m] 이하의 위치에 설치할 것. 다만 지하층 또는 무창층의 용도가 도매시장·소매시장·여객자동차터미널·지하역사 또는 지하상가인 경우에는 복도·통로 중앙부분의 ( ③ )에 설치하여야 한다.

(2) 거실통로유도등
- 거실의 통로에 설치할 것. 다만 거실의 통로가 ( ④ ) 등으로 구획된 경우에는 복도통로유도등을 설치하여야 한다.
- 구부러진 모퉁이 및 보행거리 ( ⑤ ) [m]마다 설치하되, 바닥으로부터 높이 ( ⑥ ) [m] 이상의 위치에 설치할 것

(3) 계단통로유도등 : 바닥으로부터 높이 ( ⑦ ) [m] 이하의 위치에 설치할 것

### 정답

① 20　　② 1
③ 바닥　④ 벽체
⑤ 20　　⑥ 1.5
⑦ 1

### 해설

(1) 복도통로유도등 설치기준
- 복도에 설치할 것
- 옥내로부터 직접 지상으로 통하는 출입구 및 그 부속실의 출입구와 직통계단·직통계단의 계단실 및 그 부속실의 출입구에 설치된 피난구유도등 맞은편 복도에 입체형으로 설치하거나 바닥에 설치할 것
- 구부러진 모퉁이 및 옥내로부터 직접 지상으로 통하는 출입구 및 그 부속실과 직통계단실 및 그 부속실에 설치된 피난구유도등를 기점으로 보행거리 20 [m]마다 설치할 것
- 바닥으로부터 높이 1 [m] 이하의 위치에 설치할 것(다만 지하층 또는 무창층의 용도가 도매시장·소매시장·여객자동차터미널·지하역사 또는 지하상가인 경우에는 복도·통로 중앙부분의 바닥에 설치)
- 바닥에 설치하는 통로유도등은 하중에 따라 파괴되지 아니하는 강도의 것으로 할 것

(2) 거실통로유도등 설치기준
- 거실의 통로에 설치할 것(다만 거실의 통로가 벽체 등으로 구획 시 복도통로유도등을 설치하여야 한다)
- 구부러진 모퉁이 및 보행거리 20 [m]마다 설치할 것
- 바닥으로부터 높이 1.5 [m] 이상의 위치에 설치(다만 거실 통로에 기둥이 설치 시 기둥부분의 바닥으로부터 1.5 [m] 이하의 위치에 설치 가능)

(3) 계단통로유도등 설치기준
- 각 층의 경사로 참 또는 계단참마다(1개 층에 경사로참 또는 계단참이 2 이상 있는 경우에는 2개의 계단참마다) 설치할 것
- 바닥으로부터 높이 1 [m] 이하의 위치에 설치할 것

[최소 설치개수 구하는 식] (소수점 절상)

| 구분 | 공식 |
|---|---|
| 객석유도등 | $\dfrac{\text{객석통로의 직선부분의 길이 [m]}}{4} - 1$ |
| 유도표지 | $\dfrac{\text{구부러진 곳이 없는 부분의 보행거리 [m]}}{15} - 1$ |
| 복도통로유도등, 거실통로유도등 | $\dfrac{\text{구부러진 곳이 없는 부분의 보행거리 [m]}}{20} - 1$ |

## 18

득점 ___ 배점 9

그림과 같은 시퀀스회로를 보고 다음 각 물음에 답하시오. (단, PB-on, PB-off, MC-a 접점 2개, MC-b 접점 1개를 사용한다)

[범례]
(1) 전자접촉기 : (MC)
(2) 기동용 표시등 : (RL)
(3) 정지용 표시등 : (GL)
(4) 누름버튼스위치 ON용 : ⊣PBS-on
(5) 누름버튼스위치 OFF용 : ⊣PBS-off

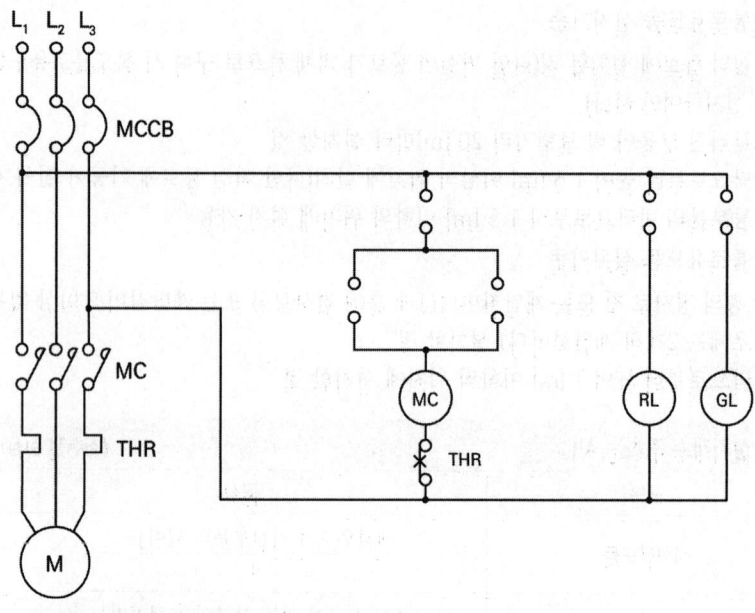

가. 미완성 도면을 완성하시오.

나. 도면의 주회로에 표기된 THR의 명칭 및 역할을 쓰시오.
　　1) 명칭 :
　　2) 역할 :

다. 어떤 원인에 의하여 THR의 보조 b접점이 작동되었다. 원위치시키려면 어떻게 하여야 하는가?

### 정답

가.

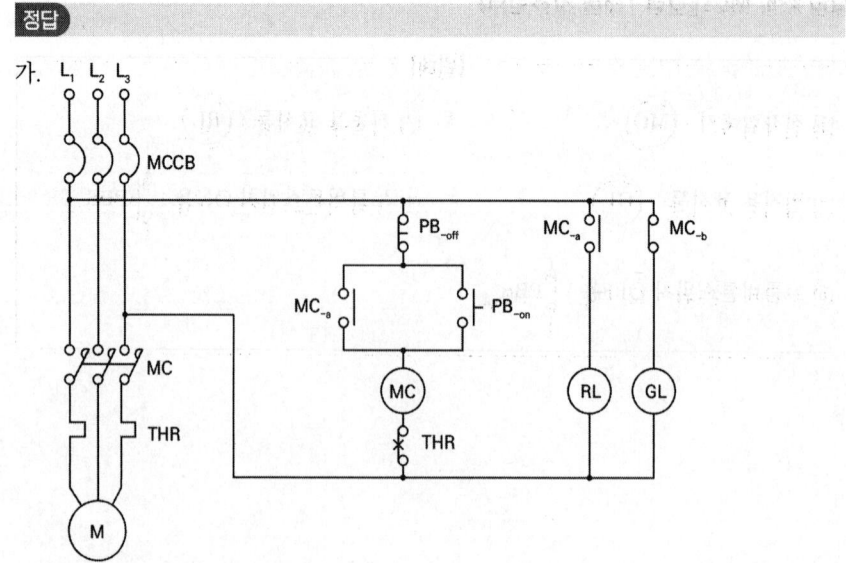

전원을 투입하면 GL이 점등된다.
PB-on스위치를 누르면 MC가 여자되며 관련 접점이 동작하여 RL이 점등되고 GL이 소등된다.
PB-off스위치를 누르면 원상복귀된다.

나. 1) 명칭 : 열동계전기
   2) 역할 : 전동기 과부하(과전류) 보호

다. 수동복구시킴

### 핵심이론   열동형 계전기(Thermal Relay : THR) : 과부하(과전류) 보호용 계전기

| 주회로 THR | 제어회로 THR |
|---|---|
| 열동계전기 | 열동계전기 b접점 |

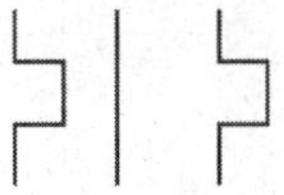

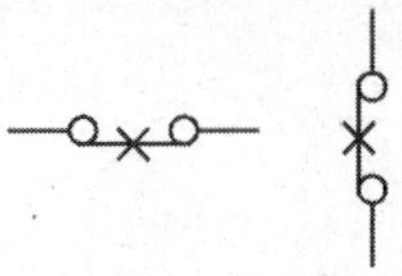

※ THR이 작동하는 경우
① 전동기에 과전류가 흐를 때
② 전류조정 다이얼이 정격전류보다 낮게 설정된 경우
③ 리셋버튼을 수동으로 눌러서 복귀한 뒤 기동용 푸시버튼스위치를 ON조작

격차를 뛰어넘어 압도적인 격차를 만들다

# 2020

| 1회 | 2020.05.24 |
| 2회 | 2020.07.26 |
| 3회 | 2020.10.18 |
| 4회 | 2020.11.14 |
| 5회 | 2020.11.29 |

## 2020년 1회 (2020.05.24)

### 01 [배점 10]

그림과 같은 시퀀스회로를 보고 다음 각 물음에 답하시오.

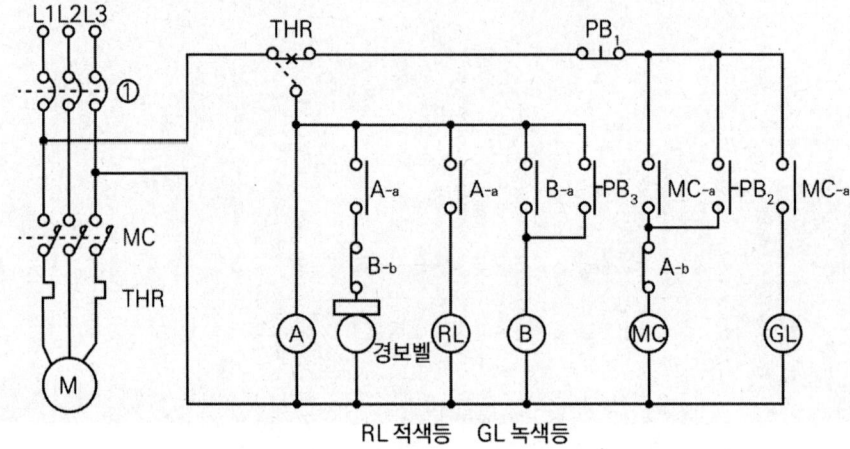

RL 적색등    GL 녹색등

가. 도면의 ①부분에 표시될 제어약호는?

  ○ 답 :

나. 도면의 주회로에 표기된 THR의 명칭은 무엇인가?

  ○ 답 :

다. 계전기 ⓐ가 여자되었을 때 회로의 동작상황을 상세히 설명하시오.

  ○ 답 :

라. 경보벨이 명동되고 있다고 할 때 이 울림을 정지시키려면 어떻게 하여야 하는가?

  ○ 답 :

마. 도면에서 $PB_1$과 $PB_2$의 용도는 무엇인가?

  ○ 답 :

바. 어떤 원인에 의하여 THR의 보조 b접점이 떨어져서 계전기 Ⓐ쪽에 붙었다고 할 때 접점이 떨어질 제반장애를 없앤 다음 이 접점을 원위치시키려면 어떻게 하여야 하는가?

  ○ 답 :

사. 문제의 도면 내용 중 동작에 불필요한 부분이 있으면 쓰고 없으면 '없음'이라고 쓰시오.

  ○ 답 :

### 정답

가. MCCB

나. 열동계전기

다. 계전기 A-$_a$접점에 의하여 경보벨이 명동됨과 동시에 RL램프가 점등된다.

라. PB$_3$를 누른다.

마. ① PB$_1$ : 모터 정지용
 ② PB$_2$ : 모터 기동용

바. 수동으로 복귀시킨다.

사. A-$_b$접점

> A-$_b$접점은 THR이 동작 시 안전을 위해 MC를 다시 한 번 개방시켜 주는 역할을 함. 생략해도 문제가 없으므로 불필요한 부분이나 틀린 부분은 아님

### 핵심이론 시퀀스

□ 배선용 차단기(Molded-Case Circuit Breaker : MCCB(= MCB = NFB, No Fuse Breaker))

 (1) 목적 : 과전류, 단락전류 차단(재사용 가능)

 (2) 특징

  ㉠ 소형이고 경량이다.
  ㉡ 기기의 신뢰도가 크다.
  ㉢ 과전류에 대한 차단성능이 우수하다.
  ㉣ 동작 시 수동으로 복귀가 간단하다.
  ㉤ 퓨즈가 필요치 않다.
  ㉥ 기기의 수명이 길다.

□ 열동형 계전기(thermal relay : THR) : 과부하(과전류) 보호용 계전기

| 주회로 THR | 제어회로 THR |
|---|---|
| (열동계전기 기호) | (열동계전기 b접점 기호) |
| 열동계전기 | 열동계전기 b접점 |

※ THR이 작동하는 경우
① 전동기에 과전류가 흐를 때
② 전류조정 다이얼이 정격전류보다 낮게 설정된 경우
③ 리셋버튼을 수동으로 눌러서 복귀한 뒤 기동용 푸시버튼스위치를 ON조작

## 02

득점 / 배점 5

자동화재탐지설비의 화재안전기준에서 정한 연기감지기의 설치기준이다. 다음 빈 칸에 부착높이에 따라 연기감지기 1개 이상을 설치하여야 하는 바닥면적을 쓰시오. (단, 해당사항이 없을 경우에는 "X"표시를 하시오)

| 부착높이 | 감지기의 종류 | |
|---|---|---|
| | 1종 및 2종 | 3종 |
| 4 [m] 미만 | | |
| 4 [m] 이상 20 [m] 미만 | | |

**정답**

| 부착높이 | 감지기의 종류 | |
|---|---|---|
| | 1종 및 2종 | 3종 |
| 4 [m] 미만 | 150 [m$^2$] | 50 [m$^2$] |
| 4 [m] 이상 20 [m] 미만 | 75 [m$^2$] | X |

> **핵심이론** 연기감지기 설치면적

(단위 : [m²])

| 부착높이 | 감지기의 종류 | |
|---|---|---|
| | 1종 및 2종 | 3종 |
| 4 [m] 미만 | 150 | 50 |
| 4 [m] 이상 20 [m] 미만 | 75 | - |

※ 감지기는 복도 및 통로에 있어서는 보행거리 30 [m](3종에 있어서는 20 [m])마다, 계단 및 경사로에 있어서는 수직거리 15 [m](3종에 있어서는 10 [m])마다 1개 이상으로 할 것

## 03

득점 / 배점 6

자동화재탐지설비의 수신기에 대하여 수신회로 성능검사를 하고자 한다. 수신기의 성능시험을 6가지만 쓰시오.

①
②
③
④
⑤
⑥

> **정답**

① 화재표시작동시험
② 회로도통시험
③ 공통선시험
④ 예비전원시험
⑤ 동시작동시험
⑥ 회로저항시험

### 🔑 핵심이론  수신기 기능시험

- 화재표시작동시험 : 지구표시등, 화재표시등 점등, 음향장치 명동 확인
- 예비전원시험 : 정전 시 상용전원에서 예비전원 자동전환 여부 확인 및 정상상태 복구 시 상용전원으로 자동전환 여부 확인
- 동시작동시험(회로수가 2회선 이상) : 2회로 이상 동작 시 수신기 기능 정상 여부 확인
- 공통선시험 : 공통선이 담당하고 있는 경계구역의 적정 여부 확인
- 회로도통시험 : 감지기회로의 단선, 단락 및 접속상태의 이상 유무를 파악
- 저전압시험 : 저전압상태(정격전압 80 [%] 이하) 수신기 기능 유지 확인
- 회로저항시험 : 감지기회로 1회선 선로 저항이 수신기 기능에 이상을 주지 않는 것을 확인
- 지구음향장치 작동시험 : 감지기의 작동과 연동하여 당해 지구음향장치가 정상으로 작동하는가 확인하기 위한 시험
- 비상전원시험 : 상용전원이 사고 등으로 정전된 경우 자동적으로 비상전원으로 절환되며 또한 정전복구 시에 자동적으로 일반 상용전원으로 절환되는지의 여부

## 04

다음 그림과 같이 지하 1층에서 지상 5층까지 각 층의 평면이 동일하고, 각 층의 높이가 4 [m]인 학원건물에 자동화재탐지설비를 설치한 경우이다. 다음 물음에 답하시오.

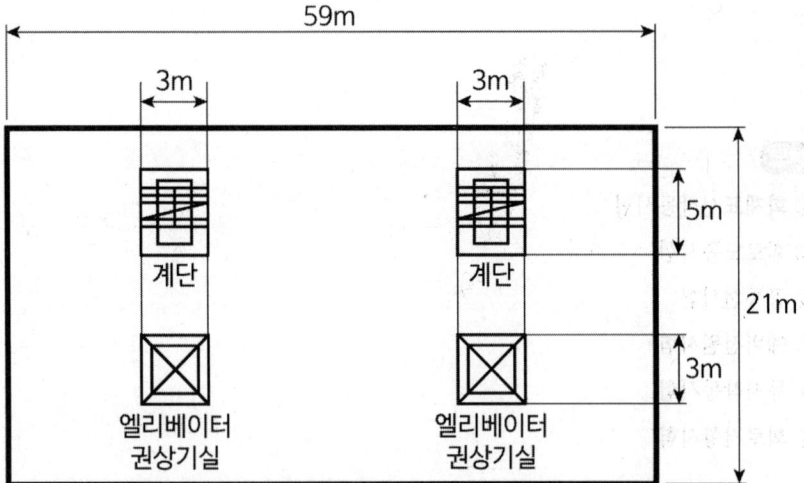

가. 하나의 층에 대한 자동화재탐지설비의 수평 경계구역수를 구하시오.
　○ 계산과정 :
　○ 답 :

나. 본 소방대상물 자동화재탐지설비의 수평 및 수직 경계구역수를 구하시오.

   1) 수평경계구역

   ○ 계산과정 :

   ○ 답 :

   2) 수직경계구역

   ○ 계산과정 :

   ○ 답 :

다. 본 건물에 설치해야 하는 수신기의 형별을 쓰시오.

라. 계단감지기는 각각 몇 층에 설치해야 하는지 쓰시오.

마. 엘리베이터 권상기실 상부에 설치해야 하는 감지기의 종류를 쓰시오.

### 정답

가. 계산과정

$$\frac{[(59 \times 21) - (3 \times 5 \times 2) - (3 \times 3 \times 2)]}{600} = 1.985 \rightarrow 절상해서 2개$$

(※ 계단 및 엘리베이터 면적 제외)

※ 하나의 층의 면적 : (59 × 21)
※ 계단실의 면적 : (3 × 5) × 2개
※ 엘리베이터 권상기실 면적 : (3 × 3) × 2개

**답 | 2경계구역**

- 경계구역산정에 있어서, 하나의 층 전체의 면적에서 계단실 2개와 엘리베이터권상기실 2개를 뺀 면적을 경계구역 면적기준인 600 [m²]으로 나눈 결과 절상해서 2개의 경계구역이 나온다.
- 기준면적으로 먼저 고려하여 2개로 나눠야 하는데 가로기준으로 반으로 나눠 선정하는 경우 가로가 50 [m] 이내가 될 수 있도록 나눌 수 있기 때문에 (길이 기준 50 [m] 이하도 만족하므로) 길이기준까지 고려해서 계산식을 작성하지 않아도 된다.

나. 1) 수평경계구역

계산과정 : 하나의 층당 2개의 수평적 경계구역 × 6개의 층 = 12경계구역

**답 | 12경계구역**

2) 수직경계구역

계산과정

- $\frac{4 \times 6}{45} = 0.53 \rightarrow$ 절상해서 1개의(계단 경계구역)

※ 한 층의 층고가 4 [m]이고, 총 6개의 층이 있으므로

- $2 + (1 \times 2) = 4$경계구역(엘레베이터 + 계단)

**답 | 4경계구역**

> 계단 한 개당 경계구역을 계산했을 때 절상해서 1개의 경계구역이 나오며, 도면 상에 계단이 2개 있으므로 $(1 \times 2)$개의 계단경계구역이다. 또한 엘리베이터는 한 개당 한 개의 경계구역이므로 도면상에 엘리베이터가 2개이기 때문에 엘리베이터에서는 2개의 경계구역이 나온다.

다. P형 수신기

라. 지상 2층, 지상 5층

> - 특정한 조건이 없으면 계단에는 연기감지기 2종을 설치한다.
> - 연기감지기 2종은 계단의 수직거리 15 [m]마다 한 개의 연기감지기를 설치한다.
> - 한 층의 층고가 4 [m]이고, 총 6개의 층이 있으므로 $\frac{4 \times 6}{15} = 1.6$이며 절상해서 2개의 연기감지기를 설치한다.
> - 연기감지기의 설치는 계단의 제일 꼭대기층에 하나를 설치하고 남은 감지기는 분배해서 설치한다.

마. 연기감지기 2종

☑ 해설 : 라, 마.

[연기감지기(2종)]

## 핵심이론 자동화재탐지설비

□ 자동화재탐지설비 경계구역 설정기준

(1) 수평적 경계구역
- 하나의 경계구역이 2개 이상의 건축물에 미치지 않도록 할 것
- 하나의 경계구역이 2개 이상의 층에 미치지 않도록 할 것
  단, 500 [m²] 이하의 범위 안에서 2[개]의 층을 하나의 경계구역할 수 있음
- 하나의 경계구역 면적 600 [m²] 이하로 하고 한 변의 길이 50 [m] 이하로 할 것. 단, 주된 출입구에서 그 내부 전체가 보이는 것은 한 변의 길이 50 [m] 범위 내에서 1000 [m²] 이하로 할 수 있음

(2) 수직적 경계구역
- 계단·경사로 : 별도의 경계구역으로 하며 경계구역 높이 45 [m] 이하로 할 것
- 엘리베이터 승강로(권상기실이 있는 경우에는 권상기실)·린넨슈트·파이프 피트 및 덕트 등 : 별도의 경계구역
- 지하층의 계단 및 경사로(지하층의 층수가 1일 경우 제외) : 별도의 경계구역

(3) 기타
- 외기에 면하여 상시 개방된 부분(차고·주차장·창고 등) : 외기에 면하는 각 부분으로부터 5 [m] 미만의 범위 안에 있는 부분은 경계구역 면적에 산입하지 않음
- 스프링클러설비·물분무등소화설비 또는 제연설비의 화재감지장치로서 화재감지기를 설치한 경우의 경계구역은 해당 소화설비의 방사구역 또는 제연구역과 동일하게 설정할 수 있음

□ 연기감지기 설치기준

(1) 복도·통로 : 보행거리 30 [m](3종 20 [m])마다
(2) 계단·경사로 : 수직거리 15 [m](3종 10 [m])마다
(3) 천장 또는 반자 낮은 실내 또는 좁은 실내에 있어서는 출입구 가까운 부분에 설치
(4) 천장 또는 반자부근에 배기구 있는 부근에 설치
(5) 벽 또는 보로부터 0.6 [m] 이상 떨어진 곳에 설치

## 05

다음은 지하 2층, 지상 6층인 건축물에 자동화재탐지설비를 설치하고자 한다. 조건을 참고하여 최소 경계구역 수는 몇 개로 하여야 하는지 산출하시오.

**조건**
(1) 건물의 층고는 3 [m]이다.
(2) 건물 좌우측에 계단이 1개소씩 있다.
(3) 각 층의 바닥면적은 600 [m²]이고 옥상층은 100 [m²]이다.
(4) 엘리베이터 등 도면에 표기하지 않은 사항은 고려하지 않는다.

| 6F | 600m² | 100m² |
| 5F | 600m² | |
| 4F | 600m² | |
| 3F | 600m² | |
| 2F | 600m² | |
| 1F | 600m² | |
| B1 | 600m² | |
| B2 | 600m² | |

| 구분 | 계산과정 | 답 |
|---|---|---|
| 수직경계구역 | | |
| 수평경계구역 | | |
| 총 경계구역 | | |

**정답**

| 구분 | 계산과정 | 답 |
|---|---|---|
| 수직 경계구역 | • 지상 : $\dfrac{3 \times 6}{45} = 0.4$ → 절상해서 1경계구역 × 2개소 = 2경계구역<br>• 지하 : $\dfrac{3 \times 2}{45} = 0.13$ → 절상해서 1경계구역 × 2개소 = 2경계구역 | 4경계구역 |
| 수평 경계구역 | • 각 층 : $\dfrac{600}{600} \times 8 = 8$경계구역<br>• 옥탑 : $\dfrac{100}{600} \times 1 = 0.16$ → 절상해서 1경계구역 | 9경계구역 |
| 총 경계구역 | 4 + 9 = 13경계구역 | 13경계구역 |

- 지하층의 층수가 2개의 층 이상이므로 지하층과 지상층의 경계구역을 따로 산정한다.
- 두 개의 층을 합하여 500 [m$^2$] 이하면 하나의 경계구역으로 산정할 수 있지만 위의 문제에는 두 개의 층을 합했을 때 500 [m$^2$] 이하인 층이 없으므로 각 층마다 수평적 경계구역을 산정한다.
- 도면에 엘리베이터가 없으므로 엘리베이터 수직적 경계구역은 제외한다.

## 06

|득점| |배점|3|

**P형 수신기에 비하여 R형 수신기가 갖는 장점 5가지를 쓰시오.**

① 
② 
③ 
④ 
⑤ 

### 정답

① 선로수를 적게 할 수 있어 경제적(배관, 배선공사 간단함)
② 선로길이를 길게 할 수 있음
③ 증설 또는 이설이 비교적 용이
④ 화재발생지구를 선명한 숫자로 표현
⑤ 신호 전달이 명확

### 핵심이론 수신기

□ P형 수신기와 R형 수신기 비교

| 구분 | P형 수신기 | R형 수신기 |
|---|---|---|
| 설명 | 감지기 또는 발신기로부터 발하여지는 신호를 직접 공통신호로서 수신하여 화재의 발생을 해당 특정소방대상물의 관계인에게 경보하여주는 것 | 감지기 또는 발신기로부터 발하여지는 신호를 직접 또는 중계기를 통하여 고유신호로서 수신하여 화재의 발생을 해당 특정소방대상물의 관계인에게 경보하여주는 것 |
| 신호전달방식 | 개별전송방식(1 : 1접점방식) | 다중전송방식 |
| 신호 종류 | 공통신호 | 고유신호 |
| 화재표시 | 적색 램프 | 액정표시(LCD) |
| 장점 | • 기능이 단순하므로 가격 저렴 | • 선로수가 적어 배관배선공사가 간단함<br>• 유지관리가 쉬움 |
| 단점 | • 선로수가 많아 배관배선공사가 복잡함<br>• 유지관리가 어려움 | • 효율적인 감지 및 제어를 위해 여러 기능이 추가되어 있어 가격이 비쌈 |

□ R형 수신기 특징
- 선로수를 적게 할 수 있어 경제적(배관, 배선공사 간단함)
- 전압강하가 적어 선로길이를 길게 할 수 있음
- 추가 중계기를 설치하기 때문에 증설 및 이설이 용이
- 화재발생지구 등을 선명한 숫자로 표현
- 신호 전달이 명확

## 07

무선통신보조설비의 무반사 종단저항과 안테나(공중선)의 설치이유를 쓰시오.

가. 무반사 종단저항

나. 안테나(공중선)

### 정답

가. 전송로로 전송되는 전자파가 전송로의 종단에서 반사되어 교신을 방해하는 것을 막기 위해

나. 전파를 효율적으로 송수신하기 위해

### 핵심이론  무선통신보조설비

□ 누설동축케이블의 정의
  동축케이블의 외부도체에 가느다란 홈을 만들어서 전파가 외부로 새어나갈 수 있도록 한 케이블

□ 누설동축케이블의 설치기준
  - 소방전용주파수대에서 전파의 전송 또는 복사에 적합한 것으로서 소방전용의 것으로 할 것. 다만 소방대 상호 간의 무선 연락에 지장이 없는 경우에는 다른 용도와 겸용할 수 있다.
  - 누설동축케이블과 이에 접속하는 안테나 또는 동축케이블과 이에 접속하는 안테나로 구성할 것
  - 누설동축케이블 및 동축케이블은 불연 또는 난연성의 것으로서 습기 등의 환경조건에 따라 전기의 특성이 변질되지 않는 것으로 하고, 노출하여 설치한 경우에는 피난 및 통행에 장애가 없도록 할 것
  - 누설동축케이블 및 동축케이블은 화재에 따라 해당 케이블의 피복이 소실된 경우에 케이블 본체가 떨어지지 않도록 4 [m] 이내마다 금속제 또는 자기제 등의 지지금구로 벽·천장·기둥 등에 견고하게 고정시킬 것. 다만 불연재료로 구획된 반자 안에 설치하는 경우에는 그렇지 않다.
  - 누설동축케이블 및 안테나는 금속판 등에 따라 전파의 복사 또는 특성이 현저하게 저하되지 않는 위치에 설치할 것
  - 누설동축케이블 및 안테나는 고압의 전로로부터 1.5 [m] 이상 떨어진 위치에 설치할 것. 다만 해당 전로에 정전기 차폐장치를 유효하게 설치한 경우에는 그렇지 않다.
  - 누설동축케이블의 끝부분에는 무반사 종단저항을 견고하게 설치할 것

**중요** ▶ 무반사 종단저항 : 누설동축케이블의 종단부에 전송된 전파는 케이블종단에서 반사되어 교신 방해, 송신효율이 저하되며, 반사파방지를 위해 누설동축케이블의 말단에 설치하는 저항

## 08

배점 6

**축적기능이 없는 감지기를 사용해야 하는 경우 3가지를 기술하시오.**

①
②
③

> **정답**

① 교차회로방식에 사용되는 감지기
② 급속한 연소 확대가 우려되는 장소에 사용되는 감지기
③ 축적기능이 있는 수신기에 연결하여 사용하는 감지기

축적기능이 있는 감지기는 비화재보의 방지를 위해 사용한다.

> **핵심이론** 감지기 설치

☐ 축적기능이 없는 감지기를 설치해야 하는 경우
- 교차회로방식에 사용되는 감지기
- 급속한 연소 확대가 우려되는 장소에 사용되는 감지기
- 축적기능이 있는 수신기에 연결하여 사용하는 감지기

☐ 축적기능 등이 있는 감지기를 설치해야 하는 경우
- 특정소방대상물 또는 그 부분이 지하층·무창층 등으로서 환기가 잘되지 아니한 곳
- 실내면적이 40 [$m^2$] 미만인 장소
- 감지기의 부착면과 실내바닥과의 거리가 2.3 [m] 이하인 장소(일시적으로 발생한 열·연기 또는 먼지 등으로 인하여 감지기가 화재신호를 발신할 우려가 있는 때)

## 09

배점 5

P형 수신기와 감지기와의 배선회로가 종단저항 10 [kΩ], 릴레이저항 400 [Ω], 배선회로의 저항 35 [Ω], 회로전압을 DC 24 [V]로 인가한 조건이다. 다음 각 물음에 답하시오.

가. 평소 감시전류[mA]를 구하시오.
  ○ 계산과정 :
  ○ 답 :

나. 화재가 발생하여 감지기가 동작할 때의 전류[mA]를 구하시오.
  ○ 계산과정 :
  ○ 답 :

### 정답

가. 계산과정

$$I = \frac{회로전압}{릴레이저항 + 배선저항 + 종단저항}$$

$$I = \frac{24}{10000 + 400 + 35} ≒ 2.299 \times 10^{-3} A ≒ 2.3 \times 10^{-3} A ≒ 2.3 [mA]$$

답 | 2.3 [mA]

나. 계산과정

$$I = \frac{회로전압}{릴레이저항 + 배선저항}$$

$$I = \frac{24}{400 + 35} = 0.055172 [A] = 55.172 [mA] ≒ 55.17 [mA]$$

답 | 55.17 [mA]

감지기가 동작했을 때의 저항값에는 종단저항을 제외한다.

### 핵심이론 감시전류, 동작전류

□ 감시전류

$$I = \frac{회로전압}{릴레이저항 + 배선저항 + 종단저항}$$

□ 동작전류

$$I = \frac{회로전압}{릴레이저항 + 배선저항}$$

## 10

득점 ___ 배점 3

금속관을 구부릴 때 금속관의 단면이 심하게 변형되지 아니하도록 구부러진 굴곡 반지름은 관 안지름의 몇 배 이상이 되어야 하는가?

○ 답:

### 정답

6배

#### 핵심이론 | 금속관공사의 시설(내규 2225-8)

- 금속관을 구부릴 때 금속관의 단면이 심하게 변형되지 아니하도록 구부려야 하며, 그 안측의 반지름은 관 안지름의 6배 이상이 되어야 한다.
- 아웃렛박스(Outlet Box) 사이 또는 전선인입구가 있는 기구 사이의 금속관은 3개소를 초과하는 직각 또는 직각에 가까운 굴곡 개소를 만들어서는 아니 된다. 굴곡 개소가 많은 경우 또는 관의 길이가 30 [m]를 넘는 경우에는 풀박스를 설치하는 것이 바람직하다.
- 풀박스(Pull Box) : 배관이 긴 곳 또는 굴곡부분이 많은 곳에서 시공이 용이하도록 전선을 끌어들이기 위해 배선 도중에 사용하는 박스

## 11

득점 ___ 배점 3

화재 시 피난을 유도하기 위한 유도등의 종류 3가지를 쓰시오.

①
②
③

### 정답

① 피난구유도등
② 통로유도등
③ 객석유도등

### 핵심이론 유도등의 종류

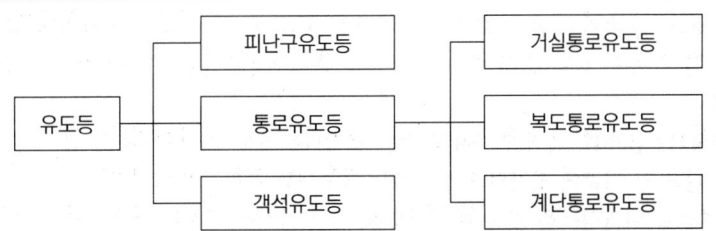

□ 통로유도등의 설치기준

| 구분 | 복도통로유도등 | 거실통로유도등 | 계단통로유도등 |
|---|---|---|---|
| 설치장소 | 복도 | 거실의 통로 | 계단 |
| 설치방법 | ① 출입구에 피난구유도등 있는 복도 : 맞은편 복도에 입체형 또는 바닥<br>② 구부러진 모퉁이<br>③ ①의 통로유도등 기점으로 보행거리 20 [m]마다 | 구부러진 모퉁이 및 보행거리 20 [m]마다 | 각 층의 경사로참 또는 계단참마다 |
| 설치높이 | 바닥으로부터 높이 1 [m] 이하 | 바닥으로부터 높이 1.5 [m] 이상(단, 기둥에 설치 시 : 바닥으로부터 1.5 [m] 이하) | 바닥으로부터 높이 1 [m] 이하 |

## 12  배점 5

**자동화재탐지설비의 전원회로의 배선공사방법 3가지를 쓰시오.**

①

②

③

### 정답

① 금속관공사

② 2종 금속제 가요전선관공사

③ 합성수지관

### 핵심이론 | 내화배선 공사방법

- 내화배선 : 금속관·2종 금속제 가요전선관 또는 합성수지관에 수납하여 내화구조로 된 벽 또는 바닥 등에 벽 또는 바닥의 표면으로부터 25 [mm] 이상의 깊이로 매설
- 내열배선 : 금속관·금속제 가요전선관·금속덕트 또는 케이블 공사방법
- 다만 다음 각 기준에 적합하게 설치하는 경우에는 그러하지 아니하다.
  ① 배선을 내화성능을 갖는 배선전용실 또는 배선용 샤프트·피트·덕트 등에 설치하는 경우
  ② 배선전용실 또는 배선용 샤프트·피트·덕트 등에 다른 설비의 배선이 있는 경우에는 이로부터 15 [cm] 이상 떨어지게 하거나 소화설비의 배선과 이웃하는 다른 설비의 배선 사이에 배선지름(배선의 지름이 다른 경우에는 가장 큰 것을 기준으로 한다)의 1.5배 이상의 높이의 불연성 격벽을 설치하는 경우

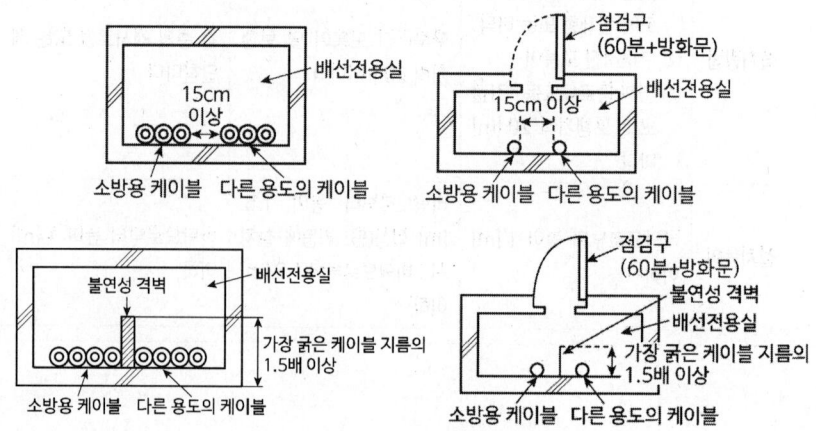

- 내화전선·내열전선은 케이블공사의 방법에 따라 설치

## 13

비상용 자가발전설비를 설치하려고 한다. 기동용량은 500 [kVA], 허용전압강하는 15 [%]까지 허용하며, 과도리액턴스는 20 [%]일 때 발전기용 차단기의 용량은 몇 [kVA] 이상인가? (단, 차단용량의 여유율은 25 [%]로 계산한다)

○ 계산과정 :

○ 답 :

**득점** / **배점** 4

### 정답

☑ 계산과정

- 발전기용량 [kVA] = $(\dfrac{1}{\text{허용전압강하}} - 1) \times$ 기동용량 $\times$ 과도리액턴스

  $= (\dfrac{1}{0.15} - 1) \times 0.2 \times 500 = 566.666 \, [kVA]$

- 발전기용 차단기용량 [kVA] = $\dfrac{\text{발전기출력}}{\text{과도리액턴스}} \times 1.25$ (여유율)

  $= \dfrac{566.67}{0.2} \times 1.25 ≒ 3541.66 \, [\text{kVA}]$

답 | 3541.66 [kVA]

### 핵심이론 | 발전기용량

▫ 발전기 정격용량(발전기용량)의 산정공식

발전기용량 [KVA] = $(\dfrac{1}{\text{허용전압강하}} - 1) \times$ 기동용량 $\times$ 과도리액턴스

▫ 발전기용 차단기의 용량공식

발전기용 차단기용량 [KVA] = $\dfrac{\text{발전기출력}}{\text{과도리액턴스}} \times 1.25$

1.25 : 여유율

## 14

배점 6

수신기로부터 배선거리 100 [m]의 위치에 모터사이렌이 접속되어 있다. 사이렌이 명동될 때 사이렌의 단자전압을 구하시오. (단, 수신기는 정전압출력이라고 하고 전선은 2.5 [mm²] HFIX전선이며, 사이렌의 정격전력은 48 [W]라고 가정한다. 전압변동에 의한 부하전류의 변동은 무시한다. 2.5 [mm²] 동선의 전기저항은 8.75 [Ω/km]라고 한다)

○ 계산과정 :

○ 답 :

### 정답

✓ 계산과정

- $I = \dfrac{P}{V} = \dfrac{48}{24} = 2\,[A]$
- $e(\text{전압강하}) = 2IR = 2 \times 2 \times 0.875 = 3.5\,[V]$
  (8.75 [Ω/km] × 0.1 [km] = 0.875 [Ω])
- $V_r = 24 - 3.5 = 20.5\,[V]$

답 | 20.5 [V]

※ 동선의 전기저항이 8.75 [Ω/km]이라는 것은, 1 [km]일 때 저항이 8.75 [Ω]라는 뜻으로 배선거리 100 [m]일 때 전기저항을 구해서 대입한다.
※ 저항이 주어졌을 때의 전압강하는 e = 2IR의 공식을 사용한다.

✓ 해설

#### 핵심이론 전압강하

- 단상 2선식 $e = V_s - V_r = 2IR\,[V]$
- 3상 3선식 $e = V_s - V_r = \sqrt{3}\,IR\,[V]$

$e$ : 전압강하 [V], $V_s$ : 정격전압 [V], $V_r$ : 단자전압 [V]

## 15

비상경보설비 및 단독경보형 감지기의 화재안전기준에서 발신기의 설치기준에 관한 다음 ( ) 안을 완성하시오.

(1) ( ① )이 쉬운 장소에 설치하고, 조작스위치는 바닥으로부터 ( ② ) [m] 이상 ( ③ ) [m] 이하의 높이에 설치할 것
(2) 특정소방대상물의 층마다 설치하되, 해당 특정소방대상물의 각 부분으로부터 하나의 발신기까지의 수평거리가 ( ④ ) [m] 이하가 되도록 할 것. 다만 복도 또는 별도로 구획된 실로서 보행거리가 ( ⑤ ) [m] 이상일 경우에는 추가로 설치하여야 한다.
(3) 발신기의 위치표시등은 함의 상부에 설치하되, 그 불빛은 부착면으로부터 ( ⑥ ) 도 이상의 범위 안에서 부착지점으로부터 ( ⑦ ) [m] 이내의 어느 곳에서도 쉽게 식별할 수 있는 적색등으로 할 것

### 정답

① 조작, ② 0.8, ③ 1.5, ④ 25, ⑤ 40, ⑥ 15, ⑦ 10

### 핵심이론 | 발신기 설치기준

(1) 조작이 쉬운 장소에 설치하고, 스위치는 바닥으로부터 0.8 [m] 이상 1.5 [m] 이하의 높이에 설치할 것
(2) 특정소방대상물의 층마다 설치하되,
- 수평거리 : 25 [m] 이하 설치(각 부분부터 하나의 발신기까지의 거리)
- 보행거리 : 40 [m] 이상 경우 추가설치(복도·별도구획된 실)
(3) (2)의 기준을 초과하는 경우로서 기둥·벽이 설치되지 아니한 대형공간의 경우 발신기는 설치대상장소의 가장 가까운 장소의 벽·기둥 등에 설치할 것
(4) 발신기의 위치를 표시하는 표시등은 함의 상부에 설치하되, 그 불빛은 부착면으로부터 15° 이상의 범위 안에서 부착지점으로부터 10 [m] 이내의 어느 곳에서도 쉽게 식별할 수 있는 적색등으로 한다.

## 16

유도표지의 설치기준에 관한 다음 (   ) 안을 완성하시오.

(1) 계단에 설치하는 것을 제외하고는 각 층마다 복도 및 통로의 각 부분으로부터 하나의 유도표지까지의 보행거리가 (  ①  ) [m] 이하가 되는 곳과 구부러진 모퉁이의 벽에 설치할 것
(2) 피난구유도표지는 출입구 상단에 설치하고, 통로유도표지는 바닥으로부터 높이 (  ②  ) [m] 이하의 위치에 설치할 것

### 정답

① 15, ② 1

### 핵심이론 유도표지

□ 유도표지 설치기준
- 계단에 설치하는 것을 제외하고는 각 층마다 복도 및 통로의 각 부분으로부터 하나의 유도표지까지의 보행거리가 15 [m] 이하가 되는 곳과 구부러진 모퉁이의 벽에 설치할 것
- 주위에는 이와 유사한 등화·광고물·게시물 등을 설치하지 아니할 것
- 유도표지는 부착판 등을 사용하여 쉽게 떨어지지 아니하도록 설치할 것
- 축광방식의 유도표지는 외광 또는 조명장치에 의하여 상시 조명이 제공되거나 비상조명등에 의한 조명이 제공되도록 설치할 것

□ 유도표지 설치높이
- 피난구유도표지 : 출입구 상단에 설치
- 통로유도표지 : 바닥으로부터 높이 1 [m] 이하의 위치에 설치

복도통로유도등은 보행거리 20 [m]마다 설치하지만 통로유도표지는 축광방식이므로 보행거리 15 [m]마다 설치한다.

## 17

지상 13층, 지하 3층 건축물에 자동화재탐지설비 지구음향장치를 설치하고자 한다. 다음의 경우에 경보를 발하여야 할 층을 쓰시오.

가. 지상 2층 발화 :

나. 지상 1층 발화 :

다. 지하 1층 발화 :

### 정답

가. 지상 2층 발화 : 지상 2층, 지상 3층, 지상 4층, 지상 5층, 지상 6층

나. 지상 1층 발화 : 지하 1층, 지하 2층, 지하 3층, 지상 1층, 지상 2층, 지상 3층, 지상 4층, 지상 5층

다. 지하 1층 발화 : 지하 1, 지하 2 층, 지하3층, 지상 1층

### 핵심이론 경보방식

□ 우선경보방식

| 발화층 | 11층 이상인 특정소방대상물 (공동주택일 경우 16층 이상) |
|---|---|
| 2층 이상 | 발화층, 직상 4개 층 |
| 1층 | 발화층, 직상 4개 층, 지하층 |
| 지하층 | 발화층, 직상층, 기타 지하층 |

□ 일제경보방식
소규모 소방대상물에서 화재 시 전 층에 동시 경보

## 18

누전경보기의 전원 설치기준에 관한 다음 ( ) 안을 완성하시오.

(1) 전원은 분전반으로부터 ( ① )회로로 하고, 각 극에 ( ② ) 및 ( ③ ) [A] 이하의 과전류차단기(배선용 차단기에 있어서는 ( ④ ) [A] 이하의 것으로 각 극을 개폐할 수 있는 것)를 설치할 것
(2) 전원의 ( ⑤ )에는 ( ⑥ )용임을 표시한 표지를 할 것

### 정답

① 전용, ② 개폐기, ③ 15, ④ 20, ⑤ 개폐기, ⑥ 누전경보기

### 핵심이론 누전경보기

□ 경계전로 정격전류에 따른 구분

| 정격전류 | 60 [A] 초과 | 60 [A] 이하 |
|---|---|---|
| 경보기 종류 | 1급 | 1급 또는 2급 |

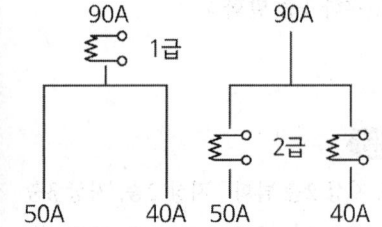

□ 누전경보기 전원
- 전원은 분전반으로부터 전용회로로 하고, 각 극에 개폐기 및 15 [A] 이하의 과전류차단기(배선용 차단기에 있어서는 20 [A] 이하의 것으로 각 극을 개폐할 수 있는 것)를 설치할 것
- 전원을 분기할 때에는 다른 차단기에 따라 전원이 차단되지 아니하도록 할 것
- 전원의 개폐기에는 누전경보기용임을 표시한 표지를 할 것

□ 변류기(영상변류기, ZCT)
- 경계전로의 누설전류 자동 검출하여 이를 누전경보기의 수신부에 송신

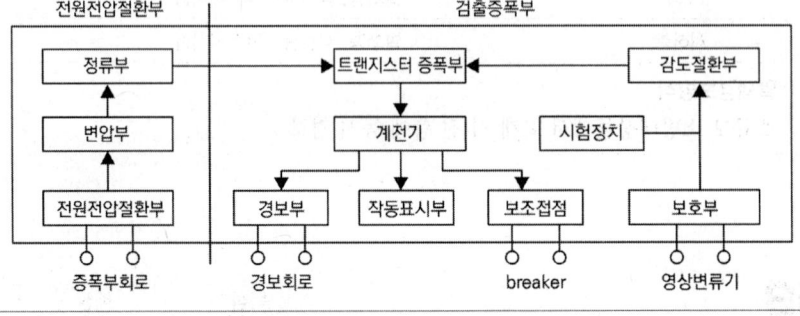

> 중요 ▶ KEC에서는 16 [A] 이하의 과전류차단기로 개정되었지만, 아직까지 누전경보기의 화재안전기술기준(NFTC 205)에는 15 [A] 이하라고 명시되어 있기 때문에 15 [A] 이하로 암기할 것

# 2020년 2회

2020.07.26

## 01 [배점 7]

가압송수장치를 기동용 수압개폐방식으로 사용하는 1층 공장 내부에 옥내소화전함과 자동화재탐지설비용 발신기를 다음과 같이 설치하였다. 다음 각 물음에 답하시오. (단, 경종과 표시등 공통선을 같이 한다)

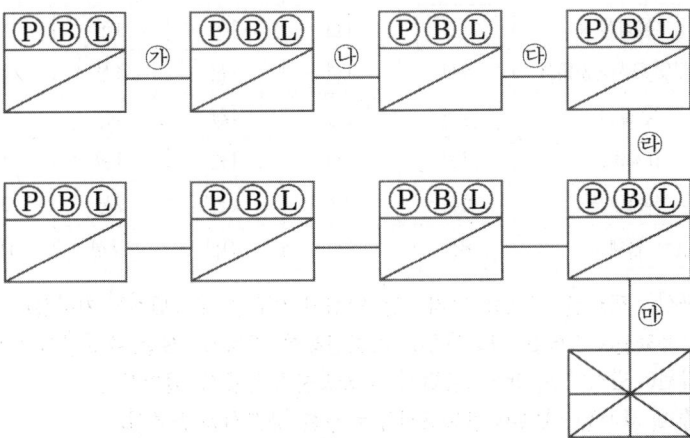

가. 기호 ㉮ ~ ㉲의 전선 가닥 수를 표시하시오
   ㉮
   ㉯
   ㉰
   ㉱
   ㉲

나. 옥내소화전함의 전면에 부착되는 전기적인 기기장치의 명칭을 모두 쓰시오.
   1)
   2)
   3)
   4)

### 정답

가. ㉮ 8, ㉯ 9, ㉰ 10, ㉱ 11, ㉲ 16

나. 1) P형 발신기
   2) 경종
   3) 위치표시등
   4) 기동확인표시등

☑ 해설 : 전선용도 및 가닥 수

| 용도연결간수 \ 기호 | 가 | 나 | 다 | 라 | 마 |
|---|---|---|---|---|---|
| 지구선 | 1선 | 2선 | 3선 | 4선 | 8선 |
| 공통선 | 1선 | 1선 | 1선 | 1선 | 2선 |
| 응답선 | 1선 | 1선 | 1선 | 1선 | 1선 |
| 경종 및 표시등공통선 | 1선 | 1선 | 1선 | 1선 | 1선 |
| 경종선 | 1선 | 1선 | 1선 | 1선 | 1선 |
| 표시등선 | 1선 | 1선 | 1선 | 1선 | 1선 |
| 기동표시등 | 2선 | 2선 | 2선 | 2선 | 2선 |
| 합계 | 8선 | 9선 | 10선 | 11선 | 16선 |

• 지구선(= 회로선, 신호선, 감지기선, 발신기 지구선, 수동발신기 지구선)
• 지구공통선(= 공통선, 회로공통선, 신호공통선, 감지기공통선, 수동발신기 공통선)
• 응답선(= 발신기선, 발신기응답선, 수동발신기 응답선, 확인선)
• 경종 및 표시등공통선(= 공동표시등 공통선, 벨표시등 공통선)
• 기동표시등(= 기동확인표시등)

## 02

배점 6

다음 그림을 보고 저항의 값을 쓰시오.

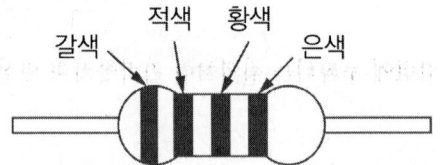

갈색  적색  황색  은색

### 정답

120000 [Ω] ± 10 [%]

### 해설

- 컬러 코드표

| 색 | 제1색띠 (제1숫자) | 제2색띠 (제2숫자) | 제3색띠 (제3숫자) | 제4색띠 (제4숫자) | 제5색띠 (제5숫자) |
|---|---|---|---|---|---|
| 흑색 | 0 | 0 | 0 | $10^0$ | |
| 갈색 | 1 | 1 | 1 | $10^1$ | ±1 [%] |
| 적색 | 2 | 2 | 2 | $10^2$ | ±2 [%] |
| 등색 | 3 | 3 | 3 | $10^3$ | |
| 황색 | 4 | 4 | 4 | $10^4$ | |
| 녹색 | 5 | 5 | 5 | $10^5$ | ±0.5 [%] |
| 청색 | 6 | 6 | 6 | $10^6$ | ±0.25 [%] |
| 밤색 | 7 | 7 | 7 | $10^7$ | ±0.1 [%] |
| 회색 | 8 | 8 | 8 | | ±0.05 [%] |
| 백색 | 9 | 9 | 9 | | |
| 금색 | | | | $10^{-1}$ | ±5 [%] |
| 은색 | | | | $10^{-2}$ | ±10 [%] |

- 4줄표시

  ① 제1색띠 : 갈색(1), 제2색띠 : 적색(2), 제4색띠 : 황색($10^4$), 제5색띠 : 은색(±10%)
  
  ② $12 \times 10^4$ [Ω] ± 10 [%] = 120000 [Ω] ± 10 [%]

---

[5줄표시]

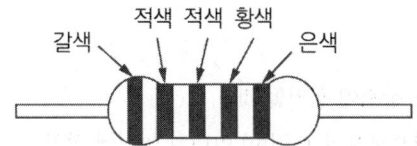

① 제1색띠 : 갈색(1), 제2색띠 : 적색(2), 제3색띠 : 적색(2), 제4색띠 : 황색($10^4$), 제5색띠 : 은색(±10%)

② 1220000 [Ω] ± 10 [%]

## 03

전선의 굵기를 결정하는 요소 3가지를 쓰시오.

①
②
③

**정답**

① 허용전류
② 전압강하
③ 기계적 강도

## 04

감지기회로의 도통시험을 위한 종단저항의 설치기준 3가지를 쓰시오.

①
②
③

**정답**

① 점검 및 관리가 쉬운 장소에 설치할 것
② 전용함 설치 시 바닥으로부터 1.5 [m] 이내의 높이에 설치
③ 감지기회로의 끝부분에 설치하며, 종단감지기에 설치 시 구별이 쉽도록 해당 감지기의 기판 및 감지기의 외부 등에 별도의 표시를 할 것

**핵심이론** 감지기회로 도통시험을 위한 종단저항 설치기준

- 점검 및 관리가 쉬운 장소에 설치할 것
- 전용함 설치 시 바닥으로부터 1.5 [m] 이내의 높이에 설치할 것
- 감지기회로의 끝부분에 설치하며, 종단감지기에 설치할 경우에는 구별이 쉽도록 해당 감지기의 기판 및 감지기 외부 등에 별도의 표시를 할 것

□ 기타
- 감지기 사이의 회로의 배선은 송배선식으로 할 것
- 전원회로의 전로와 대지 사이 및 배선상호 간의 절연저항은 「전기사업법」 제67조에 따른 「전기설비기술기준」이 정하는 바에 의하고, 감지기회로 및 부속회로의 전로와 대지 사이 및 배선상호 간의 절연저항은 1경계구역마다 직류 250[V]의 절연저항측정기를 사용하여 측정한 절연저항이 0.1 [MΩ] 이상이 되도록 할 것
- 자동화재탐지설비의 배선은 다른 전선과 별도의 관·덕트(절연효력이 있는 것으로 구획한 때에는 그 구획된 부분은 별개의 덕트로 본다)·몰드 또는 풀박스 등에 설치할 것. 다만 60 [V] 미만의 약 전류회로에 사용하는 전선으로서 각각의 전압이 같을 때에는 그렇지 않다.
- P형 수신기 및 G.P형 수신기의 감지기회로의 배선에 있어서 하나의 공통선에 접속할 수 있는 경계구역은 7개 이하로 할 것
- 자동화재탐지설비의 감지기회로의 전로저항은 50 [Ω] 이하가 되도록 해야 하며, 수신기의 각 회로별 종단에 설치되는 감지기에 접속되는 배선의 전압은 감지기 정격전압의 80 [%] 이상이어야 할 것

## 05 [배점 6]

**유도등의 3선식 배선이 가능한 장소를 3가지 쓰시오. (단, 3선식 배선에 따라 상시 충전되는 구조인 경우이다)**

①
②
③

### 정답

① 외부광에 따라 피난구 또는 피난방향을 쉽게 식별할 수 있는 장소
② 공연장, 암실 등으로서 어두워야 할 필요가 있는 장소
③ 특정소방대상물의 관계인 또는 종사원이 주로 사용하는 장소

유도등의 2선식 배선은 평상시 점등의 구조이며, 유도등의 3선식 배선은 평상시 소등의 구조이다.

> **★ 핵심이론** 유도등의 3선식 배선이 가능한 장소

□ 유도등의 3선식 배선이 가능한 장소
- 특정소방대상물 또는 그 부분에 사람이 없는 장소
- 외부광에 따라 피난구 또는 피난방향을 쉽게 식별할 수 있는 장소
- 공연장, 암실 등으로서 어두워야 할 필요가 있는 장소
- 특정소방대상물의 관계인 또는 종사원이 주로 사용하는 장소

□ 유도등 2선식과 3선식 특징

| 2선식 | 3선식 |
|---|---|
| • 평상시는 상시 점등 | • 평상시는 소등상태, 비상시에만 점등 |
| • 전선소모 적음 | • 전선소모 많음 |
| • 전력소모 많음 | • 전력소모 적음 |
| • 원격스위치 불필요 | • 원격스위치 필요 |

## 06      득점    배점 5

자동화재탐지설비의 화재안전기준에서 정하는 배선기준 중 P형 수신기의 감지기회로 배선에 있어서 공통선 시험방법에 대하여 설명하시오.

○ 답 :

> **정답**
> ① 수신기 내 접속단자의 회로공통선 1선 제거
> ② 도통시험스위치를 누르고, 회로선택스위치를 차례로 회전
> ③ 전압계 또는 표시등을 확인하여 「단선」을 지시한 경계구역 회선수 확인
>
> 1개의 지구공통선이 담당할 수 있는 지구선 수는 7개이다.
> 따라서 단선을 지시한 경계구역이 7회선을 초과하면 안 된다.

> **★ 핵심이론** 공통선시험
>
> (1) 목적 : 공통선이 담당하고 있는 경계구역의 적정 여부 확인
> (2) 시험방법
> - 수신기 내 접속단자의 공통선 1선 제거
> - 회로도통시험의 예에 따라 도통시험스위치를 누른 후 회로선택스위치를 차례로 회전
> - 전압계 또는 표시등을 확인하여 단선을 지시한 경계구역의 회선수 확인
> (3) 가부판정 : 단선 표시 되는 회선수가 7회선 이하이면 정상

□ 수신기시험
- 화재표시작동시험 : 지구표시등, 화재표시등 점등, 음향장치 명동 확인
- 예비전원시험 : 정전 시 상용전원에서 예비전원 자동전환 여부 확인 및 정상상태 복구 시 상용전원으로 자동전환 여부 확인
- 동시작동시험(회로 수가 2회선 이상) : 2회로 이상 동작 시 수신기 기능 정상 여부 확인
- 공통선시험 : 공통선이 담당하고 있는 경계구역의 적정 여부 확인
- 회로도통시험 : 감지기회로의 단선, 단락 및 접속상태의 이상 유무를 파악
- 저전압시험 : 저전압상태(정격전압 80 [%] 이하) 수신기 기능 유지 확인
- 회로저항시험 : 감지기회로 1회선 선로 저항이 수신기 기능에 이상을 주지 않는 것을 확인
- 지구음향장치 작동시험 : 감지기의 작동과 연동하여 당해 지구음향장치가 정상으로 작동하는가 확인하기 위한 시험
- 비상전원시험 : 상용전원이 사고 등으로 정전된 경우 자동적으로 비상전원으로 절환되며, 또한 정전복구 시에 자동적으로 일반 상용전원으로 절환되는지의 여부를 확인

## 07

득점 ___ 배점 5

**다음에서 제시하는 전선의 명칭을 쓰시오.**

| HIV | |
| --- | --- |
| IV | |
| RB | |
| OW | |
| CV | |

**정답**

| HIV | 600 [V] 2종 비닐절연전선 |
| --- | --- |
| IV | 600 [V] 비닐절연전선 |
| RB | 고무절연전선 |
| OW | 옥외용 비닐절연전선 |
| CV | 가교폴리에틸렌 절연비닐 외장케이블 |

> **핵심이론** 전선의 약호 및 명칭

| 약호 | 명칭 |
|---|---|
| DV | 인입용 비닐절연전선 |
| OW | 옥외용 비닐절연전선 |
| RB | 고무절연전선 |
| IV | 600 [V] 비닐절연전선 |
| HIV | 600 [V] 2종 비닐절연전선 |
| HFIX | 450/750 [V] 저독성 난연가교 폴리올레핀 절연전선 |
| CV | 가교폴리에틸렌 절연비닐 외장케이블 |
| E | 접지선 |
| GV | 접지용 비닐절연전선 |

IV, HIV는 소방용으로 사용하지 않음

## 08 [배점 5]

3∅ 380 [V], 4 [P], 75 [HP]의 전동기가 있다. 동기속도가 1500 [rpm]일 때 이 전동기의 주파수[Hz]를 구하시오.

○ 계산과정 :

○ 답 :

### 정답

☑ 계산과정

$$N_s = \frac{120f}{P}$$

$$\therefore f = \frac{P \times N_S}{120} = \frac{1500 \times 4}{120} = 50 \text{ [Hz]}$$

답 | 50 [Hz]

동기속도는 슬립을 고려하지 않은 속도이며 회전속도는 슬립을 고려한 속도이다.

### 핵심이론 동기속도

□ 동기속도 구하는 식

$$N_s = \frac{120f}{P} \text{ [rpm]}$$

□ 회전속도 구하는 식

$$N = \frac{120f}{P}(1-S) \text{ [rpm]}$$

$N_s$ : 동기속도 [rpm], $N$ : 회전속도 [rpm]
$f$ : 주파수 [Hz], P : 극수, S : 슬립

## 09 [배점 4]

**옥내소화전설비에서 비상전원으로 사용하는 설비 2가지를 쓰시오.**

①
②

### 정답

① 자가발전설비
② 축전지설비

각 설비별 비상전원의 종류와 더불어 비상전원의 용량도 반드시 암기할 것!

### 핵심이론 비상전원 종류 및 용량

| 설비 | 비상전원 | | | | 용량 |
| --- | --- | --- | --- | --- | --- |
| | 자가발전 | 축전지 | 전기저장장치 | 비상전원수전설비 | |
| • 스프링클러설비 (미분무소화설비) | ○ | ○ | ○ | (차고, 주차장으로 바닥면 1000 [m²] 미만인 경우) | • 20분 : 30층 미만<br>• 40분 : 30 ~ 49층<br>• 60분 : 50층 이상 |
| • 간이스프링클러설비 | ○ | | | ○ | • 10분<br>• 20분 : 근생, 복합건축물, 생활형 숙박시설 |

| 설비 | 비상전원 | | | | 용량 |
|---|---|---|---|---|---|
| | 자가발전 | 축전지 | 전기저장장치 | 비상전원수전설비 | |
| • 옥내소화전설비<br>• 연결송수관설비<br>• 특별피난계단의 계단실·부속실 제연설비 | ○ | ○ | ○ | | • 20분 : 30층 미만<br>• 40분 : 30 ~ 49층<br>• 60분 : 50층 이상 |
| • 제연설비<br>• $CO_2$설비<br>• 분말소화설비<br>• 할론소화설비<br>• 할로겐화합물 및 불활성기체소화설비<br>• 화재조기진압용 스프링클러설비<br>• 포소화설비 | ○ | ○ | ○ | (호스릴포소화설비 또는 포소화전만을 설치한 차고·주차장, 포헤드설비 또는 고정포방출설비가 설치된 부분의 바닥면 합계 1000 [m²] 미만인 경우) | • 20분 이상 |
| • 비상방송설비<br>• 자동화재탐지설비<br>• 비상경보설비 | | ○ | ○ | | • 10분 이상<br>• 30분 이상(비방, 자탐 30층 이상) |
| • 유도등 | | ○ | | | • 20분 이상<br>• 60분 이상 (지하층 제외 11층 이상, 지하층·무창층으로 도·소매시장, 여객자동차터미널, 지하역사, 지하상가) |
| • 비상조명등 | ○ | ○ | ○ | | |
| • 무선통신보조설비 | | ○ | | | • 30분 이상 |
| • 비상콘센트설비 | ○ | ○ | ○ | ○ | • 20분 이상 |

# 10

득점 / 배점 3

차동식 스포트형 감지기의 리크공이 막혔을 때 작동개시시간이 어떻게 작동하는지 답하시오.

O 답 :

### 정답

작동개시시간이 빨라진다.

[차동식 스포트형 감지기 리크구멍(리크공)]

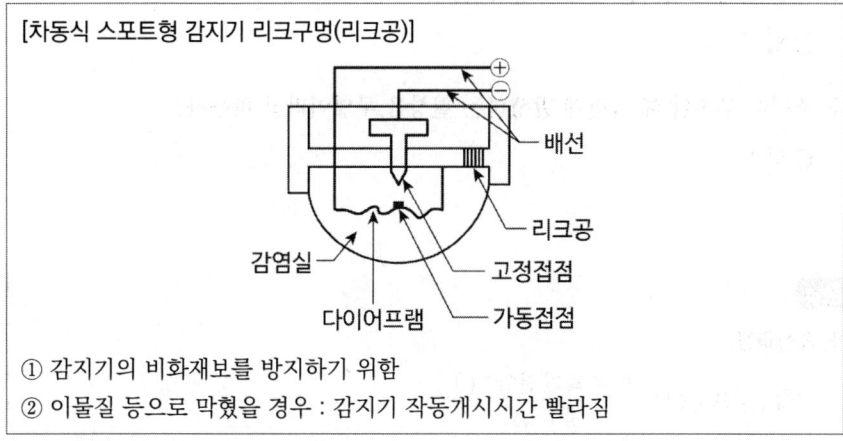

① 감지기의 비화재보를 방지하기 위함
② 이물질 등으로 막혔을 경우 : 감지기 작동개시시간 빨라짐

### 핵심이론 | 차동식 스포트형 감지기 구조

- 동작원리 : 화재 발생 시 감열부의 공기가 팽창하여 다이어프램을 밀어 올려 접점을 붙게 함으로써 수신기에 신호를 보낸다.

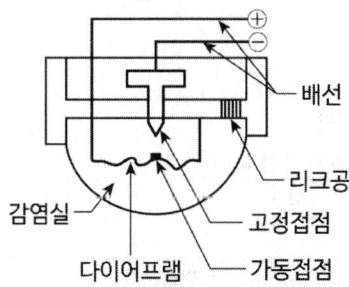

① 감열실 : 열을 유효하게 받음
② 다이어프램 : 공기팽창에 의해 접점이 잘 밀려올라가도록 함
③ 고정접점 : 가동접점과 접촉되어 화재신호 발신
④ 리크구멍(리크공) : 감지기의 비화재보를 방지하기 위하여

## 11

연축전지가 여러 개 설치되어 그 정격용량이 200 [Ah]인 축전지설비가 있다. 상시부하가 8 [kW]이고, 표준전압이 100 [V]라고 할 때 다음 각 물음에 답하시오. (단, 축전지의 방전율은 10시간율로 한다)

가. 연축전지는 몇 셀 정도 필요한가?
- 계산과정 :
- 답 :

나. 충전 시에 발생하는 가스의 종류는?
- 답 :

다. 충전이 부족할 때 극판에 발생하는 현상을 무엇이라고 하는가?
- 답 :

**배점** 6

### 정답

가. 계산과정

$$\text{공칭전압[V/셀]} = \frac{\text{허용최저전압}(V)}{\text{셀수}(N)}$$

$$\therefore N = \frac{\text{허용최저전압}}{\text{공칭전압}} = \frac{100}{2.0} = 50$$

답 | 50 [셀]

나. 수소가스($H_2$)

다. 설페이션현상

### 핵심이론 축전지

□ 축전지 공칭전압 구하는 식

$$\text{공칭전압[V/셀]} = \frac{\text{허용최저전압}(V)}{\text{셀수}}$$

□ 축전지 종류별 특성

| 구분 | 연축전지 | 알칼리축전지 |
|---|---|---|
| 기전력 [V] | 2.05 ~ 2.08 | 1.32 |
| 공칭전압 [V] | 2.0 | 1.2 |
| 공칭용량 [Ah] | 10 | 5 |

**보충** 설페이션현상 : 배터리를 방전상태로 방치해두면 극판 표면에 유백색의 결정이 생긴다. 이 결정은 부도체의 황산납이며, 이와 같은 현상을 설페이션현상이라고 한다.

## 12

다음은 화재조기진압용 스프링클러설비 상용전원회로의 배선설치기준에 관한 사항이다. ( ) 안을 완성하시오.

(1) 저압수전인 경우에는 ( ① )의 직후에서 분기하여 ( ② )으로 하여야 하며, 전용의 전선관에 보호되도록 할 것
(2) 특고압수전 또는 고압수전일 경우에는 전력용 변압기 2차 측의 ( ③ )에서 분기하여 ( ④ )으로 하되, 상용전원의 상시공급에 지장이 없을 경우에는 ( ⑤ )에서 분기하여 ( ⑥ )으로 할 것

### 정답

① 인입개폐기  ② 전용배선
③ 주차단기 1차 측  ④ 전용배선
⑤ 주차단기 2차 측  ⑥ 전용배선

상용전원회로 배선 설치기준(스프링클러, 화재조기진압용, 간이스프링클러, 옥내소화전설비)
(1) 저압수전 : 인입개폐기의 직후에서 분기하여 전용배선으로 하며, 전용의 전선관에 보호되도록 할 것
(2) 고압수전 또는 특고압수전 : 전력용 변압기 2차 측의 주차단기 1차 측에서 분기하여 전용배선으로 하되, 상용전원의 상시공급에 지장이 없을 경우에는 주차단기 2차 측에서 분기하여 전용배선으로 할 것

### 핵심이론  화재조기진압용 스프링클러설비 상용전원회로 배선 설치기준

□ 저압수전 : 인입개폐기 직후에서 분기하여 전용배선으로 할 것

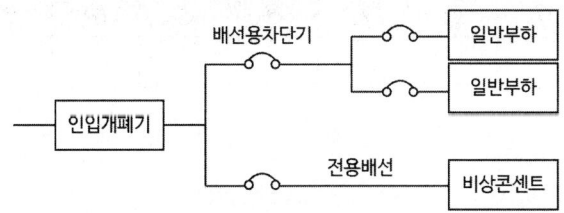

□ 고압수전 또는 특고압수전 : 전력용 변압기 2차 측의 주차단기 1차 측 또는 2차 측에서 분기하여 전용배선으로 할 것

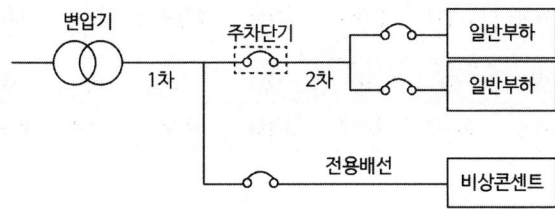

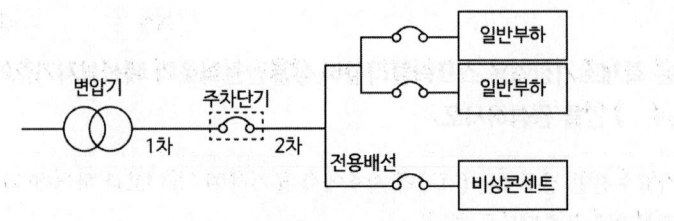

## 13

배점 6

감지기회로의 결선도이다. 종단저항이 수신기에 설치되어 있다고 할 때 다음 각 물음에 답하시오.

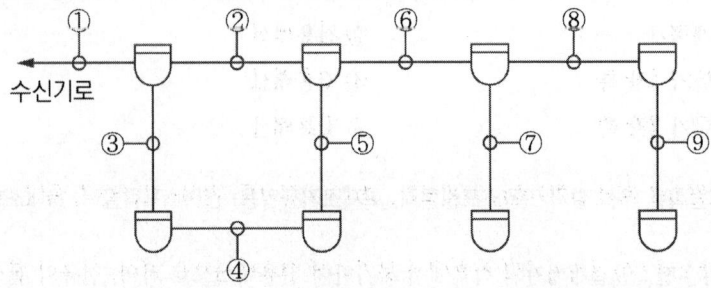

가. 송배선식으로 배선할 때 ①~⑨의 최소 전선수를 쓰시오.

| ① | ② | ③ | ④ | ⑤ | ⑥ | ⑦ | ⑧ | ⑨ |
|---|---|---|---|---|---|---|---|---|
|   |   |   |   |   |   |   |   |   |

나. 교차회로방식으로 배선할 때 ①~⑨의 최소 전선수를 쓰시오.

| ① | ② | ③ | ④ | ⑤ | ⑥ | ⑦ | ⑧ | ⑨ |
|---|---|---|---|---|---|---|---|---|
|   |   |   |   |   |   |   |   |   |

**정답**

가.
| ① | ② | ③ | ④ | ⑤ | ⑥ | ⑦ | ⑧ | ⑨ |
|---|---|---|---|---|---|---|---|---|
| 4가닥 | 2가닥 | 2가닥 | 2가닥 | 2가닥 | 4가닥 | 4가닥 | 4가닥 | 4가닥 |

나.
| ① | ② | ③ | ④ | ⑤ | ⑥ | ⑦ | ⑧ | ⑨ |
|---|---|---|---|---|---|---|---|---|
| 8가닥 | 4가닥 | 4가닥 | 4가닥 | 4가닥 | 8가닥 | 4가닥 | 8가닥 | 4가닥 |

〈종단저항이 전용함(수신기, 발신기)에 설치된 경우〉
- 감지기를 송배선방식으로 배선할 때
  1. 루프 : 2가닥
  2. 나머지 : 4가닥
- 교차회로방식으로 배선할 때
  1. 루프와 말단 : 4가닥
  2. 나머지 : 8가닥

## 14

배점 5

양수량이 매분 5 [m³]이고, 전양정이 50 [m]인 펌프용 전동기의 용량은 몇 [kW]인지 구하시오. (단, 펌프효율은 85 [%]이고, 여유계수는 1.1이라고 한다)

○ 계산과정 :

○ 답 :

### 정답

☑ 계산과정

$$P = \frac{9.8KQH}{\eta t} = \frac{9.8 \times 1.1 \times 5 \times 50}{0.85 \times 60} = 52.843 ≒ 52.84 \text{ [kW]}$$

답 | 52.84 [kW]

### 핵심이론 전동기용량 구하는 식

$$P = \frac{9.8KQH}{\eta t} = \frac{9.8K \times Q[m^3/\min] \times H}{\eta t \times 60} \text{ [kW]}$$

P : 전동기용량 [kW], K : 여유계수, Q : 유량 [m³]
H : 전양정 [m], $\eta$ : 효율, t : 시간 [s]

## 15

다음은 유도등에 대한 설명이다. ① ~ ⑥까지 빈칸을 채우시오.

| 구분 | 설명 |
| --- | --- |
| 유도등 | 화재 시에 피난을 유도하기 위한 등으로서 ( ① )에서는 상용전원에 따라 켜지고 상용전원이 정전되는 경우에는 ( ② )으로 자동전환되어 켜지는 등 |
| ( ③ ) | 피난구 또는 피난경로로 사용되는 출입구를 표시하여 피난을 유도하는 등 |
| 통로유도등 | 피난통로를 안내하기 위한 유도등으로 ( ④ ), ( ⑤ ), ( ⑥ ) 등이 있다. |

### 정답

① 정상상태, ② 비상전원, ③ 피난구유도등, ④ 복도통로유도등, ⑤ 거실통로유도등, ⑥ 계단통로유도등

### 핵심이론 유도등

▫ 유도등의 정의
 화재 시에 피난을 유도하기 위한 등으로서 정상상태에서는 상용전원에 따라 켜지고 상용전원이 정전되는 경우에는 비상전원으로 자동전환되어 켜지는 등

▫ 유도등의 종류

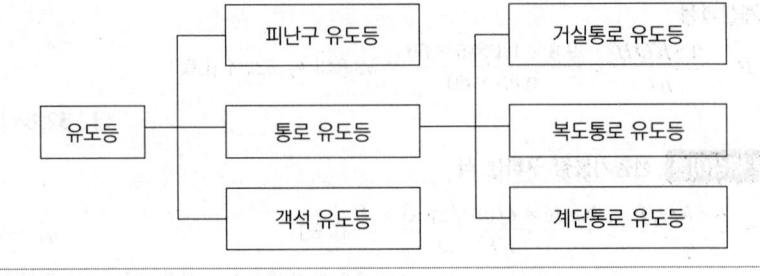

## 16

배점 7

그림과 같은 회로를 보고 다음 각 물음에 답하시오.

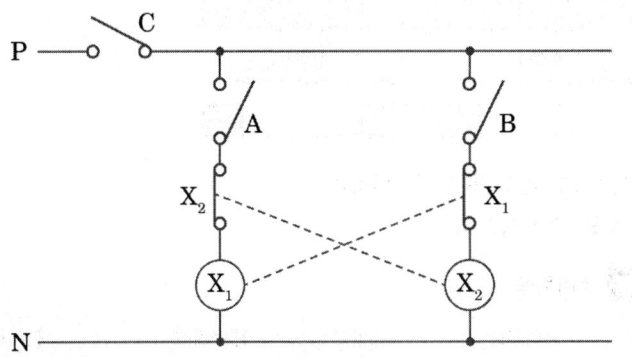

가. 주어진 회로에 대한 논리회로를 그리시오.

나. 주어진 회로에 대한 타임차트를 완성하시오.

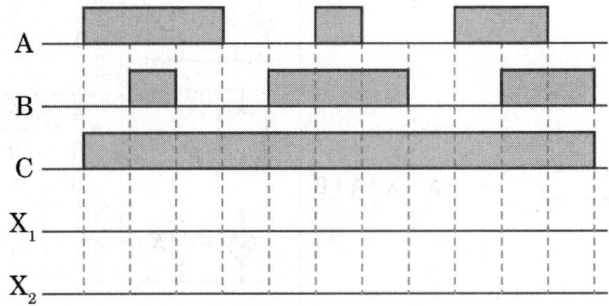

다. 주어진 회로에서 $X_1$과 $X_2$의 b접점(Normal Close)의 사용목적을 쓰고, 이와 같은 회로의 명칭을 쓰시오.

1) 사용목적 :

2) 회로명칭 :

정답

가.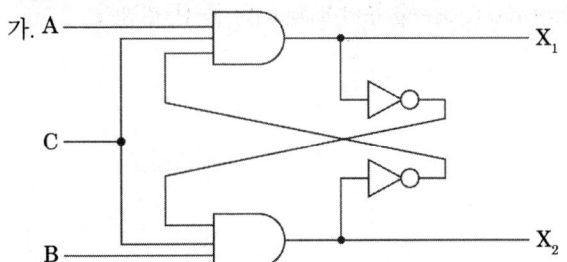

나.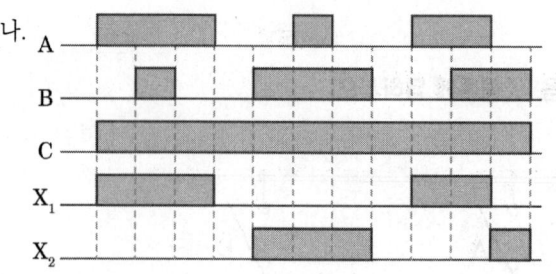

다. 1) 사용목적 : $X_1$과 $X_2$의 동시투입방지
　 2) 회로명칭 : 인터록회로

### 핵심이론 논리회로

| 게이트 | 논리회로 | 논리식 | 시퀀스회로 | 진리표 |||
|---|---|---|---|---|---|---|
| | | | | A | B | X |
| AND | A, B → X | $X = A \cdot B$ $= AB$ | | 0 | 0 | 0 |
| | | | | 0 | 1 | 0 |
| | | | | 1 | 0 | 0 |
| | | | | 1 | 1 | 1 |
| | | | | A | B | X |
| OR | A, B → X | $X = A + B$ | | 0 | 0 | 0 |
| | | | | 0 | 1 | 1 |
| | | | | 1 | 0 | 1 |
| | | | | 1 | 1 | 1 |
| | | | | A | | X |
| NOT | A → X | $X = \overline{A}$ | | 0 | | 1 |
| | | | | 1 | | 0 |

[인터록회로]
- 상호 관련이 있는 기기의 동작을 서로 구속하는 회로기기의 보호와 조작자의 안전이 목적인 회로
- 병렬회로에 상호 b접점(Normal Close)을 두어 $R_1$과 $R_2$의 동시투입방지

## 17

그림은 Y-△ 기동에 대한 시퀀스회로도이다. 그림을 보고 다음 각 물음에 답하시오.

가. 19-1과 19-2는 전자접촉기이다. 이것의 용도는 무엇인가?

　　1) 19-1 :

　　2) 19-2 :

나. 그림에서 49는 어떤 계전기의 제어약호인가?

　　○ 답 :

다. MCCB는 무엇인가?

　　○ 답 :

라. 그림에서 (88)은 어떤 용도의 전자접촉기인가?

　　○ 답 :

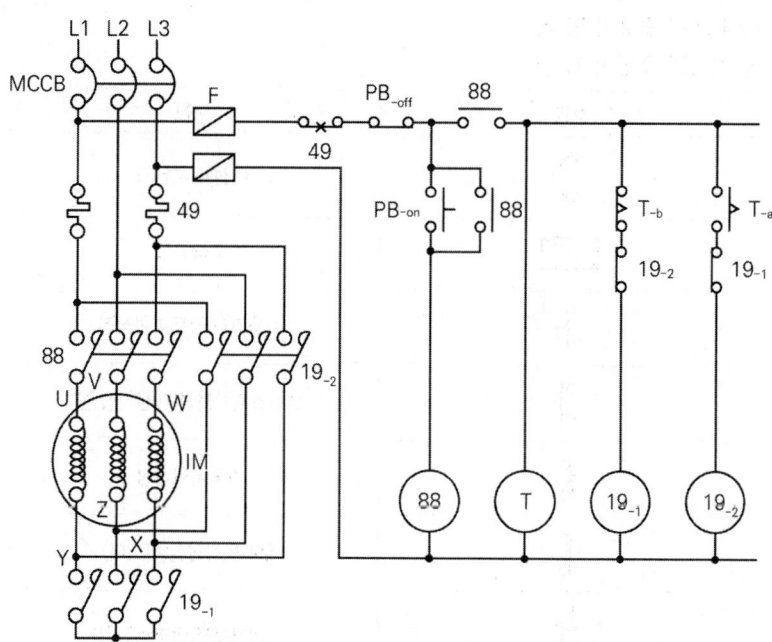

### 정답

가. 1) 19-1 : Y 기동용
　　2) 19-2 : △ 운전용

나. 열동계전기

회로에 과전류가 흐를 시 차단시켜 주는 목적

다. 배선용 차단기
라. 주전원 개폐용

> ★ **핵심이론** 시퀀스

▫ 자동제어기구 번호
　(1) 49 : 열동계전기(= 열동형 계전기)
　(2) 88 : 전동장치 운전용 개폐기(보조기용 접촉기)
▫ 배선용 차단기(Molded-Case Circuit Breaker : MCCB(= MCB = NFB, No Fuse Breaker))
　(1) 목적 : 과전류, 단락전류 차단(재사용 가능)
　(2) 특징
　　㉠ 소형이고 경량이다.
　　㉡ 기기의 신뢰도가 크다.
　　㉢ 과전류에 대한 차단성능이 우수하다.
　　㉣ 동작 시 수동으로 복귀가 간단하다.
　　㉤ 퓨즈가 필요치 않다.
　　㉥ 기기의 수명이 길다.

| 심벌 | 명칭 |
|---|---|
| ∽ | 배선용 차단기 |
| ▱ | 포장퓨즈 |
| 아 | 수동조작 자동복귀접점 |
| 이 | 보조스위치접점(계전기접점) |
| ⅋ | 수동복귀접점 |
| ⅋ | 한시동작접점(타이머) |
| ⅋ | 기계적접점(리밋스위치) |
| Ⓜ | 3상전동기 |
| Ⓟ | 펌프 |

## 18

득점 ☐  배점 6

**이온화식 스포트형 감지기와 광전식 스포트형(분리형) 감지기를 비교 설명하시오.**

가. 이온화식 스포트형 감지기 :

나. 광전식 스포트형(분리형) 감지기 :

### 정답

가. 주위의 공기가 일정 농도의 연기를 포함하는 경우에 작동하는 것으로 일국소의 연기에 의해 이온전류가 변화하여 작동하는 것

나. 주위의 공기가 일정한 농도의 연기를 포함하게 되는 경우에 작동하는 것으로서 일국소의 연기에 의하여 광전 소자에 접하는 광량의 변화로 작동하는 것

### 핵심이론 감지기 종류

(1) 차동식 스포트형 감지기
- 주위온도가 일정 상승률 이상일 때 작동하는 것으로 일국소에서의 열효과에 의하여 작동하는 것(온도 일정 상승률 이상 + 일국소)
- 차동식 분포형 감지기 : 온도 일정 상승률 이상 + 넓은 범위

(2) 정온식 스포트형 감지기
- 일국소의 주위온도가 일정 온도 이상일 때 작동하는 것으로 외관이 전선이 아닌 것(일정한 온도 이상 + 외관 전선 ×)
- 정온식 감지선형 감지기 : 일정한 온도 이상 + 외관 전선 ○

(3) 보상식 스포트형 감지기
차동식 스포트형 + 정온식 스포트형의 성능을 겸한 것으로, 둘 중 한 기능이 작동되면 신호를 발하는 것

(4) 이온화식 스포트형 감지기
주위의 공기가 일정 농도의 연기를 포함하는 경우에 작동하는 것으로 일국소의 연기에 의해 이온전류가 변화하여 작동하는 것

(5) 광전식 스포트형(분리형) 감지기
수위의 공기가 일정한 농도의 연기를 포함하게 되는 경우에 작동하는 것으로서 일국소의 연기에 의하여 광전 소자에 접하는 광량의 변화로 작동하는 것

## 2020년 3회 (2020.10.18)

### 01 [배점 6]

비상방송설비에 대한 다음 각 물음에 답하시오.

가. 확성기의 음성입력은 실외의 경우 몇 [W] 이상이어야 하는가?
  ○ 답 :

나. 비상방송설비의 음량조정기는 몇 선식 배선으로 하여야 하는가?
  ○ 답 :

다. 조작부의 스위치 높이를 쓰시오.
  ○ 답 :

**정답**

가. 3 [W]
나. 3선식
다. 0.8 [m] 이상 1.5 [m] 이하

**★ 핵심이론** 비상방송설비의 설치기준

- 확성기의 음성입력은 3 [W](실내는 1 [W]) 이상일 것
- 음량조정기의 배선은 3선식으로 할 것
- 기동장치에 의한 화재신호를 수신한 후 필요한 음량으로 방송이 개시될 때까지의 소요시간은 10초 이하로 할 것
- 조작부의 조작스위치는 바닥으로부터 0.8 [m] 이상 1.5 [m] 이하의 높이에 설치할 것
- 다른 전기회로에 의하여 유도장애가 생기지 아니하도록 할 것
- 확성기는 각 층마다 설치하되, 각 부분으로부터의 수평거리는 25 [m] 이하일 것

## 02

배점 3

비상방송설비를 설치하여야 하는 특정소방대상물 3가지를 쓰시오.

①
②
③

### 정답

① 연면적 3500 [m²] 이상인 것
② 지하층을 제외한 층수가 11층 이상인 것
③ 지하층의 층수가 3층 이상인 것

#### 핵심이론 | 비상방송설비 설치대상

- 연면적 3500 [m²] 이상인 것
- 지하층을 제외한 층수가 11층 이상인 것
- 지하층의 층수가 3층 이상인 것

## 03

배점 4

간선의 굵기를 결정하는 요소 3가지를 쓰시오.

①
②
③

### 정답

① 허용전류
② 전압강하
③ 기계적 강도

## 04

득점 / 배점 8

다음은 자동화재탐지설비의 감지기를 나열하였다. 주어진 감지기를 설명하시오.

가. 차동식 스포트형 감지기
　○ 답 :

나. 정온식 스포트형 감지기
　○ 답 :

다. 보상식 스포트형 감지기
　○ 답 :

라. 이온화식 스포트형 감지기
　○ 답 :

### 정답

가. 주위온도가 일정 상승률 이상일 때 작동하는 것으로 일국소에서의 열효과에 의하여 작동하는 것
나. 일국소의 주위온도가 일정 온도 이상일 때 작동하는 것으로 외관이 전선이 아닌 것
다. 차동식 스포트형 + 정온식 스포트형의 성능을 겸한 것으로, 둘 중 한 기능이 작동되면 신호를 발하는 것
라. 주위의 공기가 일정 농도의 연기를 포함하는 경우에 작동하는 것으로 일국소의 연기에 의해 이온전류가 변화하여 작동하는 것

### 핵심이론 감지기 종류

(1) 차동식 스포트형 감지기
　• 주위온도가 일정 상승률 이상일 때 작동하는 것으로 일국소에서의 열효과에 의하여 작동하는 것(온도 일정 상승률 이상 + 일국소)
　• 차동식 분포형 감지기 : 온도 일정 상승률 이상 + 넓은 범위
(2) 정온식 스포트형 감지기
　• 일국소의 주위온도가 일정 온도 이상일 때 작동하는 것으로 외관이 전선이 아닌 것(일정한 온도 이상 + 외관 전선 ×)
　• 정온식 감지선형 감지기 : 일정한 온도 이상 + 외관 전선 ○
(3) 보상식 스포트형 감지기
　• 차동식 스포트형 + 정온식 스포트형의 성능을 겸한 것으로, 둘 중 한 기능이 작동되면 신호를 발하는 것

• 열감지기 설치면적 (단위 : [m²])

| 부착높이 및 특정소방대상물의 구분 | | 감지기의 종류 | | | | | | |
|---|---|---|---|---|---|---|---|---|
| | | 차동식 스포트형 | | 보상식 스포트형 | | 정온식 스포트형 | | |
| | | 1종 | 2종 | 1종 | 2종 | 특종 | 1종 | 2종 |
| 4 [m] 미만 | 내화구조 | 90 | 70 | 90 | 70 | 70 | 60 | 20 |
| | 기타구조 | 50 | 40 | 50 | 40 | 40 | 30 | 15 |
| 4 [m] 이상 8 [m] 미만 | 내화구조 | 45 | 35 | 45 | 35 | 35 | 30 | |
| | 기타구조 | 30 | 25 | 30 | 25 | 25 | 15 | |

(4) 이온화식 스포트형 감지기
  주위의 공기가 일정 농도의 연기를 포함하는 경우에 작동하는 것으로 일국소의 연기에 의해 이온전류가 변화하여 작동하는 것
(5) 광전식 스포트형(분리형) 감지기
  주위의 공기가 일정한 농도의 연기를 포함하게 되는 경우에 작동하는 것으로 일국소의 연기에 의하여 광전 소자에 접하는 광량의 변화로 작동하는 것

## 05 [배점 5]

도면은 어느 건물의 자동화재탐지설비 평면도이다. 다음 각 물음에 답하시오.

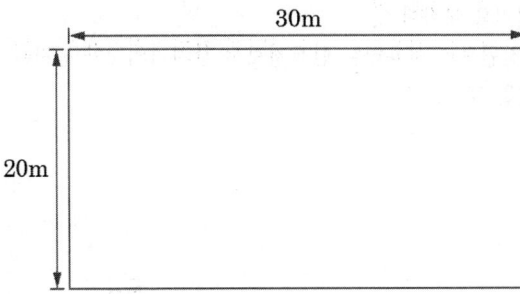

가. 단독경보형 감지기를 설치할 경우 최소 몇 개를 설치하여야 하는지 구하시오.
  ○ 계산과정 :
  ○ 답 :

나. 평면도에 감지기를 배치하시오. (단, 연기감지기 심벌을 사용할 것)
  ○ 답 :

### 정답

가. 계산과정 : 단독경보형 감지기는 바닥면적 150 [m²]마다 한 개를 설치하므로,

$$\frac{20 \times 30}{150} = 4$$

답 | 4 [개]

나.

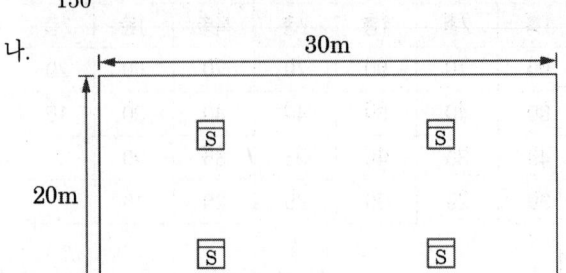

단독경보형 감지기의 배치이지만 문제에서 '연기감지기 심벌'을 사용하라고 하였으므로 연기감지기 기호를 도면에 배치해준다.

#### 핵심이론 | 단독경보형 감지기의 설치기준

- 각 실(이웃하는 실내의 바닥 면적이 각각 30 [m²] 미만이고, 벽체의 상부의 전부 또는 일부가 개방되어 이웃하는 실내와 공기가 상호 유통되는 경우에는 이를 1개의 실로 본다)마다 설치하되, 바닥면적 150 [m²]를 초과하는 경우에는 150 [m²]마다 1개 이상 설치할 것
- 최상층의 계단실의 천장(외기가 상통하는 계단실의 경우 제외)에 설치할 것
- 건전지를 주전원으로 사용하는 단독경보형 감지기는 정상적인 작동상태를 유지할 수 있도록 건전지를 교환할 것
- 상용전원을 주전원으로 사용하는 단독경보형 감지기의 2차 전지는 제품검사에 합격한 것을 사용할 것

## 06 배점 4

그림과 같은 건물평면도의 경우 자동화재탐지설비의 최소경계구역의 수를 구하시오.

가.

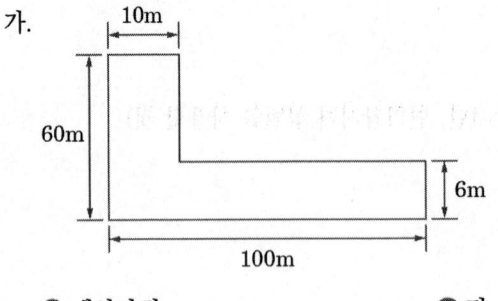

○ 계산과정 :    ○ 답 :

나.

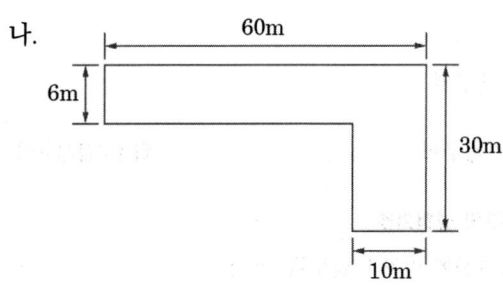

○ 계산과정 :               ○ 답 :

---

### 정답

**가. 계산과정**

① $\dfrac{50 \times 10}{600} = 0.8$ → 절상해서 1경계구역

② $\dfrac{50 \times 6}{600} = 0.5$ → 절상해서 1경계구역

③ $\dfrac{(10 \times 4) + (50 \times 6)}{600} = 0.57$ → 절상해서 1경계구역

답 | 3경계구역

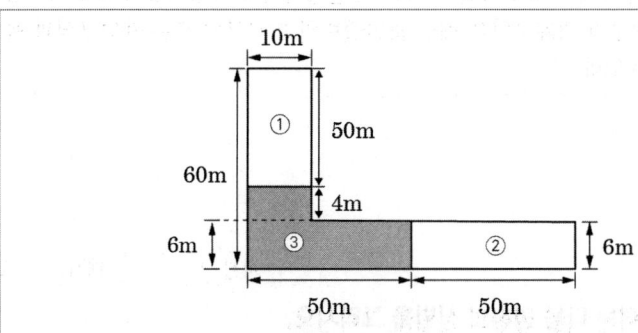

③ 경계구역을 보면 ⓐ와 ⓑ로 나눌 수 있다.

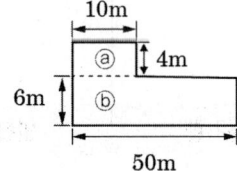

ⓐ : 10 × 4 = 40 [m²]
ⓑ : 50 × 6 = 300 [m²]
ⓐ + ⓑ : 340 [m²]

이며 면적기준과 길이기준을 충족하므로 ⓐ + ⓑ를 하나의 경계구역으로 보고, '가'의 경계구역은 총 3개가 나온다.

나. 계산과정

① $\dfrac{50 \times 6}{600} = 0.5$ → 절상해서 1경계구역

② $\dfrac{30 \times 10}{600} = 0.5$ → 절상해서 1경계구역

답 | 2경계구역

### 핵심이론 자동화재탐지설비 경계구역 설정기준

- 하나의 경계구역이 2개 이상의 건축물에 미치지 않도록 할 것
- 하나의 경계구역이 2개 이상의 층에 미치지 않도록 할 것. 다만 500 [m²] 이하의 범위 안에서는 2개의 층을 하나의 경계구역으로 할 수 있다.
- 하나의 경계구역의 면적은 600 [m²] 이하로 하고 한 변의 길이는 50 [m] 이하로 할 것. 다만 해당 특정소방대상물의 주된 출입구에서 그 내부 전체가 보이는 것에 있어서는 한 변의 길이가 50 [m]의 범위 내에서 1000[m²] 이하로 할 수 있다.
- 계단·경사로·엘리베이터 승강로·린넨슈트·파이프 피트 및 덕트 기타 이와 유사한 부분에 대하여는 별도로 경계구역을 설정하되, 하나의 경계구역은 높이 45 [m] 이하로 하고, 지하층의 계단 및 경사로(지하층의 층수가 1일 경우는 제외)는 별도로 하나의 경계구역으로 하여야 한다.
- 외기에 면하여 상시 개방된 부분이 있는 차고·주차장·창고 등에 있어서는 외기에 면하는 각 부분으로부터 5 [m] 미만의 범위 안에 있는 부분은 경계구역의 면적에 산입하지 않는다.
- 스프링클러설비·물분무등소화설비 또는 제연설비의 화재감지장치로서 화재감지기를 설치한 경우의 경계구역은 해당 소화설비의 방사구역 또는 제연구역과 동일하게 설정할 수 있다.

## 07 배점 8

**옥내배선에 사용되는 다음 명칭의 심벌을 그리시오.**

| 감지선 | 공기관 | 열전대 | 열반도체 |
|---|---|---|---|
|  |  |  |  |

정답

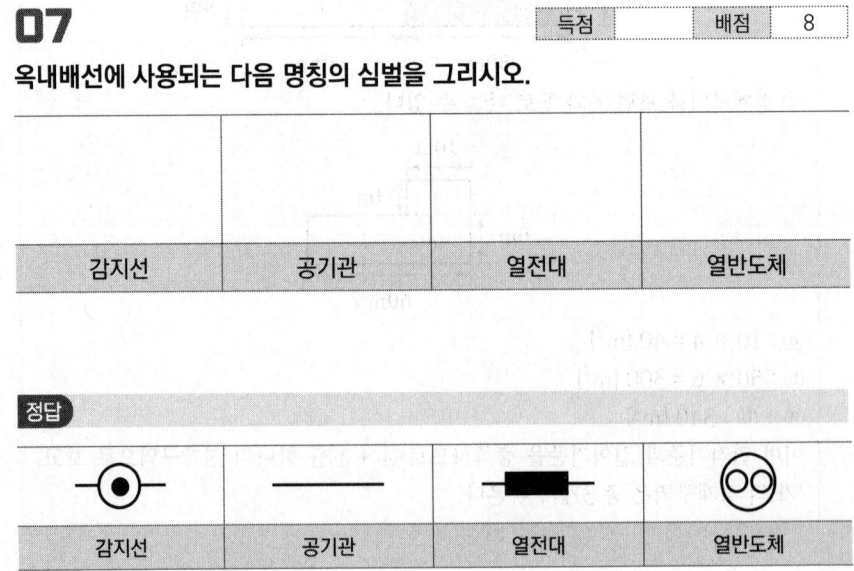

| 감지선 | 공기관 | 열전대 | 열반도체 |
|---|---|---|---|

## 08

배점 5

**자동화재탐지설비와 겸용하는 옥내소화전설비에 관한 다음 각 물음에 답하시오.**

가. 자동화재탐지설비 수신기와 발신기세트 간에 배선되는 1회로의 전선명칭 6가지를 쓰시오. (단, 경종과 표시등 공통선을 같이 한다)

　① 　　　　　　　　　　　　　②
　③ 　　　　　　　　　　　　　④
　⑤ 　　　　　　　　　　　　　⑥

나. 옥내소화전설비 펌프작동 시 점등되는 표시등의 명칭을 쓰고, 이 표시등 2가닥의 배선을 따로 하는 이유는 무엇인가?

　①
　②

### 정답

가. ① 회로선, ② 회로공통선, ③ 응답선, ④ 경종선, ⑤ 경종표시등공통선, ⑥ 표시등선

나. ① 표시등 명칭 : 기동확인표시등
　　② 배선을 따로 하는 이유 : 전압이 다르기 때문

- 지구선(= 회로선, 신호선, 감지기선, 발신기 지구선, 수동발신기 지구선)
- 지구공통선(= 공통선, 회로공통선, 신호공통선, 감지기공통선, 수동발신기 공통선)
- 응답선(= 발신기선, 발신기응답선, 수동발신기 응답선, 확인선)
- 경종 및 표시등공통선(= 공동표시등 공통선, 벨표시등 공통선)
- 기동확인표시등(= 펌프기동표시등)

# 09

배점 5

자동화재탐지설비를 설치하여야 할 주요구조부가 내화구조인 특정소방대상물의 바닥면적이 600 [m²]이고 감지기의 부착높이가 바닥으로부터 4 [m]일 때 정온식 스포트형 특종 감지기의 설치개수를 구하시오.

○ 계산과정 :

○ 답 :

### 정답

☑ 계산과정

바닥면적 35 [m²]마다 한 개씩 설치해야 하므로, $\frac{600}{35} = 17.1$ → 절상해서 18

답 | 18 [개]

#### 핵심이론 열감지기 설치면적

| 부착높이 및 특정소방대상물의 구분 | | 감지기의 종류 | | | | | | |
|---|---|---|---|---|---|---|---|---|
| | | 차동식 스포트형 | | 보상식 스포트형 | | 정온식 스포트형 | | |
| | | 1종 | 2종 | 1종 | 2종 | 특종 | 1종 | 2종 |
| 4 [m] 미만 | 내화구조 | 90 | 70 | 90 | 70 | 70 | 60 | 20 |
| | 기타구조 | 50 | 40 | 50 | 40 | 40 | 30 | 15 |
| 4 [m] 이상 8 [m] 미만 | 내화구조 | 45 | 35 | 45 | 35 | 35 | 30 | |
| | 기타구조 | 30 | 25 | 30 | 25 | 25 | 15 | |

# 10

배점 4

다음 평면도는 복도이다. 이곳에 유도표지를 설치하려고 한다. 최소 설치개수는 얼마인지 구하시오.

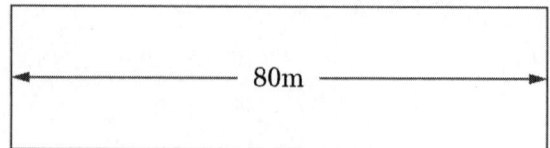

○ 계산과정 :

○ 답 :

### 정답

✓ 계산과정

유도표지는 15 [m]마다 하나를 설치하므로, $\frac{80}{15} - 1 = 4.3$ [개] → 절상해서 5

**답 | 5 [개]**

### 핵심이론 유도표지

□ 유도표지 설치기준

유도표지는 계단에 설치하는 것을 제외하고 각 층마다 복도 및 통로의 각 부분으로부터 하나의 유도표지까지 보행거리가 15 [m] 이하가 되는 곳과 구부러진 모퉁이의 벽에 설치

□ 최소 설치개수 구하는 식 (소수점 절상)

| 구분 | 공식 |
|---|---|
| 객석유도등 | $\frac{\text{객석통로의 직선부분의 길이 [m]}}{4} - 1$ |
| 유도표지 | $\frac{\text{구부러진 곳이 없는 부분의 보행거리 [m]}}{15} - 1$ |
| 복도통로유도등, 거실통로유도등 | $\frac{\text{구부러진 곳 없는 부분의 보행거리 [m]}}{20} - 1$ |

---

## 11  배점 6

국가화재안전기준에서 정하는 연기감지기의 설치기준이다. (  ) 안에 알맞은 내용을 답란에 쓰시오.

(1) 감지기는 복도 및 통로에 있어서는 보행거리 ( ① ) [m] [3종에 있어서는 20 [m]]마다, ( ② ) 및 경사로에 있어서는 수직거리 ( ③ ) [m] [3종에 있어서는 10 [m]]마다 1개 이상으로 할 것
(2) 천장 또는 반자가 낮은 실내 또는 좁은 실내에 있어서는 ( ④ )의 가까운 부분에 설치할 것
(3) 천장 또는 반자 부근에 ( ⑤ )가 있는 경우에는 그 부근에 설치할 것
(4) 감지기는 벽 또는 보로부터 ( ⑥ ) [m] 이상 떨어진 곳에 설치할 것

| ① | ② | ③ | ④ | ⑤ | ⑥ |
|---|---|---|---|---|---|
|   |   |   |   |   |   |

### 정답

| ① | ② | ③ | ④ | ⑤ | ⑥ |
|---|---|---|---|---|---|
| 30 | 계단 | 15 | 출입구 | 배기구 | 0.6 |

#### 핵심이론 연기감지기 설치기준

- 복도·통로 : 보행거리 30 [m](3종 20 [m])마다
- 계단·경사로 : 수직거리 15 [m](3종 10 [m])마다
- 천장 또는 반자 낮은 실내 또는 좁은 실내에 있어서는 출입구 가까운 부분에 설치
- 천장 또는 반자부근에 배기구 있는 경우 그 부근에 설치
- 벽 또는 도보로부터 0.6 [m] 이상 떨어진 곳에 설치

## 12

그림과 같은 유접점 시퀀스회로도를 보고 다음 각 물음에 답하시오.

가. 그림의 회로에 대한 논리식을 표현하시오.

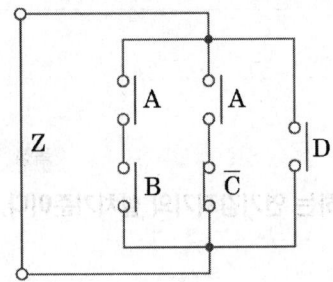

나. 무접점 논리회로를 그리시오.

### 정답

가. $Z = A \cdot B + A \cdot \overline{C} + D$

나.
```
A ─┬──────┐
   │      │AND─┐
B ──┘      │   │
           │   ├─OR── Z
C ─▷○─┐    │
      │AND─┘
D ────┘
```

## 핵심이론 논리회로

| 명칭 | 논리식 | 논리회로 | 유접점회로 |
|---|---|---|---|
| AND회로 | $X = A \times B$<br>$X = A \cdot B$ | A, B → X (AND gate) | A, B 직렬, X |
| OR회로 | $X = A + B$ | A, B → X (OR gate) | A, B 병렬, X |
| NOT회로 | $X = \overline{A}$ | A → X (NOT gate) | A, X |

## 13

| 득점 | 배점 | 4 |

제어반으로부터 전선관 거리가 100 [m] 떨어진 위치에 무선통신보조설비가 있다. 제어반 출력단자에서의 전압강하는 없다고 가정했을 때 무선통신보조설비의 전원단자전압[V]을 구하시오. (단, 제어회로 전압은 26 [V]이며, 무선통신보조설비가 작동될 때의 정격전류는 2.0 [A]이고, 배선의 [km]당 전기저항의 값은 상온에서 8.8 [Ω]이라고 한다)

○ 계산과정 :

○ 답 :

### 정답

☑ 계산과정

전압강하 e = 2IR = 2 × 2 × 0.88
$V_r = V_S - e = 26 - (2 \times 2 \times 0.88) = 22.48[V]$
1 [km]당 8.8 [Ω]이므로, 100 [m]일 때는 0.88 [Ω]이다.

답 | 22.48 [V]

저항값이 주어졌으므로 전압강하 e = 2IR 공식을 사용한다.
저항값이 주어지지 않았을 때의 전압강하는 $e = \dfrac{35.6LI}{1000A}$ 공식을 사용한다.

> **핵심이론** 전압강하
>
> - 단상 2선식 $e = V_s - V_r = 2IR$ [V]
> - 3상 3선식 $e = V_s - V_r = \sqrt{3}\,IR$ [V]
>
> $e$ : 전압강하 [V], $V_s$ : 정격전압 [V], $V_r$ : 단자전압 [V]

## 14

그림과 같은 시퀀스회로를 보고 다음 각 물음에 답하시오.

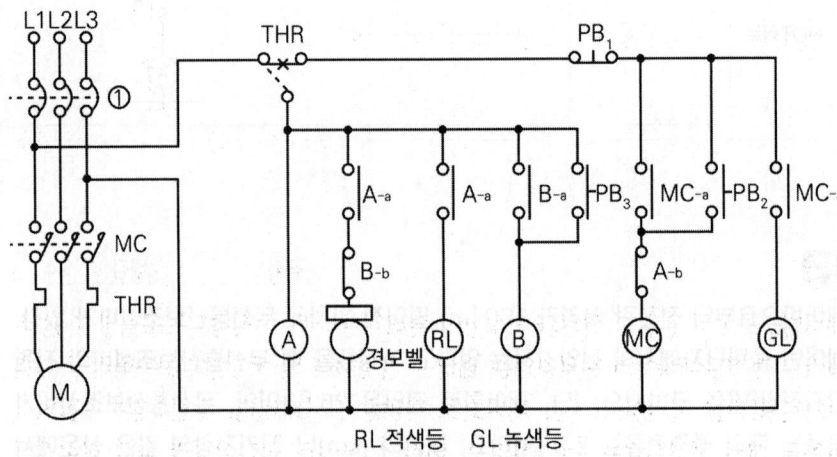

가. 도면의 ①부분에 표시될 제어약호는?

나. 도면의 주회로에 표기된 THR의 명칭은 무엇인가?

다. 계전기 Ⓐ가 여자되었을 때 회로의 동작상황을 상세히 설명하시오.

라. 경보벨이 명동되고 있다고 할 때 이 울림을 정지시키려면 어떻게 하여야 하는가?

마. 도면에서 $PB_1$과 $PB_2$의 용도는 무엇인가?

바. 어떤 원인에 의하여 THR의 보조 b접점이 떨어져서 계전기 Ⓐ쪽에 붙었다고 할 때 접점이 떨어질 제반장애를 없앤 다음 이 접점을 원위치시키려면 어떻게 하여야 하는가?

사. 문제의 도면 내용 중 틀린 부분이 있으면 쓰고 없으면 '없음'이라고 쓰시오.

### 정답

가. MCCB

나. 열동계전기

다. 계전기 A - a접점에 의하여 경보벨이 명동됨과 동시에 RL램프가 점등된다.

라. $PB_3$를 누른다.

마. ① $PB_1$ : 모터 정지용, ② $PB_2$ : 모터 기동용

바. 수동으로 복귀시킨다.

사. 없음

> $A_{-b}$접점은 THR이 동작 시 안전을 위해 MC를 다시 한 번 개방시켜주는 역할을 함. 생략해도 문제가 없으므로 불필요한 부분이나 틀린 부분은 아님

### 핵심이론 시퀀스

□ 배선용 차단기(Molded-Case Circuit Breaker : MCCB(= MCB = NFB, No Fuse Breaker))

(1) 목적 : 과전류, 단락전류 차단(재사용 가능)

(2) 특징
  ㉠ 소형이고 경량이다.
  ㉡ 기기의 신뢰도가 크다.
  ㉢ 과전류에 대한 차단성능이 우수하다.
  ㉣ 동작 시 수동으로 복귀가 간단하다.
  ㉤ 퓨즈가 필요치 않다.
  ㉥ 기기의 수명이 길다.

□ 열동형 계전기(Thermal Relay : THR) : 과부하(과전류) 보호용 계전기

| 주회로 THR | 제어회로 THR |
|---|---|
| (열동계전기 기호) | (열동계전기 b접점 기호) |
| 열동계전기 | 열동계전기 b접점 |

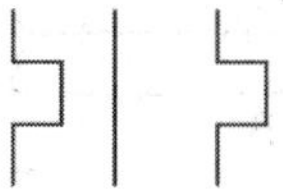

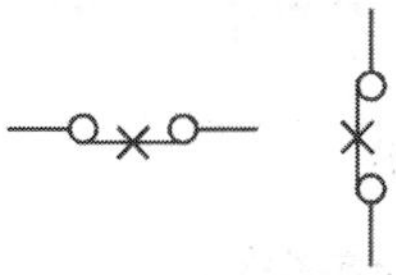

## 15

할론소화설비, 분말소화설비, 이산화탄소소화설비 등에 사용되는 교차회로방식에 대한 다음 물음에 답하시오.

가. AB를 구분하여 교차회로방식이 되도록 회로를 결선하시오.

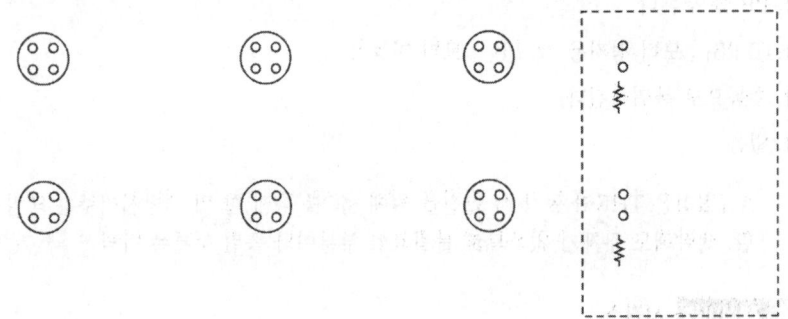

나. 교차회로방식의 목적을 쓰시오.
  ㅇ답:

### 정답

가.

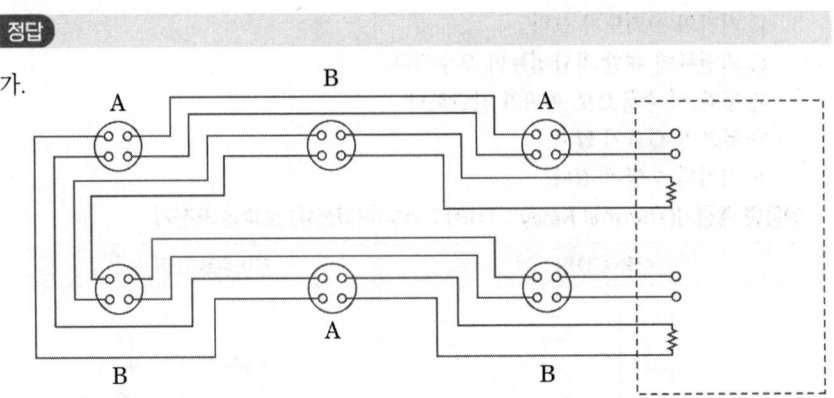

나. 설비의 오동작방지

> **핵심이론** 감지기회로 배선
>
> - 자동화재탐지설비의 송배선방식
>   도통시험을 용이하게 하기 위해 배선의 도중에서 분기하지 않는 방식
> - 자동화재탐지설비의 교차회로방식
>   하나의 담당구역 내에 2 이상의 감지기회로를 설치하고, 2 이상의 감지기회로가 동시에 감지되는 때에 설비가 작동하는 방식
> - 교차회로방식으로 감지기를 설치해야 하는 자동식 소화설비
>   분말소화설비, 할론소화설비, 할로겐화합물 및 불활성기체소화설비, 이산화탄소소화설비, 준비작동식 스프링클러설비, 일제살수식 스프링클러설비

## 16

**금속관공사의 배선방법에 대한 설명이다. ( ) 안에 알맞은 것은?**

(1) 금속관을 구부릴 때 금속관의 단면이 심하게 변형되지 아니하도록 구부려진 굴곡 반지름은 관 안지름의 ( ① )배 이상이 되어야 한다.
(2) 아우트렛박스 사이 또는 전선인입구를 가지는 기구 내의 금속관에는 ( ② )개소가 초과하는 직각 또는 직각에 가까운 굴곡개소를 만들어서는 아니 된다.
(3) 관과 박스, 기타 이와 유사한 것과 접속하는 경우로서 틀어 끼우는 방법에 의하지 아니할 때는 ( ③ ), ( ④ )개를 사용하여 박스 또는 캐비닛 접속부분의 양측을 조일 것
(4) 금속관과 박스를 접속할 경우 박스의 구멍이 관보다 클 때에는 ( ⑤ )를 사용하여 접속할 것
(5) 관과 관의 연결은 ( ⑥ )을 사용하고, 관의 끝부분은 ( ⑦ )를 사용하여 관 끝부분을 매끄럽게 다듬는다.

### 정답

① 6, ② 3, ③ 로크너트, ④ 2, ⑤ 링리듀서, ⑥ 커플링, ⑦ 리머

### 핵심이론 금속관 공사

□ 금속관공사의 시설(내규 2225-8)
- 금속관을 구부릴 때 금속관의 단면이 심하게 변형되지 아니하도록 구부려야 하며, 그 안측의 반지름은 관 안지름의 6배 이상이 되어야 한다.
- 아웃렛박스(Outlet Box) 사이 또는 전선인입구가 있는 기구 사이의 금속관은 3개소를 초과하는 직각 또는 직각에 가까운 굴곡 개소를 만들어서는 아니 된다. 굴곡 개소가 많은 경우 또는 관의 길이가 30 [m]를 넘는 경우에는 풀박스를 설치하는 것이 바람직하다.

□ 금속관 공사재료

| 명칭 | 외형 | 설명 |
|---|---|---|
| 부싱(Bushing) | | 전선의 절연피복을 보호하기 위하여 금속관 끝에 취부하여 사용되는 부품 |
| 유니언커플링(Union Coupling) | | 금속전선관 상호 간을 접속하는 데 사용되는 부품(관이 고정되어 있을 때) |
| 노멀밴드(Normal Bend) | | 매입배관공사를 할 때 직각으로 굽히는 곳에 사용하는 부품 |

| 명칭 | 외형 | 설명 |
|---|---|---|
| 유니버설엘보<br>(Universal Elbow) | | 노출배관공사를 할 때 관을 직각으로 굽히는 곳에 사용하는 부품 |
| 링리듀서<br>(Ring Reducer) | | 금속관을 아웃렛박스에 로크너트만으로 고정하기 어려울 때 보조적으로 사용되는 부품 |
| 커플링<br>(Coupling) | | 금속전선관 상호 간을 접속하는 데 사용되는 부품(관이 고정되어 있지 않을 때) |
| 새들(Saddle) | | 관을 지지하는 데 사용하는 재료 |
| 로크너트<br>(Lock Nut) | | 금속관과 박스를 접속할 때 사용하는 재료로 최소 2개를 사용한다. |
| 리머<br>(Reamer) | | 금속관 말단의 모를 다듬기 위한 기구 |

## 17

| 득점 | 배점 |
|---|---|
|  | 4 |

다음은 무선통신보조설비의 누설동축케이블 등에 관한 설치기준이다. ( ) 안을 완성하시오.

(1) 누설동축케이블은 화재에 따라 해당 케이블의 피복이 소실된 경우에 케이블 본체가 떨어지지 아니하도록 ( ① ) [m] 이내마다 금속제 또는 자기제 등의 지지금구로 벽·천장·기둥 등에 견고하게 고정시킬 것. 다만 불연재료로 구획된 반자 안에 설치하는 경우에는 그러하지 아니하다.

(2) 누설동축케이블 및 공중선은 고압의 전로로부터 ( ② ) [m] 이상 떨어진 위치에 설치할 것. 다만 해당 전로에 정전기 차폐장치를 유효하게 설치한 경우에는 그러하지 아니하다.

**정답**

① 4, ② 1.5

### 핵심이론 | 누설동축케이블 등 설치기준

- 누설동축케이블은 불연 또는 난연성의 것으로서 습기에 따라 전기의 특성이 변질되지 아니하는 것으로 할 것
- 누설동축케이블 및 안테나는 금속판 등에 의하여 전파의 복사 또는 특성이 현저하게 저하되지 아니하는 위치에 설치할 것
- 누설동축케이블과 이에 접속하는 안테나 또는 동축케이블과 이에 접속하는 안테나일 것
- 누설동축케이블은 4 [m] 이내마다 금속제 또는 자기제 등의 지지금구로 벽·천장·기둥 등에 견고하게 고정시킬 것(불연재료로 구획된 반자 안에 설치하는 경우는 제외)
- 누설동축케이블 및 안테나는 고압전로로부터 1.5 [m] 이상 떨어진 위치에 설치할 것(해당 전로에 정전기차폐장치를 유효하게 설치한 경우에는 제외)
- 누설동축케이블의 끝부분에는 무반사 종단저항을 설치할 것
- 누설동축케이블 또는 동축케이블의 임피던스는 50 [Ω]으로 할 것

## 18  | 득점 | 배점 7 |

그림은 자동화재탐지설비의 P형 수신기와 수동발신기 간의 미완성 결선도이다. 조건을 참고하여 결선도를 완성하시오.

**조건**
(1) 종단저항은 수동발신기에 설치한다.
(2) 감지기회로의 배선은 송배선식으로 한다.
(3) 수동발신기스위치를 누르면 스위치 동작 여부를 확인하기 위해 부저가 울린다.

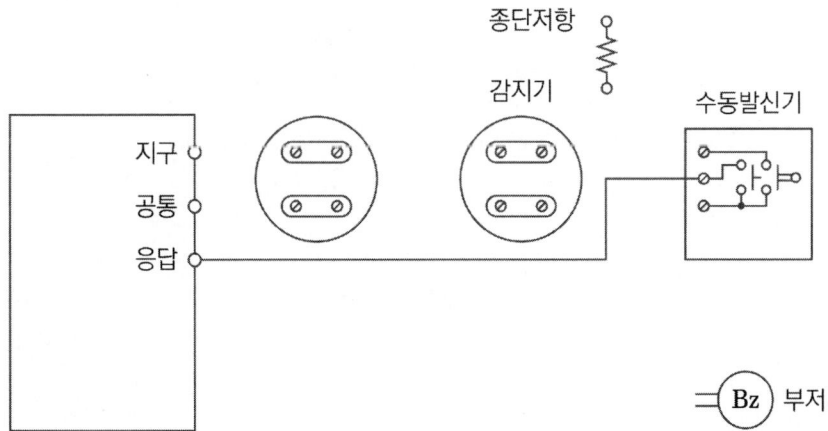

정답

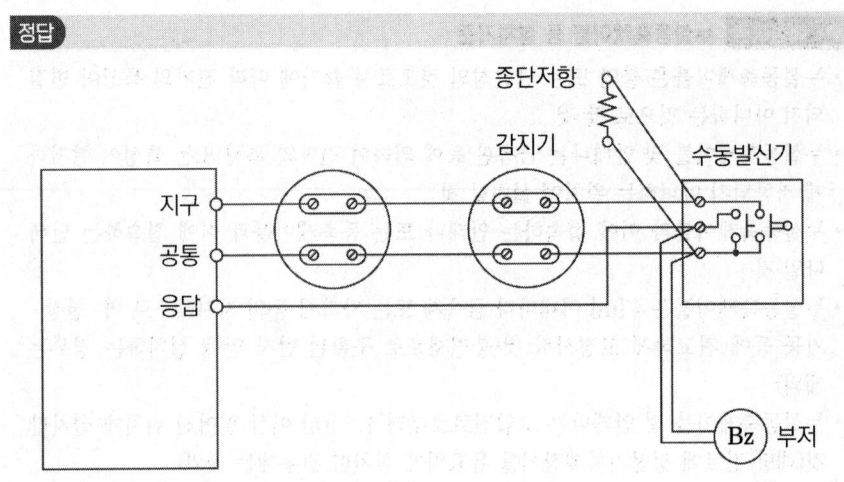

# 2020년 4회

2020.11.14

## 01

도면은 시퀀스회로이다. 이 회로를 보고 다음 각 물음에 답하시오.

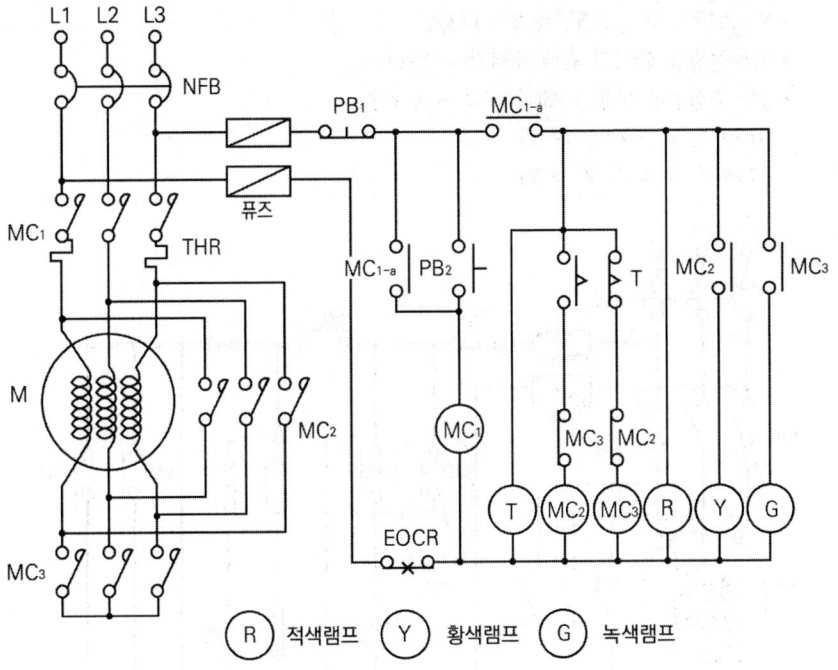

가. 회로의 기동방식을 쓰시오.
  ○답 :

나. 회로에서 자기유지접점을 찾으시오.
  ○답 :

다. EOCR의 우리말 명칭과 작동조건을 쓰시오.
  1) 명칭 :
  2) 작동조건 :

라. 다음 각각의 램프가 점등되었을 때 전동기의 작동상태를 쓰시오.

　1) ®이 점등되었을 때 :

　2) ⓨ가 점등되었을 때 :

　3) ⓖ가 점등되었을 때 :

### 정답

가. Y - △기동방식

- Y - △방식 ⇒ △ = 3Y ⇒ Y = 1/3△
- 기동전류를 줄이기 위해 채택하는 방식)
- 3상 주접점을 모두 교체(U V W ⇒ X Y Z)
  (U ⇒ Z, V ⇒ X, W ⇒ Y)
  (U ⇒ Y, V ⇒ Z, W ⇒ X)

나.

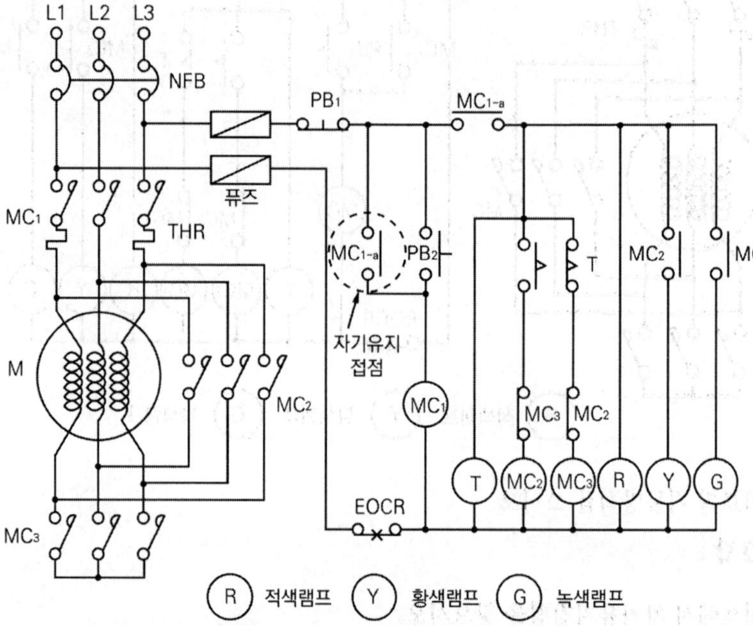

다. • 명칭 : 전자식 과전류계전기
　• 작동조건 : 전동기에 과부하가 걸릴 때

라. • ®이 점등되었을 때 : 정지
　• ⓨ이 점등되었을 때 : △결선 운전
　• ⓖ가 점등되었을 때 : Y결선 기동

> 중요 ▶ EOCR는 Electronic Over Current Relay의 약자로 전자식 과전류계전기이다.

- PB₂를 누르면 MC₁이 여자되어 관련 접점이 동작한다. 따라서 R이 점등된다. 뿐만 아니라 T가 여자된다.
- 타이머는 한시동작 순시복귀접점으로써, T-b접점에 의해 전류가 흘러 MC₃가 기동이 되는데(Y기동) MC₃ 관련 접점 또한 동작하여 G가 점등된다.
- 타이머에 설정해놓은 시간이 지나면 T-b접점은 떨어지고, T-a접점은 붙어서 MC₂가 동작하며 따라서 Y가 점등된다. (△운전)
- Y와 △는 동시동작되지 않도록 MC₂와 MC₃를 b접점으로 서로 인터록을 걸어주었다.
- 한시동작 순시복귀 : 동작시키면 타이머에 설정해놓은 시간만큼 지연 후 동작(한시동작)하고, 복귀시킬 때는 바로 복귀(순시동작)하는 접점
- 순시동작 한시복귀 : 동작시키면 바로 동작(순시동작)하고, 복귀시키면 타이머에 설정해놓은 시간만큼 지연 후 복귀(한시복귀)하는 접점

## 02

**배점 3**

자동화재탐지설비 감지기 사이의 회로의 배선방식과 이 배선방식의 사용 목적을 쓰시오.

가. 배선방식 :

나. 사용목적 :

### 정답

가. 배선방식 : 송배선방식

나. 사용목적 : 도통시험을 용이하게 하기 위해

#### 핵심이론 자동화재탐지설비의 감지기배선

- 자동화재탐지설비의 송배선방식
  도통시험을 용이하게 하기 위해 배선의 도중에서 분기하지 않는 방식
- 자동화재탐지설비의 교차회로방식
  하나의 담당구역 내에 2 이상의 감지기회로를 설치하고 2 이상의 감지기회로가 동시에 감지되는 때에 설비가 작동하는 방식
- 교차회로방식으로 감지기를 설치해야 하는 자동식 소화설비
  분말소화설비, 할론소화설비, 할로겐화합물 및 불활성기체소화설비, 이산화탄소소화설비, 준비작동식 스프링클러설비, 일제살수식 스프링클러설비

**중요** ▶ 도통시험 : 감지기회로의 단락, 단선, 접속상태 이상 유무를 파악하기 위한 시험

## 03 배점 8

모터컨트롤센터(M.C.C)에서 소화전 펌프모터에 전기를 공급하는 전동기설비에 대한 다음 각 물음에 답하시오. (단, 전압은 3상 380 [V]이고 모터의 용량은 20 [kW], 역률은 80 [%]라고 한다)

가. 모터의 전부하전류는 몇 [A]인가?
- 계산과정 :
- 답 :

나. 모터의 역률을 95 [%]로 개선하고자 할 때 필요한 전력용 콘덴서의 용량은 몇 [kVA]인가?
- 계산과정 :
- 답 :

### 정답

가. 계산과정

$$P = \sqrt{3}\,VI\cos\theta$$

$$\therefore I = \frac{P}{\sqrt{3}\,V\cos\theta} = \frac{20 \times 10^3}{\sqrt{3} \times 380 \times 0.8} = 37.983 ≒ 37.98[A]$$

답 | 37.98 [A]

나. 계산과정

$$Q_c = P\left(\frac{\sqrt{1-\cos\theta_1^2}}{\cos\theta_1} - \frac{\sqrt{1-\cos\theta_2^2}}{\cos\theta_2}\right) = 20 \times \left(\frac{\sqrt{1-0.8^2}}{0.8} - \frac{\sqrt{1-0.95^2}}{0.95}\right)$$
$$= 8.43\,[kVA]$$

답 | 8.43 [kVA]

### 핵심이론 역률개선

□ 전력공식

| 방식 | 공식 |
|---|---|
| 단상 2선식 | $P = VI\cos\theta$<br>P : 전력 [W], V : 전압 [V], I : 전류 [A], $\cos\theta$ : 역률 |
| 3상 3선식 | $P = \sqrt{3}\,VI\cos\theta$<br>P : 전력 [W], V : 전압 [V], I : 전류 [A], $\cos\theta$ : 역률 |

□ 역률개선용 콘덴서용량 구하는 식

$$Q_c = P\left(\frac{\sqrt{1-\cos\theta_1^2}}{\cos\theta_1} - \frac{\sqrt{1-\cos\theta_2^2}}{\cos\theta_2}\right)$$

$Q_C$ : 콘덴서용량 [kVA], $P$ : 유효전력 [kW]
$\cos\theta_1$ : 개선 전 역률, $\cos\theta_2$ : 개선 후 역률

## 04

자동화재탐지설비의 수신기에서 수신기의 공통선시험을 실시하는 목적을 쓰시오.

배점 3

○ 답 :

### 정답

공통선이 담당하고 있는 경계구역의 적정 여부 확인

### 핵심이론 수신기시험

- 공통선시험
  - 목적 : 공통선이 담당하고 있는 경계구역의 적정 여부 확인
  - 시험방법
    ① 수신기 내 접속단자의 공통선 1선 제거
    ② 회로도통시험의 예에 따라 도통시험스위치를 누른 후 회로선택스위치를 차례로 회전
    ③ 전압계 또는 표시등을 확인하여 단선을 지시한 경계구역의 회선 수 확인
  - 가부판정 : 단선 표시 되는 회선 수가 7회선 이하이면 정상
- 회로저항시험
  - 목적 : 감지기회로 1회선 선로 저항이 수신기 기능에 이상 주지 않는 것을 확인
  - 시험방법
    ① 저항계 사용해 감지기회로 공통선과 표시선 사이의 전로를 측정
    ② 회로 말단 단락시켜 도통상태에서 선로 저항 측정
  - 가부판정 : 하나의 감지기회로의 전로저항의 합성치가 50 [Ω] 이하
- 지구음향장치 작동시험
  - 목적 : 감지기의 작동과 연동하여 당해 지구음향장치가 정상으로 작동하는가를 확인하기 위한 시험
  - 시험방법 : 임의의 감지기 또는 발신기를 작동시킴
  - 가부판정
    ① 지구음향장치가 작동하고 음량이 정상일 것
    ② 음량은 음향장치의 중심에서 1 [m] 떨어진 위치에서 90 [dB] 이상일 것

중요 ▶ 하나의 지구공통선이 담당하는 지구선 수는 최대 7개이다.

## 05

다음 주어진 진리표를 참고하여 각 물음에 답하시오.

| A | B | X |
|---|---|---|
| 0 | 0 | 0 |
| 0 | 1 | 1 |
| 1 | 0 | 1 |
| 1 | 1 | 0 |

가. 릴레이회로(유접점회로)와 무접점회로(논리회로)를 그리시오.

| 릴레이회로 | 논리회로 |
|---|---|
|  |  |

나. 논리식을 쓰시오.
  ○ 답 :

> **정답**
>
> 가.
>
>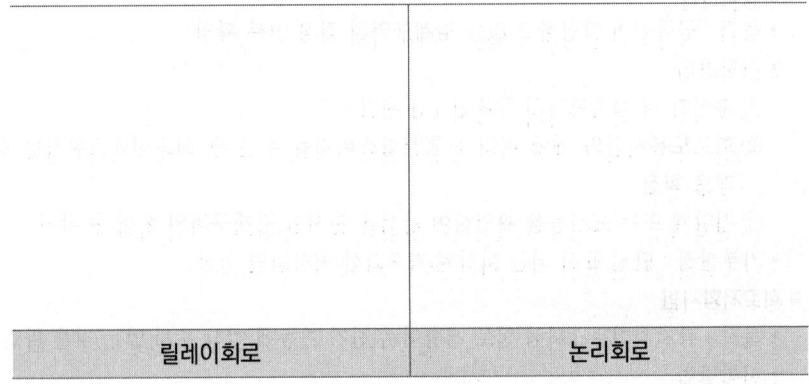
>
> | 릴레이회로 | 논리회로 |
> |---|---|
>
> 나. $X = \overline{A}B + A\overline{B}$

### 핵심이론 논리회로

| 게이트 | 논리회로 | 논리식 | 시퀀스회로 | 진리표 |
|---|---|---|---|---|
| AND | A, B → X | X = A · B <br> = AB | | A\|B\|X <br> 0\|0\|0 <br> 0\|1\|0 <br> 1\|0\|0 <br> 1\|1\|1 |
| OR | A, B → X | X = A + B | | A\|B\|X <br> 0\|0\|0 <br> 0\|1\|1 <br> 1\|0\|1 <br> 1\|1\|1 |
| NOT | A → X | X = $\overline{A}$ | | A\|X <br> 0\|1 <br> 1\|0 |

## 06   배점 3

**다음의 주어진 시퀀스회로를 참고하여 각 물음에 답하시오.**

가. 다음의 시퀀스회로를 보고 논리회로의 미완성부분을 그려 넣으시오.

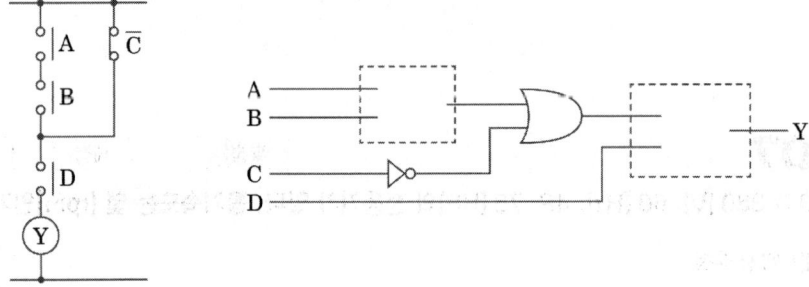

나. 논리식을 쓰시오.

○답 :

**정답**

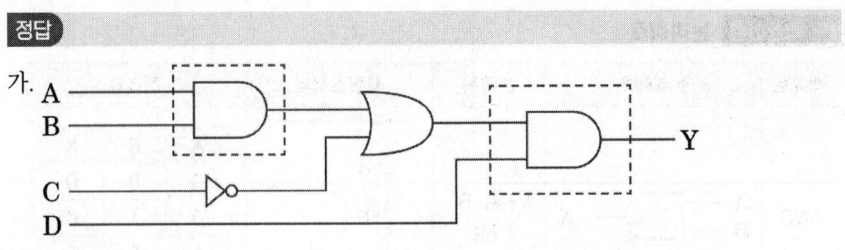

나. $Y = (AB + \overline{C})D$

### 핵심이론 논리회로

| 게이트 | 논리회로 | 논리식 | 시퀀스회로 | 진리표 | | |
|---|---|---|---|---|---|---|
| AND | A, B → X | $X = A \cdot B$ $= AB$ | | A | B | X |
| | | | | 0 | 0 | 0 |
| | | | | 0 | 1 | 0 |
| | | | | 1 | 0 | 0 |
| | | | | 1 | 1 | 1 |
| OR | A, B → X | $X = A + B$ | | A | B | X |
| | | | | 0 | 0 | 0 |
| | | | | 0 | 1 | 1 |
| | | | | 1 | 0 | 1 |
| | | | | 1 | 1 | 1 |
| NOT | A → X | $X = \overline{A}$ | | A | X | |
| | | | | 0 | 1 | |
| | | | | 1 | 0 | |

## 07 [배점 4]

3∅ 380 [V], 60 [Hz], 4P, 75 [HP]의 전동기가 있다. 동기속도는 몇 [rpm]인가?

○ 계산과정 :

○ 답 :

### 정답

☑ 계산과정

$$N_s = \frac{120f}{P} = \frac{120 \times 60}{4} = 1800\,[\text{rpm}]$$

답 | 1800 [rpm]

### 핵심이론 | 동기속도

□ 동기속도 구하는 식

$$N_s = \frac{120f}{P}\,[\text{rpm}]$$

□ 회전속도 구하는 식

$$N = \frac{120f}{P}(1-S)\,[\text{rpm}]$$

$N_s$ : 동기속도 [rpm], $N$ : 회전속도 [rpm]
$f$ : 주파수 [Hz], $P$ : 극수, $S$ : 슬립

---

## 08

득점 ___ 배점 8

비상방송설비의 3선식 배선에 대한 미완성회로이다. 다음 ①~③의 명칭을 쓰고 이 회로의 미완성 부분을 완성하시오.

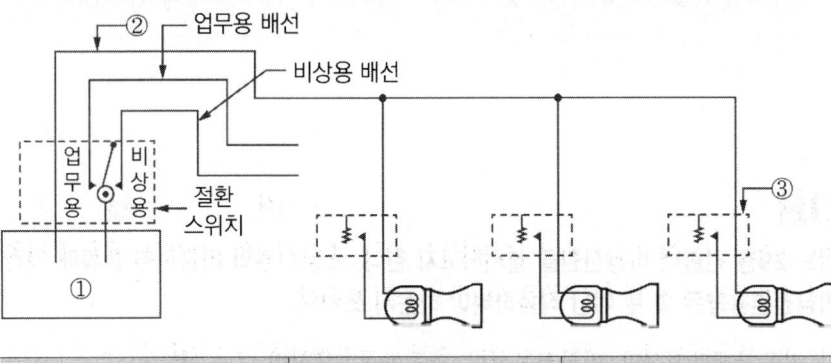

| ① | ② | ③ |
|---|---|---|
|   |   |   |

**정답**

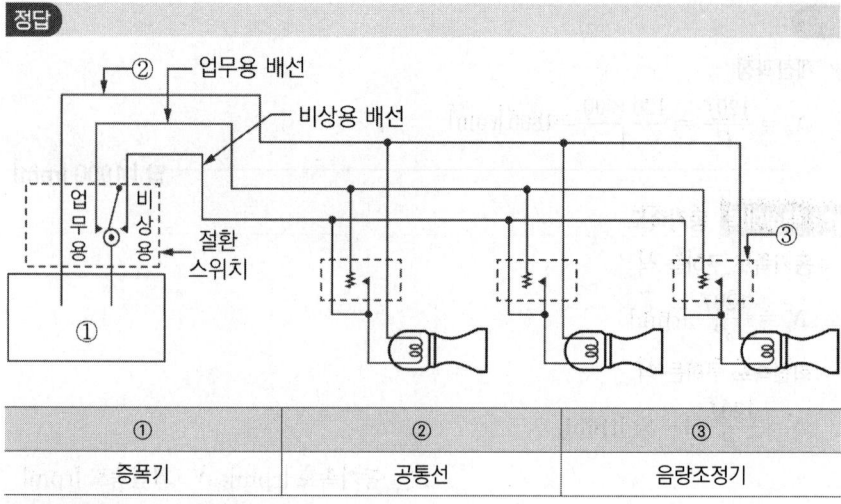

| ① | ② | ③ |
|---|---|---|
| 증폭기 | 공통선 | 음량조정기 |

### 핵심이론 | 비상방송설비 결선도

• 음량조정기를 설치하는 경우 음량조정기의 배선은 3선식으로 할 것

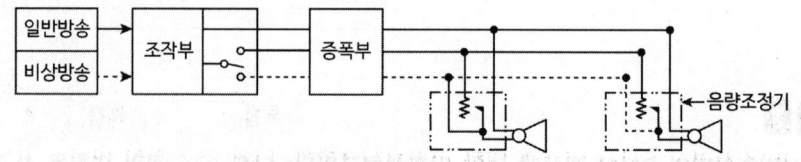

업무용, 일반용은 음량조정기(가변저항)을 거치지만, 비상방송용은 가변저항을 거치지 않는다(실외 3 [W] 이상, 실내 1 [W] 이상으로 음성입력이 정해져 있음).

## 09 　　배점 4

어느 29층 건물에 비상전원을 설치하고자 한다. 소방시설의 비상전원 종류에 따라 비상전원용량은 몇 분 이상 작동하여야 하는지 쓰시오.

가. 자동화재탐지설비, 비상경보설비, 자동화재속보설비 : (　)분

나. 무선통신보조설비의 증폭기 : (　)분

다. 스프링클러설비 : (　)분

라. 비상콘센트설비 : (　)분

> **정답**

가. 10   나. 30   다. 20

스프링클러설비는 30층 이상일 때 40분, 30층 미만일 때 20분이다.
자동화재탐지설비, 비상경보설비, 자동화재속보설비는 감시상태 60분이며 작동상태 10분이다.

라. 20

### 핵심이론 비상전원 종류 및 용량

| 설비 | 비상전원 | | | | 용량 |
|---|---|---|---|---|---|
| | 자가발전 | 축전지 | 전기저장장치 | 비상전원수전설비 | |
| • 스프링클러설비<br>(미분무소화설비) | ○ | ○ | ○ | (차고, 주차장으로 바닥면 1000 [m²] 미만인 경우) | • 20분 : 30층 미만<br>• 40분 : 30 ~ 49층<br>• 60분 : 50층 이상 |
| • 간이스프링클러설비 | ○ | | | ○ | • 10분<br>• 20분 : 근생, 복합건축물, 생활형 숙박시설 |
| • 옥내소화전설비<br>• 연결송수관설비<br>• 특별피난계단의 계단실·부속실 제연설비 | ○ | ○ | ○ | | • 20분 : 30층 미만<br>• 40분 : 30 ~ 49층<br>• 60분 : 50층 이상 |
| • 제연설비<br>• $CO_2$설비<br>• 분말소화설비<br>• 할론소화설비<br>• 할로겐화합물 및 불활성기체소화설비<br>• 화재조기진압용 스프링클러설비<br>• 포소화설비 | ○ | ○ | ○ | (호스릴포소화설비 또는 포소화전만을 설치한 차고·주차장, 포헤드설비 또는 고정포방출설비가 설치된 부분의 바닥면 합계 1000 [m²] 미만인 경우) | • 20분 이상 |
| • 비상방송설비<br>• 자동화재탐지설비<br>• 비상경보설비 | | ○ | ○ | | • 10분 이상<br>• 30분 이상(비방, 자탐 30층 이상) |
| • 유도등 | | ○ | | | • 20분 이상<br>• 60분 이상 (지하층 제외 11층 이상, 지하층·무창층으로 도·소매시장, 여객자동차터미널, 지하역사, 지하상가) |
| • 비상조명등 | ○ | ○ | ○ | | |
| • 무선통신보조설비 | | ○ | | | • 30분 이상 |
| • 비상콘센트설비 | ○ | ○ | ○ | ○ | • 20분 이상 |

## 10

사무실(1동)과 공장(2동)으로 구분되어 있는 건물에 P형 발신기세트를 설치하고, 수신기는 경비실에 설치하였다. 경보방식은 동별 구분경보방식을 적용하였으며, 옥내소화전의 가압송수장치는 기동용 수압개폐장치를 사용하는 방식인 경우에 표 안의 지구선과 경종선의 가닥 수를 쓰시오. (단, 경종과 표시등 공통선을 같이 한다)

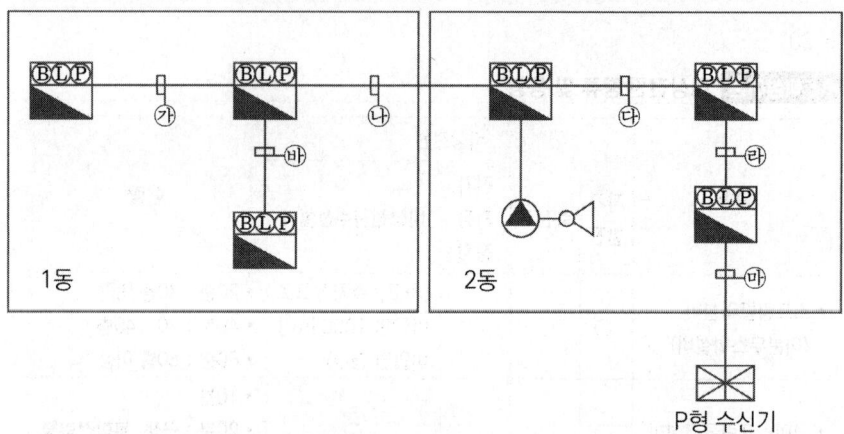

| 항목 | 지구선 | 경종선 |
|---|---|---|
| ㉮ |  |  |
| ㉯ |  |  |
| ㉰ |  |  |
| ㉱ |  |  |
| ㉲ |  |  |
| ㉳ |  |  |

**정답**

| 항목 | 지구선 | 경종선 |
|---|---|---|
| ㉮ | 1 | 1 |
| ㉯ | 3 | 1 |
| ㉰ | 4 | 2 |
| ㉱ | 5 | 2 |
| ㉲ | 6 | 2 |
| ㉳ | 1 | 1 |

✓ 해설

| 구분 | 회로선 | 회로공통선 | 경종선 | 경종표시등공통선 | 표시등선 | 응답선 | 기동확인표시등 | 탬퍼스위치 | 압력스위치 | 사이렌 | 공통 | 합계 |
|---|---|---|---|---|---|---|---|---|---|---|---|---|
| ㉠ | 1 | 1 | 1 | 1 | 1 | 1 | 2 | | | | | 8 |
| ㉡ | 3 | 1 | 1 | 1 | 1 | 1 | 2 | | | | | 10 |
| ㉢ | 4 | 1 | 2 | 1 | 1 | 1 | 2 | 1 | 1 | 1 | 1 | 16 |
| ㉣ | 5 | 1 | 2 | 1 | 1 | 1 | 2 | 1 | 1 | 1 | 1 | 17 |
| ㉤ | 6 | 1 | 2 | 1 | 1 | 1 | 2 | 1 | 1 | 1 | 1 | 18 |
| ㉥ | 1 | 1 | 1 | 1 | 1 | 1 | 2 | | | | | 8 |

- 옥내소화전설비의 기동방식 2가지
  ① ON, OFF 기동방식 : 5가닥(기동, 정지, 공통, 기동확인 2)
  ② 기동용 수압개폐장치방식 : 2가닥(기동표시등 2)
- 펌프기동표시등(= 기동표시등, 기동확인표시등, 기동확인등)
- 동별 구분 명동방식이기 때문에 동이 늘어남에 따라 경종선을 추가해준다.
- 지구선수가 7가닥을 초과할 때 지구공통선을 1가닥 추가한다.

## 11

득점 / 배점 6

**가스누설경보기의 탐지부를 설치하지 않아야 하는 장소 3가지를 쓰시오.**

①
②
③

정답

① 출입구 부근 등으로서 외부의 기류가 통하는 곳
② 환기구 등 공기가 들어오는 곳으로부터 1.5 [m] 이내인 곳
③ 연소기의 폐가스에 접촉하기 쉬운 곳

가스누설경보기의 화재안전기술기준(NFTC 206)
2.3 설치장소
2.3.1 분리형 경보기의 탐지부 및 단독형 경보기는 다음의 장소 이외의 장소에 설치해야 한다.
2.3.1.1 출입구 부근 등으로서 외부의 기류가 통하는 곳
2.3.1.2 환기구 등 공기가 들어오는 곳으로부터 1.5 [m] 이내인 곳
2.3.1.3 연소기의 폐가스에 접촉하기 쉬운 곳
2.3.1.4 가구·보·설비 등에 가려져 누설가스의 유통이 원활하지 못한 곳
2.3.1.5 수증기 또는 기름 섞인 연기 등이 직접 접촉될 우려가 있는 곳

## 12 [배점 5]

차동식 분포형 감지기 중 공기관식의 주요 구성요소 5가지를 쓰시오.

① ②
③ ④
⑤

### 정답

① 공기관, ② 다이어프램, ③ 리크구멍, ④ 접점, ⑤ 시험장치

**핵심이론** 공기관식 차동식 분포형 감지기 구조

- 수열부 : 공기관
- 검출부 : 리크구멍(비화재보방지), 다이어프램, 접점, 시험장치

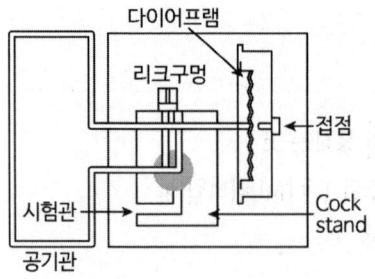

[공기관식 차동식 분포형 감지기]

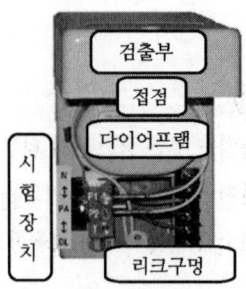

- 공기관의 노출부분은 감지구역마다 20 [m] 이상이 되도록 할 것
- 공기관과 감지구역의 수평거리는 1.5 [m] 이하가 되도록 할 것
- 공기관 상호 간의 거리는 6 [m](내화구조 9 [m]) 이하가 되도록 할 것
- 공기관은 도중에서 분기하지 않도록 할 것
- 하나의 검출부에 접속하는 공기관 길이는 100 [m] 이하로 할 것
- 검출부는 바닥에서 0.8 [m] 이상 1.5 [m] 이하에 위치하며, 5° 이상 경사되지 않도록 할 것

## 13

객석통로의 직선부분의 길이가 89 [m]일 때 객석유도등의 최소설치개수를 계산하시오.

○ 계산과정 :

○ 답 :

### 정답

☑ 계산과정

$$설치개수 = \frac{객석통로의 직선부분의 길이 [m]}{4} - 1 = \frac{89}{4} - 1 = 21.2$$

→ 절상해서 22 [개]

답 | 22 [개]

#### 핵심이론 객석유도등 설치개수 산정식 (절상)

$$설치개수 = \frac{객석통로의 직선부분의 길이 [m]}{4} - 1$$

## 14

배점 6

자동화재탐지설비를 설치해야 할 특정소방대상물의 바닥면적이 600 [m²]인 경우 다음 조건을 고려하여 감지기의 종류별 설치해야 할 최소감지기의 수량을 계산하시오.

**조건**
(1) 감지기의 설치부착높이 : 바닥으로부터 3.5 [m]
(2) 주요구조부 : 내화구조

가. 정온식 스포트형 특종 감지기의 최소설치개수
  ○ 계산과정 :
  ○ 답 :

나. 정온식 스포트형 1종 감지기의 최소설치개수
  ○ 계산과정 :
  ○ 답 :

다. 정온식 스포트형 2종 감지기의 최소설치개수
  ○ 계산과정 :
  ○ 답 :

**정답**

가. 계산과정 : $\frac{600}{70} = 8.5 \rightarrow$ 절상해서 9 [개]  답 | 9 [개]

나. 계산과정 : $\frac{600}{60} = 10$ [개]  답 | 10 [개]

다. 계산과정 : $\frac{600}{20} = 30$ [개]  답 | 30 [개]

**핵심이론** 열감지기 설치면적

(단위 : [m²])

| 부착높이 및 특정소방대상물의 구분 | | 감지기의 종류 | | | | | | |
|---|---|---|---|---|---|---|---|---|
| | | 차동식 스포트형 | | 보상식 스포트형 | | 정온식 스포트형 | | |
| | | 1종 | 2종 | 1종 | 2종 | 특종 | 1종 | 2종 |
| 4 [m] 미만 | 내화구조 | 90 | 70 | 90 | 70 | 70 | 60 | 20 |
| | 기타구조 | 50 | 40 | 50 | 40 | 40 | 30 | 15 |
| 4 [m] 이상 8 [m] 미만 | 내화구조 | 45 | 35 | 45 | 35 | 35 | 30 | |
| | 기타구조 | 30 | 25 | 30 | 25 | 25 | 15 | |

## 15 [배점 6]

**휴대용 비상조명등을 설치하지 않을 수 있는 경우를 2가지 쓰시오.**

①

②

### 정답

① 지상 1층 또는 피난층으로서 복도·통로 또는 창문 등의 개구부를 통하여 피난이 용이한 경우

② 숙박시설로서 복도에 비상조명등을 설치한 경우

#### 핵심이론 1  휴대용 비상조명등 설치 제외 가능한 장소

- 지상 1층 또는 피난층으로서 복도·통로 또는 창문 등의 개구부를 통하여 피난이 용이한 경우
- 숙박시설로서 복도에 비상조명등을 설치한 경우

#### 핵심이론 2  비상조명등의 화재안전기술기준(NFTC 304)

2.2 비상조명등의 제외

2.2.1 다음의 어느 하나에 해당하는 경우에는 비상조명등을 설치하지 않을 수 있다.

2.2.1.1 거실의 각 부분으로부터 하나의 출입구에 이르는 보행거리가 15 [m] 이내인 부분

2.2.1.2 의원·경기장·공동주택·의료시설·학교의 거실

2.2.2 지상 1층 또는 피난층으로서 복도나 통로 또는 창문 등의 개구부를 통하여 피난이 용이한 경우 숙박시설로서 복도에 비상조명등을 설치한 경우에는 휴대용 비상조명등을 설치하지 않을 수 있다.

## 16
정온식 감지선형 감지기를 지하구나 창고의 천장 등에 지지물이 적당하지 않는 장소에 설치 시 설치해야 하는 것과 설치위치를 쓰시오.

○ 답 :

### 정답
보조선(또는 고정금구)을 설치하고 그 보조선에 설치

### 핵심이론 정온식 감지선형 감지기 설치기준

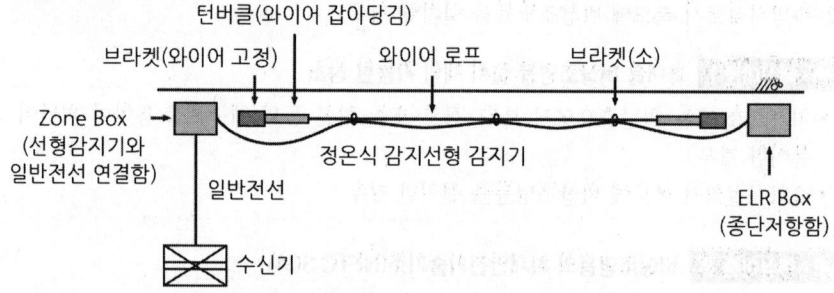

- 보조선이나 고정금구를 사용하여 감지선이 늘어지지 않도록 설치할 것
- 단자부와 마감 고정금구와의 설치간격은 10 [cm] 이내로 설치할 것
- 감지선형 감지기 굴곡반경 5 [cm] 이상
- 감지기와 감지구역의 각 부분과의 수평거리
  ① 내화구조 : 1종 4.5 [m] 이하, 2종 3 [m] 이하
  ② 기타구조 : 1종 3 [m] 이하, 2종 1 [m] 이하
- 케이블트레이에 감지기를 설치하는 경우 케이블트레이 받침대에 마감금구를 사용하여 설치
- 지하구나 창고의 천장 등에 지지물이 적당하지 않는 장소에서는 보조선을 설치하고 그 보조선에 설치
- 분전반 내부에 설치하는 경우 접착제를 이용하여 돌기를 바닥에 고정시키고 그곳에 감지기를 설치
- 공칭작동온도(감지선형) : 백색(80 [℃] 이하), 청색(80 [℃] 이상 120 [℃] 이하), 적색(120 [℃] 이상)

## 17

**무선통신보조설비의 분배기 설치기준에 대하여 3가지를 쓰시오.**

①

②

③

> **정답**

① 먼지·습기 및 부식 등에 따라 기능에 이상을 가져오지 아니하도록 할 것

② 임피던스는 50 [Ω]의 것

③ 점검이 편리하고 화재 등의 피해의 우려가 없는 장소

> **핵심이론 1** 분배기·분파기·혼합기 설치기준

- 먼지·습기 및 부식 등에 따라 기능에 이상을 가져오지 아니하도록 할 것
- 임피던스는 50 [Ω]의 것으로 할 것
- 점검에 편리하고 화재 등의 재해로 인한 피해의 우려가 없는 장소에 설치할 것

> **핵심이론 2** 무선통신보조설비의 화재안전기술기준(NFTC 505)

2.5 증폭기 등

2.5.1 증폭기 및 무선중계기를 설치하는 경우에는 다음의 기준에 따라 설치해야 한다.

2.5.1.1 상용전원은 전기가 정상적으로 공급되는 축전지설비, 전기저장장치(외부 전기에너지를 저장해두었다가 필요한 때 전기를 공급하는 장치) 또는 교류전압의 옥내 간선으로 하고, 전원까지의 배선은 전용으로 할 것

2.5.1.2 증폭기의 전면에는 주회로 전원의 정상 여부를 표시할 수 있는 표시등 및 전압계를 설치할 것

2.5.1.3 증폭기에는 비상전원이 부착된 것으로 하고 해당 비상전원 용량은 무선통신보조설비를 유효하게 30분 이상 작동시킬 수 있는 것으로 할 것

2.5.1.4 증폭기 및 무선중계기를 설치하는 경우에는 「전파법」 제58조의2에 따른 적합성평가를 받은 제품으로 설치하고 임의로 변경하지 않도록 할 것

2.5.1.5 디지털방식의 무전기를 사용하는 데 지장이 없도록 설치할 것

## 18

배점 6

비상방송설비를 설치하여야 하는 특정소방대상물 3가지를 쓰시오. (단, 위험물저장 및 처리시설 중 가스시설, 사람이 거주하지 않는 동물 및 식물 관련 시설, 터널, 축사 및 지하구는 제외한다)

①

②

③

### 정답

① 연면적 3500 [m²] 이상
② 지하층을 제외한 11층 이상
③ 지하 3층 이상

#### 핵심이론 비상방송설비 설치대상

- 연면적 3500 [m²] 이상인 것
- 지하층을 제외한 층수가 11층 이상인 것
- 지하층의 층수가 3층 이상인 것

# 2020년 5회

**2020.11.29**

## 01 [배점 8]

무선통신보조설비의 누설동축케이블 등의 설치기준에 대한 다음 각 물음에 답하시오.

가. 누설동축케이블의 끝부분에는 어떤 종류의 종단저항을 견고하게 설치하여야 하는가?

나. 증폭기 전면에 설치하는 기기 2가지를 쓰시오.

다. 누설동축케이블 또는 동축케이블의 임피던스는 몇 [Ω]으로 하는가?

라. 증폭기를 설치할 때 비상전원이 부착된 것으로 하여야 한다. 이때 해당 비상전원용량은 무선통신보조설비를 유효하게 몇 분 이상 작동시킬 수 있어야 하는가?

### 정답

가. 무반사 종단저항

나. ① 전압계, ② 표시등

다. 50 [Ω]

라. 30분

### 핵심이론  무선통신보조설비

□ 누설동축케이블 등 혼합기 설치기준
- 누설동축케이블의 끝부분에는 무반사 종단저항을 견고하게 설치할 것
- 누설동축케이블 또는 동축케이블의 임피던스는 50 [Ω]으로 하고, 이에 접속하는 공중선·분배기 기타의 장치는 해당 임피던스에 적합한 것으로 할 것

□ 누설동축케이블의 설치기준
- 소방전용주파수대에서 전파의 전송 또는 복사에 적합한 것으로서 소방전용의 것으로 할 것. 다만 소방대 상호 간의 무선 연락에 지장이 없는 경우에는 다른 용도와 겸용할 수 있다.
- 누설동축케이블과 이에 접속하는 안테나 또는 동축케이블과 이에 접속하는 안테나로 구성할 것

- 누설동축케이블 및 동축케이블은 불연 또는 난연성의 것으로서 습기 등의 환경조건에 따라 전기의 특성이 변질되지 않는 것으로 하고, 노출하여 설치한 경우에는 피난 및 통행에 장애가 없도록 할 것
- 누설동축케이블 및 동축케이블은 화재에 따라 해당 케이블의 피복이 소실된 경우에 케이블 본체가 떨어지지 않도록 4 [m] 이내마다 금속제 또는 자기제 등의 지지금구로 벽·천장·기둥 등에 견고하게 고정시킬 것. 다만 불연재료로 구획된 반자 안에 설치하는 경우에는 그렇지 않다.
- 누설동축케이블 및 안테나는 금속판 등에 따라 전파의 복사 또는 특성이 현저하게 저하되지 않는 위치에 설치할 것
- 누설동축케이블 및 안테나는 고압의 전로로부터 1.5 [m] 이상 떨어진 위치에 설치할 것. 다만 해당 전로에 정전기 차폐장치를 유효하게 설치한 경우에는 그렇지 않다.
- 누설동축케이블의 끝부분에는 무반사 종단저항을 견고하게 설치할 것
- 무반사 종단저항 : 누설동축케이블의 종단부에 전송된 전파는 케이블종단에서 반사되어 교신 방해, 송신효율이 저하되며, 반사파방지를 위해 누설동축케이블의 말단에 설치하는 저항

□ 증폭기 등 설치기준
- 전원은 전기가 정상적으로 공급되는 축전지, 전기저장장치 또는 교류전압 옥내간선으로 하고, 전원까지의 배선은 전용으로 할 것
- 증폭기의 전면에는 주회로의 전원이 정상인지의 여부를 표시할 수 있는 표시등 및 전압계를 설치할 것
- 증폭기에는 비상전원이 부착된 것으로 하고 해당 비상전원 용량은 무선통신보조설비를 유효하게 30분 이상 작동시킬 수 있는 것으로 할 것

## 02 배점 3

**소방용 배관설계도에서 다음 도시기호(심벌)의 명칭을 쓰시오.**

가.    나.    다.

### 정답

가. 습식 밸브
나. 건식 밸브
다. 프리액션밸브

보충 ▶ 습식 밸브 = 알람밸브
프리액션밸브 = 준비작동식 스프링클러설비밸브

## 03

누전경보기에 사용되는 변류기의 1차권선과 2차권선 간의 절연저항측정에 사용되는 측정기구와 측정된 절연저항의 양부에 대한 기준을 설명하시오.

가. 측정기구 :

나. 양부 판단기준 :

### 정답

가. 측정기구 : 직류 500 [V] 절연저항계
나. 양부 판단기준 : 5 [MΩ] 이상

#### 핵심이론 | 누전경보기 절연저항시험

(1) 측정장치 : DC 500 [V]의 절연저항계
(2) 절연저항시험 : 5 [MΩ] 이상
(3) 측정위치
- 절연된 1차권선과 2차권선 간의 절연저항
- 절연된 1차권선과 외부금속부 간의 절연저항
- 절연된 2차권선과 외부금속부 간의 절연저항

## 04

회로전압이 DC 24 [V]인 P형 수신기와 감지기와의 배선회로에서 감지기가 동작할 때의 전류(동작전류)는 몇 [mA]인가? (단, 감시전류는 2 [mA], 릴레이저항은 200 [Ω], 종단저항은 10 [kΩ]이다)

○ 계산과정 :        ○ 답 :

### 정답

✓ 계산과정

- $I_{감시} = 2 \times 10^{-3} = \dfrac{24}{10 \times 10^3 + 200 + 배선저항}$

  ∴ 배선저항 $= \dfrac{24}{0.002} - 10000 - 200 = 1800 \,[\Omega]$

- $I_{동작} = \dfrac{회로전압}{릴레이저항 + 배선저항}$ ∴ $I = \dfrac{24}{200 + 1800} = 0.012\,[A] = 12\,[mA]$

답 | 12 [mA]

감지기가 동작하면 종단저항은 고려하지 않는다.

### 핵심이론 감시전류 및 동작전류공식

- $I_{감시} = \dfrac{회로전압}{종단저항 + 릴레이저항 + 배선저항}$
- $I_{동작} = \dfrac{회로전압}{릴레이저항 + 배선저항}$

## 05

배점 6

수신기로부터 180 [m] 위치에 아래의 조건으로 사이렌이 접속되어 있다. 다음의 각 물음에 답하시오.

**조건**
(1) 수신기는 정전압출력이다.
(2) 전선은 2.5 [mm²] (HFIX 전선)을 사용한다.
(3) 사이렌의 정격출력은 48 [W]이다.
(4) 2.5 [mm²] HFIX 전선의 전기저항은 8.75 [Ω/km]이다.

가. 전원이 공급되어 사이렌을 동작시키고자 할 때 단자전압을 구하시오. (단, 전압변동에 의한 부하전류의 변동은 무시한다)

  ○ 계산과정 :

  ○ 답 :

나. "가"항의 단자전압의 결과를 참고하여 경종의 작동 여부를 설명하시오. (단, 그 이유를 반드시 쓰시오)

  ○ 답 :

### 정답

☑ 계산과정

- $I = \dfrac{P}{V} = \dfrac{48}{24} = 2\,[A]$
- $e(전압강하) = 2IR = 2 \times 2 \times 1.575 = 6.3\,[V]$   (8.75 [Ω/km] × 0.18 [km] = 1.575 [Ω])
- $V_r = 24 - 6.3 = 17.7\,[V]$

답 | 17.7 [V]

동선의 전기저항이 8.75 [Ω/km]이라는 것은, 1 [km]일 때 저항이 8.75 [Ω]라는 뜻으로, 배선거리 180 [m]일 때 전기저항을 구해서 대입한다.
저항값이 주어졌으므로 전압강하 e = 2IR 공식을 사용한다.

나. 정격전압의 80 [%] 전압인 24 × 0.8 = 19.2 [V] 미만이므로 작동하지 않는다.

### 핵심이론 음향장치 구조 및 성능(스프링클러, 간이스프링클러, 화재조기진압용 스프링클러설비)

- 정격전압의 80 [%] 전압에서 음향을 발할 수 있는 것으로 할 것
- 음량은 부착된 음향장치의 중심으로부터 1 [m] 떨어진 위치에서 90 [dB] 이상이 되는 것으로 할 것

## 06

득점 / 배점 3

비상콘센트설비의 전원회로의 설치기준에 관한 사항이다. ( ) 안을 채우시오.

비상콘센트설비의 전원회로는 단상교류 ( ① ) [V]인 것으로서, 그 공급용량은 ( ② ) [kVA] 이상인 것으로 하고, 하나의 전용회로에 설치하는 비상콘센트는 ( ③ )개 이하로 할 것

### 정답

① 220, ② 1.5, ③ 10

### 핵심이론 비상콘센트설비 전원회로기준

- 전원회로는 단상교류 220 [V]인 것으로서, 공급용량은 1.5 [kVA] 이상인 것으로 할 것
- 전원회로는 각 층에 있어서 2 이상이 되도록 설치할 것(단, 설치하여야 할 층의 비상콘센트가 1개일 때에는 하나의 회로로 할 수 있다)
- 전원회로는 주배전반에서 전용회로로 할 것
- 전원으로부터 각 층의 비상콘센트에 분기되는 경우에는 분기배선용 차단기를 보호함 안에 설치할 것
- 콘센트마다 배선용 차단기를 설치하여야 하며, 충전부는 노출되지 않도록 할 것
- 개폐기에는 '비상콘센트'라고 표시한 표지를 할 것
- 비상콘센트용 풀박스 등은 방청도장을 한 것으로서, 두께 1.6 [mm] 이상의 철판으로 할 것
- 하나의 전용회로에 설치하는 비상콘센트는 10개 이하로 하며, 이 경우 전선의 용량은 각 비상콘센트(비상콘센트가 3개 이상인 경우에는 3개)의 공급용량을 합한 용량 이상의 것으로 할 것

## 07

배점 6

휴대용 비상조명등의 설치장소에 관한 다음 (    ) 안을 완성하시오.

> (1) 숙박시설 또는 다중이용업소에는 객실 또는 영업장 안의 구획된 실마다 잘 보이는 곳(외부에 설치 시 출입문 손잡이로부터 (  ①  ) [m] 이내 부분)에 1개 이상 설치
> (2) 대규모점포(지하상가 및 지하역사는 제외)와 영화상영관에는 보행거리 (  ②  ) [m] 이내마다 (  ③  )개 이상 설치
> (3) 지하상가 및 지하역사에는 보행거리 (  ④  ) [m] 이내마다 (  ⑤  )개 이상 설치

### 정답

① 1, ② 50, ③ 3, ④ 25, ⑤ 3

### 핵심이론 | 휴대용 비상조명등 설치기준

(1) 설치장소
- 숙박시설 또는 다중이용업소에는 객실·영업장안의 구획된 실마다 잘 보이는 곳에 1개 이상 설치(외부 설치 시 출입문 손잡이로부터 1 [m] 이내)
- 대규모점포와 영화상영관에는 보행거리 50 [m] 이내마다 3개 이상 설치
- 지하상가 및 지하역사에는 보행거리 25 [m] 이내마다 3개 이상 설치

(2) 설치높이 : 바닥부터 0.8 [m] 이상 1.5 [m] 이하
(3) 어둠 속 위치를 확인 가능
(4) 사용 시 자동으로 점등되는 구조
(5) 외함 난연 성능 필요
(6) 건전지를 사용 시 방전방지조치를 하여야 하고, 충전식 배터리의 경우 상시 충전되도록 할 것
(7) 건전지 및 충전식 배터리의 용량 : 20분 이상

## 08

배점 4

양수량이 매분 12 [m³]이고, 전양정이 40 [m]인 펌프용 전동기의 용량은 몇 [kW]이겠는가? (단, 펌프효율은 85 [%]이고, 여유계수는 1.2라고 한다)

○ 계산과정 :

○ 답 :

> [정답]
>
> ☑ 계산과정
>
> $$P = \frac{9.8KQH}{\eta t} = \frac{9.8 \times 1.2 \times 40 \times 12}{0.85 \times 60} = 110.682 ≒ 110.68 [kW]$$
>
> 답 | 110.68 [kW]
>
> [kW]는 '초당' 단위이므로 양수량 매분 12 [m³]에 60을 나눈 값을 대입한다.

> 📌 핵심이론 전동기용량 구하는 식
>
> $$P = \frac{9.8KQH}{\eta t} = \frac{9.8K \times Q[m^3/min] \times H}{\eta t \times 60} [kW]$$
>
> P : 전동기용량 [kW], K : 여유계수, Q : 유량 [m³]
> H : 전양정 [m], $\eta$ : 효율, t : 시간 [s]

## 09 | 득점 | | 배점 | 5 |

천장높이 15 [m] 이상 20 [m] 미만의 장소에 설치할 수 있는 감지기의 종류를 3가지만 쓰시오.

① 

② 

③ 

> [정답]
>
> ① 이온화식 1종   ② 연기복합형   ③ 불꽃감지기

> 📌 핵심이론 감지기의 부착높이별 설치기준
>
> | 부착높이 | 감지기의 종류 |
> |---|---|
> | 8 [m] 이상<br>15 [m] 미만 | • 차동식 분포형<br>• 이온화식 1종 또는 2종<br>• 광전식(스포트형, 분리형, 공기흡입형) 1종 또는 2종<br>• 연기복합형<br>• 불꽃감지기 |
> | 15 [m] 이상<br>20 [m] 미만 | • 이온화식 1종<br>• 광전식(스포트형, 분리형, 공기흡입형) 1종<br>• 연기복합형<br>• 불꽃감지기 |
> | 20 [m] 이상 | • 불꽃감지기<br>• 광전식(분리형, 공기흡입형) 중 아날로그방식 |

## 10

그림과 같은 논리회로를 이용하여 다음 각 물음에 답하시오.

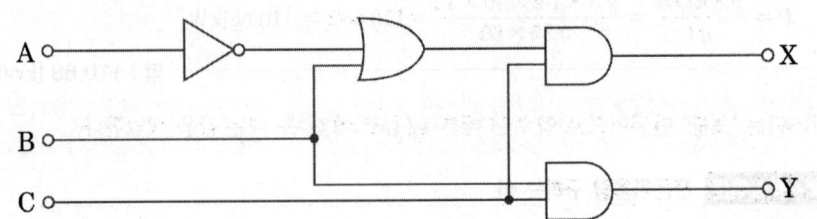

가. 3개의 입력단자 A, B, C에 각각 1의 입력이 들어간다면 출력단자 X, Y에는 어떤 출력이 나오겠는가?

   1) X :              2) Y :

나. X와 Y에 대한 논리식을 작성하시오.

   1) X =             2) Y =

### 정답

가. 1) X : 1
    2) Y : 1

나. 1) X = $(\overline{A}+B)C$
    2) Y = BC

### ★ 핵심이론 논리회로

| 게이트 | 논리회로 | 논리식 | 진리표 | | |
|---|---|---|---|---|---|
| AND | A, B → X | $X = A \cdot B = AB$ | A | B | X |
| | | | 0 | 0 | 0 |
| | | | 0 | 1 | 0 |
| | | | 1 | 0 | 0 |
| | | | 1 | 1 | 1 |
| OR | A, B → X | $X = A + B$ | A | B | X |
| | | | 0 | 0 | 0 |
| | | | 0 | 1 | 1 |
| | | | 1 | 0 | 1 |
| | | | 1 | 1 | 1 |
| NOT | A → X | $X = \overline{A}$ | A | | X |
| | | | 0 | | 1 |
| | | | 1 | | 0 |

## 11

| 득점 | | 배점 | 6 |
|---|---|---|---|

**그림과 같은 유접점 시퀀스회로에 대해 각 물음에 답하시오.**

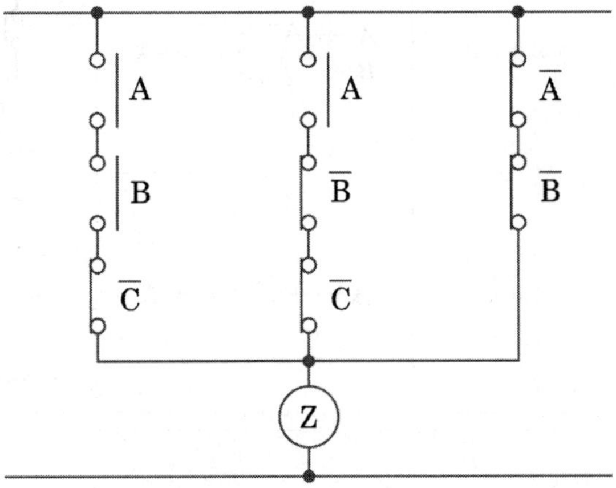


가. 그림의 시퀀스도를 가장 간략화한 논리식으로 표현하시오. (단, 최초의 논리식을 쓰고 이것을 간략화하는 과정을 기술하시오)

나. "가"에서 가장 간략화한 논리식을 무접점 논리회로로 그리시오.

**정답**

가. $Z = AB\overline{C} + A\overline{B}\,\overline{C} + \overline{A}\,\overline{B} = A\overline{C}(B+\overline{B}) + \overline{A}\overline{B} = A\overline{C} + \overline{A}\overline{B}$

나.

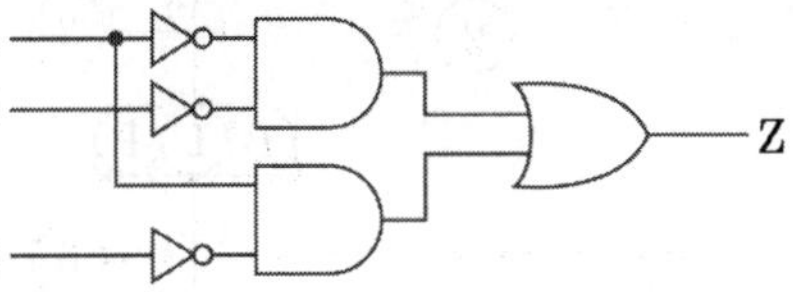


**핵심이론 시퀀스**

□ 드 모르간의 정리

| 논리식 | 논리식 |
|---|---|
| $\overline{A+B} = \overline{A} \cdot \overline{B}$ | $\overline{A \cdot B} = \overline{A} + \overline{B}$ |

□ 논리회로

| 명칭 | 논리식 | 논리회로 | 유접점회로 |
|---|---|---|---|
| AND회로 | $X = A \times B$<br>$X = A \cdot B$ | 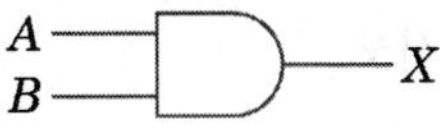 | 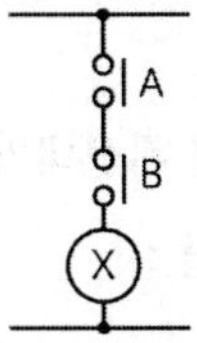 |

| 명칭 | 논리식 | 논리회로 | 유접점회로 |
|---|---|---|---|
| OR회로 | X = A + B | | |
| NOT회로 | X = $\overline{A}$ | | |

## 12

배점 8

기동용 수압개폐장치를 사용하는 옥내소화전설비와 습식 스프링클러설비가 설치된 지상 1층인 공장의 계통도이다. 다음 물음에 답하시오. (단, 경종과 표시등 공통선을 같이 한다)

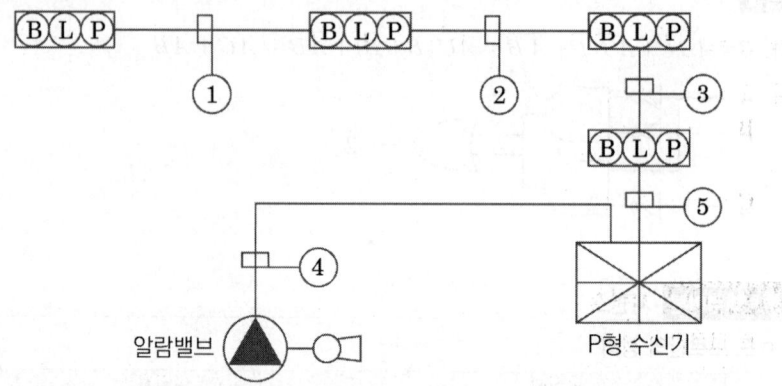

가. ① ~ ⑤까지의 최소배선 가닥 수를 쓰시오

① ②
③ ④
⑤

나. ④의 배선내역을 적으시오.

○ 답 :

다. 사이렌은 소방시설의 어떤 기구가 작동한 후에 작동하는지 그 시점을 쓰시오.

○답 :

### 정답

가. ① 8가닥, ② 9가닥, ③ 10가닥, ④ 4가닥, ⑤ 11가닥

최소배선 가닥 수를 써야 하기 때문에 ④의 공통선은 하나로 한다.

나. 압력스위치 1, 탬퍼스위치 1, 사이렌 1, 공통 1

다. 압력스위치

압력스위치 = PS = 밸브개방확인
탬퍼스위치 = TS = 밸브주의

### ✓ 해설

| 구분 | 회로선 | 회로공통선 | 경종선 | 경종표시등공통선 | 표시등선 | 응답선 | 기동확인표시등 | 탬퍼스위치 | 압력스위치 | 사이렌 | 공통 | 합계 |
|---|---|---|---|---|---|---|---|---|---|---|---|---|
| ① | 1 | 1 | 1 | 1 | 1 | 1 | 2 | | | | | 8 |
| ② | 2 | 1 | 1 | 1 | 1 | 1 | 2 | | | | | 9 |
| ③ | 3 | 1 | 1 | 1 | 1 | 1 | 2 | | | | | 10 |
| ④ | | | | | | | | 1 | 1 | 1 | 1 | 4 |
| ⑤ | 4 | 1 | 1 | 1 | 1 | 1 | 2 | | | | | 11 |

- 옥내소화전설비의 기동방식 2가지
  ① ON, OFF 기동방식 : 5가닥(기동, 정지, 공통, 기동확인 2)
  ② 기동용 수압개폐장치방식 : 2가닥(기동표시등 2)
- 펌프기동표시등(= 기동표시등, 기동확인표시등, 기동확인등)
- 알고 있는 옥내소화전설비와 기호가 다르더라도 문제에서 기동용 수압개폐장치를 사용하는 옥내소화전설비라고 명시했기 때문에 기동확인표시등 2가닥을 반드시 추가할 것

## 13

배점 6

다음과 같이 총길이가 1200 [m]인 지하구에 자동화재탐지설비를 설치하는 경우 다음 물음에 답하시오.

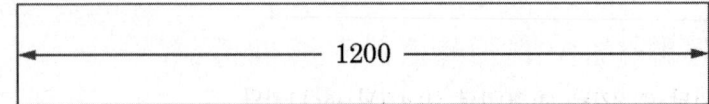

가. 최소경계구역은 몇 개로 구분해야 하는지 계산하시오.
  ○ 계산과정 :
  ○ 답 :

나. 특고압 케이블이 포설된 송·배전 전용의 지하구에 설치하는 감지기의 기능을 쓰시오.

### 정답

가. 계산과정

$\dfrac{1200}{700} = 1.7 \rightarrow$ 절상해서 2 [개]   답 | 2 [개]

나. 발화지점(1 [m] 단위)을 확인할 수 있을 것

#### 핵심이론  경계구역

□ 자동화재탐지설비 경계구역 설정기준(수평적 경계구역)
- 하나의 경계구역이 2개 이상의 건축물에 미치지 않도록 할 것
- 하나의 경계구역이 2개 이상의 층에 미치지 않도록 할 것
  다만 500 [m²] 이하의 범위 안에서 2개의 층을 하나의 경계구역으로 할 수 있음
- 하나의 경계구역 면적 600 [m²] 이하로 하고, 한 변의 길이는 50 [m] 이하로 할 것
  다만 해당 특정소방대상물의 주된 출입구에서 그 내부 전체가 보이는 것에 있어서는 한 변의 길이가 50 [m]의 범위 내에서 1000 [m²] 이하로 할 수 있음
- 도로터널 : 100 [m] 이하로 할 것(도로터널의 화재안전기술기준 NFTC 603)
- 지하구 : 700 [m] 이하로 할 것(지하구의 화재안전성능기준 NFPC 605 제13조 (기존 지하구에 대한 특례) 법 제13조에 따라 기존 지하구에 설치하는 소방시설 등에 대해 강화된 기준을 적용하는 경우에는 다음의 설치·관리 관련 특례를 적용한다.
  → 특고압 케이블이 포설된 송·배전 전용의 지하구(공동구를 제외한다)에는 온도 확인 기능 없이 최대 700 [m]의 경계구역을 설정하여 발화지점(1 [m] 단위)을 확인할 수 있는 감지기를 설치할 수 있다.

## 14 [배점 4]

**자동화재탐지설비의 화재안전기준에서 배선에 대한 다음 각 물음에 답하시오.**

가. 감지기회로의 도통시험을 위한 종단저항 설치기준 3가지를 쓰시오.

나. 감지기 사이의 회로배선은 어떤 방식으로 하여야 하는가?

다. P형 수신기 및 GP형 수신기의 감지기회로의 배선에 있어서 하나의 공통선에 접속할 수 있는 경계구역은 몇 개 이하로 하여야 하는가?

라. 자동화재탐지설비의 감지기회로의 전로저항은 몇 [Ω] 이하가 되도록 하여야 하는가?

### 정답

가. • 점검 및 관리가 쉬운 장소에 설치
   • 전용함 설치 시 바닥으로부터 1.5 [m] 이내의 높이에 설치
   • 감지기회로의 끝부분에 설치하며, 종단감지기에 설치할 경우에는 구별이 쉽도록 해당 감지기의 기판 등에 별도 표시

나. 송배선식

다. 7 [개]

라. 50 [Ω]

### 핵심이론 자동화재탐지설비

□ 감지기회로 도통시험을 위한 종단저항 설치기준
  • 점검 및 관리가 쉬운 장소에 설치할 것
  • 전용함 설치 시 바닥으로부터 1.5 [m] 이내의 높이에 설치할 것
  • 감지기회로의 끝부분에 설치하며, 종단감지기에 설치할 경우에는 구별이 쉽도록 해당 감지기의 기판 및 감지기 외부 등에 별도의 표시를 할 것

□ 하나의 공통선에 접속할 수 있는 경계구역
  • 7개 이하

□ 자동화재탐지설비의 전로저항 및 허용전압강하
  • 감지기회로의 전로저항은 50 [Ω] 이하가 되도록 하여야 하며,
  • 수신기의 각 회로별 종단에 설치되는 감지기에 접속되는 배선의 전압은 감지기 정격전압의 80 [%] 이상이어야 할 것

### 선생님 TIP

종단저항 설치 높이는 바닥으로부터 '몇 [m] 이상'의 기준이 없음을 주의하기 바랍니다!

* 전용함 설치 시 바닥으로부터 1.5 [m] 이내의 높이에 설치

## 15

유도전동기를 현장 및 관리실 양측 모두에서 기동 및 정지가 가능하도록 점선 안에 회로도를 그리시오. (단, 푸시버튼스위치 기동용 2개(PB₁, PB₂), 정지용 2개(PB₃, PB₄), 자기유지용 전자접촉기 a접점 1개(MC₋ₐ) 등을 사용한다)

배점 6

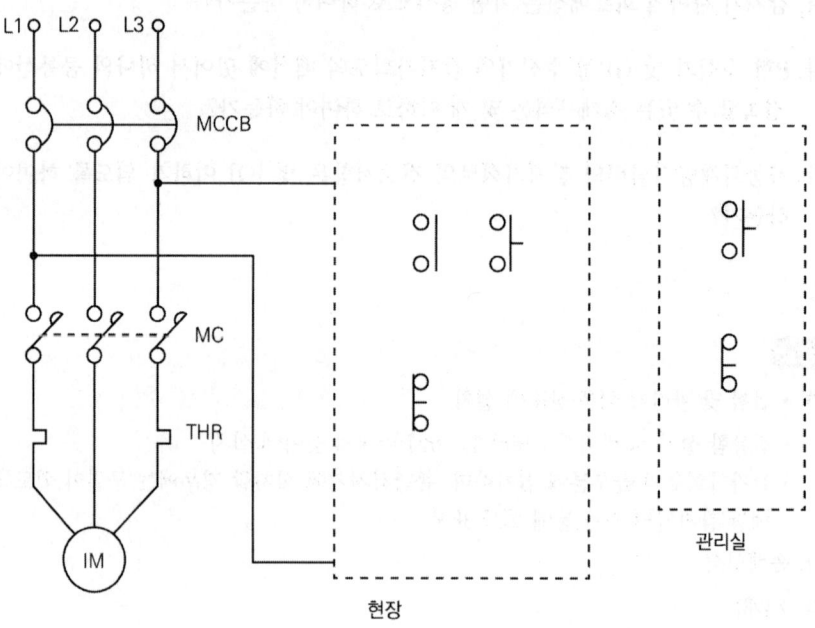

중요 ▶ 현장 측과 관리실 측 모두 기동과 정지가 가능해야 하므로 각각에 PB₋on스위치와 PB₋off스위치를 반드시 그려 넣을 것!

### 정답

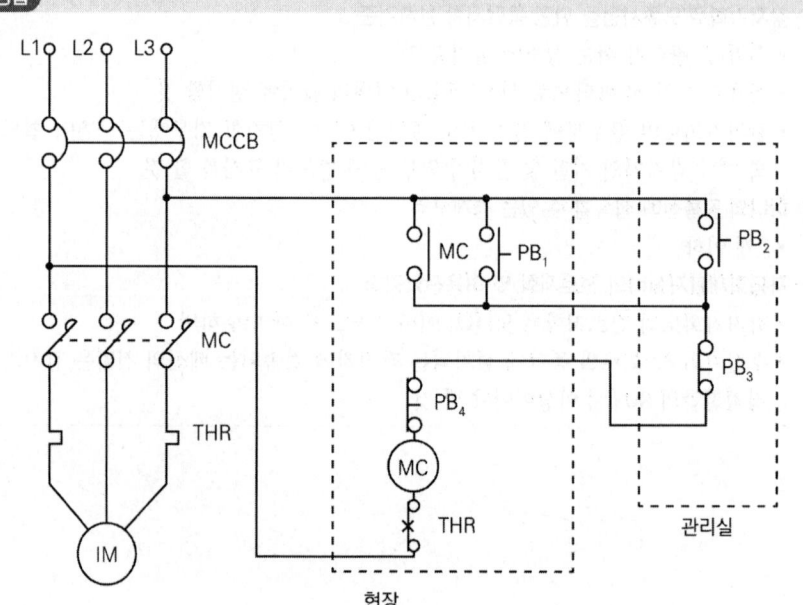

📌 **핵심이론** 전동기 운전회로(원방조작기동제어방식)

- 기동버튼 : 병렬연결 및 자기유지
- 정지버튼 : 직렬연결
- 분기 시 : "•"를 찍음
- MS 코일 : MS_a로 표기(R 코일 : R_a로 표기)
- 현장 측과 제어반 측이 있음

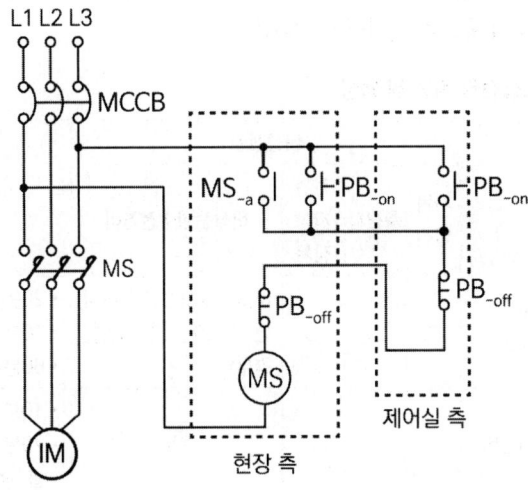

## 16

배점 6

**유도등의 전원에 대한 다음 각 물음에 답하시오.**

가. 전원으로 이용되는 것을 2가지 쓰시오.

   1)

   2)

나. 비상전원을 쓰시오.

   ○ 답 :

다. 다음의 층수 및 용도에 해당하는 비상전원의 용량을 쓰시오.

   1) 11층 미만 :

   2) 11층 이상 :

   3) 지하층으로서 용도가 지하상가 :

보충 ▶ 유도등의 전원
- 상용 전원 : 축전지, 전기저장장치 또는 교류전압의 옥내간선(전원까지 배선 전용)
- 비상 전원 : 축전지

정답

가. 1) 축전지
   2) 전기저장장치

나. 축전지

다. 1) 11층 미만 : 20분
   2) 11층 이상 : 60분
   3) 지하층으로서 용도가 지하상가 : 60분

### 핵심이론 비상전원 종류 및 용량

| 설비 | 비상전원 | | | | 용량 |
|---|---|---|---|---|---|
| | 자가발전 | 축전지 | 전기저장장치 | 비상전원수전설비 | |
| • 스프링클러설비<br>(미분무소화설비) | ○ | ○ | ○ | (차고, 주차장으로 바닥면 1000 [m²] 미만인 경우) | • 20분 : 30층 미만<br>• 40분 : 30 ~ 49층<br>• 60분 : 50층 이상 |
| • 간이스프링클러설비 | ○ | | | ○ | • 10분<br>• 20분 : 근생, 복합건축물, 생활형 숙박시설 |
| • 옥내소화전설비<br>• 연결송수관설비<br>• 특별피난계단의 계단실·부속실 제연설비 | ○ | ○ | ○ | | • 20분 : 30층 미만<br>• 40분 : 30 ~ 49층<br>• 60분 : 50층 이상 |
| • 제연설비<br>• CO₂설비<br>• 분말소화설비<br>• 할론소화설비<br>• 할로겐화합물 및 불활성기체소화설비<br>• 화재조기진압용 스프링클러설비<br>• 포소화설비 | ○ | ○ | ○ | (호스릴포소화설비 또는 포소화전만을 설치한 차고·주차장, 포헤드설비 또는 고정포방출설비가 설치된 부분의 바닥면 합계 1000 [m²] 미만인 경우) | • 20분 이상 |
| • 비상방송설비<br>• 자동화재탐지설비<br>• 비상경보설비 | | ○ | ○ | | • 10분 이상<br>• 30분 이상(비방, 자탐 30층 이상) |
| • 유도등 | | ○ | | | • 20분 이상 |
| • 비상조명등 | ○ | ○ | ○ | | • 60분 이상(지하층 제외 11층 이상, 지하층·무창층으로 도·소매시장, 여객자동차터미널, 지하역사, 지하상가) |

| 설비 | 비상전원 | | | | 용량 |
|---|---|---|---|---|---|
| | 자가발전 | 축전지 | 전기저장장치 | 비상전원수전설비 | |
| • 무선통신보조설비 | | ○ | | | • 30분 이상 |
| • 비상콘센트설비 | ○ | ○ | ○ | ○ | • 20분 이상 |

## 17

득점 / 배점 6

그림과 같은 평면도에 자동화재탐지설비의 광전식 스포트형 2종 감지기를 설치하고자 한다. 감지기의 설치높이가 3.6 [m]일 때 평면도에 감지기를 적절하게 배치하고 가닥 수를 표시하시오. (단, 경종과 표시등 공통선을 같이 한다)

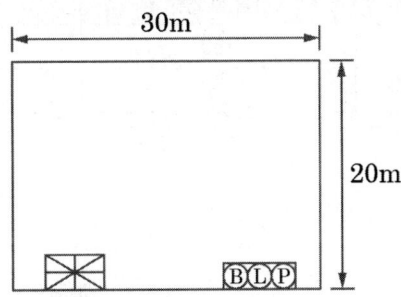

정답

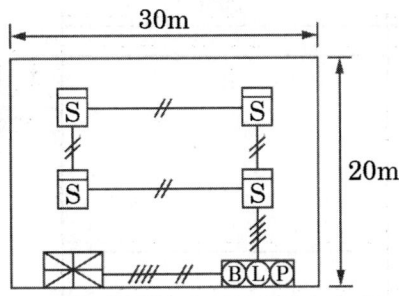

☑ 해설

광전식 스포트형 2종을 3.6 [m]에 설치할 때 150 [m²]마다 설치하므로,

$\dfrac{30 \times 20}{150} = 4$ [개]

답 | 4 [개]

- 광전식 스포트형 감지기는 연기감지기이므로 연기감지기 심벌을 그려 넣을 것
- 자동화재탐지설비의 감지기 배선은 송배선방식으로써 루프는 2가닥, 나머지는 4가닥이다.
- 발신기세트함으로부터 수신기까지의 기본 가닥 수는 지구, 공통, 응답, 경종, 표시등, 경종표시등공통선 총 6가닥이다.
- 가로의 길이가 30 [m], 세로의 길이가 20 [m] 면적 600 [m²]이므로 1개의 경계구역이기 때문에 지구선수는 1가닥이다.

### 핵심이론 연기감지기 설치면적

(단위 : [m²])

| 부착높이 | 감지기의 종류 | |
|---|---|---|
| | 1종 및 2종 | 3종 |
| 4 [m] 미만 | 150 | 50 |
| 4 [m] 이상 20 [m] 미만 | 75 | - |

## 18

배점 6

그림과 같이 구획된 철근 콘크리트 건물의 공장이 있다. 다음 표에 따라 자동화재탐지설비의 감지기를 설치하고자 할 때 다음 각 물음에 답하시오.

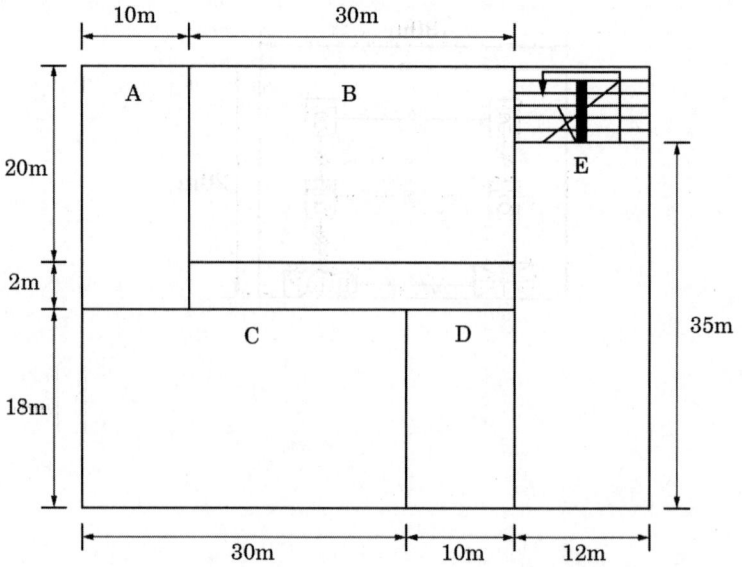

가. 다음 표를 보고 각각의 구역에 대해 감지기 개수를 산정하시오.

| 구역 | 설치높이 [m] | 감지기 종류 |
|---|---|---|
| A구역 | 3.5 | 연기감지기 2종 |
| B구역 | 3.5 | 연기감지기 2종 |
| C구역 | 4.5 | 연기감지기 2종 |
| D구역 | 3.8 | 정온식 스포트형 1종 |
| E구역 | 3.8 | 차동식 스포트형 2종 |

나. 감지기를 해당 도면에 알맞게 그려 넣으시오.

### 정답

가. 계산과정

- A구역 : $\dfrac{10 \times 22}{150} = 1.47 \rightarrow$ 절상해서 2개    답 | 2 [개]

- B구역 : $\dfrac{30 \times 20}{150} = 4$개    답 | 4 [개]

- C구역 : $\dfrac{30 \times 18}{75} = 7.2 \rightarrow$ 절상해서 8개    답 | 8 [개]

- D구역 : $\dfrac{10 \times 18}{60} = 3$개    답 | 3 [개]

- E구역 : $\dfrac{12 \times 35}{70} = 6$개    답 | 6 [개]

나.

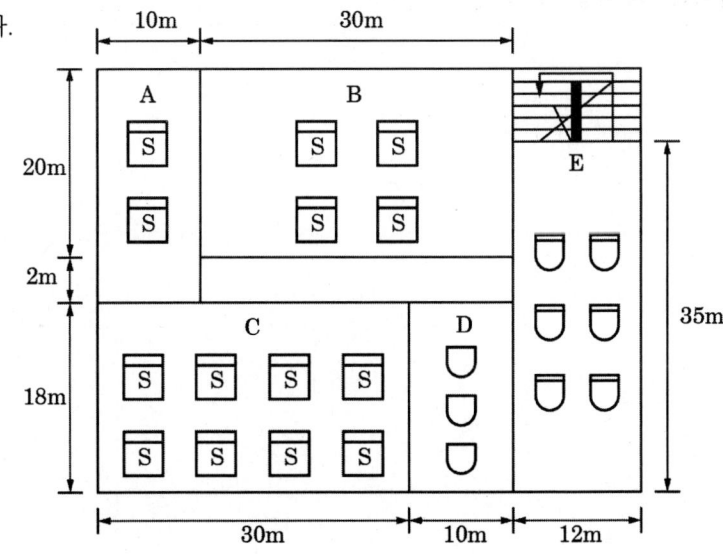

- 문제에서 철근 콘크리트 건물이라고 하였으므로 이는 내화구조를 뜻한다.
- "나"에서는 감지기를 도면에 그려 넣으라는 말만 있었으며, 배선하라고는 따로 명시되어 있지 않았기 때문에 감지기 사이를 배선하지 않고 배치만 해준다.

### 핵심이론 감지기 설치면적

□ 열감지기 설치면적  (단위 : [m²])

| 부착높이 및 특정소방대상물의 구분 | | 감지기의 종류 | | | | | | |
|---|---|---|---|---|---|---|---|---|
| | | 차동식 스포트형 | | 보상식 스포트형 | | 정온식 스포트형 | | |
| | | 1종 | 2종 | 1종 | 2종 | 특종 | 1종 | 2종 |
| 4 [m] 미만 | 내화구조 | 90 | 70 | 90 | 70 | 70 | 60 | 20 |
| | 기타구조 | 50 | 40 | 50 | 40 | 40 | 30 | 15 |
| 4 [m] 이상 8 [m] 미만 | 내화구조 | 45 | 35 | 45 | 35 | 35 | 30 | |
| | 기타구조 | 30 | 25 | 30 | 25 | 25 | 15 | |

□ 연기감지기 설치면적  (단위 : [m²])

| 부착높이 | 감지기의 종류 | |
|---|---|---|
| | 1종 및 2종 | 3종 |
| 4 [m] 미만 | 150 | 50 |
| 4 [m] 이상 20 [m] 미만 | 75 | - |

※ 연기감지기는 복도 및 통로에 있어서는 보행거리 30 [m](3종에 있어서는 20 [m])마다, 계단 및 경사로에 있어서는 수직거리 15 [m](3종에 있어서는 10 [m])마다 1개 이상으로 할 것

모아바 www.moa-ba.com
모아소방전기학원 www.moate.co.kr

격차를 뛰어넘어 압도적인 격차를 만들다

# 2019

| 1회 | 2019.04.14 |
| 2회 | 2019.06.29 |
| 4회 | 2019.11.09 |

## 2019년 1회 (2019.04.14)

**01** [배점 5]

전압강하에 대해 설명하고, 분기회로의 전압강하를 공급전압의 몇 [%] 이내로 하는지 쓰시오.

가. 전압강하 :

나. 분기회로의 전압강하 : 공급전압의 (　　) [%] 이내

### 정답

가. 입력전압과 출력전압의 차
나. 2 (※ 전압강하는 공급전압의 2 [%] 이내일 것)

[KEC 전압강하]
허용전류에 의한 전선의 굵기가 선정(필요조건)되면 전압강하를 고려하여 전선의 굵기(충분조건)를 결정하여야 한다.
(1) 전압강하 : 전선에 전류를 흘리면 전선의 임피던스로 인하여 부하 측(수전단)전압이 감소한다. 전압강하가 작을수록 그 배선은 전기적 특성이 좋으나, 도체의 단면적을 크게 하여 경제성이 저하하므로 전기적인 특성과 경제성의 양면에서 전체적인 특성을 평가하여야 한다.
(2) 수용가설비의 인입구로부터 기기까지의 전압강하

| 구분 | 조명(%) | 기타(%) |
|---|---|---|
| 저압으로 수전하는 경우 | 3 | 5 |
| 고압 이상으로 수전하는 경우 | 6 | 8 |

분기회로의 전압강하는 일반적으로 2 [%]이고 나머지는 간선의 전압강하로 한다.

## 02

배점 5

다음 그림은 배선도 표시방법이다. "가", "나", "다", "라", "마" 각각이 의미하는 바를 쓰시오.

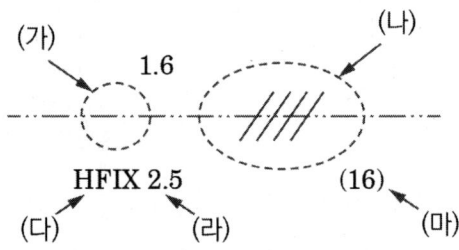

### 정답

㈎ 배선공사명으로 노출배선(바닥면 노출배선을 구별하는 경우)

㈏ 전선 가닥 수(4가닥)

㈐ 전선의 종류(450/750 [V] 저독성 난연가교폴리올레핀 절연전선)

㈑ 전선굵기(2.5 [mm$^2$])

㈒ 전선관굵기(16 [mm])

- 감지기와 감지기 사이, 감지기와 발신기 사이 등 감지기와 연결된 배선을 지선이라고 하며, 이때 지선은 굵기가 1.5 [mm$^2$]이다.
- 그 외는 간선이라고 하며, 굵기는 2.5 [mm$^2$]이다.
- 16 [C] = 16 [mm]
- 지선
  ① 1 ~ 4가닥 : 16 [C]
  ② 5 ~ 8가닥 : 22 [C]

### 핵심이론 공사

□ 옥내배선 그림기호

| 명칭 | 그림기호 | 개요 |
|---|---|---|
| 천장 은폐배선 | ——————— | 전선의 종류를 표시할 필요가 있는 경우는 기호를 기입<br>예) 450/750 [V] 저독성 난연가교폴리올레핀 절연전선 → HFIX 전선 |
| 천장 속 은폐배선 | —·—·—·— | |
| 바닥 은폐배선 | — — — — | |
| 노출배선 | – – – – | |
| 바닥면 노출배선 | –··–··– | |

□ 배선도 표시방법의 예

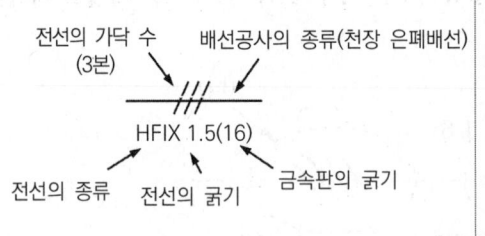

| | $HFIX - 1.5\ (F_2\ 16)$ |
|---|---|
| | 전선종류 – 전선 굵기(전선관 재질, 전선관 굵기)<br>• 16 [mm] 2종 금속제 가요전선관에 1.5 [mm²] 굵기의 450/750 [V] 저독성 난연가교 폴리올레핀 절연전선 3가닥을 넣은 천장 은폐배선 |

□ 전선관 재질
 ① 별도 표기 없음 : 강제전선관(후강(내경 짝수), 박강(외경 홀수))
 ② VE : 경질비닐전선관
 ③ $F_2$ : 2종 금속제 가요전선관
 ④ PF : 합성수지제 가요관
 ⑤ ─C─ : 전선이 없는 경우

□ 전선의 약호 명칭

| 약호 | 명칭 |
|---|---|
| DV | 인입용 비닐절연전선 |
| OW | 옥외용 비닐절연전선 |
| RB | 고무절연전선 |
| IV | 600 [V] 비닐절연전선 |
| HIV | 600 [V] 2종 비닐절연전선 |
| HFIX | 450/750 [V] 저독성 난연가교 폴리올레핀 절연전선 |
| CV | 가교폴리에탈렌 절연비닐 외장케이블 |
| E | 접지선 |
| GV | 접지용 비닐절연전선 |

## 03

배점 5

연축전지의 정격용량은 120 [Ah]이다. 상시부하 3 [kW], 표준전압 100 [V]이고, 부동충전방식으로 할 때 충전전류의 값을 구하시오.

○ 계산과정 :

○ 답 :

### 정답

☑ 계산과정

$$2차\ 충전전류\ [A] = \frac{축전지\ 정격용량\ [Ah]}{축전지\ 공칭용량\ [h]} + \frac{상시부하\ [VA]}{표준전압\ [V]}$$

$$= \frac{120}{10} + \frac{3 \times 10^3}{100} = 42\ [A]$$

답 | 42 [A]

### 핵심이론 축전지

□ 2차 충전전류 구하는 식

$$2차\ 충전전류[A] = \frac{축전지\ 정격용량\ [Ah]}{축전지\ 공칭용량\ [h]} + \frac{상시부하\ [VA]}{표준전압\ [V]}$$

□ 축전지 종류별 특성

| 구분 | 연축전지 | 알칼리축전지 |
| --- | --- | --- |
| 기전력 [V] | 2.05 ~ 2.08 | 1.32 |
| 공칭전압 [V] | 2.0 | 1.2 |
| 공칭용량 [Ah] | 10 | 5 |

### 선생님 TIP

문제에서 충전전류의 값 단위를 [A]로 명시하지 않았어도 기본적으로 [A]단위를 구하기 때문에 상시부하 3 [kW]를 [W]로 환산하여 대입해준다.

## 04

배점 6

소방설비용으로 사용되는 3상 유도전동기에 대한 다음 각 물음에 답하시오.

가. 15 [kW], 3상 농형 유도전동기의 분기회로의 케이블 선정을 위한 허용전류를 구하시오. (단, 전부하효율은 88 [%], 전부하역률은 80.5 [%]로 한다)

　○ 계산과정 :

　○ 답 :

나. 22 [kW], 3상 농형 유도전동기의 Y-△ 기동(Star-Delta)을 위한 결선도를 완성하시오.

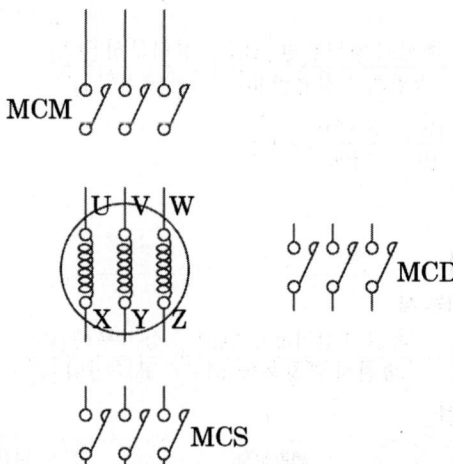

### 정답

가. 계산과정

- $P = \sqrt{3}\,VI\cos\theta\eta$ 이므로, $I = \dfrac{P}{\sqrt{3}\times VI\cos\theta\eta} = \dfrac{15\times 10^3}{\sqrt{3}\times 380\times 0.805\times 0.88}$

  ≒ 32.171 [A]

- 허용전류 = 1.25 × 32.171 = 40.213 ≒ 40.21 [A]

답 | 40.21 [A]

☑ 해설 : 전선의 허용전류

① 전동기 등의 정격전류 합계 50 [A] 이하 : 그 정격전류 합계의 1.25배
② 전동기 등의 정격전류 합계 50 [A] 초과 : 그 정격전류 합계의 1.1배

전동기 정격전류를 먼저 구한 후, 정격전류 값이 50 [A] 이하이기 때문에 전선의 허용전류는 여유값을 주어 1.25배를 해준다. 만약, 정격전류가 50 [A]를 초과하면 여유율은 10 [%]를 주어 1.1배를 해준다.

나.

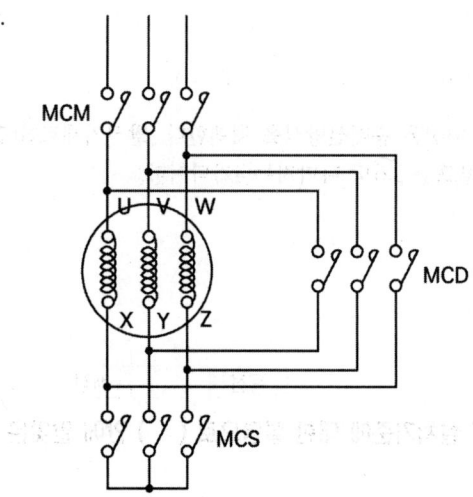

★ 핵심이론  전력공식

| 방식 | 공식 |
|---|---|
| 단상 2선식 | $P = VI\cos\theta\eta$<br>P : 전력 [W], V : 전압 [V], I : 전류 [A], $\cos\theta$ : 역률, $\eta$ : 효율 |
| 3상 3선식 | $P = \sqrt{3}VI\cos\theta\eta$<br>P : 전력 [W], V : 전압 [V], I : 전류 [A], $\cos\theta$ : 역률, $\eta$ : 효율 |

## 05

배점 6

그림은 자동화재탐지설비의 배선도이다. ①, ②, ③지점에 연결되는 최소 전선수는 몇 가닥인지 쓰시오.

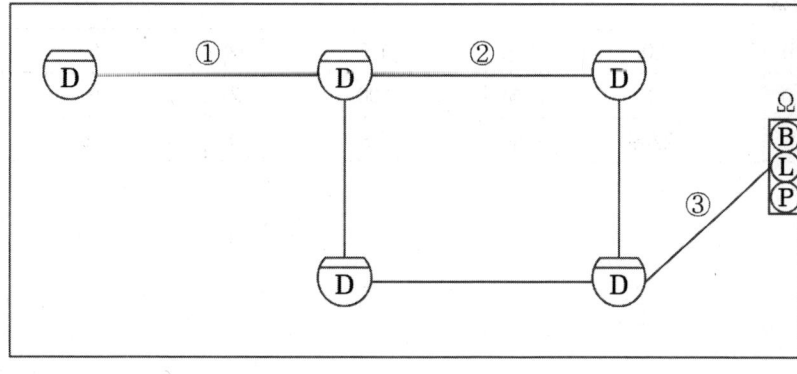

①                  ②                  ③

**TIP** 가스계소화설비, 준비작동식 스프링클러설비의 감지기 배선은 교차회로방식이며 이때 루프와 말단은 4가닥, 나머지는 8가닥이다.

**정답**

① 4가닥, ② 2가닥, ③ 4가닥

※ 자동화재탐지설비에서 감지기 배선은 송배선방식을 채택한다. 발신기세트함(전용함)에 종단저항을 처리하면 루프는 2가닥 나머지는 4가닥이다.

## 06

**득점** | **배점** 9

공기관식 차동식 분포형 감지기의 설치기준에 대한 설명으로 ( ) 안에 알맞은 내용을 쓰시오.

(1) 공기관의 노출부분은 감지구역마다 ( ① ) [m] 이상이 되도록 할 것
(2) 공기관과 감지구역의 각 변과의 수평거리는 ( ② ) [m] 이하가 되도록 하고, 공기관 상호 간의 거리는 ( ③ ) [m] (주요 구조부를 내화구조로 한 특정소방대상물 또는 그 부분에 있어서는 ( ④ ) [m]) 이하가 되도록 할 것
(3) 하나의 검출부에 접속하는 공기관 길이는 ( ⑤ ) [m] 이하로 할 것
(4) 검출부는 ( ⑥ )도 이상 경사되지 아니하도록 부착할 것
(5) ( ⑦ )은(는) 바닥으로부터 ( ⑧ ) [m] 이상 ( ⑨ ) [m] 이하의 위치에 설치할 것

| ① | | ② | | ③ | |
|---|---|---|---|---|---|
| ④ | | ⑤ | | ⑥ | |
| ⑦ | | ⑧ | | ⑨ | |

**정답**

| ① | 20 | ② | 1.5 | ③ | 6 |
|---|---|---|---|---|---|
| ④ | 9 | ⑤ | 100 | ⑥ | 5 |
| ⑦ | 검출부 | ⑧ | 0.8 | ⑨ | 1.5 |

### 핵심이론  공기관식 차동식 분포형 감지기 설치기준

- 작동원리 : 감열실 내 온도 상승(급격한 온도 상승) → 공기관 내부 공기 팽창 → 다이어프램 밀어 올려 접점 붙음
- 구조 : 수열부 - 공기관, 검출부 - 리크구멍(비화재보방지), 다이어프램, 접점, 시험장치

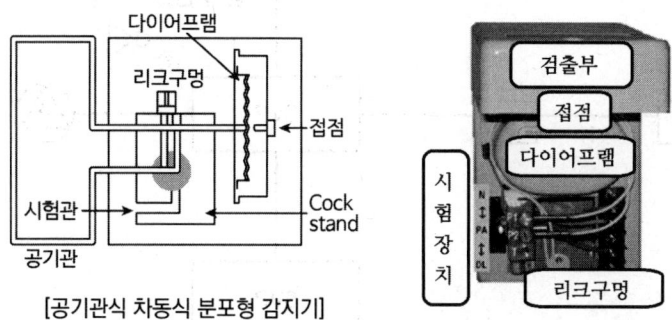

[공기관식 차동식 분포형 감지기]

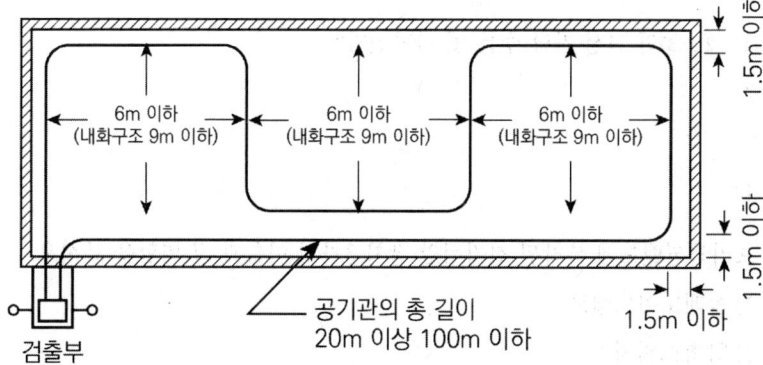

- 공기관의 노출부분은 감지구역마다 20 [m] 이상이 되도록 할 것
- 공기관과 감지구역의 수평거리는 1.5 [m] 이하가 되도록 할 것
- 공기관 상호 간의 거리는 6 [m](내화구조 9 [m]) 이하가 되도록 할 것
- 공기관은 도중에서 분기하지 않도록 할 것
- 하나의 검출부에 접속하는 공기관 길이는 100 [m] 이하로 할 것
- 검출부는 바닥에서 0.8 [m] 이상 1.5 [m] 이하에 위치하며, 5° 이상 경사되지 않도록 할 것

## 07

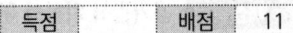

다음은 어느 아파트의 지하주차장에 설치된 준비작동식 스프링클러의 블록다이어그램이다. 다음 각 물음에 답하시오.

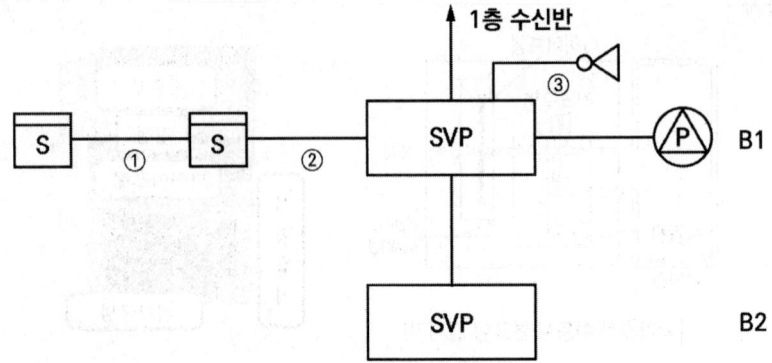

가. ①, ②, ③의 전선 가닥 수는 몇 가닥인가?

① 

② 

③ 

나. 프리액션밸브에 부착된 전기적인 장치 3가지 이름과 그 역할을 쓰시오.

1) 솔레노이드밸브 :

2) 압력스위치 :

3) 탬퍼스위치 :

다. SVP 전면에 부착되어 있는 표시등 3가지를 쓰시오.

1) 

2) 

3) 

라. 감지기회로의 도통시험에 필요한 종단저항의 수량과 설치위치에 대해 쓰시오.

1) 종단저항의 수량 :

2) 설치위치 :

**정답**

가. ① 4가닥, ② 8가닥, ③ 2가닥

☑ 해설 : 전선용도 및 가닥 수

| 기호 | 가닥 수 | 배선내역 |
|---|---|---|
| ① | 4가닥 | 지구선 2, 공통선 2 |
| ② | 8가닥 | 지구선 4, 공통선 4 |
| ③ | 2가닥 | 사이렌 2 |

※ 자동화재탐지설비에서 감지기 배선은 송배선방식을 채택한다.
발신기세트함(전용함)에 종단저항을 처리하면 루프는 2가닥 나머지는 4가닥이다.

나. 1) 솔레노이드밸브 : 프리액션밸브의 개방
2) 압력스위치 : 펌프 기동
3) 탬퍼스위치 : 개폐표시형 밸브의 개폐상태 감시

- 솔레노이드밸브 = 밸브기동 = SV(Solenoid Valve) = SOL
- 압력스위치 = 밸브개방확인 = PS(Pressure Switch)
- 탬퍼스위치 = 밸브주의 = 밸브개폐감시용 스위치 = TS(Tamper Switch)

다. 1) 전원감시등
2) 밸브개방표시등
3) 밸브주의표시등

라. 1) 종단저항의 수량 : 2개
2) 설치위치 : SVP

☑ 해설 : SVP = 슈퍼비조리판넬

준비작동식 스프링클러설비는 감지기를 교차회로방식으로 배선하기 때문에 종단저항 2개를 전용함(SVP)에 설치한다.

**TIP** ▶ 가스계소화설비, 준비작동식 스프링클러설비의 감지기 배선은 교차회로방식이며 이때 루프와 말단은 4가닥, 나머지는 8가닥이다.

## 08

배점 4

부하의 허용 최저전압이 99 [V]이고 축전지와 부하 간 접속선의 전압강하가 5 [V]일 때, 직렬로 접속한 축전지의 개수가 55개인 축전지 한 개당 허용 최저전압을 구하시오. (단, 연축전지인 경우이다)

○ 계산과정 :   ○ 답 :

### 정답

☑ 계산과정

허용 최저전압[V]

$= \dfrac{\text{부하의 허용최저전압} + \text{축전지와 부하 간 접속선의 전압강하}}{\text{직렬로 접속한 축전지개수}}$

$= \dfrac{99+5}{55} = 1.89 [V]$

답 | 1.89 [V]

> 축전지 1개당 허용최저전압은 방전종지전압이라고도 한다. 방전종지전압은 방전을 중지해야 하는 배터리의 전압이다. 어느 정도 배터리가 방전하면 그 후의 전압강하가 매우 급격해지며 어느 한도까지 방전하면 과방전되기 때문에 배터리에 악영향을 끼친다.

☑ 해설 : 축전지 1개의 허용 최저전압

허용 최저전압

$[V] = \dfrac{\text{부하의 허용최저전압} + \text{축전지와 부하 간 접속선의 전압강하}}{\text{직렬로 접속한 축전지개수}}$

## 09

배점 3

누전경보기에 대한 다음 각 물음에 답하시오.

가. 1급 또는 2급 누전경보기를 설치해야 하는 경계전로의 정격전류는 얼마인지 쓰시오.

○ 답 :

나. 전원은 분전반으로부터 전용회로로 한다. 각 극에 무엇을 설치하여야 하는지 쓰시오.

○ 답 :

다. CT의 우리말 명칭을 쓰시오.

○ 답 :

### 정답

가. 60 [A] 이하

나. 개폐기 및 15 [A] 이하의 과전류차단기

> ※ KEC에서는 16 [A] 이하의 과전류차단기로 개정되었지만, 아직까지 누전경보기의 화재안전기술기준(NFTC 205)에는 15 [A] 이하라고 명시되어 있기 때문에 15 [A] 이하로 암기할 것

다. 변류기

> ※ 만약 문제에서 ZCT를 물었으면 영상변류기라고 적는다.

### 핵심이론 누전경보기

□ 경계전로 정격전류에 따른 구분

| 정격전류 | 60 [A] 초과 | 60 [A] 이하 |
| --- | --- | --- |
| 경보기 종류 | 1급 | 1급 또는 2급 |

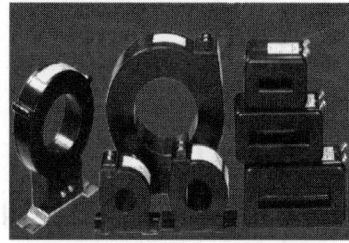 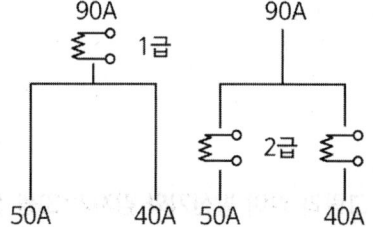

□ 누전경보기 전원
- 전원은 분전반으로부터 전용회로로 하고, 각 극에 개폐기 및 15 [A] 이하의 과전류 차단기(배선용 차단기에 있어서는 20 [A] 이하의 것으로 각 극을 개폐할 수 있는 것)를 설치할 것
- 전원을 분기할 때에는 다른 차단기에 따라 전원이 차단되지 아니하도록 할 것
- 전원의 개폐기에는 누전경보기용임을 표시한 표지를 할 것

□ 변류기(영상변류기, ZCT)
- 경계전로의 누설전류 자동 검출하여 이를 누전경보기의 수신부에 송신

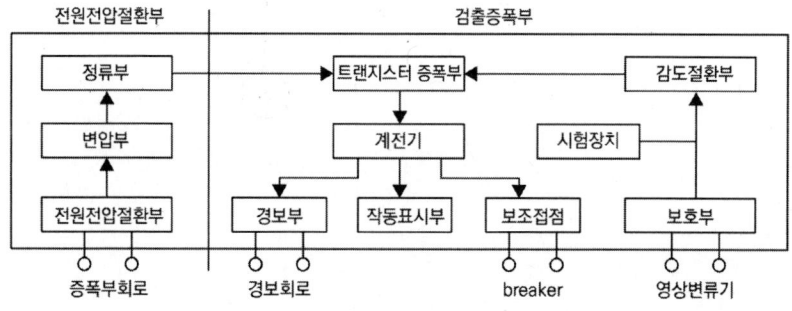

## 10

배점 3

자동화재탐지설비에서 도통시험을 원활하게 하기 위하여 배선회로의 끝부분에 무엇을 설치하여야 하는지 쓰시오.

O 답 :

### 정답

종단저항

#### 핵심이론 감지기회로 도통시험을 위한 종단저항 설치기준
- 점검 및 관리가 쉬운 장소에 설치할 것
- 전용함 설치 시 바닥으로부터 1.5 [m] 이내의 높이에 설치할 것
- 감지기회로의 끝부분에 설치하며, 종단감지기에 설치할 경우에는 구별이 쉽도록 해당 감지기의 기판 및 감지기 외부 등에 별도의 표시를 할 것

중요▶ 종단저항의 설치기준에는 바닥으로부터의 높이 몇 [m] 이상이라는 기준이 없음

## 11

배점 7

다음 그림과 같이 발신기와 감지기(S)를 설치할 때 이를 송배선방식으로 처리하면 각각의 배선수는 몇 가닥이 되어야 하는지 각각의 개소에 숫자로 표시하시오. (단, 종단저항은 발신기에 설치하는 조건이다)

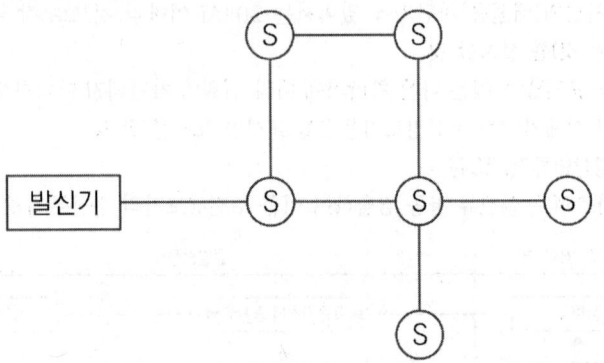

> 정답

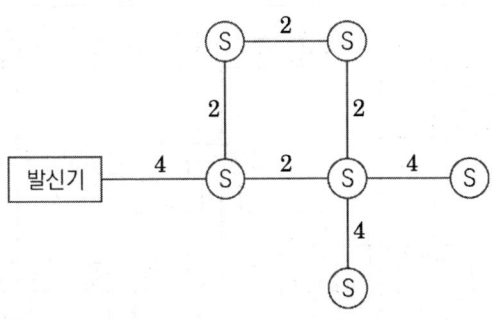

> 중요
- 자동화재탐지설비에서 감지기 배선은 송배선방식을 채택한다. 발신기세트함(전용함)에 종단저항을 처리하면 루프는 2가닥 나머지는 4가닥이다.
- 문제에서 각각의 배선수는 몇 가닥이 되어야 하는지 '숫자'로 표시하라고 하였으므로 정답과 같이 '숫자'로 반드시 표시할 것!

## 12
누전경보기에 사용되는 ZCT의 역할이 무엇인지 쓰시오.

[배점 3]

○ 답 :

> 정답

누설전류 검출

> 핵심이론  변류기(영상변류기, ZCT)

1) 누전경보기의 정의
   내화구조가 아닌 건축물로서 벽, 바닥 또는 천장의 전부나 일부를 불연재료 또는 준불연재료가 아닌 재료에 철망을 넣어 만든 건물의 전기설비로부터 누설전류를 탐지하여 경보를 발하는 기기로서, 변류기와 수신부로 구성된 것

2) 수신부의 정의
   변류기로부터 검출된 신호를 수신하여 누전의 발생을 해당 특정소방대상물의 관계인에게 경보하여주는 것(차단기구를 갖는 것을 포함)

3) 변류기의 정의
   경계전로의 누설전류를 자동적으로 검출하여 이를 누전경보기의 수신부에 송신하는 것

[누전경보기]

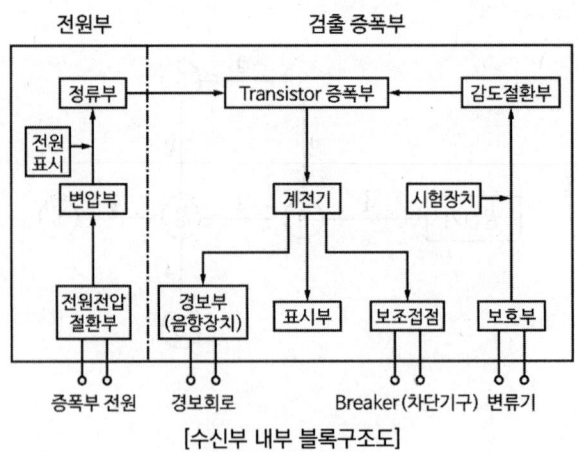

[수신부 내부 블록구조도]

## 13
배점 5

무선통신보조설비에서 증폭기의 전원 3가지를 쓰시오.

①
②
③

### 정답

① 축전지
② 전기저장장치
③ 교류전압 옥내간선

### 핵심이론 증폭기 등 설치기준

(1) 전원은 전기가 정상적으로 공급되는 축전지, 전기저장장치 또는 교류전압 옥내간선으로 하고, 전원까지의 배선은 전용으로 할 것
(2) 증폭기의 전면에는 주회로의 전원이 정상인지의 여부를 표시할 수 있는 표시등 및 전압계를 설치할 것
(3) 증폭기에는 비상전원이 부착된 것으로 하고 해당 비상전원 용량은 무선통신보조설비를 유효하게 30분 이상 작동시킬 수 있는 것으로 할 것
(4) 증폭기 및 무선중계기를 설치하는 경우에는 「전파법」 제58조의2에 따른 적합성 평가를 받은 제품으로 설치하고 임의로 변경하지 않도록 할 것
(5) 디지털방식의 무전기를 사용하는 데 지장이 없도록 설치할 것

## 14

공기관식 차동식 분포형 감지기의 시험에 관한 그림이다. 다음 각 물음에 답하시오.

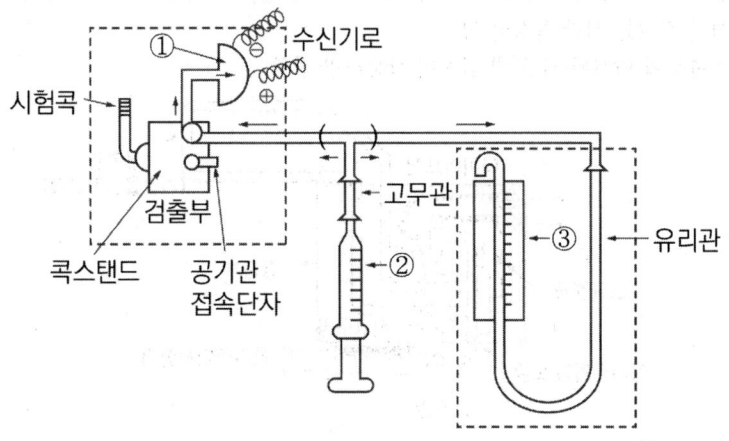

가. 어떤 시험을 하기 위한 것인지 쓰시오.

나. 그림에 표시된 ① ~ ③의 명칭을 쓰시오.
   ①
   ②
   ③

다. 이 시험에서의 양부판정기준을 쓰시오.

라. 접점수고치가 기준치보다 낮을 경우나 높을 경우에 일어나는 현상을 쓰시오.
   1) 낮을 경우 :
   2) 높을 경우 :

### 정답

가. 접점수고시험

나. ① 다이어프램, ② 테스트펌프, ③ 마노미터

다. 접점수고치가 적정 간격을 유지하고 있는 여부를 확인

라. 1) 낮을 경우 : 비화재보
    2) 높을 경우 : 지연동작

## 핵심이론 | 공기관식 차동식 분포형 감지기 시험

□ 화재작동시험
- 감지기의 작동공기압에 상당하는 공기량을 송입하여 접점이 작동하기(붙을 때)까지 걸리는 시간 측정할 것
- 검출부에 명시된 시간 내 접점이 작동하면 정상

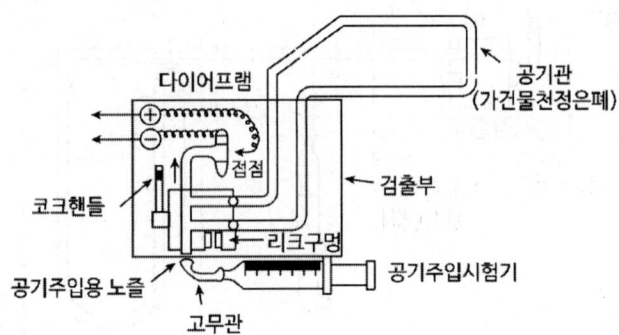

□ 작동계속시험
- 화재작동시험에서 접점이 작동하여 정지할(떨어질) 때까지 걸리는 시간 측정할 것
- 검출부에 명시된 범위 이내일 때 정상

□ 유통시험
- 공기관 내 공기를 유입시켜 공기관의 누설, 찌그러짐, 막힘, 공기관의 길이 확인하기 위한 시험
- 검출부의 시험공 또는 공기관의 한쪽 끝을 마노미터로 접속하고, 공기주입시험기(테스트펌프)를 접속하고, 공기를 마노미터 수위 100 [mm]까지 상승 후 50 [mm]가 될 때까지 시간 측정할 것
- 공기관 길이에 따라 정해진 시간 이내 정상

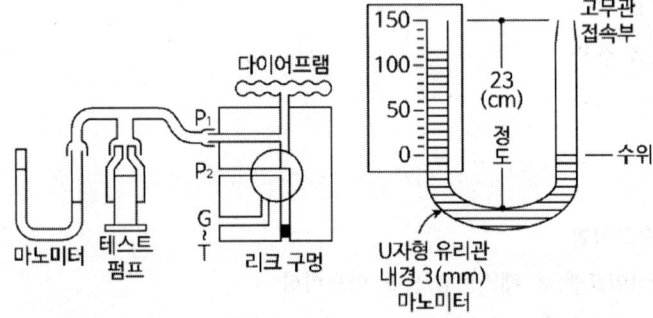

- 유통시험에 필요한 기구 3가지 : 마노미터, 공기주입시험기, 초시계

□ 접점수고(압력)시험 : 접점수고치가 적정 간격을 유지하고 있는지 여부 확인
- 비정상적인 경우 : 감지기 작동 안함
- 낮은 경우 : 비화재보(화재감지 너무 빠름)
- 높은 경우 : 지연동작(화재감지 너무 느림)

## 15

매분 12 [m³]의 물을 높이 20 [m]인 소화설비용 탱크에 양수하는 데 필요한 전동기의 소요출력 [kW]을 구하시오. (단, 펌프와 전동기의 합성효율은 75 [%]이고, 여유계수는 1.2이다)

◯ 계산과정 :

◯ 답 :

### 정답

☑ 계산과정

$$P = \frac{9.8KQH}{\eta t} = \frac{9.8 \times 1.2 \times 20 \times 12}{0.75 \times 60} = 62.72 \, [\text{kW}]$$

답 | 62.72 [kW]

※ [kW]는 초당 단위이므로 60을 나누어준다.

### 핵심이론 전동기용량 구하는 식

$$P = \frac{9.8KQH}{\eta t} = \frac{9.8K \times Q[m^3/\min] \times H}{\eta t \times 60} \, [\text{kW}]$$

P : 전동기용량 [kW], K : 여유계수, Q : 유량 [m³]
H : 전양정 [m], $\eta$ : 효율, t : 시간 [s]

## 16

주어진 심벌을 이용하여 다음 수신기의 전원회로를 완성하시오.

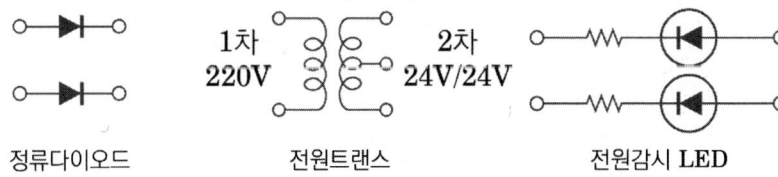

정류다이오드     전원트랜스     전원감시 LED

◯ 전원회로

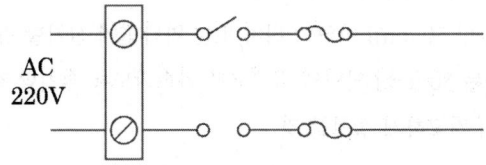

정답

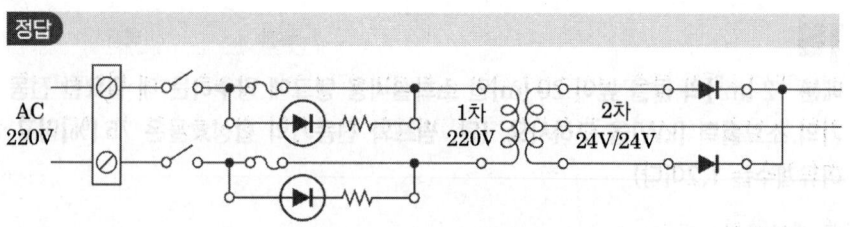

✓ 해설
- 직류 전원회로 : 교류전원을 직류전원으로 바꾸는 것을 정류(Rectification)라 하고, 그 회로를 정류회로라 함
- 단상 전파 정류회로 : 2개의 다이오드를 사용하여 교류의 양(+)과 음(-)의 전 주기를 정류하는 회로

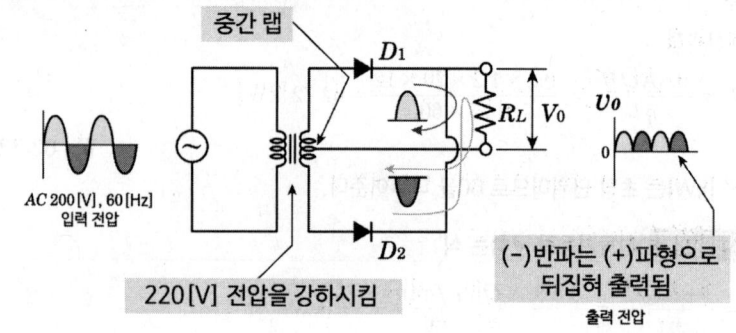

## 17
소방시설 중 축광방식 피난유도선의 설치기준을 4가지만 쓰시오.

①
②
③
④

정답
① 구획된 각 실로부터 주출입구 또는 비상구까지 설치할 것
② 바닥으로부터 높이 50 [cm] 이하의 위치 또는 바닥면에 설치할 것
③ 피난유도표시부는 50 [cm] 이내의 간격으로 연속되도록 설치할 것
④ 부착대에 의하여 견고하게 설치할 것

※ 축광방식과 광원점등방식의 설치기준을 확실히 구분한다.
　축광방식의 피난유도 표시부는 50 [cm] 이내의 간격으로 연속되도록 설치하지만 광원점등방식의 피난유도 표시부는 50 [cm] 이내의 간격으로 연속되도록 설치하되 실내장식물 등으로 설치가 곤란할 경우 1 [m] 이내로 설치한다.
　또한 축광방식은 부착대에 의하여 견고하게 설치하지만 광원점등방식은 부착대가 아닌, 바닥에 설치되는 피난유도 표시부는 매립하는 방식을 사용한다.

### 핵심이론 | 피난유도선 설치기준

□ 축광방식의 피난유도선 설치기준
- 구획된 각 실로부터 주출입구 또는 비상구까지 설치할 것
- 바닥으로부터 높이 50 [cm] 이하의 위치 또는 바닥 면에 설치할 것
- 피난유도 표시부는 50 [cm] 이내의 간격으로 연속되도록 설치
- 부착대에 의하여 견고하게 설치할 것
- 외광 또는 조명장치에 의하여 상시 조명이 제공되거나 비상조명등에 의한 조명이 제공되도록 설치할 것

[축광방식 피난유도선]

□ 광원점등방식의 피난유도선 설치기준
- 구획된 각 실로부터 주출입구 또는 비상구까지 설치할 것
- 피난유도 표시부는 바닥으로부터 높이 1 [m] 이하의 위치 또는 바닥 면에 설치할 것
- 피난유도 표시부는 50 [cm] 이내의 간격으로 연속되도록 설치하되 실내장식물 등으로 설치가 곤란할 경우 1 [m] 이내로 설치할 것
- 수신기로부터의 화재신호 및 수동조작에 의하여 광원이 점등되도록 설치할 것
- 비상전원이 상시 충전상태를 유지하도록 설치할 것
- 바닥에 설치되는 피난유도 표시부는 매립하는 방식을 사용할 것
- 피난유도 제어부는 조작 및 관리가 용이하도록 바닥으로부터 0.8 [m] 이상 1.5 [m] 이하의 높이에 설치할 것

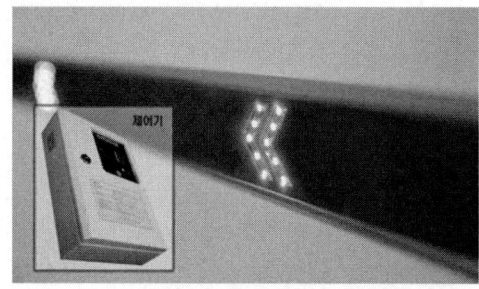

[광원점등방식 피난유도선]

## 18

다음 그림은 자동화재탐지설비의 전원설비를 표시한 것이다. 빈칸에 알맞은 관계전원을 쓰시오. (단, ②는 정전 시 10분 이상 작동하는 설비이며, ③은 수신기 내부에 설치하는 설비이다)

득점 | 배점 6

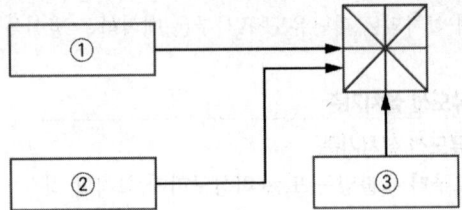

①
②
③

### 정답

① 상용전원, ② 비상전원, ③ 예비전원

수신기 내부에 설치하는 것은 예비전원이다(작은 배터리 구조로 주전원이 정지한 경우에는 자동적으로 예비전원으로 전환되고, 주전원이 정상상태로 복귀한 경우에는 자동적으로 예비전원으로부터 주전원으로 전환).

## 2019년 2회 (2019.06.29)

### 01
배점 7

다음은 자동화재탐지설비 및 시각경보장치의 화재안전기준에서 정하는 수신기의 설치기준이다. ( ) 안에 들어갈 내용을 쓰시오.

(1) 수신기는 수위실 등 상시 사람이 근무하는 장소에 설치할 것. 다만 사람이 상시 근무하는 장소가 없는 경우에는 ( ① )이(가) 쉽게 접근할 수 있고 관리가 용이한 장소에 설치할 수 있다.
(2) 수신기가 설치된 장소에는 ( ② )을(를) 비치할 것. 다만 모든 수신기와 연결되어 각 수신기의 상황을 감시하고 제어할 수 있는 수신기를 설치하는 경우에는 ( ③ )을(를) 제외한 기타 수신기는 그러하지 아니하다.
(3) 수신기의 ( ④ )은(는) 그 음량 및 음색이 다른 기기의 ( ⑤ ) 등과 명확히 구별될 수 있는 것으로 할 것
(4) 수신기는 감지기·중계기 또는 발신기가 작동하는 ( ⑥ )을(를) 표시할 수 있는 것으로 할 것
(5) 화재·가스·전기 등에 대한 ( ⑦ )을(를) 설치한 경우에는 해당 조작반에 수신기의 작동과 연동하여 감지기·중계기 또는 발신기가 작동하는 경계구역을 표시할 수 있는 것으로 할 것

| ① | ② | ③ |
|---|---|---|
| ④ | ⑤ | ⑥ |
| ⑦ | | |

### 정답

| ① | 관계인 | ② | 경계구역 일람도 | ③ | 주수신기 |
|---|---|---|---|---|---|
| ④ | 음향기구 | ⑤ | 소음 | ⑥ | 경계구역 |
| ⑦ | 종합방재반 | | | | |

### 📌 핵심이론 | 수신기 설치기준

(1) 수위실 등 상시 사람이 근무하는 장소에 설치할 것(단, 상시근무 장소 없는 경우 관계인 접근·관리 용이 장소 설치가능)
(2) 수신기가 설치된 장소에는 경계구역 일람도를 비치할 것(단, 모든 수신기와 연결되어 각 상황을 감시·제어할 수 있는 주수신기를 설치하는 경우에는 기타 부수신기는 제외)
(3) 수신기의 음향기구는 그 음량 및 음색이 다른 기기의 소음 등과 명확히 구별될 수 있는 것으로 할 것
(4) 수신기는 감지기·중계기·발신기가 작동하는 경계구역을 표시할 수 있는 것으로 할 것
(5) 화재·가스 전기등에 대한 종합방재반 설치 시 해당 조작반에 수신기의 작동과 연동하여 감지기·중계기·발신기가 작동하는 경계구역을 표시할 수 있는 것으로 할 것
(6) 하나의 경계구역은 하나의 표시등 또는 하나의 문자로 표시할 것
(7) 수신기의 조작스위치는 바닥으로부터의 높이가 0.8 [m] 이상 1.5 [m] 이하인 장소에 설치할 것
(8) 하나의 특정소방대상물에 2 이상의 수신기를 설치하는 경우에는 수신기를 상호 간 연동하여 화재발생 상황을 각 수신기마다 확인할 수 있도록 할 것
(9) 화재로 인하여 하나의 층의 지구음향장치 배선이 단락되어도 다른 층의 화재통보에 지장이 없도록 각 층 배선상에 유효한 조치를 할 것

# 02

천장높이 15 [m] 이상 20 [m] 미만의 장소에 설치할 수 있는 감지기의 종류를 3가지만 쓰시오.

①   ②   ③

### 정답

① 이온화식 1종
② 연기복합형
③ 불꽃감지기

#### 핵심이론 감지기의 부착높이별 설치기준

| 부착높이 | 감지기의 종류 |
|---|---|
| 4 [m] 미만 | 차동식(스포트형, 분포형), 보상식 스포트형<br>정온식(스포트형, 감지선형)<br>이온화식 또는 광전식(스포트형, 분리형, 공기흡입형)<br>열복합형, 연기복합형, 열연기복합형, 불꽃감지기 |
| 4 [m] 이상<br>8 [m] 미만 | 차동식(스포트형, 분포형), 보상식 스포트형<br>정온식(스포트형, 감지선형) 특종 또는 1종, 이온화식 1종 또는 2종 또는<br>광전식(스포트형, 분리형, 공기흡입형) 1종 또는 2종<br>열복합형, 연기복합형, 열연기복합형, 불꽃감지기 |
| 8 [m] 이상<br>15 [m] 미만 | **차동식 분포형**<br>**이**온화식 **1종** 또는 **2종**<br>**광**전식(스포트형, 분리형, 공기흡입형) **1종** 또는 **2종**<br>**연**기복합형, 불꽃감지기 |
| 15 [m] 이상<br>20 [m] 미만 | **이**온화식 1종<br>**광**전식(스포트형, 분리형, 공기흡입형) **1종**<br>**연**기복합형, 불꽃감지기 |
| 20 [m] 이상 | 불꽃감지기<br>광전식(분리형, 공기흡입형) 중 아날로그방식 |

[비고]
1) 감지기별 부착높이 등에 대하여 별도로 형식승인 받은 경우에는 그 성능 인정범위 내에서 사용할 수 있다.
2) 부착높이 20 [m] 이상에 설치되는 광전식 중 아날로그방식의 감지기는 공칭감지농도 하한값이 감광률 5 [%/m] 미만인 것으로 한다.

암기 ▶ 차분한 이광연 12세

암기 ▶ 이광연 1

## 03

기동용 수압개폐장치를 사용하는 옥내소화전설비와 습식 스프링클러설비가 설치된 지상 1층인 공장의 계통도이다. 다음 물음에 답하시오. (단, 경종과 표시등 공통선을 같이 한다)

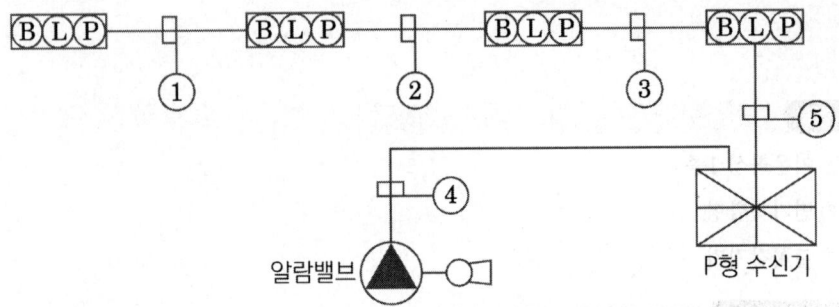

가. ①~⑤까지의 최소 배선 가닥 수를 쓰시오.

①

②

③

④

⑤

나. ①의 배관길이가 20 [m]일 경우 전선은 몇 [m]가 필요한지 소요량을 구하시오. (단, 전선의 할증률은 10 [%]로 계상한다)

○ 계산과정:

○ 답(전선소요량):

다. 상시 그림에서 발신기세트에 부착해야 하는 기기장치 3가지를 쓰시오.

1)

2)

3)

**정답**

가. ① 8가닥, ② 9가닥, ③ 10가닥, ④ 4가닥, ⑤ 11가닥

> 발신기세트함의 수 = 지구선수로 산정할 수 있다.
> 따라서 ①가닥 수는 발신기세트함 하나를 끌고가기 때문에 자동화재탐지설비의 기본가닥 수 6가닥에다가 옥내소화전함과 같이 설치되었으므로 기동확인표시등 2가닥을 추가해서 8가닥이다.
> ②가닥 수는 발신기세트함 하나가 추가되었으므로 지구선이 2가닥이 되기 때문에 9가닥이다.
> ※ 해당 도면의 소방기호는 '옥내소화전함'과 겸용한 '발신기세트함' 기호가 아니지만 문제에서 '기동용 수압개폐장치를 사용하는 옥내소화전설비와 습식 스프링클러설비가 설치되었다'고 하였으므로 기동확인표시등 2가닥을 반드시 추가한다.

나. 계산과정

(20 × 8) × 1.1 = 176 [m]     답 | 176 [m]

> 전선의 할증률 10 [%]를 계상하기 위해 총 전선의 길이에 1.1을 곱해준다.

다. 1) P형 발신기
   2) 경종
   3) 표시등

☑ 해설

| 구분 | 회로선 | 회로공통선 | 경종선 | 경종표시등공통선 | 표시등선 | 응답선 | 기동확인표시등 | 탬퍼스위치 | 압력스위치 | 사이렌 | 공통 | 합계 |
|------|--------|------------|--------|------------------|----------|--------|----------------|------------|------------|--------|------|------|
| ① | 1 | 1 | 1 | 1 | 1 | 1 | 2 | | | | | 8 |
| ② | 2 | 1 | 1 | 1 | 1 | 1 | 2 | | | | | 9 |
| ③ | 3 | 1 | 1 | 1 | 1 | 1 | 2 | | | | | 10 |
| ④ | | | | | | | | 1 | 1 | 1 | 1 | 4 |
| ⑤ | 4 | 1 | 1 | 1 | 1 | 1 | 2 | | | | | 11 |

• 옥내소화전설비의 기동방식 2가지
   ① ON, OFF 기동방식 : 5가닥(기동, 정지, 공통, 기동확인 2)
   ② 기동용 수압개폐장치방식 : 2가닥(기동표시등 2)
      펌프기동표시등(= 기동표시등, 기동확인표시등, 기동확인등)
   ※ 습식 스프링클러설비는 탬퍼스위치와 압력스위치가 있으며, 솔레노이드밸브는 없다(솔레노이드밸브는 준비작동식 스프링클러설비에 있다).

## 04

다음의 기호는 폭발성 가스로부터의 위험을 방지하기 위한 방폭구조의 표시를 나타낸 것이다. 기호가 의미하는 내용을 쓰시오.

d - 2 - G4

가. d :

나. 2 :

다. G4 :

### 정답

가. d : 내압방폭구조
나. 2 : 폭발등급 1·2의 가스 및 증기에 적용
다. G4 : G1·G2·G3·G4의 가스 및 증기에 적용

e : 안전증방폭구조
d : 내압방폭구조
o : 유입방폭구조
p : 압력방폭구조
s : 특수방폭구조
ia, ib : 본질안전방폭구조

※ 폭발등급은 최대안전틈새의폭에따라 1, 2, 3으로 구분된다.
G1, G2, G3, G4, G5는 발화도 등급으로써 가스의 발화점에 따라 나뉘어진다.

| KSC기준 | 노동부기준 | 가스발화점 [℃] |
|---|---|---|
| G1 | T1 | 450 초과 |
| G2 | T2 | 300 ~ 450 |
| G3 | T3 | 200 ~ 300 |
| G4 | T4 | 135 ~ 200 |
| G5 | T5 | 100 ~ 135 |
| - | T6 | 85 ~ 100 |

## 05

옥내배선도면에 다음과 같이 표현되었을 때 각각 어떤 배선을 의미하는지 쓰시오.

가. ─────────

나. ── ── ── ──

다. ─ ─ ─ ─ ─

### 정답

가. 천장 은폐배선

나. 바닥 은폐배선

다. 노출배선

### 핵심이론 옥내배선 그림기호

| 명칭 | 그림기호 | 개요 |
|---|---|---|
| 천장 은폐배선 | ────────── | 전선의 종류를 표시할 필요가 있는 경우는 기호를 기입<br>예) 450/750 [V] 저독성 난연가교 폴리올레핀 절연전선 → HFIX 전선 |
| 천장 속 은폐배선 | ─ㆍ─ㆍ─ㆍ─ ||
| 바닥 은폐배선 | ─ ─ ─ ─ ─ ─ ||
| 노출배선 | ─ ─ ─ ─ ─ ─ ||
| 바닥면 노출배선 | ─ ㆍㆍ ─ ㆍㆍ ─ ||

배선도 표시방법의 예

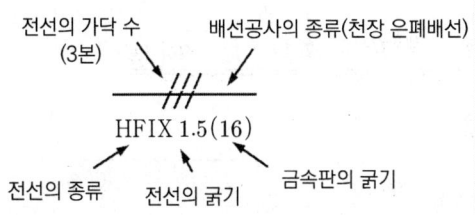

| | |
|---|---|
| $HFIX - 1.5\ (F_2\ 16)$<br>전선종류 - 전선 굵기(전선관 재질, 전선관 굵기) | • 16 [mm] 2종 금속제 가요전선관에 1.5 [mm²] 굵기의 450/750 [V] 저독성 난연가교 폴리올레핀 절연전선 3가닥을 넣은 천장 은폐배선 |

## 06

도면은 특별피난계단 제연설비의 전기적인 계통도이다. 주어진 도면과 조건을 이용하여 다음 각 물음에 답하시오.

**조건**
(1) 제연댐퍼의 기동 시는 솔레노이드 기동방식을 채택한다.
(2) 제연댐퍼의 복구는 자동복구방식이다.
(3) 터미널보드(T.B)에 감지기 종단저항을 내장한다.
(4) 전원공통선과 감지기공통선을 별개로 사용한다.
(5) 전선 가닥 수는 최소 가닥 수를 적용한다.

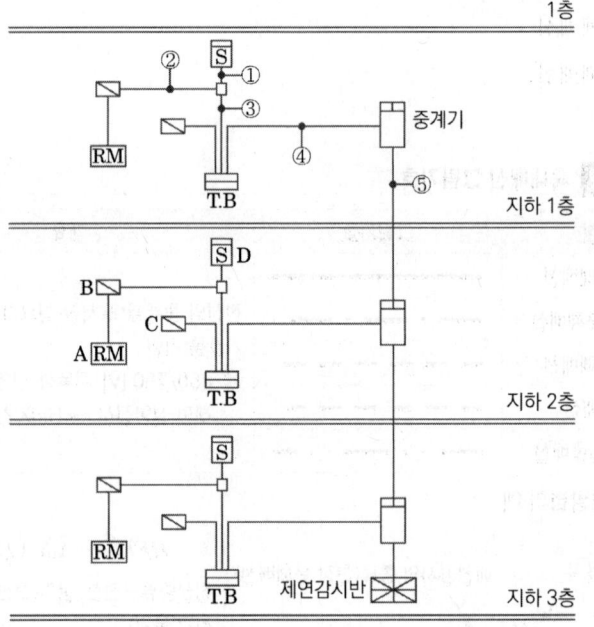

가. ① ~ ⑤의 전선 가닥 수를 쓰시오.

| ① | ② | ③ | ④ | ⑤ |
|---|---|---|---|---|
|   |   |   |   |   |

나. A ~ D의 명칭을 쓰시오

| A | B | C | D |
|---|---|---|---|
|   |   |   |   |

다. 터미널보드(T.B)에서 중계기까지 연결되는 각 선로의 전기적인 명칭을 모두 쓰시오.
   ○답 :

**정답**

가.

| ① | ② | ③ | ④ | ⑤ |
|---|---|---|---|---|
| 4가닥 | 5가닥 | 9가닥 | 8가닥 | 4가닥 |

나.

| A | B | C | D |
|---|---|---|---|
| 수동조작함 | 급기댐퍼 | 배기댐퍼 | 연기감지기 |

다. 전원 ⊕ 1, 전원 ⊖ 1, 급기배기댐퍼기동 1, 급기댐퍼개방확인 1, 배기댐퍼개방확인 1, 수동기동확인 1, 감지기공통 1, 지구 1

☑ 해설 : 전선 가닥 수

| 기호 | 가닥 수 | 용도 |
|---|---|---|
| ① | 4 | 지구 2, 공통 2 |
| ② | 5 | 전원 ⊕·⊖, 급기댐퍼기동 1, 급기댐퍼개방확인 1, 수동기동확인 1 |
| ③ | 9 | 전원 ⊕·⊖, 급기댐퍼기동 1, 급기댐퍼개방확인 1, 수동기동확인 1 지구2, 공통2 |
| ④ | 8 | 전원 ⊕·⊖, 급기배기댐퍼기동 1, 급기댐퍼개방확인 1, 배기댐퍼개방확인 1, 수동기동확인 1, 지구 1, 감지기공통 1 |
| ⑤ | 4 | 전원 ⊕·⊖, 신호선 2 |

• 전원공통선과 감지기공통선 별개로 사용
• 중계기는 신호선 2가닥이다.

• 자동복구 (모터방식) - 복구선 없음 ⇨ 기본방식
• 수동복구 - 복구선 있음
  ① 급기댐퍼 5가닥 (전원 ⊕·⊖, 급기기동 1, 급기확인 1, 복구스위치 1)
  ② 배기댐퍼 5가닥 (전원 ⊕·⊖, 배기기동 1, 배기확인 1, 복구스위치 1)

# 07

그림은 발신기세트와 P형 수신기 간의 내부결선도이다. 번호 ①~⑥에 해당되는 각 전선의 명칭을 쓰시오.

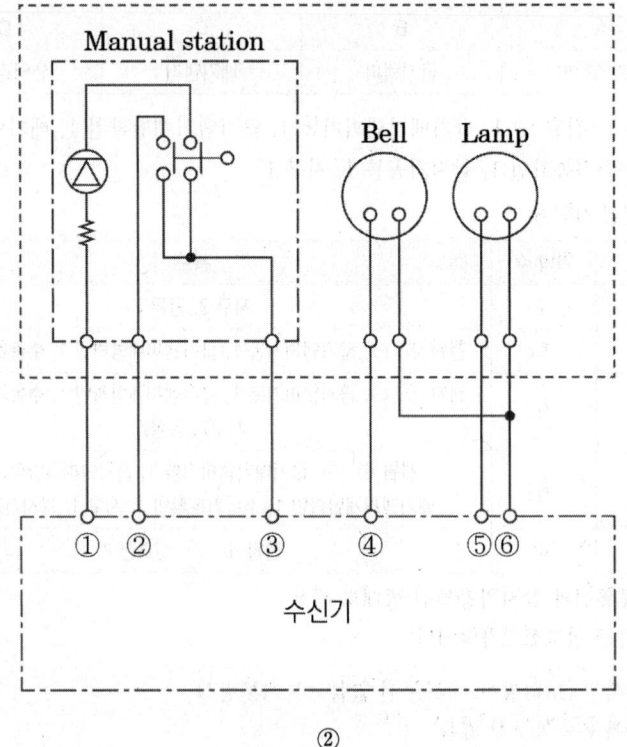

① 　　　　　　　　　　　　② 
③ 　　　　　　　　　　　　④ 
⑤ 　　　　　　　　　　　　⑥ 

### 정답

① 응답선, ② 회로선, ③ 회로공통선, ④ 경종선, ⑤ 표시등선, ⑥ 경종표시등공통선

### ✔ 해설
- 지구선(= 회로선, 신호선, 감지기선, 발신기 지구선, 수동발신기 지구선)
- 지구공통선(= 공통선, 회로공통선, 신호공통선, 감지기공통선, 수동발신기 공통선)
- 응답선(= 발신기선, 발신기응답선, 수동발신기 응답선, 확인선)
- 경종 및 표시등공통선(= 공동표시등 공통선, 벨표시등 공통선)

## 08

배점 10

다음은 화재안전기준에서 정하는 발신기의 설치기준이다. 다음 (   ) 안에 들어갈 내용을 쓰시오.

(1) 조작스위치는 바닥으로부터 ( ① ) 이상 ( ② ) 이하에 설치할 것
(2) 특정소방대상물의 각 부분으로부터 하나의 발신기까지의 수평거리가 ( ③ ) 이하가 되도록 할 것
(3) 복도 또는 별도로 구획된 실로서 보행거리가 ( ④ ) 이상인 경우에는 추가로 설치할 것
(4) 발신기의 위치를 표시하는 표시등은 ( ⑤ )에 설치하되 그 불빛은 부착면으로부터 ( ⑥ ) 이상의 범위 안에서 부착지점으로부터 ( ⑦ ) 이내의 어느 곳에서도 쉽게 식별할 수 있는 ( ⑧ )등으로 하여야 한다.

| ① | | ② | |
|---|---|---|---|
| ③ | | ④ | |
| ⑤ | | ⑥ | |
| ⑦ | | ⑧ | |
| ⑨ | | ⑩ | |

### 정답

| ① | 0.8 [m] | ② | 1.5 [m] |
|---|---|---|---|
| ③ | 25 [m] | ④ | 40 [m] |
| ⑤ | 함의 상부 | ⑥ | 15° |
| ⑦ | 10 [m] | ⑧ | 적색 |

### 핵심이론 | 발신기 설치기준

(1) 조작이 쉬운 장소에 설치하고, 스위치는 바닥으로부터 0.8 [m] 이상 1.5 [m] 이하의 높이에 설치할 것
(2) 특정소방대상물의 층마다 설치하되,
  • 수평거리 : 25 [m] 이하 설치(각 부분부터 하나의 발신기까지의 거리)
  • 보행거리 : 40 [m] 이상 경우 추가설치(복도 · 별도구획된 실)
(3) (2)의 기준을 초과하는 경우로서 기둥 · 벽이 설치되지 아니한 대형공간의 경우 발신기는 설치대상장소의 가장 가까운 장소의 벽 · 기둥 등에 설치할 것
(4) 발신기의 위치를 표시하는 표시등은 함의 상부에 설치하되, 그 불빛은 부착면으로부터 15° 이상의 범위 안에서 부착지점으로부터 10 [m] 이내의 어느 곳에서도 쉽게 식별할 수 있는 적색등으로 한다.

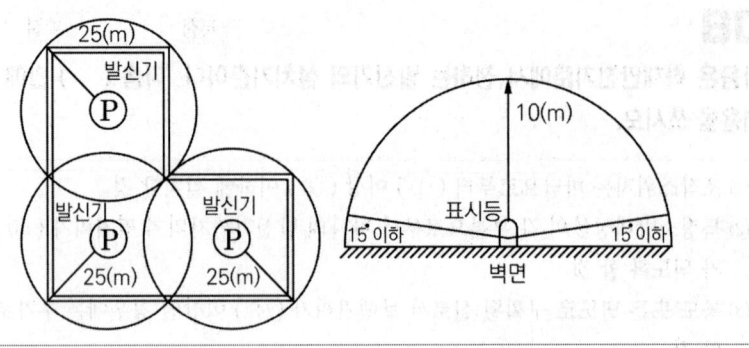

## 09

배점 3

다음 ( ) 안에 들어갈 내용을 쓰시오.

자동화재탐지설비 및 시각경보장치의 화재안전기준상 전원회로의 전로와 대지 사이 및 배선 상호 간의 절연저항은 전기설비기술기준이 정하는 바에 의하고, 감지기회로 및 부속회로의 전로와 대지 사이 및 배선 상호 간의 절연저항은 ( ① )경계구역마다 직류 ( ② )[V]의 절연저항측정기를 사용하여 측정한 절연저항이 ( ③ )[MΩ] 이상이 되도록 해야 한다.

①
②
③

### 정답

① 1, ② 250, ③ 0.1

### 핵심이론 절연저항시험

| 설비명 | 측정위치 | 측정계기 | 절연저항 |
|---|---|---|---|
| 자동화재<br>탐지설비 | • 감지기회로 및 부속회로 전로<br>• 대지 사이 및 배선상호 간 | 직류 250 [V]<br>절연저항 측정기 | 0.1 [MΩ] 이상 |
| 자동화재<br>속보설비 | 절연된 충전부와 외함 | 직류 500 [V]<br>절연저항 측정기 | 5 [MΩ] 이상 |
| 가스누설<br>경보기 | • 교류입력 측과 외함<br>• 절연된 선로 간 | 직류 500 [V]<br>절연저항 측정기 | 20 [MΩ] 이상 |

### 선생님 TIP

최근 기사실기시험에서 절연저항시험의 '측정위치' 또한 묻는 문제가 출제되었으므로
• 감지기회로 및 부속회로 전로
• 대지 사이 및 배선상호 간
측정 시 0.1 [MΩ] 이상이 나와야 하는 것 또한 암기합시다.

| 설비명 | 측정위치 | 측정계기 | 절연저항 |
|---|---|---|---|
| 비상경보설비 | • 감지기회로 및 부속회로 전로<br>• 대지 사이 및 배선상호 간 | 직류 250 [V]<br>절연저항 측정기 | 0.1 [MΩ] 이상 |
| | 절연된 충전부와 외함 | 직류 500 [V]<br>절연저항 측정기 | 5 [MΩ] 이상 |
| | • 교류입력 측과 외함<br>• 절연된 선로 간 | 직류 500 [V]<br>절연저항 측정기 | 20 [MΩ] 이상 |
| 비상방송설비 | • 감지기회로 및 부속회로 전로<br>• 대지 사이 및 배선상호 간 | 직류 250 [V]<br>절연저항 측정기 | 0.1 [MΩ] 이상 |
| 누전경보기 | [변류기]<br>• 절연된 1차권선과 2차권선<br>• 절연된 1차권선과 외부금속부<br>• 절연된 2차권선과 외부금속부 | 직류 500 [V]<br>절연저항 측정기 | 5 [MΩ] 이상 |
| | [수신기]<br>• 절연된 충전부와 외함 간 및 차단기구의 개폐부<br>• 열린 상태에서는 같은 극의 전원단자와 부하 측 단자와의 사이<br>• 닫힌 상태에서는 충전부와 손잡이 사이 | 직류 500 [V]<br>절연저항 측정기 | 5 [MΩ] 이상 |
| 유도등 | • 교류입력 측과 외함<br>• 교류입력 측과 충전부 사이<br>• 절연된 충전부와 외함 사이 | 직류 500 [V]<br>절연저항 측정기 | 5 [MΩ] 이상 |
| 비상조명등 | • 교류입력 측과 외함<br>• 교류입력 측과 충전부 사이<br>• 절연된 충전부와 외함 사이 | 직류 500 [V]<br>절연저항 측정기 | 5 [MΩ] 이상 |
| 비상콘센트 | 절연된 충전부와 외함 | 직류 500 [V]<br>절연저항 측정기 | 20 [MΩ] 이상 |

## 10 배점 4

감지기의 형식승인 및 제품검사의 기술기준에서 정하는 감지기의 진동시험 중 감지기에 전원이 인가된 상태에서 주파수 범위와 가속도 진폭의 시험기준을 쓰시오.

가. 주파수의 범위 :

나. 가속도 진폭 :

### 정답

가. 주파수의 범위 : 10 ~ 150 [Hz]

나. 가속도 진폭 : 5 [m/s²]

☑ 해설 : 감지기 진동시험
① 감지기는 전원이 인가된 상태
- 주파수 범위 : 10 ~ 150 [Hz]
- 가속도 진폭 : 5 [m/s²]
② 감지기는 전원을 인가하지 아니한 상태
- 주파수 범위 : 10 ~ 150 [Hz]
- 가속도 진폭 : 10 [m/s²]

[감지기의 형식승인 및 제품검사의 기술기준]

**제29조(진동시험)**

① 감지기는 전원이 인가된 상태에서 IEC 60068-2-6의 시험방법에 따라 다음 각 호에 따른 시험을 실시하는 경우 시험중 잘못 작동되거나 시험 후 구조 및 기능에 이상이 없어야 한다.
1. 주파수 범위 : (10 ~ 150) [Hz]
2. 가속도 진폭 : 5 [m/s²]
3. 축수 : 3
4. 스위프 속도 : 1 [옥타브/min]
5. 스위프 사이클 수 : 축당 1

② 감지기는 전원을 인가하지 아니한 상태에서 IEC 60068-2-6의 시험방법에 따라 다음 각 호에 따른 시험을 실시하는 경우 구조 및 기능에 이상이 없어야 한다.
1. 주파수 범위 : (10 ~ 150) [Hz]
2. 가속도 진폭 : 10 [m/s²]
3. 축수 : 3
4. 스위프 속도 : 1 [옥타브/min]
5. 스위프 사이클 수 : 축당 20

제30조(충격시험) 감지기의 전원을 공급한 상태에서 두께 20 [mm], 폭 300 [mm], 길이 500 [mm]의 나무판 중앙에 부착하여 이를 뒤집은 후 나무판의 양끝으로부터 50 [mm]의 부분을 받침대로 지지하여 고정시키고, 감지기가 부착된 나무판의 반대면 중앙에 무게 0.54 [kg] 지름 51 [mm]의 강철구를 775 [mm]의 높이에서 진자운동에 의하여 충격을 가하는 시험 또는 자유낙하에 의하여 충격을 가하는 시험을 1회 실시하는 경우 잘못 작동하거나 그 구조 또는 기능에 이상이 생기지 않아야 한다.

## 11

| 득점 | | 배점 | 7 |

감지기와 P형 수신기와의 배선회로에서 종단저항이 1.2 [kΩ], 릴레이저항이 400 [Ω], 배선회로의 저항은 60 [Ω]이다. 회로전압이 24 [V]일 때, 평상시와 화재 시 감지기회로에 흐르는 전류[mA]를 구하시오.

가. 평상시
  ○ 계산과정 :              ○ 답 :

나. 화재 시
  ○ 계산과정 :              ○ 답 :

### 정답

가. 계산과정

$$I_{감시} = \frac{회로전압}{종단저항 + 릴레이저항 + 배선저항}$$

$$= \frac{24}{1.2 \times 10^3 + 400 + 60} = 14.457 \times 10^{-3} [A] = 14.457 [mA] ≒ 14.46 [mA]$$

답 | 14.46 [mA]

나. 계산과정

$$I_{동작} = \frac{회로전압}{릴레이저항 + 배선저항}$$

$$= \frac{24}{400 + 60} = 52.173 \times 10^{-3} [A] = 52.173 [mA] ≒ 52.17 [mA]$$

답 | 52.17 [mA]

> **핵심이론** 감시전류 및 동작전류공식
>
> - $I_{감시} = \dfrac{회로전압}{종단저항+릴레이저항+배선저항}$
> - $I_{동작} = \dfrac{회로전압}{릴레이저항+배선저항}$
>
> - 감시전류를 구할 때는 종단저항까지 거치기 때문에 종단저항을 고려해야 한다. 이때 종단저항은 실무에서 주로 10 [kΩ]을 사용하는데, 계산할 때는 [Ω]단위로 환산하여서 대입해준다.
> - 동작전류를 구할 때는 감지기가 동작한 경우로서, 단락이 된 상태이기 때문에 종단저항을 거치지 않는다.

## 12 [배점 3]

차동식 스포트형 감지기가 열을 감지하는 방식 중에 반도체를 이용하는 방식이 있다. 여기에는 부특성서미스터(Thermistor)라는 소자를 이용하는데 이 소자의 어떤 원리를 이용한 것인지 쓰시오.

○ 답 :

### 정답

- 온도 상승에 따라 저항값이 감소하는 원리

☑ 해설 : 서미스터(Thermistor)
  - 온도에 의해 저항값이 변하는 반도체 소자
  - 부( - )저항온도계수(NTC)의 특성 : 온도 증가 시 저항 감소
  - 열을 감지하는 감열저항체 소자

| 효과 | 설명 |
|---|---|
| 제어백효과<br>(Seebeck Effect)<br>: 제백효과 | • 서로 다른 두 금속을 접속하여 접속점에 **온도차를 주면 열기전력이 발생하는 효과**<br>• 온도변화에 따른 열팽창률이 다른 두 금속을 붙여 사용하는 방법<br>• 다른 종류의 금속선으로 된 폐회로의 두 접합점의 온도를 달리하였을 때 발생하는 효과 |
| 펠티에효과<br>(Peltier Effect) | 두 종류의 금속으로 된 화로에 전류를 흘리면 각 접속점에서 열의 흡수 또는 발생이 일어나는 현상 |
| 톰슨효과<br>(Thomson Effect) | 균질의 철사에 온도구배가 있을 때 여기에 전류가 흐르면 열의 흡수 또는 발생이 일어나는 현상 |

## 13

무선통신보조설비에서 누설동축케이블의 끝부분에 설치하는 것이 무엇인지 쓰시오.

O 답 :

### 정답

무반사 종단저항

#### 핵심이론 누설동축케이블 설치기준

- 누설동축케이블의 정의
  - 동축케이블의 외부도체에 가느다란 홈을 만들어서 전파가 외부로 새어나갈 수 있도록 한 케이블
- 누설동축케이블의 설치기준
  - 소방전용주파수대에서 전파의 전송 또는 복사에 적합한 것으로서 소방전용의 것으로 할 것. 다만 소방대 상호 간의 무선 연락에 지장이 없는 경우에는 다른 용도와 겸용할 수 있다.
  - 누설동축케이블과 이에 접속하는 안테나 또는 동축케이블과 이에 접속하는 안테나로 구성할 것
  - 누설동축케이블 및 동축케이블은 불연 또는 난연성의 것으로서 습기 등의 환경조건에 따라 전기의 특성이 변질되지 않는 것으로 하고, 노출하여 설치한 경우에는 피난 및 통행에 장애가 없도록 할 것
  - 누설동축케이블 및 동축케이블은 화재에 따라 해당 케이블의 피복이 소실된 경우에 케이블 본체가 떨어지지 않도록 4 [m] 이내마다 금속제 또는 자기제 등의 지지금구로 벽·천장·기둥 등에 견고하게 고정시킬 것. 다만 불연재료로 구획된 반자 안에 설치하는 경우에는 그렇지 않다.
  - 누설동축케이블 및 안테나는 금속판 등에 따라 전파의 복사 또는 특성이 현저하게 저하되지 않는 위치에 설치할 것
  - 누설동축케이블 및 안테나는 고압의 전로로부터 1.5 [m] 이상 떨어진 위치에 설치할 것. 다만 해당 전로에 정전기 차폐장치를 유효하게 설치한 경우에는 그렇지 않다.
  - 누설동축케이블의 끝부분에는 무반사 종단저항을 견고하게 설치할 것
- 증폭기 등
  - 전원은 전기가 정상적으로 공급되는 축전지, 전기저장장치 또는 교류전압 옥내간선으로 하고, 전원까지의 배선은 전용으로 할 것
  - 증폭기의 전면에는 주회로의 전원이 정상인지의 여부를 표시할 수 있는 표시등 및 전압계를 설치할 것

중요 ▶ 무반사 종단저항 : 누설동축케이블의 종단부에 전송된 전파는 케이블종단에서 반사되어 교신 방해, 송신효율이 저하되며, 반사파방지를 위해 누설동축케이블의 말단에 설치하는 저항

- 증폭기에는 비상전원이 부착된 것으로 하고 해당 비상전원 용량은 무선통신보조설비를 유효하게 30분 이상 작동시킬 수 있는 것으로 할 것
- 증폭기 및 무선중계기를 설치하는 경우에는 「전파법」 제58조의2에 따른 적합성평가를 받은 제품으로 설치하고 임의로 변경하지 않도록 할 것
- 디지털방식의 무전기를 사용하는 데 지장이 없도록 설치할 것

## 14

배점 3

간선의 굵기를 결정하는 요소 3가지를 쓰시오.

① 
② 
③ 

### 정답

① 허용전류
② 전압강하
③ 기계적 강도

전선의 허용전류는 해당 전선이 전달할 수 있는 최대전류를 나타낸다.
전압강하는 감소된 전압이며 기계적 강도는 전선의 단락이 발생할 때 전기회로가 기계적 & 열적으로 견딜 수 있는 강도이다.

## 15
배점 4

**다음 ( ) 안에 알맞은 내용을 쓰시오.**

> 화재안전기준에서 정하는 자동화재탐지설비의 경계구역 설정 시 계단·경사로·엘리베이터 승강로·린넨슈트·파이프 피트 및 덕트, 기타 이와 유사한 부분에 대하여는 별도로 경계구역을 설정하되, 하나의 경계구역은 높이 ( ① ) [m] 이하(계단 및 경사로에 한함)로 하고, 지하층의 계단 및 경사로(지하층의 층수가 ( ② )일 경우에는 제외)는 별도로 하나의 경계구역으로 하여야 한다.

### 정답

① 45, ② 1

#### 핵심이론 자동화재탐지설비 경계구역 설정기준

□ 경계구역의 정의

특정소방대상물 중 화재신호를 발신하고 그 신호를 수신 및 유효하게 제어할 수 있는 구역

□ 경계구역의 설정기준
- 하나의 경계구역이 2개 이상의 건축물에 미치지 않도록 할 것
- 하나의 경계구역이 2개 이상의 층에 미치지 않도록 할 것. 다만 500 [m²] 이하의 범위 안에서는 2개의 층을 하나의 경계구역으로 할 수 있다.
- 하나의 경계구역의 면적은 600 [m²] 이하로 하고 한 변의 길이는 50 [m] 이하로 할 것. 다만 해당 특정소방대상물의 주된 출입구에서 그 내부 전체가 보이는 것에 있어서는 한 변의 길이가 50 [m]의 범위 내에서 1000 [m²] 이하로 할 수 있다.

□ 계단 또는 경사로 등에서의 경계구역 설정기준

계단(직통계단 외의 것에 있어서는 떨어져 있는 상하 계단의 상호 간의 수평거리가 5 [m] 이하로서 서로 간에 구획되지 아니한 것에 한한다)·경사로(에스컬레이터 경사로 포함)·엘리베이터 승강로(권상기실이 있는 경우에는 권상기실)·린넨슈트·파이프 피트 및 덕트 기타 이와 유사한 부분에 대하여는 **별도로 경계구역을** 설정하되, 하나의 경계구역은 높이 45 [m] 이하(계단 및 경사로에 한한다)로 하고, 지하층의 계단 및 경사로(지하층의 층수가 한 개 층일 경우는 제외)는 별도로 하나의 경계구역으로 해야 한다.

## 16

다음 평면도는 복도이다. 이곳에 유도표지를 설치하려고 한다. 최소 설치개수는 얼마인지 구하시오.

득점 | 배점 4

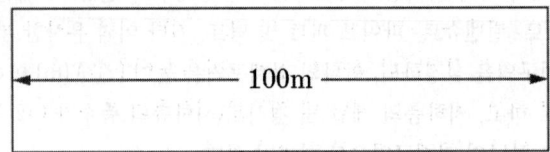

○ 계산과정 :

○ 답 :

### 정답

☑ 계산과정

$\dfrac{100}{15} - 1 = 5.6 \rightarrow$ 절상해서 6 [개]

답 | 6 [개]

### 핵심이론 유도표지

□ 유도표지 설치기준

ㄱ. 계단에 설치하는 것을 제외하고는 각 층마다 복도 및 통로의 각 부분으로부터 하나의 유도표지까지의 보행거리가 15 [m] 이하가 되는 곳과 구부러진 모퉁이의 벽에 설치할 것

ㄴ. 주위에는 이와 유사한 등화·광고물·게시물 등을 설치하지 아니할 것

ㄷ. 유도표지는 부착판 등을 사용하여 쉽게 떨어지지 아니하도록 설치할 것

ㄹ. 축광방식의 유도표지는 외광 또는 조명장치에 의하여 상시 조명이 제공되거나 비상조명등에 의한 조명이 제공되도록 설치할 것

□ 최소 설치개수 구하는 식                                               (소수점 절상)

| 구분 | 공식 |
| --- | --- |
| 객석유도등 | $\dfrac{\text{객석통로의 직선부분의 길이 [m]}}{4} - 1$ |
| 유도표지 | $\dfrac{\text{구부러진 곳이 없는 부분의 보행거리 [m]}}{15} - 1$ |
| 복도통로유도등, 거실통로유도등 | $\dfrac{\text{구부러진 곳 없는 부분의 보행거리 [m]}}{20} - 1$ |

## 17

| 득점 | 배점 3 |

축전지의 충전 종류 중 균등충전방식에서 연축전지의 셀(Cell)당 균등충전전압[V]의 범위를 쓰시오.

O 답 :

### 정답

2.4 ~ 2.5 [V]

### 핵심이론 축전방식

| 구분 | 특징 |
| --- | --- |
| 보통충전방식 | 필요할 때마다 표준시간율로 충전하는 방식 |
| 급속충전방식 | 단시간에 보통 충전전류의 2~3배의 전류로 충전하는 방식 |
| 세류충전방식 | 축전지의 방전을 보충하기 위해 부하를 OFF한 상태에서 미소전류로 항상 충전하는 방식 |
| 균등충전방식 | • 각 축전지의 전위차를 보정하기 위해 1~3개월마다 1회 충전하는 방식<br>• 균등충전전압 : 2.4 ~ 2.5 [V] |
| 부동충전방식 | • 축전지의 자기방전을 보충함과 동시에 상용부하에 대한 전력공급은 충전기가 부담하도록 하되 충전기가 부담하기 어려운 일시적인 대전류 부하는 축전지로 부담하는 방식<br>• 축전지와 부하를 충전기에 병렬로 접속하여 사용하는 방식<br>• 예비전원설비 중 가장 많이 사용되는 방식<br><br>교류입력 — 정류기 — 축전지 — 부하 |
| 회복충전방식 | 축전지의 과방전, 가벼운 설페이션현상 또는 방치상태 등에서 기능회복을 위해 실시하는 방식 |

## 18 [배점 4]

**통로유도등의 종류 3가지를 쓰시오.**

① ② ③

### 정답

① 복도통로유도등, ② 거실통로유도등, ③ 계단통로유도등

### 핵심이론 유도등의 종류

(1) 유도등 : 화재 시에 피난을 유도하기 위한 등으로서 정상상태에서는 상용전원에 따라 켜지고 상용전원이 정전되는 경우에는 비상전원으로 자동전환되어 켜지는 등을 말한다.

(2) 피난구유도등 : 피난구 또는 피난경로로 사용되는 출입구를 표시하여 피난을 유도하는 등
(3) 통로유도등 : 피난통로를 안내하기 위한 유도등으로 복도통로유도등, 거실통로유도등, 계단통로유도등
(4) 객석유도등 : 객석의 통로, 바닥 또는 벽에 설치하는 유도등을 말한다.
(5) 거실통로유도등 : 거주, 집무, 작업, 집회, 오락 그 밖에 이와 유사한 목적을 위하여 계속적으로 사용하는 거실, 주차장 등 개방된 통로에 설치하는 유도등으로 피난의 방향을 명시하는 것
(6) 복도통로유도등 : 피난통로가 되는 복도에 설치하는 통로유도등으로서 피난구의 방향을 명시하는 것
(7) 계단통로유도등 : 피난통로가 되는 계단이나 경사로에 설치하는 통로유도등으로 바닥면 및 디딤 바닥면을 비추는 것
(8) 피난구유도표지 : 피난구 또는 피난경로로 사용되는 출입구를 표시하여 피난을 유도하는 표지
(9) 통로유도표지 : 피난통로가 되는 복도, 계단 등에 설치하는 것으로서 피난구의 방향을 표시하는 유도표지
(10) 피난유도선 : 햇빛이나 전등불에 따라 축광("축광방식")하거나 전류에 따라 빛을 발하는 "광원점등방식" 유도체로서 어두운 상태에서 피난을 유도할 수 있도록 띠 형태로 설치되는 피난유도시설
(11) 입체형 : 유도등 표시면을 2면 이상으로 하고 각 면마다 피난유도표시가 있는 것

# 2019년 4회

2019.11.09

## 01

다음은 이산화탄소소화설비의 도면이다. 각 물음에 답하시오. (단, 전원 ⊖와 감지기공통선은 분리하여 배선한다)

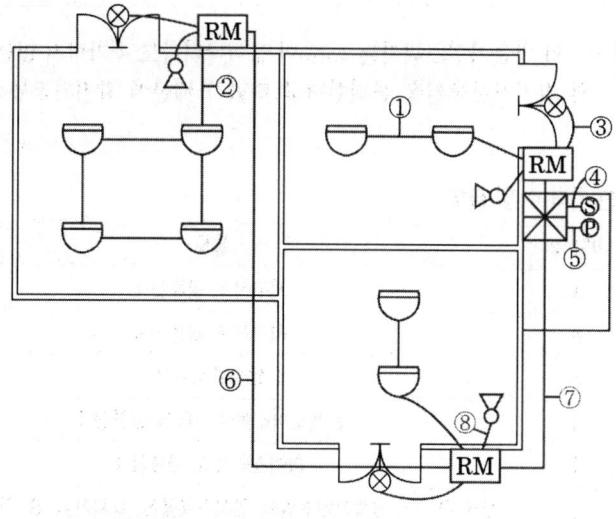

가. 기호 ① ~ ⑤의 배선 가닥 수를 쓰시오.

| ① | ② | ③ | ④ | ⑤ |
|---|---|---|---|---|
|   |   |   |   |   |

나. 기호 ⑥의 배선 가닥 수 및 배선내역을 쓰시오.

| 배선 가닥 수 | 배선내역 |
|---|---|
|   |   |

**정답**

가.

| ① | ② | ③ | ④ | ⑤ |
|---|---|---|---|---|
| 4가닥 | 8가닥 | 2가닥 | 4가닥 | 4가닥 |

이산화탄소소화설비는 감지기를 교차회로방식으로 결선한다.
이때 루프와 말단은 4가닥, 나머지는 8가닥이다.
방출표시등과 사이렌은 +, - 각각 2가닥이다.

나.

| 배선 가닥 수 | 배선내역 |
|---|---|
| 9가닥 | 전원 ⊕, ⊖, 방출지연스위치 1, 감지기공통선 1, 감지기 A·B, 기동스위치 1, 사이렌 1, 방출표시등 1 |

※ 전원 +, -와 방출지연스위치는 zone이 늘어나더라도 추가하지 않는다.
※ 전원 -와 감지기공통선을 분리한다고 하였기 때문에 감지기공통선이 추가된다.

☑ 해설 : 전선 가닥 수 및 용도

| 기호 | 가닥 수 | 용도 |
|---|---|---|
| ① | 4 | 지구선 2, 공통선 2 |
| ② | 8 | 지구선 4, 공통선 4 |
| ③ | 2 | 방출표시등 2 |
| ④ | 4 | 솔레노이드밸브 기동 3, 공통선 1 |
| ⑤ | 4 | 압력스위치 3, 공통선 1 |
| ⑥ | 9 | 전원 ⊕·⊖, 방출지연스위치, 감지기공통선, 감지기 A·B, 기동스위치, 사이렌, 방출표시등 |
| ⑦ | 14 | 전원 ⊕·⊖, 방출지연스위치, 감지기공통선, (감지기 A·B, 기동스위치, 사이렌, 방출표시등) × 2 |
| ⑧ | 2 | 사이렌 2 |

• 지구선(= 지구, 회로, 회로선)
• 공통선(= 공통, 회로공통선, 신호공통선, 감지기공통선)
• 솔레노이드밸브 = 밸브기동 = SV(Solenoid Valve) = SOL
• 압력스위치 = 밸브개방확인 = PS(Pressure Switch)
• 탬퍼스위치 = 밸브주의 = TS(Tamper Switch)

## 02

| 득점 | 배점 | 6 |

다음 NAND 무접점회로에 대한 다음 각 물음에 답하시오.

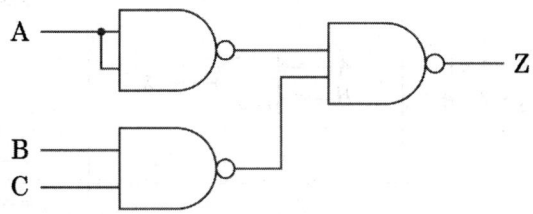

가. AND회로 1개 및 OR회로 1개를 사용하여 무접점회로를 재구성하여 그리시오.

나. "가"를 유접점 릴레이회로로 그리시오.

다. "다"회로의 논리식을 쓰시오.

### 정답

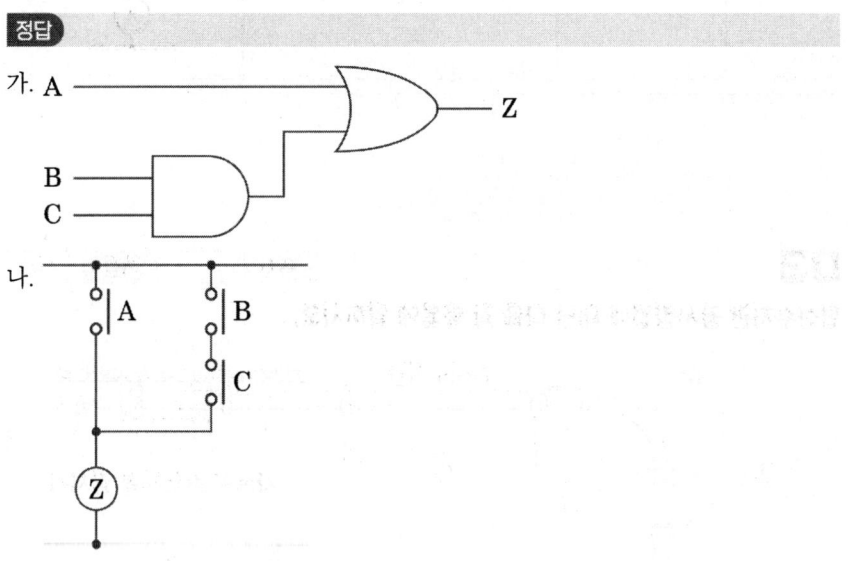

다. $Z = A + B \cdot C$

### 핵심이론 논리회로

| 명칭 | 논리식 | 논리회로 | 유접점회로 |
|---|---|---|---|
| AND회로 | $X = A \times B$<br>$X = A \cdot B$ | $A,B \rightarrow X$ (AND gate) | A-B 직렬, X |
| OR회로 | $X = A + B$ | $A,B \rightarrow X$ (OR gate) | A,B 병렬, X |
| NOT회로 | $X = \overline{A}$ | $A \rightarrow X$ (NOT gate) | A, X |

## 03

배점 10

합성수지관 공사방법에 대한 다음 각 물음에 답하시오.

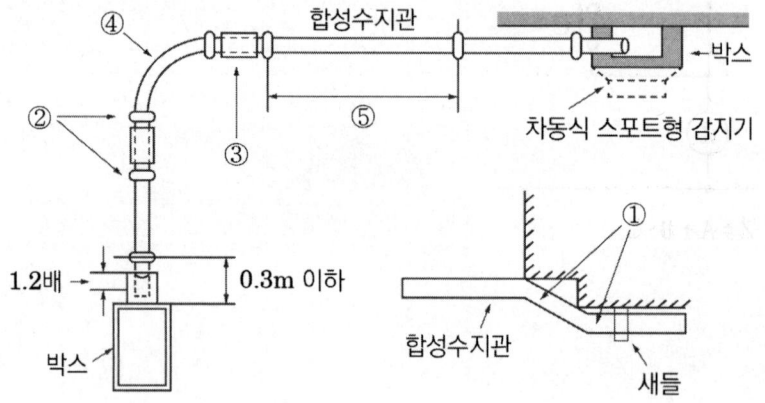

가. 기호 ①의 굴곡반경은 직경의 몇 배 이상이어야 하는가?

나. 기호 ② ~ ④의 명칭을 쓰시오.

　②

　③

　④

다. 기호 ⑤의 지지점 간의 간격[m]은?

라. 합성수지관 공사의 장점 4가지와 단점 2가지를 쓰시오. (단, 일반적인 경제적 특징은 제외한다)

　1) 장점

　　○ 답 :

　2) 단점

　　○ 답 :

### 정답

가. 6배

> 합성수지관의 굴곡부의 내부 반경은 관 내경의 6배 이상으로 한다.
> 합성수지관을 90도 구부리기 할 때는 토치램프를 사용한다.

나. ② 새들, ③ 커플링, ④ 노멀밴드

다. 1.5 [m] 이하

라. 1) 장점
　• 가볍고 시공이 용이하다.
　• 내부식성이다.
　• 절단이 용이하다.
　• 접지가 불필요하다.

　2) 단점
　• 열에 약하다.
　• 충격에 약하다.

### 핵심이론 금속관공사재료

| 명칭 | 외형 | 설명 |
|---|---|---|
| 부싱<br>(Bushing) | | 전선의 절연피복을 보호하기 위하여 금속관 끝에 취부하여 사용되는 부품 |
| 유니언커플링<br>(Union Coupling) | | 금속전선관 상호 간을 접속하는 데 사용되는 부품(관이 고정되어 있을 때) |
| 노멀밴드<br>(Normal Bend) | | 매입배관공사를 할 때 직각으로 굽히는 곳에 사용하는 부품 |
| 유니버설엘보<br>(Universal Elbow) | | 노출배관공사를 할 때 관을 직각으로 굽히는 곳에 사용하는 부품 |
| 링리듀서<br>(Ring Reducer) | | 금속관을 아웃렛박스에 로크너트만으로 고정하기 어려울 때 보조적으로 사용되는 부품 |
| 커플링<br>(Coupling) | | 금속전선관 상호 간을 접속하는 데 사용되는 부품(관이 고정되어 있지 않을 때) |
| 새들(Saddle) | | 관을 지지하는 데 사용하는 재료 |
| 로크너트<br>(Lock Nut) | | 금속관과 박스를 접속할 때 사용하는 재료로 최소 2개를 사용한다. |

## 04 [배점 4]

양수량이 매분 2600 [L]이고, 전양정이 11 [m]인 펌프용 전동기의 용량은 몇 [kW]이겠는가? (단, 펌프효율은 80 [%]이고, 펌프의 동력은 20 [%]의 여유를 둔다)

○ 계산과정 :

○ 답 :

### 정답

☑ 계산과정

$$P = \frac{9.8KQH}{\eta t} = \frac{9.8 \times 1.2 \times 2.6 \times 11}{0.8 \times 60} = 7.007 ≒ 7.01 \text{ [kW]}$$

답 | 7.01 [kW]

### 핵심이론 | 전동기용량 구하는 식

$$P = \frac{9.8KQH}{\eta t} = \frac{9.8K \times Q[m^3/min] \times H}{\eta t \times 60} \text{ [kW]}$$

P : 전동기용량 [kW], K : 여유계수, Q : 유량 [m³]
H : 전양정 [m], $\eta$ : 효율, t : 시간 [s]

## 05     득점 [ ]    배점 4

그림과 같이 지구경종과 표시등을 공통선을 사용하여 작동시키려고 한다. 이때 공통선에 흐르는 전류[A]를 구하시오. (단, 경종은 DC 24 [V], 1.52 [W]용이며, 표시등은 DC 24 [V], 3.04 [W]용이다)

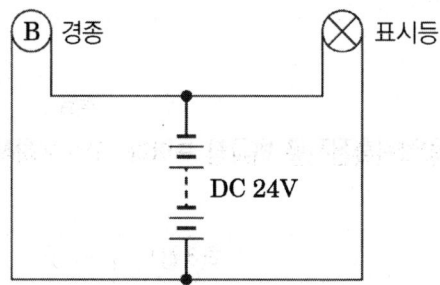

○ 계산과정 :

○ 답 :

### 정답

☑ 계산과정

$P = VI$

$I = \dfrac{P}{V}$

$I = I_1 + I_2 = \dfrac{P_1}{V} + \dfrac{P_2}{V} \text{ [A]} = \dfrac{1.52}{24} + \dfrac{3.04}{24} = 0.19 \text{ [A]}$

답 | 0.19 [A]

공통선에 흐르는 전류(총 전류)는 경종에 흐르는 전류와 표시등에 흐르는 전류를 각각 계산해서 더해준다.

☑ 해설

$$I = I_1 + I_2 = \frac{P_1}{V} + \frac{P_2}{V} \text{ [A]}$$

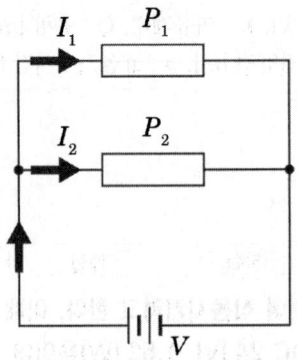

## 06

배점 8

다음은 연축전지와 알칼리축전지를 비교한 표이다. ①~⑧까지 알맞은 내용을 쓰시오.

| 구분 | 연축전지 | 알칼리축전지 |
|---|---|---|
| 공칭전압 | ( ① ) [V] | ( ② ) [V] |
| 기전력 | 2.05 ~ 2.08 [V] | 1.32 [V] |
| 공칭용량 | 10 [Ah] | 5 [Ah] |
| 기계적 강도 | ( ③ ) | ( ④ ) |
| 과충·방전에 따른 전기적 강도 | ( ⑤ ) | ( ⑥ ) |
| 충전시간 | ( ⑦ ) | ( ⑧ ) |
| 종류 | 클래드식, 페이스트식 | 소결식, 포켓식 |
| 수명 | 5 ~ 15년 | 15 ~ 20년 |

**정답**

① 2.0, ② 1.2, ③ 약하다, ④ 강하다, ⑤ 약하다, ⑥ 강하다, ⑦ 길다, ⑧ 짧다

**🧑‍🏫 선생님 TIP**

시험 문제에 연축전지와 알칼리축전지 각각의 공칭전압과 공칭용량을 암기하고 있어야 풀 수 있는 계산문제가 출제가 되기 때문에 각각의 값을 전부 암기합시다!

### 핵심이론 축전지 종류별 특성

| 구분 | 연축전지 | 알칼리축전지 |
|---|---|---|
| 기전력 [V] | 2.05 ~ 2.08 | 1.32 |
| 공칭전압 [V] | 2.0 | 1.2 |
| 공칭용량 [Ah] | 10 | 5 |
| 방전종지전압 [V] | 1.6 | 0.96 |
| 충전시간 | 길다 | 짧다 |
| 기계적 강도<br>전기적 강도(과충·방전) | 약하다 | 강하다 |
| 수명 [년] | 5 ~ 15 | 15 ~ 20 |
| 종류 | 페이스트식(HS형),<br>클래드식(CS형) | 소결식(AH, AHH형),<br>포켓식(AL, AM, AMH, AH형) |

## 07 [배점 4]

감지기의 절연된 단자 간의 절연저항 및 단자와 외함 간의 절연저항 측정을 위한 절연저항계의 규격과 판정기준을 쓰시오. (단, 정온식 감지선형 감지기는 제외한다)

가. 규격 :

나. 판정기준 :

### 정답

가. 규격 : 직류 500 [V] 절연저항계

나. 판정기준 : 50 [MΩ] 이상

### 핵심이론 | 절연저항시험

| 설비명 | 측정위치 | 측정계기 | 절연저항 |
|---|---|---|---|
| 자동화재<br>탐지설비 | • 감지기회로 및 부속회로 전로<br>• 대지 사이 및 배선상호 간 | 직류 250 [V]<br>절연저항 측정기 | 0.1 [MΩ] 이상 |
| 자동화재<br>속보설비<br>+<br>가스누설<br>경보기 | 절연된 충전부와 외함 | 직류 500 [V]<br>절연저항 측정기 | 5 [MΩ] 이상 |
| | • 교류입력 측과 외함<br>• 절연된 선로 간 | 직류 500 [V]<br>절연저항 측정기 | 20 [MΩ] 이상 |
| 비상경보설비 | • 감지기회로 및 부속회로 전로<br>• 대지 사이 및 배선상호 간 | 직류 250 [V]<br>절연저항 측정기 | 0.1 [MΩ] 이상 |
| | 절연된 충전부와 외함 | 직류 500 [V]<br>절연저항 측정기 | 5 [MΩ] 이상 |
| | • 교류입력 측과 외함<br>• 절연된 선로 간 | 직류 500 [V]<br>절연저항 측정기 | 20 [MΩ] 이상 |
| 비상방송설비 | • 감지기회로 및 부속회로 전로<br>• 대지 사이 및 배선상호 간 | 직류 250 [V]<br>절연저항 측정기 | 0.1 [MΩ] 이상 |
| 누전경보기 | [변류기]<br>• 절연된 1차권선과 2차권선<br>• 절연된 1차권선과 외부금속부<br>• 절연된 2차권선과 외부금속부 | 직류 500 [V]<br>절연저항 측정기 | 5 [MΩ] 이상 |
| | [수신기]<br>• 절연된 충전부와 외함 간 및 차단기구의 개폐부<br>• 열린 상태에서는 같은 극의 전원단자와 부하 측 단자와의 사이<br>• 닫힌 상태에서는 충전부와 손잡이 사이 | 직류 500 [V]<br>절연저항 측정기 | 5 [MΩ] 이상 |
| 유도등 | • 교류입력 측과 외함<br>• 교류입력 측과 충전부 사이<br>• 절연된 충전부와 외함 사이 | 직류 500 [V]<br>절연저항 측정기 | 5 [MΩ] 이상 |
| 비상조명등 | • 교류입력 측과 외함<br>• 교류입력 측과 충전부 사이<br>• 절연된 충전부와 외함 사이 | 직류 500 [V]<br>절연저항 측정기 | 5 [MΩ] 이상 |
| 비상콘센트 | 절연된 충전부와 외함 | 직류 500 [V]<br>절연저항 측정기 | 20 [MΩ] 이상 |

## 08

배점 6

자동화재탐지설비의 경계구역 설정기준 3가지만 쓰시오.

①

②

③

**정답**

① 하나의 경계구역이 2개 이상의 건축물에 미치지 아니하도록 할 것
② 하나의 경계구역이 2개 이상의 층에 미치지 아니하도록 할 것(단, 500 [m$^2$] 이하의 범위 안에서는 2개 층을 하나의 경계구역으로 가능)
③ 하나의 경계구역은 600 [m$^2$](단, 주된 출입구에서 그 내부 전체가 보이는 것은 1000 [m$^2$]) 이하로 하고 한 변의 길이는 50 [m] 이하로 할 것

자동화재탐지설비의 수평적 경계구역은 면적과 길이기준을 전부 만족해야 한다. 문제에서 '수평적' 경계구역의 설정기준인지, '수직적' 경계구역의 설정기준인지 정확하게 구분하여 출제되지 않았기 때문에 '수평적' 경계구역 혹은 '수직적' 경계구역 어느 것을 기재하여도 정답이다. 다만 향후 문제에서 '수직적' 경계구역의 설정기준이 출제가 된다면 '수직적' 경계구역기준을 답안으로 기재하여야 한다.

### 핵심이론 자동화재탐지설비 경계구역 설정기준

□ 수평적 경계구역
- 하나의 경계구역이 2개 이상의 건축물에 미치지 않도록 할 것
- 하나의 경계구역이 2개 이상의 층에 미치지 않도록 할 것
  단, 500 [m$^2$] 이하의 범위 안에서 2개의 층을 하나의 경계구역할 수 있음
- 하나의 경계구역 면적 600 [m$^2$] 이하로 하고 한 변의 길이 50 [m] 이하로 할 것
  단, 주된 출입구에서 그 내부 전체가 보이는 것은 한 변의 길이 50 [m] 범위 내에서 1000 [m$^2$] 이하로 할 수 있음
- 도로터널 : 100 [m] 이하로 할 것(도로터널의 화재안전기술기준 NFTC 603)
- 지하구 : 700 [m] 이하로 할 것(지하구의 화재안전성능기준 NFPC 605 제13조(기존 지하구에 대한 특례) 법 제13조에 따라 기존 지하구에 설치하는 소방시설 등에 대해 강화된 기준을 적용하는 경우에는 다음의 설치·관리 관련 특례를 적용한다.
  → 특고압 케이블이 포설된 송·배전 전용의 지하구(공동구를 제외한다)에는 온도 확인 기능 없이 최대 700 [m]의 경계구역을 설정하여 발화지점(1 [m] 단위)을 확인할 수 있는 감지기를 설치할 수 있다.

▫ 수직적 경계구역
- 계단·경사로 : 별도의 경계구역으로 하며 경계구역 높이 45 [m] 이하로 할 것
- 엘리베이터 승강로(권상기실이 있는 경우에는 권상기실)·린넨슈트·파이프 피트 및 덕트 등 : 별도의 경계구역
- 지하층의 계단 및 경사로(지하층의 층수가 1일 경우 제외) : 별도의 경계구역

▫ 기타
- 외기에 면하여 상시 개방된 부분(차고·주차장·창고 등) : 외기에 면하는 각 부분으로부터 5 [m] 미만의 범위 안에 있는 부분은 경계구역 면적에 산입하지 않음
- 스프링클러설비·물분무등소화설비 또는 제연설비의 화재감지장치로서 화재감지기를 설치한 경우의 경계구역은 해당 소화설비의 방사구역 또는 제연구역과 동일하게 설정할 수 있음

## 09 | 득점 | 배점 3 |

발신기의 위치를 표시하는 표시등의 설치기준 중 다음 ( ) 안에 알맞은 내용을 쓰시오.

> 발신기의 위치를 표시하는 표시등은 함의 상부에 설치하되, 그 불빛은 부착면으로부터 ( ① )도 이상의 범위 안에서 부착지점으로부터 ( ② ) [m] 이내의 어느 곳에서도 쉽게 식별할 수 있는 ( ③ )색등으로 하여야 한다.

### 정답

① 15, ② 10, ③ 적

'적색'등을 '빨간색'등으로 기재하여도 틀리진 않지만 화재안전기준에 '적색'으로 명시되어 있으므로 '적색'이라고 기재할 것

### 핵심이론 발신기 설치기준

2.6 발신기

2.6.1.1 조작이 쉬운 장소에 설치하고, 스위치는 바닥으로부터 0.8 [m] 이상 1.5 [m] 이하의 높이에 설치할 것

2.6.1.2 특정소방대상물의 층마다 설치하되, 해당 층의 각 부분으로부터 하나의 발신기까지의 수평거리가 25 [m] 이하가 되도록 할 것. 다만 복도 또는 별도로 구획된 실로서 보행거리가 40 [m] 이상일 경우에는 추가로 설치해야 한다.

2.6.1.3 2.6.1.2에도 불구하고 2.6.1.2의 기준을 초과하는 경우로서 기둥 또는 벽이 설치되지 아니한 대형공간의 경우 발신기는 설치대상장소의 가장 가까운 장소의 벽 또는 기둥 등에 설치할 것

2.6.2 발신기의 위치를 표시하는 표시등은 함의 상부에 설치하되, 그 불빛은 부착면으로부터 15° 이상의 범위 안에서 부착지점으로부터 10 [m] 이내의 어느 곳에서도 쉽게 식별할 수 있는 적색등으로 해야 한다.

## 10

득점 / 배점 6

**자동화재탐지설비의 중계기 시험 2가지를 쓰고 설명하시오.**

①

②

### 정답

① 주위온도시험 : 중계기는 -(10 ± 2) [℃]에서 (50 ± 2) [℃] 범위의 주위온도에서 기능에 이상이 생기지 아니하여야 한다.

② 반복시험 : 중계기는 정격전압에서 정격전류를 흘리고 2천 회의 작동을 반복하는 시험을 하는 경우 그 구조 또는 기능에 이상이 생기지 아니하여야 한다.

중계기의 시험은 특별히 규정된 경우를 제외하고는 실온이 5 [℃] 이상 35 [℃] 이하이고, 상대습도가 45 [%] 이상 85 [%] 이하의 상태에서 실시한다.

### 핵심이론 중계기 시험

**제9조(주위온도시험)** 중계기는 -(10 ± 2) [℃]에서 (50 ± 2) [℃] 범위의 주위온도에서 기능에 이상이 생기지 아니하여야 한다.

**제10조(반복시험)** 중계기는 정격전압에서 정격전류를 흘리고 2천회의 작동을 반복하는 시험을 하는 경우 그 구조 또는 기능에 이상이 생기지 아니하여야 한다.

**제11조(살수시험)** 옥내·옥외형 중계기(방수형은 제외한다)를 사용상태로 부착하고 다음 각 호의 시험을 실시하는 경우 내부에 물이 고이지 않아야 하며, 기능 및 절연저항시험에 이상이 생기지 아니하여야 한다.

1. 맑은 물을 34.5킬로파스칼(kPa)의 압력으로 세 개의 분무헤드를 이용하여 전면 위쪽 (45 ± 2)° 각도의 방향에서 시료를 향하여 일률적으로 1시간 동안 물을 분사하는 시험
2. 맑은 물을 138 [kPa]의 압력으로 분무헤드를 이용하여 전면 아래쪽 (45 ± 2)° 각도의 방향에서 시료를 향하여 일률적으로 1시간 동안 물을 분사하는 시험

**제11조의2(방수시험)** 방수형 중계기는 (23 ± 2) [℃], 상대습도 (50 ± 2) [%]의 상태에 24시간 방치한 후 (23 ± 2) [℃]의 맑은 물에 48시간 담그는 경우 내부에 물이 고이지 않아야 하며 기능 및 절연저항시험에 이상이 생기지 아니하여야 한다.

**제12조(절연저항시험)** 중계기의 절연된 충전부와 외함 간 및 절연된 선로간의 절연저항은 직류 500 [V]의 절연저항계로 측정하는 경우 20메가옴(MΩ) 이상이어야 한다.

**제13조(절연내력시험)** 제12조의 규정에 의한 시험부위의 절연내력은 60헤르츠(Hz)의 정현파에 가까운 실효전압 500 [V](정격전압이 60 [V]를 초과하고 150 [V] 이하인 것은 1000 [V], 정격전압이 150 [V]를 초과하는 것은 정격전압에 2를 곱하여 1000 [V]를 더한 값을 말한다)의 교류전압을 가하는 시험에서 1분간 견디는 것이어야 한다.

**제14조(충격전압시험)** 중계기는 전류를 통한 상태에서 다음 각 호의 시험을 15초간 실시하는 경우 잘못 작동하거나 기능에 이상이 생기지 않아야 한다.
1. 내부저항 50옴(Ω)인 전원에서 500 [V]의 전압을 펄스폭 1마이크로 세컨드($\mu s$), 반복주기 100 헤르츠(Hz)로 가하는 시험
2. 내부저항 50 [Ω]인 전원에서 500 [V]의 전압을 펄스폭 0.1 [$\mu s$], 반복주기 100 [Hz]로 가하는 시험

**제14조의2(충격시험)** 중계기는 두께 20 [mm]의 합판에 부착된 상태에서 중계기가 부착된 합판의 반대면에 무게 0.54 [kg] 직경 51 [mm]의 강철구로 진자운동에 의하여 가하는 충격 또는 동일한 무게 및 크기의 강철구를 775 [mm]의 높이에서 중계기가 부착된 합판의 반대면에 자유낙하시켜 가하는 충격을 1회 가하는 경우 잘못 작동하지 않아야 하며 구조 및 기능에 이상이 없어야 한다.

**제14조의3(진동시험)**
① 중계기는 전원이 인가된 상태에서 IEC(International Electronical Commission, IEC) 60068-2-6의 시험방법에 따라 다음 각 호의 규정에 따른 진동을 가하는 경우 진동시험 중 잘못 작동되거나 시험 후 구조 및 기능에 이상이 없어야 한다.
 1. 주파수 범위 : 10 ~ 150 [Hz]
 2. 가속도 진폭 : 0.981 [m/s$^2$]
 3. 축수 : 3
 4. 스위프 속도 : 1 [옥타브/min]
 5. 스위프 사이클 수 : 축당 1
② 중계기는 전원을 인가하지 않은 상태에서 IEC(International Electronical Commission, IEC) 60068-2-6의 시험방법에 따른 다음 각 호의 규정에 따른 진동을 가하는 경우 구조 및 기능에 이상이 없어야 한다.
 1. 주파수 범위 : 10 ~ 150 [Hz]
 2. 가속도 진폭 : 4.905 [m/s$^2$]
 3. 축수 : 3
 4. 스위프 속도 : 1 [옥타브/min]
 5. 스위프 사이클 수 : 축당 20

제14조의4(습도시험)

① 중계기는 주위온도 (40 ± 2) [℃], 상대습도 (93 ± 2) [%]인 조건에서 전원을 인가한 상태로 4일간 방치하는 경우 잘못 작동하지 아니하여야 하며 구조 및 기능에 이상이 없어야 한다.

② 중계기는 주위온도 (40 ± 2) [℃], 상대습도 (93 ± 2) [%]인 조건에서 전원을 공급하지 않은 상태로 21일간 방치하는 경우 구조 및 기능에 이상이 없어야 한다.

제14조의5(전자파적합성) 중계기는 「전파법」 제47조의3 제1항 및 「전파법 시행령」 제67조의2에 따라 과학기술정보통신부장관이 정하여 고시하는 전자파적합성 기준에 적합하여야 한다. 〈개정 2017.12.6.〉

제14조의6(출력전압시험)

① 수신기·제어반등으로부터 전력을 공급받지 아니하는 방식인 중계기 중 외부 출력부하에 직접 전력을 공급하는 중계기는 주전원이 인가된 상태에서 최대공급부하에 공급하는 출력전압은 다음 각 호에 적합하여야 한다.
  1. 출력전압은 출력 설계전압의 ±5 [%] 이하이어야 한다.
  2. 직류전압 출력의 리플(Ripple)과 잡음성능은 2 [%] 피크 - 피크(파형의 최고값에서 최저값까지의 값을 말한다) 이내이어야 한다.

② 수신기·제어반등으로부터 전력을 공급받지 아니하는 방식인 중계기 중 외부 출력부하에 직접 전력을 공급하고 예비전원이 설치된 중계기는 최대공급부하에 출력전압을 공급한 상태에서 주전원을 차단하여 예비전원으로 전환하는 경우 주전원 차단시점부터 100밀리초(ms) 경과 후 예비전원 최대부하공급시간까지의 출력전압은 다음 각 호에 적합 하여야 한다.
  1. 출력 설계전압의 -5 [%]에서부터 +20 [%]까지의 범위이어야 한다.
  2. 직류전압 출력의 리플과 잡음성능은 2 [%] 피크 - 피크 이내이어야 한다.

제14조의7(부하전류 변화에 따른 순간반응시험) 수신기·제어반등으로부터 전력을 공급받지 아니하는 방식인 중계기 중 외부 출력부하에 직접 전력을 공급하는 중계기는 직류전원 공급 출력단의 부하변화전류($I_x$)를 25 [%]에서 100 [%]로 상승 및 100 [%]에서 25 [%]로 감소시키는 경우 부하변화전류($I_x$)로 인해 발생하는 최대 출력전압 편차($V_m$)는 설계출력전압의 10 [%] 이내이어야 하며 회복시간(TR)은 20 [ms] 이내로 하여야 한다.

## 11

**배점 6**

옥내배선 그림기호를 나타낸다. 그림기호에 해당하는 명칭을 쓰시오.

가. ─────────

나. ─ ─ ─ ─ ─

다. ── ·· ── ·· ──

### 정답

가. 천장 은폐배선

나. 노출배선

다. 바닥 은폐배선

### 핵심이론 옥내배선 그림기호

| 명칭 | 그림기호 | |
|---|---|---|
| 천장 은폐배선 | ───────── | 전선의 종류를 표시할 필요가 있는 경우는 기호를 기입<br>예) 450/750 [V] 저독성 난연가교 폴리올레핀 절연전선 → HFIX 전선 |
| 천장 속 은폐배선 | ── · ── · ── · | |
| 바닥 은폐배선 | ── ── ── ── | |
| 노출배선 | ─ ─ ─ ─ ─ ─ | |
| 바닥면 노출배선 | ── ·· ── ·· ── | |

배선도 표시방법의 예

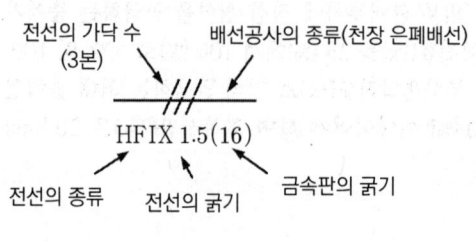

$HFIX - 1.5\ (F_2\ 16)$

전선종류 – 전선 굵기(전선관 재질, 전선관 굵기)

- 16 [mm] 2종 금속제 가요전선관에 1.5 [mm²] 굵기의 450/750 [V] 저독성 난연가교 폴리올레핀 절연전선 3가닥을 넣은 천장 은폐배선

## 12

지상 11층을 초과하는 어느 특정소방대상물에 비상방송설비를 설치하여야 한다. 비상방송설비의 설치기준에 따른 다음 (  ) 안에 내용을 쓰시오.

(1) 확성기의 음성입력은 3 [W](실내에 설치하는 것에 있어서는 ( ① ) [W]) 이상 일 것
(2) 3층에서 발화한 때에는 ( ② )층 및 ( ③ )층에 경보를 발할 것
(3) ( ④ )를 설치하는 경우 ( ④ )의 배선은 3선식으로 할 것
(4) ( ⑤ ) 및 조작부는 수위실 등 상시 사람이 근무하는 장소로서 점검이 편리하고 방화상 유효한 곳에 설치할 것

### 정답

① 1, ② 3, ③ 4, 5, 6, 7, ④ 음량조정기, ⑤ 증폭기

### 핵심이론 | 비상방송설비의 설치기준

(1) 확성기의 음성입력은 3 [W](실내에 설치하는 것에 있어서는 1 [W]) 이상일 것
(2) 확성기는 각 층마다 설치하되, 그 층의 각 부분으로부터 하나의 확성기까지의 수평거리가 25 [m] 이하가 되도록 하고, 해당 층의 각 부분에 유효하게 경보를 발할 수 있도록 설치할 것
(3) 음량조정기를 설치하는 경우 **음량조정기의 배선은 3선식**으로 할 것

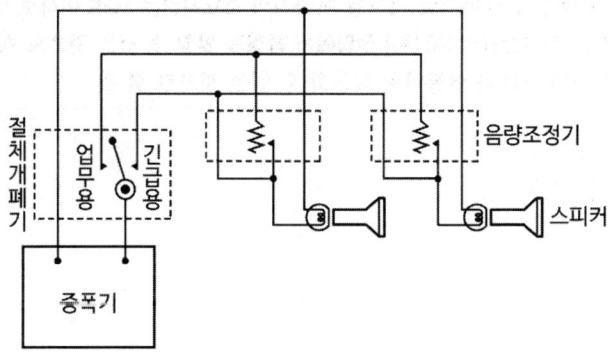

[비상방송설비 결선도]

(4) 조작부의 조작스위치는 바닥으로부터 0.8 [m] 이상 1.5 [m] 이하의 높이에 설치할 것
(5) 조작부는 기동장치의 작동과 연동하여 해당 기동장치가 작동한 층 또는 구역을 표시할 수 있는 것으로 할 것
(6) 증폭기 및 조작부는 수위실 등 상시 사람이 근무하는 장소로서 점검이 편리하고 방화상 유효한 곳에 설치할 것

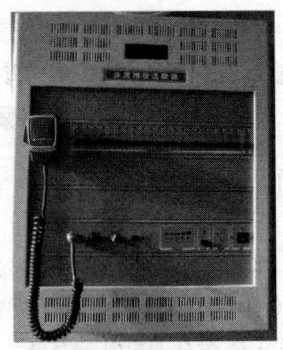
[비상방송설비 수신기]

⑺ 층수가 11층(공동주택의 경우에는 16층) 이상의 특정소방대상물은 다음과 같은 경보를 발할 수 있어야 한다.
① 2층 이상의 층에서 발화한 때에는 발화층 및 그 직상 4개 층에 경보
② 1층에서 발화한 때에는 발화층, 그 직상 4개 층 및 지하층에 경보
③ 지하층에서 발화한 때에는 발화층, 그 직상층 및 기타 지하층 경보
⑻ 다른 방송설비와 공용하는 것에 있어서는 화재 시 비상경보 외의 방송을 차단할 수 있는 구조로 할 것
⑼ 다른 전기회로에 따라 유도장애가 생기지 아니하도록 할 것
⑽ 하나의 특정소방대상물에 2 이상의 조작부가 설치되어 있는 때에는 각각의 조작부가 있는 장소 상호 간에 동시통화가 가능한 설비를 설치하고, 어느 조작부에서도 해당 특정소방대상물의 전 구역에 방송을 할 수 있도록 할 것
⑾ 기동장치에 따른 화재신고를 수신한 후 필요한 음량으로 화재 발생 상황 및 피난에 유효한 방송이 자동으로 개시될 때까지의 소요시간은 10초 이하로 할 것
⑿ 음향장치는 정격전압의 80 [%] 전압에서 음향을 발할 수 있는 것으로 하고, 자동화재탐지설비의 작동과 연동하여 작동할 수 있는 것으로 할 것

## 13

감지기의 설치기준에 대한 다음 각 물음에 답하시오.

가. 주방·보일러실 등으로서 다량의 화기를 단속적으로 취급하는 장소에 설치하는 감지기는?

나. 20 [m] 이상 높이에 설치 가능한 감지기 2개를 쓰시오.
   1)
   2)

다. 감지기회로에 있어서 설비의 오작동을 방지하기 위하여 적용하는 회로방식은?

라. 공기관식 차동식 분포형 감지기의 공기관의 노출부분은 감지구역마다 몇 [m] 이상이 되도록 하여야 하는가?

마. 터널에 설치하는 감지기의 감열부와 감열부 사이의 이격거리는 몇 [m] 이하로 설치하여야 하는가?

### 정답

가. 정온식 감지기

나. 1) 불꽃감지기
   2) 광전식(분리형, 공기흡입형) 중 아날로그방식

다. 교차회로방식

라. 20 [m]

마. 10 [m]

✓ 해설 : 터널에 설치하는 감지기
감지기의 감열부와 감열부 사이의 이격거리는 10 [m] 이하로 감지기 간의 이격거리는 6.5 [m] 이하로 설치할 것

### 핵심이론 감지기

□ 감지기 공통 설치기준
교차회로방식에 사용되는 감지기, 급속한 연소 확대가 우려되는 장소에 사용되는 감지기 및 축적기능이 있는 수신기에 연결하여 사용하는 감지기는 축적기능이 없는 것으로 설치하여야 한다.
① 감지기(차동식 분포형 제외)는 실내로의 공기유입구로부터 1.5 [m] 이상 떨어진 위치에 설치할 것
② 감지기는 천장 또는 반자의 옥내에 면하는 부분에 설치할 것

③ 보상식 스포트형 감지기는 정온점이 감지기 주위의 평상시 최고온도보다 일정온도 이상 높은 것으로 설치할 것
④ 정온식 감지기는 주방·보일러실 등으로서 다량의 화기를 취급하는 장소에 설치하되, 공칭작동온도가 최고 주위온도보다 일정온도 이상 높은 것으로 설치할 것

▫ 감지기의 부착높이별 설치기준

| 부착높이 | 감지기의 종류 |
|---|---|
| 8 [m] 이상<br>15 [m] 미만 | • 차동식 분포형<br>• 이온화식 1종 또는 2종<br>• 광전식(스포트형, 분리형, 공기흡입형) 1종 또는 2종<br>• 연기복합형<br>• 불꽃감지기 |
| 15 [m] 이상<br>20 [m] 미만 | • 이온화식 1종<br>• 광전식(스포트형, 분리형, 공기흡입형) 1종<br>• 연기복합형<br>• 불꽃감지기 |
| 20 [m] 이상 | • 불꽃감지기<br>• 광전식(분리형, 공기흡입형) 중 아날로그방식 |

▫ 공기관식 차동식 분포형 감지기 설치기준

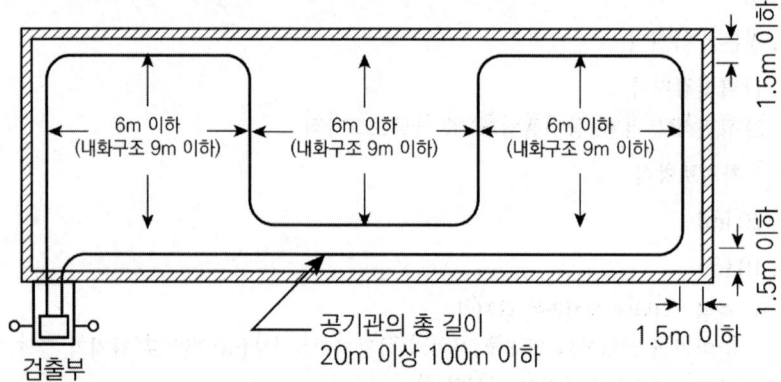

• 공기관의 노출부분은 감지구역마다 20 [m] 이상이 되도록 할 것
• 공기관과 감지구역의 수평거리는 1.5 [m] 이하가 되도록 할 것
• 공기관 상호 간의 거리는 6 [m](내화구조 9 [m]) 이하가 되도록 할 것
• 공기관은 도중에서 분기하지 않도록 할 것
• 하나의 검출부에 접속하는 공기관 길이는 100 [m] 이하로 할 것
• 검출부는 바닥에서 0.8 [m] 이상 1.5 [m] 이하에 위치하며, 5° 이상 경사되지 않도록 할 것

## 14    배점 4

차동식 스포트형 감지기와 정온식 스포트형 감지기를 비교 설명하시오.

가. 차동식 스포트형 감지기 :

나. 정온식 스포트형 감지기 :

### 정답

가. 차동식 스포트형 감지기 : 주위온도가 일정 상승률 이상일 때 작동하는 것으로 일국소에서의 열효과에 의하여 작동하는 것
나. 정온식 스포트형 감지기 : 일국소의 주위온도가 일정 온도 이상일 때 작동하는 것으로 외관이 전선이 아닌 것

### 핵심이론 감지기 종류

(1) 차동식 스포트형 감지기
- 주위온도가 일정 상승률 이상일 때 작동하는 것으로 일국소에서의 열효과에 의하여 작동하는 것(온도 일정 상승률 이상 + 일국소)
- 차동식 분포형 감지기 : 온도 일정 상승률 이상 + 넓은 범위

(2) 정온식 스포트형 감지기
- 일국소의 주위온도가 일정 온도 이상일 때 작동하는 것으로 외관이 전선이 아닌 것(일정한 온도 이상 + 외관 전선 ×)
- 정온식 감지선형 감지기 : 일정한 온도 이상 + 외관 전선 ○

(3) 보상식 스포트형 감지기
  차동식 스포트형 + 정온식 스포트형의 성능을 겸한 것으로, 둘 중 한 기능이 작동되면 신호를 발하는 것

(4) 이온화식 스포트형 감지기
  주위의 공기가 일정 농도의 연기를 포함하는 경우에 작동하는 것으로 일국소의 연기에 의해 이온전류가 변화하여 작동하는 것

(5) 광전식 스포트형(분리형) 감지기
  주위의 공기가 일정한 농도의 연기를 포함하게 되는 경우에 작동하는 것으로서 일국소의 연기에 의하여 광전 소자에 접하는 광량의 변화로 작동하는 것

## 15

득점 / 배점 5

다음 그림은 P형 수동발신기의 내부회로를 나타낸 것이다. ( ) 안에 단자 명칭을 쓰시오.

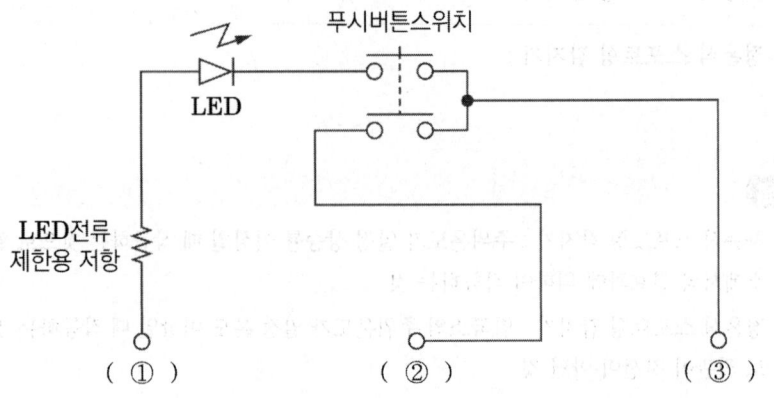

### 정답

① 응답선, ② 지구선, ③ 공통선

LED와 연결된 ①은 응답이며, 지구와 응답을 같이 담당하고 있는 ③이 공통선이며, 푸시버튼스위치와 연결된 ②는 지구선이다.

## 16

득점 / 배점 4

금속관 배관공사 시 리머(Reamer)를 사용하여 금속관 말단의 모를 다듬는 이유를 쓰시오.

O답 :

### 정답

전선의 피복보호

**핵심이론** 금속관 공사재료

| 명칭 | 외형 | 설명 |
|---|---|---|
| 부싱<br>(Bushing) |  | 전선의 절연피복을 보호하기 위하여 금속관 끝에 취부하여 사용되는 부품 |

| 명칭 | 외형 | 설명 |
|---|---|---|
| 유니언커플링<br>(Union Coupling) | | 금속전선관 상호 간을 접속하는 데 사용되는 부품<br>(관이 고정되어 있을 때) |
| 노멀밴드<br>(Normal Bend) | | 매입배관공사를 할 때 직각으로 굽히는 곳에 사용하는 부품 |
| 유니버설엘보<br>(Universal Elbow) | | 노출배관공사를 할 때 관을 직각으로 굽히는 곳에 사용하는 부품 |
| 링리듀서<br>(Ring Reducer) | | 금속관을 아웃렛 박스에 로크너트만으로 고정하기 어려울 때 보조적으로 사용되는 부품 |
| 커플링<br>(Coupling) | | 금속전선관 상호 간을 접속하는 데 사용되는 부품<br>(관이 고정되어 있지 않을 때) |
| 새들(Saddle) | | 관을 지지하는 데 사용하는 재료 |
| **로크너트<br>(Lock Nut)** | | **금속관과 박스를 접속할 때 사용하는 재료로 최소 2개를 사용한다.** |
| 리머<br>(Reamer) | | • 목적 : 금속관 말단의 모를 다듬기 위한 기구<br>• 사용이유 : 전선의 피복보호 |
| 파이프커터<br>(Pipe Cutter) | | 금속관을 절단하는 기구 |
| 환형 3방출<br>정크션박스 | | 배관을 분기할 때 사용하는 박스 |
| 파이프벤더<br>(Pipe Bender) | | 금속관(후강전선관, 박강전선관)을 구부릴 때 사용하는 공구 |
| 후강전선관 | | 1. 콘크리트 매입배관용으로 사용되는 강관<br>2. 관의 호칭은 안지름의 근사치짝수로 표시<br>  (16, 22, 28, 36, 42, 54 [mm] …….) |
| 박강전선관 | | 1. 노출 배관용, 일반배관용으로 사용되는 강관<br>2. 관의 호칭은 바깥지름의 근사치를 홀수로 표시<br>  (19, 25, 31, 39, 51 [mm] …….) |
| 스트레이트 박스<br>커넥터 | | 가요전선관과 박스의 연결에 사용되는 부품 |
| 콤비네이션<br>커플링 | | 가요전선관과 금속전선관 연결에 사용되는 부품 |
| 스프리트<br>커플링 | | 가요전선관과 가요전선관 연결에 사용되는 부품 |

## 17

> 배점 5

무선통신보조설비의 증폭기 및 무선이동중계기의 설치기준에 대한 다음 (  ) 안을 완성하시오

(1) 전원은 전기가 정상적으로 공급되는 축전지, 전기저장장치 또는 교류전압 옥내간선으로 하고, 전원까지의 배선은 ( ① )으로 할 것
(2) 증폭기의 전면에는 주회로의 전원이 정상인지의 여부를 표시할 수 있는 ( ② ) 및 ( ③ )를(을) 설치할 것
(3) 증폭기에는 비상전원이 부착된 것으로 하고 해당 비상전원용량은 무선통신보조설비를 유효하게 ( ④ )분 이상 작동시킬 수 있는 것으로 할 것

①
②
③
④

### 정답

① 전용, ② 표시등, ③ 전압계, ④ 30

### 핵심이론 무선통신보조설비 설치기준

- 누설동축케이블의 정의
  동축케이블의 외부도체에 가느다란 홈을 만들어서 전파가 외부로 새어나갈 수 있도록 한 케이블
- 누설동축케이블의 설치기준
  - 소방전용주파수대에서 전파의 전송 또는 복사에 적합한 것으로서 소방전용의 것으로 할 것. 다만 소방대 상호 간의 무선 연락에 지장이 없는 경우에는 다른 용도와 겸용할 수 있다.
  - 누설동축케이블과 이에 접속하는 안테나 또는 동축케이블과 이에 접속하는 안테나로 구성할 것
  - 누설동축케이블 및 동축케이블은 불연 또는 난연성의 것으로서 습기 등의 환경조건에 따라 전기의 특성이 변질되지 않는 것으로 하고, 노출하여 설치한 경우에는 피난 및 통행에 장애가 없도록 할 것
  - 누설동축케이블 및 동축케이블은 화재에 따라 해당 케이블의 피복이 소실된 경우에 케이블 본체가 떨어지지 않도록 4[m] 이내마다 금속제 또는 자기제 등의 지지금구로 벽·천장·기둥 등에 견고하게 고정시킬 것. 다만 불연재료로 구획된 반자 안에 설치하는 경우에는 그렇지 않다.
  - 누설동축케이블 및 안테나는 금속판 등에 따라 전파의 복사 또는 특성이 현저하게 저하되지 않는 위치에 설치할 것

- 누설동축케이블 및 안테나는 고압의 전로로부터 1.5 [m] 이상 떨어진 위치에 설치할 것. 다만 해당 전로에 정전기 차폐장치를 유효하게 설치한 경우에는 그렇지 않다.
- 누설동축케이블의 끝부분에는 무반사 종단저항을 견고하게 설치할 것

□ 증폭기 등
- 전원은 전기가 정상적으로 공급되는 축전지, 전기저장장치 또는 교류전압 옥내 간선으로 하고, 전원까지의 배선은 전용으로 할 것
- 증폭기의 전면에는 주회로의 전원이 정상인지의 여부를 표시할 수 있는 표시등 및 전압계를 설치할 것
- 증폭기에는 비상전원이 부착된 것으로 하고 해당 비상전원 용량은 무선통신보조설비를 유효하게 30분 이상 작동시킬 수 있는 것으로 할 것
- 증폭기 및 무선중계기를 설치하는 경우에는 「전파법」 제58조의2에 따른 적합성평가를 받은 제품으로 설치하고 임의로 변경하지 않도록 할 것
- 디지털방식의 무전기를 사용하는 데 지장이 없도록 설치할 것

> **중요** ▶ 무반사 종단저항 : 누설동축케이블의 종단부에 전송된 전파는 케이블종단에서 반사되어 교신 방해, 송신효율이 저하되며, 반사파방지를 위해 누설동축케이블의 말단에 설치하는 저항

## 18　　배점 5

다음 주어진 부분 및 단자를 사용하여 P형 수동발신기의 내부회로를 완성하고 ① ~ ③ 단자에 대한 용도 및 기능을 설명하시오.

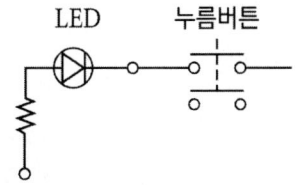

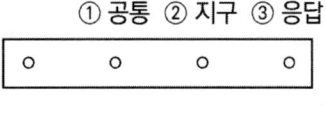

① 공통 :

② 지구 :

③ 응답 :

> 정답
> 
> ① 공통 : 지구·응답 단자를 공유하는 단자
> 
> ② 지구 : 화재신호를 수신기에 알리기 위한 단자
> 
> ③ 응답 : 발신기의 신호가 수신기에 전달되었는가를 확인하여 주기 위한 단자
> 
> 발신기 맨 왼쪽 단자는 과거에 '전화'였지만 현재 화재안전기준에서 제외되었다. 종단저항은 지구와 공통으로 처리한다.

### 핵심이론 | P형 수동발신기 구성요소 기능

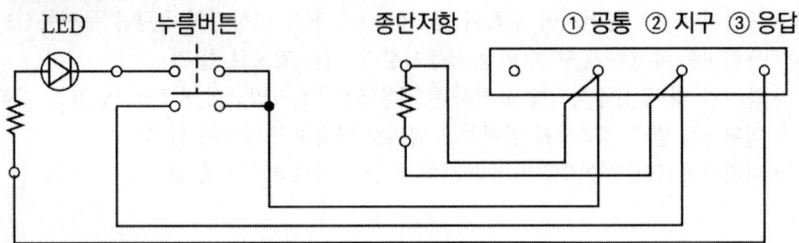

- LED : 발신기의 신호가 수신기에 전달되었는가를 확인하여주는 램프
- 누름버튼 (푸시버튼) : 수신기에 화재신호를 발신
- 종단저항 : 단선의 유무 확인
- 공통단자 : 응답 단자를 공유하는 단자
- 지구단자 : 화재신호를 수신기에 알리기 위한 단자
- 응답단자 : 발신기의 신호가 수신기에 전달되었는가를 확인하여 주기 위한 단자

모아바 www.moa-ba.com
모아소방전기학원 www.moate.co.kr

격차를 뛰어넘어 압도적인 격차를 만들다

## 모아's Pick!

15개년 소방설비기사부터 산업기사까지의 이전 기출문제를 폭넓게 분석, 가장 중요하고 핵심적인 문제들만 주제별로 Pick!
최신 출제경향에 맞게 변경한 신유형 문제인 "plus N제"를 풀어보고 기출 유형을 폭넓게 경험함으로써 수험생들이 마지막 한 문제까지 놓치지 않도록 구성하였습니다.

# plus N제

| CHAPTER 01 | 도면 |
| CHAPTER 02 | 계산문제 및 시퀀스 |
| CHAPTER 03 | 기타 |
| CHAPTER 04 | 소방시설 도시기호 |

# CHAPTER 01 도면

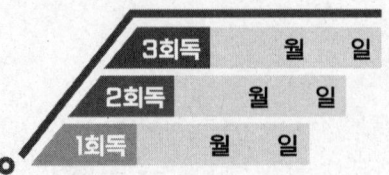

## 01
다음 주어진 $CO_2$설비의 미완성 전기도면을 보고 다음 각 물음에 답하시오. (단, ④의 표시등은 역할상의 명칭을 쓰도록 할 것) 〔2017년 1회(산업기사)〕

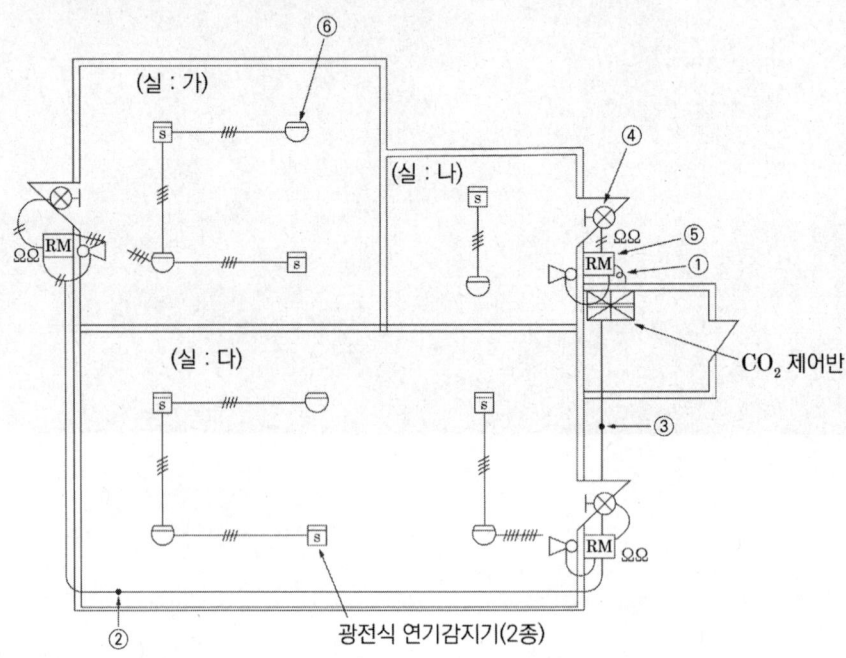

가. 도면을 완성하시오.

나. ① ~ ③까지 선로에 필요한 최소 전선 가닥 수는?

다. ④ ~ ⑤로 표시된 기기장치의 명칭 및 설치목적을 간단히 설명하시오.

　④ • 명칭 :

　　• 설치목적 :

　⑤ • 명칭 :

　　• 설치목적 :

라. ⑥의 심벌 명칭은?

마. ⑥의 심벌을 ㉠ ⌇⌇⌇ 과 ㉡ ⌒ 으로 표시한 경우의 의미는?

## 정답

가.

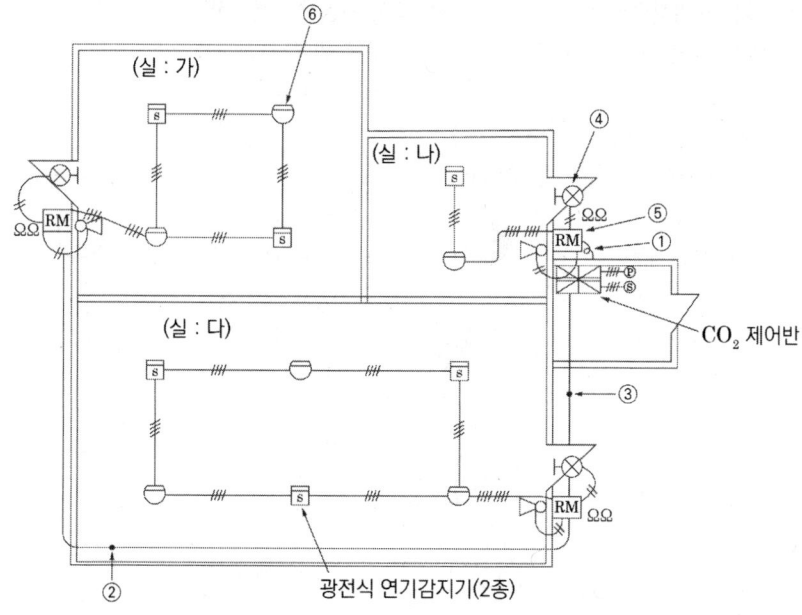

나. ① 8가닥  ② 8가닥  ③ 13가닥

> - 가스계소화설비에 있어서는 교차회로방식을 사용하며, RM에 종단저항 2개를 그린다.
> - 교차회로방식이기 때문에 루프와 말단은 4가닥, 나머지는 8가닥이다.
> - 감지기공통선과 전원공통선은 따로 한다는 조건이 없으므로 감지기공통선을 전원공통선으로 한다.
> - <u>ZONE이 늘어남에 따라 감지기 A·B, 기동스위치, 사이렌, 방출표시등이 증가한다.</u>

다. ④ • 명칭 : 방출표시등(벽붙이형)
　　　• 설치목적 : 외부인의 출입금지
　　⑤ • 명칭 : 수동조작함
　　　• 설치목적 : 수동으로 조작하여 설비기동

라. 차동식 스포트형 감지기

마. ㉠ 가건물 및 천장 안에 시설  ㉡ 매입

### 핵심이론

□ 교차회로방식으로 감지기를 설치하여야 하는 자동식 소화설비
분말소화설비, 할론소화설비, 할로겐화합물 및 불활성기체소화설비, 이산화탄소소화설비, 준비작동식 스프링클러설비, 일제살수식 스프링클러설비

□ 소방용 기계·기구 도시기호

| 명칭 | 도시기호 | 명칭 | 도시기호 |
|---|---|---|---|
| 표시등<br>(방출표시등) | ◐ | 차동식 스포트형<br>감지기 | ▽ |
| 방출표시등<br>(벽붙이형) | ⊢⊗ | 차동식 스포트형<br>감지기<br>(가건물 및 천장 안에<br>시설) | (점선 반원) |
| 가스계소화설비의<br>수동조작함 | RM | 차동식 스포트형<br>감지기<br>(매입형) | ⊖ |
| 사이렌 | ◁ | 연기감지기 | S |
| 모터사이렌 | Ⓜ◁ | 연기감지기<br>(점검박스붙이형) | [S] |
| 전자사이렌 | Ⓢ◁ | 연기감지기<br>(매입형) | ⌂S |

## 02

**도면은 자동화재탐지설비의 평면도 및 간선계통도이다. 이 도면을 보고 각 물음에 답하시오.** `2016년 1회(산업기사)`

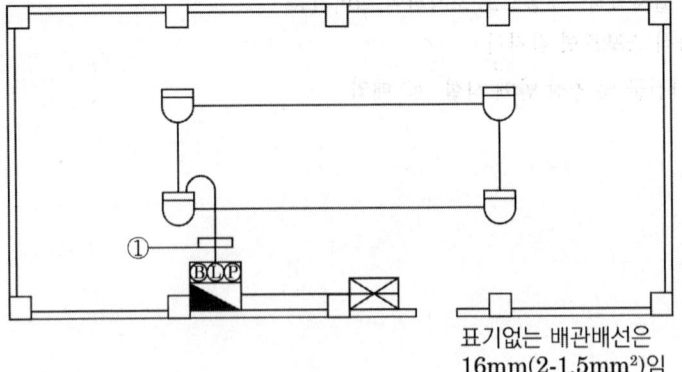

표기없는 배관배선은
16mm(2-1.5mm²)임

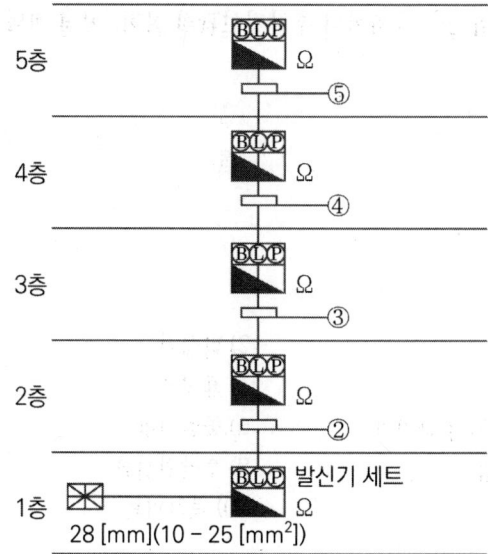

간선계통도

**조건**

(1) 본 건물은 콘크리트 슬라브 구조로서 지상 5층 건물이며, 전 층이 기준층이다.
(2) 각 층고는 3 [m]로서, 이중천장의 높이는 천장면에서 0.5 [m]에 설치된다.
(3) 모든 배관은 후강전선관이며, 천장 및 벽체 매입으로 한다.
(4) 후강전선관의 굵기, 전선 가닥 수, 전선굵기는 예시와 같이 표기한다.
   (예시) 22 [mm](5 - 1.5 [mm$^2$])
(5) 후강전선관와 굵기 선정은 다음에 따라서 한다.

| 도체 단면적 [mm$^2$] | 전선 본수 | | | | | | | | | |
|---|---|---|---|---|---|---|---|---|---|---|
| | 1 | 2 | 3 | 4 | 5 | 6 | 7 | 8 | 9 | 10 |
| | 전선관의 최소 굵기 [mm] | | | | | | | | | |
| 2.5 | 16 | 16 | 16 | 16 | 22 | 22 | 22 | 28 | 28 | 28 |
| 4 | 16 | 16 | 16 | 22 | 22 | 22 | 28 | 28 | 28 | 28 |
| 6 | 16 | 16 | 22 | 22 | 22 | 28 | 28 | 28 | 36 | 36 |

가. 도면과 같은 설비를 하는 데 필요한 자재를 10가지만 쓰시오. (단, 규격, 수량 등은 필요 없음)

나. 평면도의 ①에 해당되는 후강전선관의 굵기, 전선 가닥 수, 전선 굵기는 어떻게 되는가?

다. 사용될 수신기의 규격은 어떤 형의 몇 회로 수신기를 사용하여야 하는가?

라. 간선계통도상의 ②~⑤까지의 후강전선관의 굵기, 전선 가닥 수, 전선 굵기를 표기하시오.

②                              ③

④                              ⑤

### 정답

가. 1) 수신기            2) 발신기
   3) 경종              4) 표시등
   5) 차동식 스포트형 감지기   6) 종단저항
   7) 옥내소화전함        8) 후강전선관
   9) 부싱              10) 로크너트

나. 16 [mm](4 - 1.5 [mm²])

- 감지기와 감지기 사이, 감지기와 발신기 사이 등 감지기와 연결된 배선을 지선이라고 하며, 이때 지선은 굵기가 1.5 [mm²]이다.
- 그 외는 간선이라고 하며, 굵기는 2.5 [mm²]이다.
- 16 [C] = 16 [mm]
- 자동화재탐지설비의 감지기 배선은 송배선식으로 하며, 루프는 2가닥, 나머지는 4가닥이다.
- 발신기와 수신기 사이의 기본 가닥 수는 6가닥이다.
- 지선
  ① 1 ~ 4가닥 : 16 [C]
  ② 5 ~ 8가닥 : 22 [C]

다. P형 5회로 수신기

라. ② 28 [mm](9 - 2.5 [mm²])    ③ 28 [mm](8 - 2.5 [mm²])
    ④ 22 [mm](7 - 2.5 [mm²])    ⑤ 22 [mm](6 - 2.5 [mm²])

✓ 해설 : 전선 가닥 수 및 용도

| 기호 | 전선관, 가닥 수, 전선굵기 | 전선의 사용(가닥 수) |
|---|---|---|
| ① | 16 [mm]<br>(4 - 1.5 [mm²]) | 지구선 2, 공통선 2 |
| ⑤ | 22 [mm]<br>(6 - 2.5 [mm²]) | 회로선 1, 회로공통선 1, 경종선 1, 경종표시등공통선 1, 응답선 1, 표시등선 1 |
| ④ | 22 [mm]<br>(7 - 2.5 [mm²]) | 회로선 2, 회로공통선 1, 경종선 1, 경종표시등공통선 1, 응답선 1, 표시등선 1 |
| ③ | 28 [mm]<br>(8 - 2.5 [mm²]) | 회로선 3, 회로공통선 1, 경종선 1, 경종표시등공통선 1, 응답선 1, 표시등선 1 |

| 기호 | 전선관, 가닥 수, 전선굵기 | 전선의 사용(가닥 수) |
|---|---|---|
| ② | 28 [mm]<br>(9 - 2.5 [mm$^2$]) | 회로선 4, 회로공통선 1, 경종선 1, 경종표시등공통선 1, 응답선 1, 표시등선 1 |
| 1층 ↔ 수신기 | 28 [mm]<br>(10 - 2.5 [mm$^2$]) | 회로선 5, 회로공통선 1, 경종선 1, 경종표시등공통선 1, 응답선 1, 표시등선 1 |

주어진 도면에 1층 ↔ 수신기의 전선 가닥 수와 전선관 조건에 28 [mm](10 - 2.5 [mm$^2$])을 주었으므로 옥내소화전설비 2가닥을 제외함

- 지구선(= 회로선, 신호선, 감지기선, 발신기 지구선, 수동발신기 지구선)
- 지구공통선(= 공통선, 회로공통선, 신호공통선, 감지기공통선, 수동발신기 공통선)
- 응답선(= 발신기선, 발신기응답선, 수동발신기 응답선, 확인선)
- 경종 및 표시등공통선(= 공동표시등 공통선, 벨표시등 공통선)

### 핵심이론  도시기호 / 자동식 소화설비 / 금속관공사재료

□ 소방용 기계·기구 도시기호

| 명칭 | 도시기호 | 명칭 | 도시기호 |
|---|---|---|---|
| 표시등<br>(방출표시등) | | 차동식 스포트형 감지기 | |
| 가스계 소화설비의 수동조작함 | RM | 보상식 스포트형 감지기 | |
| 사이렌 | | 연기감지기 | S |
| 모터사이렌 | M | 차동식 분포형 감지기의 검출기 | |
| 전자사이렌 | S | 제어반 | |

□ 금속관공사재료

| 명칭 | 외형 | 설명 |
|---|---|---|
| 부싱<br>(Bushing) | | 전선의 절연피복을 보호하기 위하여 금속관 끝에 취부하여 사용되는 부품 |
| 로크너트<br>(Lock Nut) | | 금속관과 박스를 접속할 때 사용하는 재료로 최소 2개를 사용한다. |

## 03

다음의 그림과 같이 천장높이가 3 [m]이고, 한 면이 외기와 면하고 상시 개방된 차고에 차동식 스포트형 제2종 감지기를 설치하려고 한다. 감지기의 최소 설치수량을 구하시오. (단, 주요 구조부는 내화구조이다) 〔2016년 1회(산업기사)〕

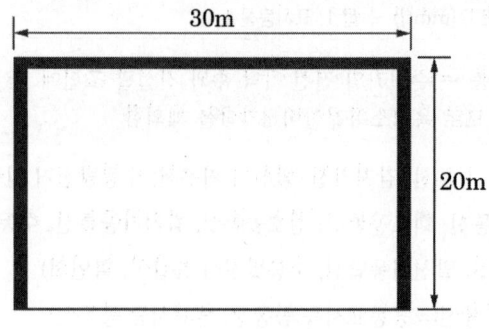

외기에 면한 곳

O 계산과정 :

O 답 :

### 정답

☑ 계산과정
- $30 \times 15 = 450 \ [m^2]$
- $\dfrac{450}{70} = 6.4 \rightarrow$ 절상해서 7개

답 | 7 [개]

외기에 면하는 각 부분으로부터 5 [m] 미만의 범위 안에 있는 부분은 경계구역 면적에 산입하지 않기 때문에 세로 길이는 20 [m]에서 5 [m]를 뺀 15 [m]로 산정한다.

### 핵심이론

□ 자동화재탐지설비 경계구역 설정 기준(외기에 면하여 상시 개방된 부분)

외기에 면하여 상시 개방된 부분(차고·주차장·창고 등) : 외기에 면하는 각 부분으로부터 5 [m] 미만의 범위 안에 있는 부분은 경계구역 면적에 산입하지 않음

□ 열감지기 설치면적

(단위 : [m²])

| 부착높이 및 특정소방대상물의 구분 | | 감지기의 종류 | | | | | | |
|---|---|---|---|---|---|---|---|---|
| | | 차동식 스포트형 | | 보상식 스포트형 | | 정온식 스포트형 | | |
| | | 1종 | 2종 | 1종 | 2종 | 특종 | 1종 | 2종 |
| 4 [m] 미만 | 내화구조 | 90 | 70 | 90 | 70 | 70 | 60 | 20 |
| | 기타구조 | 50 | 40 | 50 | 40 | 40 | 30 | 15 |
| 4 [m] 이상 8 [m] 미만 | 내화구조 | 45 | 35 | 45 | 35 | 35 | 30 | |
| | 기타구조 | 30 | 25 | 30 | 25 | 25 | 15 | |

## 04

작은 구역에 공기관식 차동식 분포형 감지기의 공기관을 설치하다 보니 공기관의 노출부분이 20 [m]에 미치지 못하여 정상적으로 감지기가 작동하지 못하는 경우가 발생하였다. 다음 그림에 감지기가 정상적으로 작동할 수 있도록 공기관을 설치하는 방법을 그리시오. (2016년 4회(산업기사))

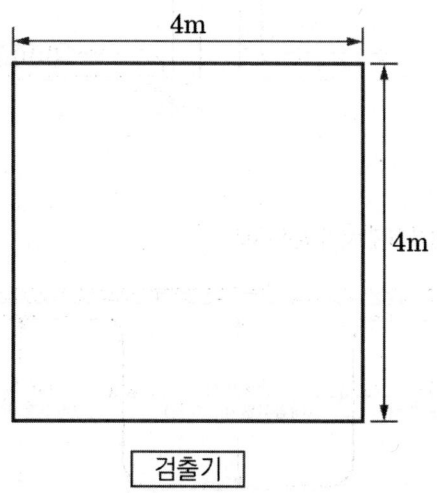

**정답**

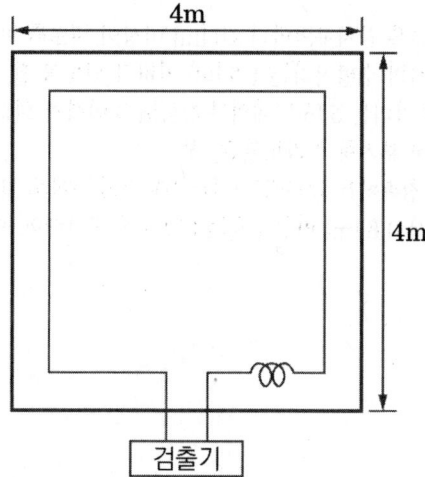

☑ 해설 : 좁은 감지구역 내에 공기관을 설치하는 경우
공기관을 2회 이상 돌리거나 코일감기 방법을 이용하여 공기관의 길이를 최소 길이를 20 [m] 이상으로 함

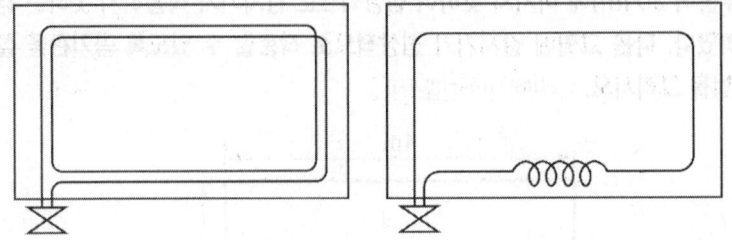

📌 핵심이론

□ 공기관식 차동식 분포형 감지기 설치기준

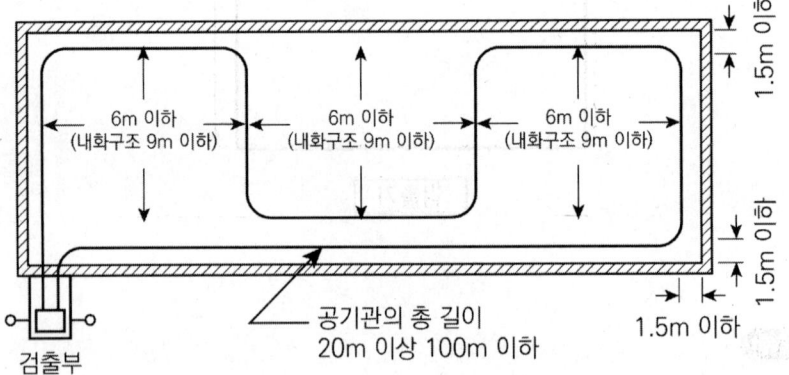

- 공기관의 노출부분은 감지구역마다 20 [m] 이상이 되도록 할 것
- 공기관과 감지구역의 수평거리는 1.5 [m] 이하가 되도록 할 것
- 공기관 상호 간의 거리는 6 [m] (내화구조 9 [m]) 이하가 되도록 할 것
- 공기관은 도중에서 분기하지 않도록 할 것
- 하나의 검출부에 접속하는 공기관 길이는 100 [m] 이하로 할 것
- 검출부는 바닥에서 0.8 [m] 이상 1.5 [m] 이하에 위치하며, 5° 이상 경사되지 않도록 할 것

# 05
주어진 조건과 도면을 참고하여 다음 각 물음에 답하시오. (2016년 4회(산업기사))

**조건**
① 본 도면은 편의상 일부 생략되었으므로 도면에 표시되지 않은 사항은 고려하지 않는다.
② 감지기 회로방식은 2개 이상의 교차회로방식이다.
③ 모든 전선관은 후강 16 C로서 매입배관이며, 전선은 HFIX 1.5 [$mm^2$]이다.
④ 전선관 3방출 이상은 4각 박스 사용, 기타는 필요시 8각 박스를 사용하며, 하론 제어반은 별도 제작하여 사용한다.
⑤ 바닥면에서 이중천장까지의 높이는 3 [m]이며, 상부 슬래브면과 이중천장까지는 1 [m]이다.
⑥ 하론제어반은 바닥면에서 상단까지 1.8 [m] 높이에 위치하며, 감지기를 제외한 기타 기구는 바닥면에서 2.5 [m] 높이에 위치한다.
⑦ 기준거리의 수치는 다음과 같다.
 • 하론제어반에서 ②번 방향 쪽의 기구까지의 평면상 거리 : 6.5 [m]
 • 하론제어반에서 ④번 방향 쪽의 기구까지의 평면상 거리 : 8 [m]
 • 하론제어반에서 첫 번째 감지기까지의 평면상 거리 : 5 [m]
 • 기타는 기구 중심에서 중심까지를 적용하여 산출한다.
 • 하론제어반 내에서는 결속 리드선 1 [m]를 더하여 적용시킬 것
  (⑩ 전선 3가닥 1 × 3 = 3 [m])

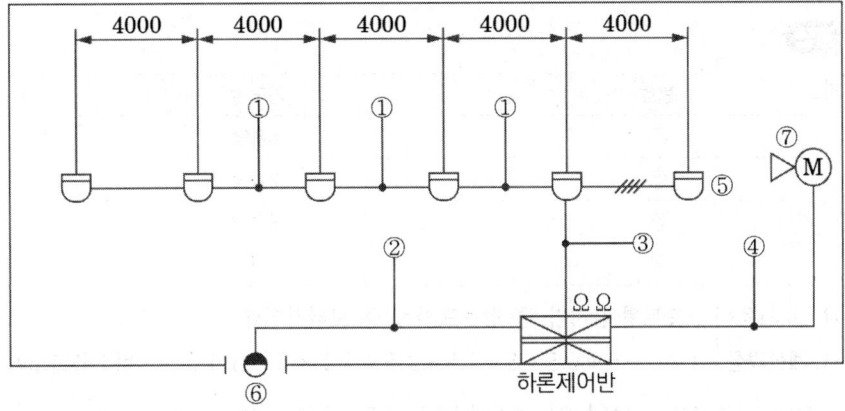

가. ①~④에 필요한 전선 최소 가닥 수를 쓰시오.

| 번호 | 가닥 수 |
|---|---|
| ① | |
| ② | |
| ③ | |
| ④ | |

나. ⑤~⑦번 도시기호의 명칭을 쓰시오.

다. 본 설비에 필요한 후강전선관은 몇 [m]인지 구하시오.
- 계산과정 :
- 답 :

라. 본 설비에 필요한 부싱과 로크너트의 수를 구하시오.
- 부싱 :
- 로크너트 :

마. 본 설비에 필요한 4각 박스와 8각 박스의 수를 구하시오.
- 4각 박스 :
- 8각 박스 :

### 정답

가.

| 번호 | 가닥 수 |
|---|---|
| ① | 8가닥 |
| ② | 2가닥 |
| ③ | 8가닥 |
| ④ | 2가닥 |

나. ⑤ 차동식 스포트형 감지기, ⑥ 방출표시등, ⑦ 모터사이렌

다. 계산과정 : $4 \times 5 + 5 + 6.5 + 8 + 1.5 + 1.5 + 2.2 \times 3 = 49.1$ [m]  답 | 49.1 [m]

> 바닥 ~ 이중천장 ~ 상부슬래브까지의 높이 : 4 [m]
> 할론제어반이 바닥으로부터 1.8 [m] 위치에 있기 때문에 할론제어반부터 상부슬래브로까지의 높이는 4 [m] - 1.8 [m] = 2.2 [m]이다.
> 이때 감지기, 방출표시등, 사이렌 각각의 전선관이 따로 있으므로(3개소이므로) 2.2 [m] × 3을 더해준 것이다.
> 또한 1.5 + 1.5 는 감지기를 제외한 기구(사이렌과 방출표시등)의 높이가 바닥으로부터 2.5 [m] 위치에 있으므로 "4 [m] - 2.5 [m] = 1.5 [m]"이며 사이렌, 방출표시등 각각을 더해준 것이다.

라. • 부싱 : 16개
   • 로크너트 : 32개
마. • 4각 박스 : 1개
   • 8각 박스 : 7개

☑ 해설

라. • 부싱 : 금속관 끝에 취부하므로 금속관 1개소에 2개 사용, 8 × 2 = 16개
   • 로크너트 : 금속관과 박스를 접속할 때 사용하는 재료로 최소 2개 사용
              부싱 취급 개소에 2개 사용, 16 × 2 = 32[개]

마. • 4각 박스는 전선관 3방출 이상 : 감지기 1개
   • 8각 박스는 전선관 2방출 이하 : 감지기 5개, 모터사이렌 1개, 방출표시등 1개

### 📌 핵심이론

□ 교차회로방식으로 감지기를 설치하여야 하는 자동식 소화설비
분말소화설비, 할론소화설비, 할로겐화합물 및 불활성기체소화설비, 이산화탄소 소화설비, 준비작동식 스프링클러설비, 일제살수식 스프링클러설비

□ 소방용 기계·기구 도시기호

| 명칭 | 도시기호 | 명칭 | 도시기호 |
|---|---|---|---|
| 표시등<br>(방출표시등) | ◐ | 차동식 스포트형 감지기 | ⌒ |
| 모터사이렌 | (M)◁ | 종단저항 | Ω |

□ 금속관공사재료

| 명칭 | 외형 | 설명 |
|---|---|---|
| 부싱<br>(Bushing) | | 전선의 절연피복을 보호하기 위하여 금속관 끝에 취부하여 사용되는 부품 |
| 로크너트<br>(Lock Nut) | | 금속관과 박스를 접속할 때 사용하는 재료로 최소 2개를 사용 |
| 후강전선관 | | 1. 콘크리트 매입 배관용으로 사용되는 강관<br>2. 관의 호칭은 안지름의 근사짝수로 표시<br>   (16, 22, 28, 36, 42, 54[mm] ……) |

# 06

**주어진 조건과 도면을 참고하여 자동화재탐지설비의 ①~⑦의 연결 가닥 수 및 용도별 가닥 수를 답란에 쓰시오.** (2016년 4회(산업기사))

**조건**

① 선로의 수는 최소로 하고 발신기 공통선 : 1선, 경종 및 표시등 공통선 : 1선으로 하고 7경계구역이 넘을 때는 발신기간 공통선과 경종 및 표시등 공통선은 각각 1선씩 추가하는 것으로 한다.

② 건물의 규모는 지하 1층, 지상 2층이며, 연면적은 9000 [$m^2$]인 공장이다.

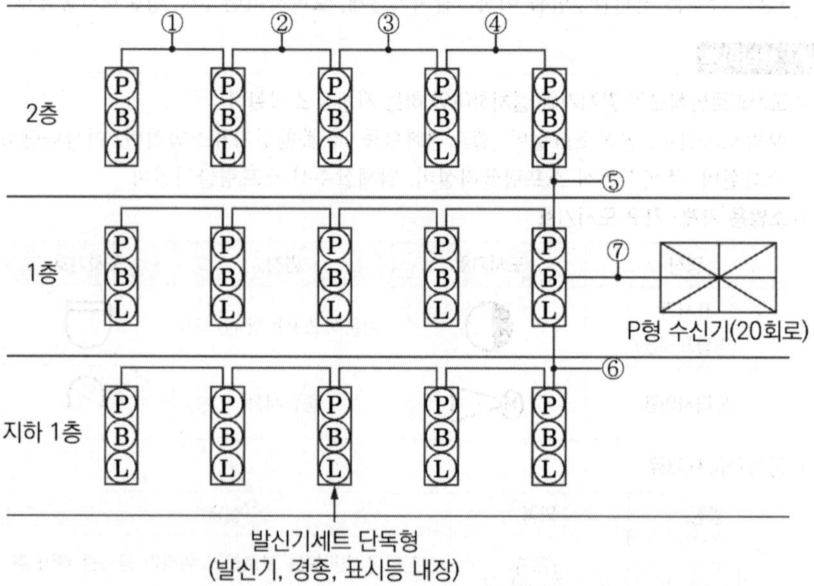


| 번호 | 가닥 수 | 용도 | | | | | |
|---|---|---|---|---|---|---|---|
| | | 발신기 지구선 | 발신기 응답선 | 발신기 공통선 | 발신기 경종선 | 발신기 표시등선 | 경종 및 표시등 공통선 |
| ① | | | | | | | |
| ② | | | | | | | |
| ③ | | | | | | | |
| ④ | | | | | | | |
| ⑤ | | | | | | | |
| ⑥ | | | | | | | |
| ⑦ | | | | | | | |

**정답**

| 번호 | 가닥 수 | 용도 | | | | | |
|---|---|---|---|---|---|---|---|
| | | 발신기 지구선 | 발신기 응답선 | 발신기 공통선 | 발신기 경종선 | 발신기 표시등선 | 경종 및 표시등 공통선 |
| ① | 6 | 1 | 1 | 1 | 1 | 1 | 1 |
| ② | 7 | 2 | 1 | 1 | 1 | 1 | 1 |
| ③ | 8 | 3 | 1 | 1 | 1 | 1 | 1 |
| ④ | 9 | 4 | 1 | 1 | 1 | 1 | 1 |
| ⑤ | 10 | 5 | 1 | 1 | 1 | 1 | 1 |
| ⑥ | 10 | 5 | 1 | 1 | 1 | 1 | 1 |
| ⑦ | 24 | 15 | 1 | 3 | 1 | 1 | 3 |

✓ 해설 : 전선 가닥 수 및 용도

| 기호 | 가닥 수 | 전선의 사용용도(가닥 수) |
|---|---|---|
| ① | 6 | 회로선 1, 회로공통선 1, 경종선 1, 경종표시등공통선 1, 응답선 1, 표시등선 1 |
| ② | 7 | 회로선 2, 회로공통선 1, 경종선 1, 경종표시등공통선 1, 응답선 1, 표시등선 1 |
| ③ | 8 | 회로선 3, 회로공통선 1, 경종선 1, 경종표시등공통선 1, 응답선 1, 표시등선 1 |
| ④ | 9 | 회로선 4, 회로공통선 1, 경종선 1, 경종표시등공통선 1, 응답선 1, 표시등선 1 |
| ⑤ | 10 | 회로선 5, 회로공통선 1, 경종선 1, 경종표시등공통선 1, 응답선 1, 표시등선 1 |
| ⑥ | 10 | 회로선 5, 회로공통선 1, 경종선 1, 경종표시등공통선 1, 응답선 1, 표시등선 1 |
| ⑦ | 24 | 회로선 15, 회로공통선 3, 경종선 1, 경종표시등공통선 3, 응답선 1, 표시등선 1 |

- 지구선(= 회로선, 신호선, 감시기선, 발신기 지구선, 수동발신기 지구선)
- 지구공통선(= 공통선, 회로공통선, 신호공통선, 감지기공통선, 수동발신기 공통선)
- 응답선(= 발신기선, 발신기응답선, 수동발신기 응답선, 확인선)
- 경종 및 표시등공통선(= 공동표시등 공통선, 벨표시등 공통선)

## 07

**다음 차동식 감지기에 대한 각 물음에 답하시오.** (2023년 1회(기사))

가. 공기관식 차동식 분포형 감지기의 공기관의 재질을 쓰시오.

나. 그림과 같이 차동식 스포트형 감지기 A, B, C, D가 있다. 배선을 전부 보내기 방식으로 할 경우 박스와 감지기 "C" 사이의 배선은 몇 가닥인지 쓰시오.

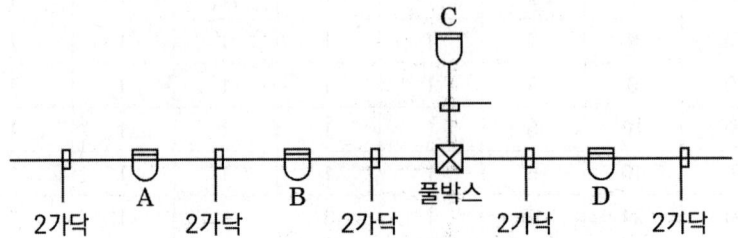

**정답**

가. 중공동관

나. 4가닥

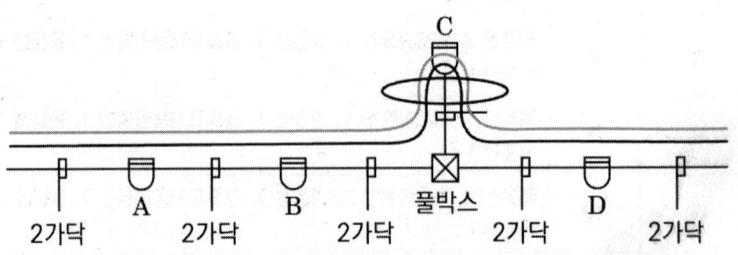

- 중공동관은 안에가 뚫려 있는 동관이며, 구리관으로 적어도 된다.
- 보내기방식(송배선식)으로 하기 때문에 왔다 갔다 4가닥이다.

## 핵심이론 공기관식 차동식 분포형 감지기 설치기준

□ 공기관식
- 작동원리 : 감열실 내 온도 상승(급격한 온도 상승) → 공기관 내부 공기 팽창 → 다이어프램 밀어 올려 접점 붙음
- 구조 : 수열부 - 공기관, 검출부 - 리크구멍(비화재보 방지), 다이어프램, 접점, 시험장치

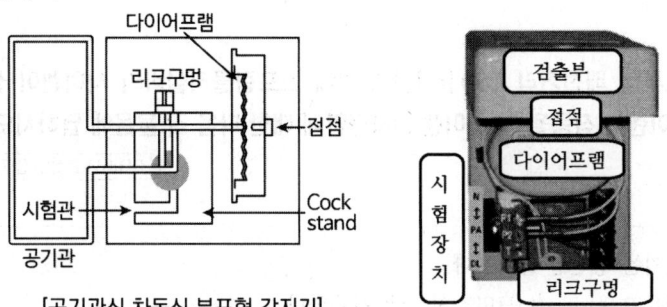

[공기관식 차동식 분포형 감지기]

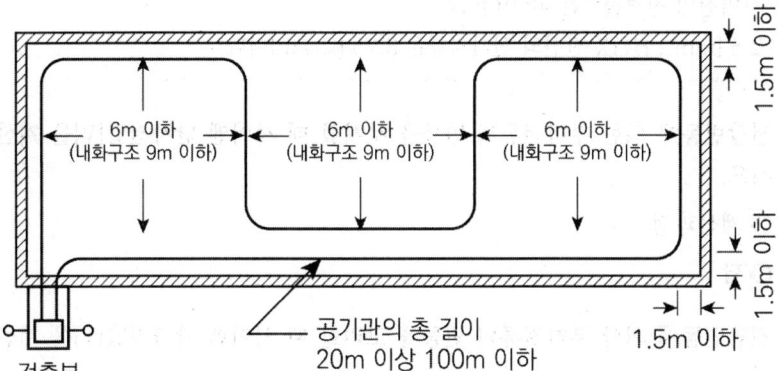

# CHAPTER 02 계산문제 및 시퀀스

## 08
수신기로부터 배선거리 100 [m]인 위치에 스프링클러설비의 사이렌이 설치되어 있다. 사이렌이 작동될 때 사이렌 단자전압에 대한 다음 각 물음에 답하시오.

*2016년 2회(산업기사) 변형*

**조건**
① 수신기는 정전압 출력이다.
② 전선은 2.5 [mm$^2$] (HFIX 전선)을 사용한다.
③ 사이렌의 정격출력은 48 [W]이다.
④ 2.5 [mm$^2$] HFIX 전선의 전기저항은 8.75 [Ω/km]이다.

가. 전압변동에 의한 부하전류의 변동을 무시할 때 사이렌 단자전압[V]을 계산하시오.
○ 계산과정 :
○ 답 :

나. 전압변동에 의한 부하전류의 변동을 고려할 때 사이렌 단자전압[V]을 계산하시오.
○ 계산과정 :
○ 답 :

**정답**

☑ 계산과정

가. ① $I = \dfrac{P}{V} = \dfrac{48}{24} = 2\,[A]$

② $e(\text{전압강하}) = 2IR = 2 \times 2 \times 0.875 = 3.5\,[V]$
  (8.75 [Ω/km] × 0.1 [km] = 0.875 [Ω])

③ $V_r = 24 - 3.5 = 20.5\,[V]$

답 | 20.5 [V]

동선의 전기저항이 8.75 [Ω/km]이라는 것은 1 [km]일 때 저항이 8.75 [Ω]라는 뜻으로, 배선거리 100 [m]일 때 전기저항을 구해서 대입한다.

나. ① 사이렌저항 $R = \dfrac{24^2}{48} = 12 \, [\Omega]$

② 배선저항 $R = \dfrac{100}{1000} \times 8.75 = 0.875 \, [\Omega], \quad 0.875 \times 2 = 1.75 \, [\Omega]$

③ 사이렌의 단자전압 $V_2 = \dfrac{12}{1.75 + 12} \times 24 = 20.95 ≒ 20.95 [V]$  **답 | 20.95 [V]**

> 전압변동에 의한 부하전류의 변동을 고려할 때는 직렬회로의 전압분배법칙에 따라 전압을 계산하여야 한다.

✓ 해설 : 나.

- $P = VI = I^2 R = \dfrac{V^2}{R}$
- $8.75 \, [\Omega/km] \times 0.1 \, [km] = 0.875 \, [\Omega]$
- $V_2 = \dfrac{R_2}{R_1 + R_2} \times V$

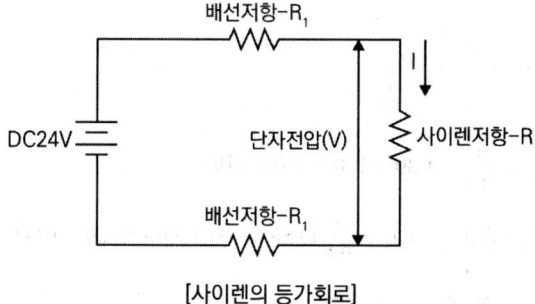

[사이렌의 등가회로]

# 09

아래의 그림과 같이 방전전류가 시간에 따라 감소하는 경향의 축전지용량 [Ah]을 계산하시오. 단, 용량환산시간계수 [K]는 아래의 표와 같으며 용량저하율(보수율)은 0.8을 적용하는 것으로 한다. ( 2018년 1회(기사) )

[시간에 따른 용량환산시간계수]

| 시간 | 10분 | 20분 | 30분 | 60분 | 100분 | 110분 | 120분 | 170분 | 180분 | 200분 |
|---|---|---|---|---|---|---|---|---|---|---|
| 용량환산 시간계수 [K] | 1.3 | 1.45 | 1.78 | 2.55 | 3.45 | 3.65 | 3.85 | 4.85 | 5.05 | 5.30 |

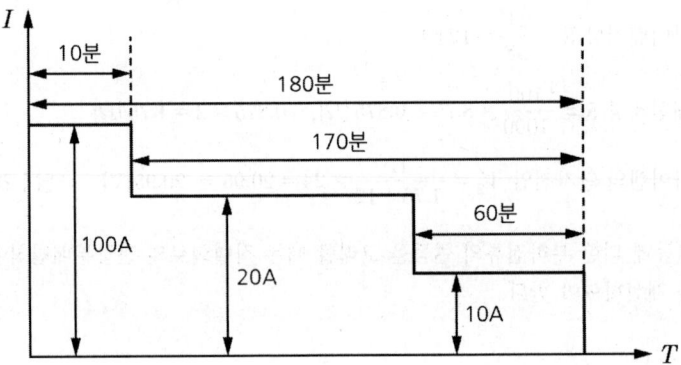

O 계산과정 :

O 답 :

### 정답

✓ 계산과정

$$C_1 = \frac{1}{L}K_1I_1 = \frac{1}{0.8} \times 1.30 \times 100 = 162.5\,[Ah]$$

$$C_2 = \frac{1}{L}[K_1I_1 + K_2(I_2 - I_1)] = \frac{1}{0.8}[3.85 \times 100 + 3.65 \times (20 - 100)] = 116.25\,[Ah]$$

$$C_3 = \frac{1}{L}[K_1I_1 + K_2(I_2 - I_1) + K_3(I_3 - I_2)]$$

$$= \frac{1}{0.8}[5.05 \times 100 + 4.85 \times (20 - 100) + 2.55 \times (10 - 20)] = 114.375\,[Ah]$$

답 | 162.5 [Ah]

※ 방전전류가 증가할 때는 축전지용량을 다 더해주면 되지만, 방전전류가 위의 문제처럼 감소할 때는 $C_1$, $C_2$, $C_3$ 셋 중의 최댓값인 162.5 [Ah] 이상의 축전지를 선정한다.

### 핵심이론 축전지용량 구하는 식

$$C = \frac{1}{L}KI\,[Ah]$$

$$= \frac{1}{L}KI\,[A \cdot h] = \frac{1}{L}[K_1I_1 + K_2(I_2 - I_1) + K_3(I_3 - I_2) + \ldots + K_n(I_n - I_{n-1})]$$

C : 축전지용량 [Ah], L : 보수율 (용량저하율)
K : 용량환산시간 [h], I : 방전전류 [A]

## 10

어느 계기용 변압기의 1차 권수가 120이고, 2차 권수가 20이다. 2차 전압이 24[V]일 때 1차 전압을 구하시오. ( 2015년 2회(산업기사) )

O 계산과정 :

O 답 :

### 정답

☑ 계산과정

$$V_1 = \frac{N_1}{N_2} \times V_2 = \frac{120}{20} \times 24 = 144[V]$$

답 | 144 [V]

☑ 해설 : 권수비

$$a = \frac{N_1}{N_2} = \frac{V_1}{V_2} = \frac{I_2}{I_1} = \sqrt{\frac{R_1}{R_2}}$$

$a$ : 권수비, $N_1$ : 1차 코일권수, $N_2$ : 2차 코일권수
$V_1$ : 정격 1차 전압 [V], $V_2$ : 정격 2차 전압 [V]
$R_1$ : 정격 1차 저항 [Ω], $R_2$ : 정격 2차 저항 [Ω]

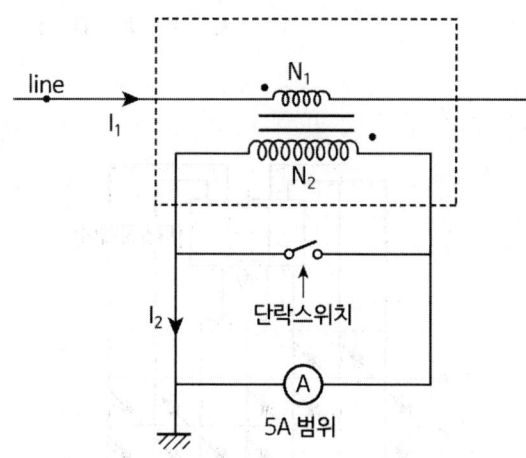

## 11

다음 그림은 R형 수신기중 각종 표시회로의 일부분을 보여주고 있다. 세그먼트 다이오드로 1~8까지 숫자를 표현하려고 한다. 그림에 알맞게 다이오드를 추가하여 회로도를 완성하시오. (단, 그림의 1~8은 경계구역을 의미한다) 〔2013년 4회(기사)〕

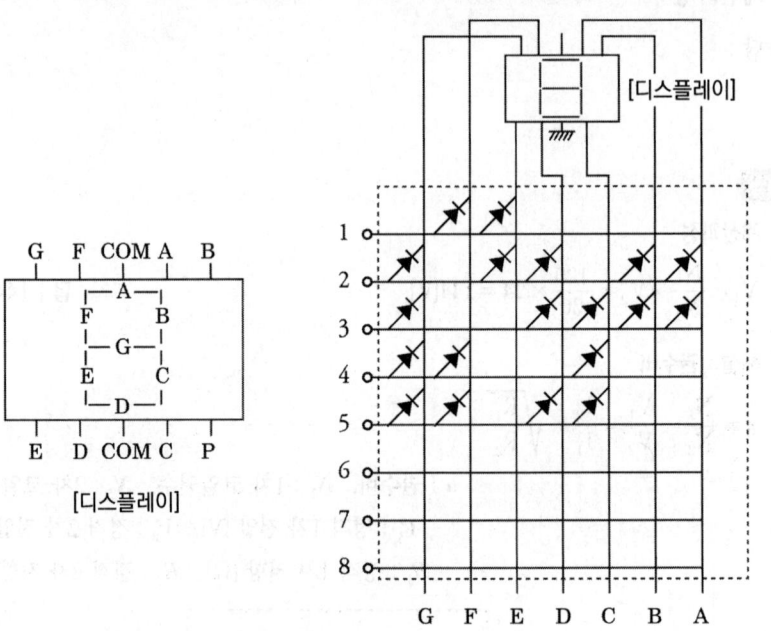

**정답**

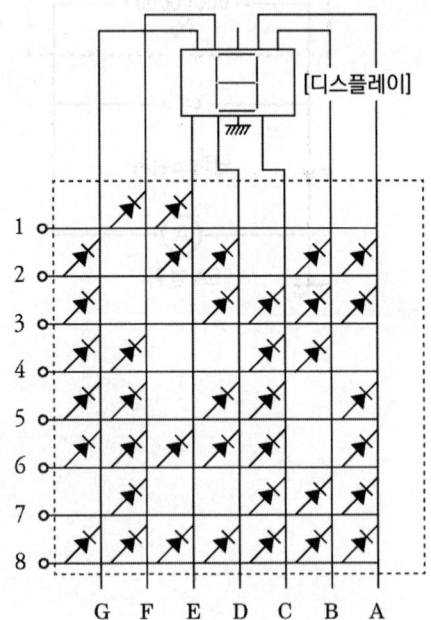

✓ 해설

| 숫자 | 1 | 2 | 3 | 4 | 5 | 6 | 7 | 8 |
|---|---|---|---|---|---|---|---|---|
| 세그먼트 | | | | | | | | |
| 구성기호 | E,F | A,B,D,E,G | A,B,C,D,G | B,C,F,G | A,C,D,F,G | A,C,D,E,F,G | A,B,C,F | A,B,C,D,E,F,G |
| 다이오드 개수 | 2 | 5 | 5 | 4 | 5 | 6 | 4 | 7 |

## 12

그림은 유도전동기의 정·역전 제어회로의 미완성도면이다. 도면을 이용하여 다음 각 물음에 답하시오. (2014년 1회(기사))

가. 미완성 접점부분을 모두 완성하여 정·역전회전이 가능하도록 회로를 완성하시오.

나. 정·역전회전이 가능하도록 주회로의 주 접점 부분을 완성하시오.

다. NFB를 원문영어(또는 영문에 대한 우리말표기)로 표현하시오.

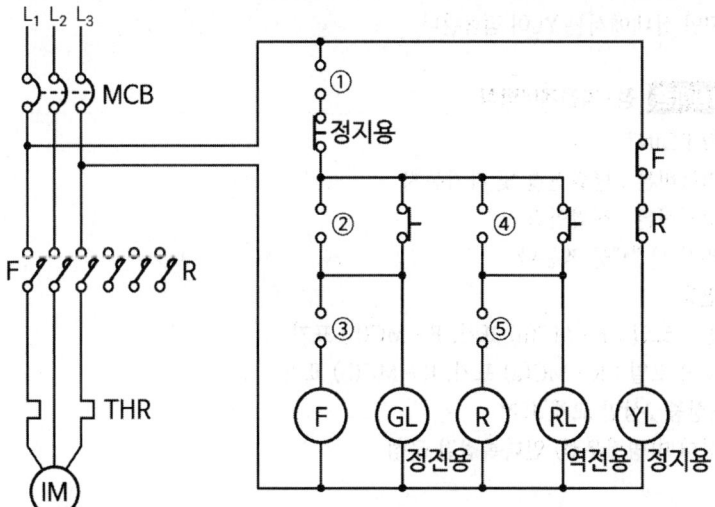

> **정답**

가, 나.

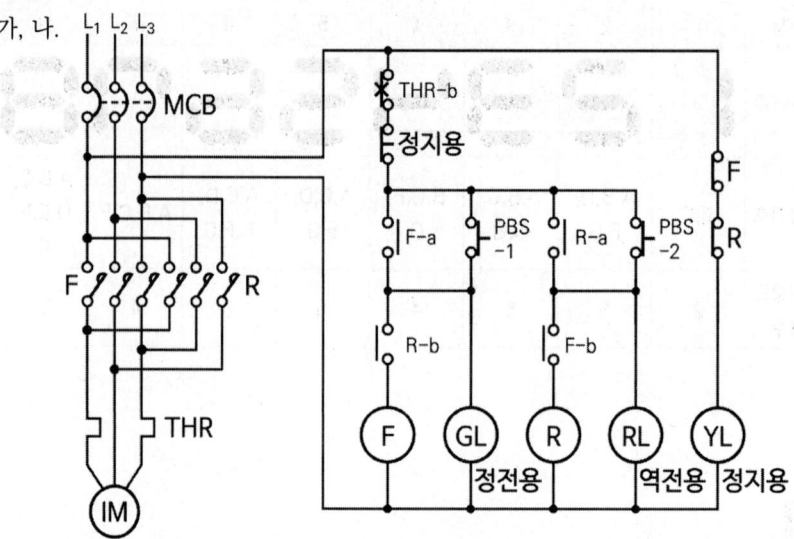

다. No Fuse Breaker 배선용 차단기

- PBS$_{-1}$스위치를 누르면 F가 여자됨과 동시에 관련 접점인 F$_{-a}$와 F$_{-b}$가 동작한다. 또한 GL이 점등된다. 이때, PBS$_{-1}$에서 손을 떼더라도 F$_{-a}$는 자기유지되어 F가 계속 동작하며, GL이 점등도 유지된다.
- PBS$_{-2}$스위치를 누르면 R이 여자됨과 동시에 관련 접점인 R$_{-a}$와 R$_{-b}$가 동작한다. 또한 RL이 점등된다. 이때, PBS$_{-2}$에서 손을 떼더라도 R$_{-a}$는 자기유지 되어 R이 계속 동작하며 RL의 점등도 유지된다.
- F와 R을 b접점으로써 인터록을 걸어주어서 서로 동시에 동작하지 않도록 한다.
- 정지인 상태에서는 YL이 점등된다.

### 핵심이론 정·역전제어방식

□ KEY POINT
- 기동버튼 : 병렬연결 및 자기유지
- 정지버튼 : 직렬연결
- 분기 시 "•"를 찍는다.
- 연동
  ① F 코일 : F - MC(a) 표기, F - MC(b) 표기
  ② R 코일 : R - MC(a) 표기, R - MC(b) 표기
- 3상중 2상만 교체 표기
- 상대편(병렬우선) 인터록접점 구성

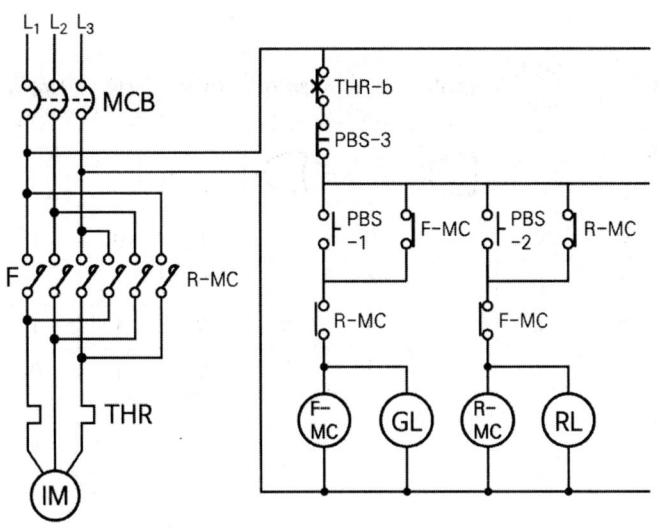

## 13

다음과 같이 두 입력 A와 B가 주어질 경우 논리소자의 명칭과 출력에 대한 진리표를 완성하시오. (단, 각각의 세로가 모두 맞아야 정답이다) 〔2024년 1회(기사)〕

| 명칭 | | 〈예시〉 AND | ① | ② | ③ | ④ | ⑤ | ⑥ | ⑦ |
|---|---|---|---|---|---|---|---|---|---|
| 입력 | | | | | | | | | |
| A | B | | | | | | | | |
| 0 | 0 | 0 | | | | | | | |
| 0 | 1 | 0 | | | | | | | |
| 1 | 0 | 0 | | | | | | | |
| 1 | 1 | 1 | | | | | | | |

> [정답]

| 명칭 | | 〈예시〉 AND | NAND | OR | NOR | NOR | OR | NAND | AND |
|---|---|---|---|---|---|---|---|---|---|
| 입력 | | | | | | | | | |
| A | B | | | | | | | | |
| 0 | 0 | 0 | 1 | 0 | 1 | 1 | 0 | 1 | 0 |
| 0 | 1 | 0 | 1 | 1 | 0 | 0 | 1 | 1 | 0 |
| 1 | 0 | 0 | 1 | 1 | 0 | 0 | 1 | 1 | 0 |
| 1 | 1 | 1 | 0 | 1 | 0 | 0 | 1 | 0 | 1 |

# 14

다음은 1개의 램프를 2개소에서 점등과 소등이 가능하도록 하는 3로스위치이다. 3로스위치의 배선을 완성하시오. 2024년 1회(기사)

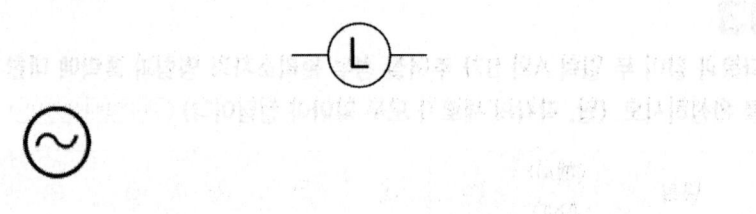

> [정답]

[답안1]

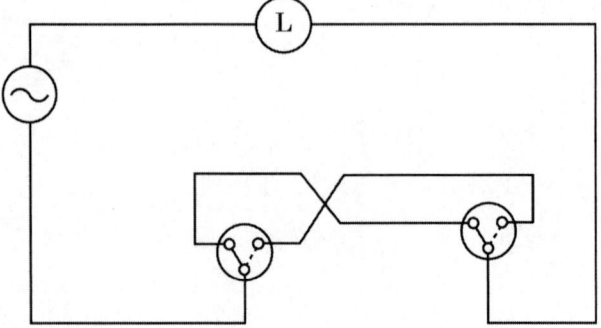

[답안2]

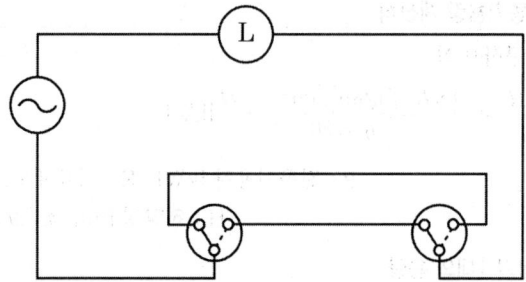

> **참고** 3로 스위치 = 점멸기

등에 들어오는 전원선은 2가닥이며, 3로 스위치와 연결된 것은 3가닥이다.

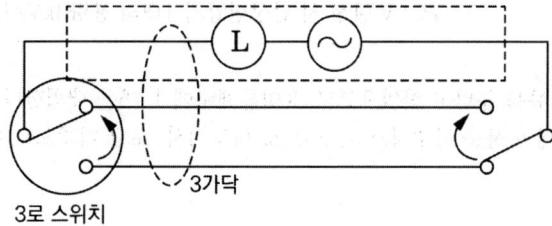

3로 스위치    3가닥

## 15

지상 25 [m]가 되는 곳에 수조가 있다. 이 수조에 분당 20 [m³]의 물을 양수하는 펌프용 전동기를 설치하여 3상 전력을 공급하려고 한다. 단상변압기 2대로 V결선 하여 이용하고자 할 때 단상변압기 1대 용량 [kVA]을 구하시오. (단, 펌프효율이 70 [%]이고, 펌프 측 동력에 15 [%]의 여유를 두며, 펌프용 3상 농형 유도전동기의 역률은 85 [%]로 가정한다) (2024년 2회(기사))

○ 계산과정 :

○ 답 :

### 정답

☑ 계산과정

① $P = \dfrac{9.8\,K \times Q[m^3/\min] \times H}{\eta\,t} = \dfrac{9.8 \times 1.15 \times 20 \times 25}{0.7 \times 60} \fallingdotseq 134.17\,[\text{kW}]$

② $P_v = \dfrac{P}{\sqrt{3}\cos\theta} = \dfrac{134.17}{\sqrt{3} \times 0.85} \fallingdotseq 91.13\,[\text{kVA}]$

답 | 91.13 [kVA]

✓ 해설

📌 **핵심이론** 전동기용량 계산식

□ 전동기용량을 구하는 식

$$P = \frac{9.8KQH}{\eta t} = \frac{9.8K \times Q[m^3/\min] \times H}{\eta \times 60}[kW]$$

P : 전동기용량 [kW], K : 여유계수, Q : 유량 [m³]
H : 전양정 [m], $\eta$ : 효율, t : 시간 [s]

□ V 결선 시 변압기 1대의 용량

$$P_V = \frac{P}{\sqrt{3}\cos\theta}[kVA]$$

P : 전동기용량 [kW]
$P_V$ : V 결선 시 단상변압기 1대의 용량 [kVA], $\cos\theta$ : 역률

- 15 [%]의 여유를 둔다고 하였으므로, K여유계수에 1.15을 대입한다.
- 분당 20 [m³]의 물을 양수하므로, 60으로 나누어서 '초당' 기준으로 대입한다.

# CHAPTER 03 기타

## 16
휴대용 비상조명등의 종합점검 항목을 7가지만 쓰시오. (2017년 1회(산업기사))

① ② ③
④ ⑤ ⑥
⑦

**정답**

① 숙박시설 또는 다중이용업소의 객실 또는 영업장 안의 구획된 실마다 잘 보이는 곳에 1개 이상 설치 여부
② 어둠 속에서 위치를 확인할 수 있는 구조인지의 여부
③ 사용 시 자동으로 점등되는지의 여부
④ 설치높이의 적합 여부
⑤ 건전지를 사용하는 경우 유효한 방전방지조치가 되어 있는지의 여부
⑥ 충전식 배터리의 경우에는 상시 충전되도록 되어 있는지의 여부
⑦ 건전지 및 충전식 배터리의 용량은 20분 이상 유효하게 사용할 수 있는지의 여부

✔ 해설 : 휴대용 비상조명등 설치기준 참조

**핵심이론** 휴대용 비상조명등 설치기준

(1) 설치장소
  • 숙박시설 또는 다중이용업소에는 객실·영업장 안의 구획된 실마다 잘 보이는 곳에 1개 이상 설치(외부 설치 시 출입문 손잡이로부터 1 [m] 이내)
  • 대규모점포와 영화상영관에는 보행거리 50 [m] 이내마다 3개 이상 설치
  • 지하상가 및 지하역사에는 보행거리 25 [m] 이내마다 3개 이상 설치
(2) 설치높이 : 바닥부터 0.8 [m] 이상 1.5 [m] 이하
(3) 어둠속 위치를 확인 가능
(4) 사용 시 자동으로 점등되는 구조
(5) 외함 난연 성능 필요
(6) 건전지를 사용 시 방전방지조치를 하여야 하고, 충전식 배터리의 경우 상시 충전되도록 할 것
(7) 건전지 및 충전식 배터리의 용량 : 20분 이상

## 17

피난층에 이르는 부분의 유도등을 60분 이상 유효하게 작동시킬 수 있는 용량으로 하여야 하는 특정 소방대상물 2가지를 쓰시오. [2017년 2회(산업기사)]

①
②

### 정답

① 11층 이상(지하층 제외)
② 지하층·무창층으로서 도매시장·소매시장·여객자동차터미널·지하역사·지하상가

### 핵심이론 비상전원 종류 및 용량

| 설비 | 비상전원 | | | | 용량 |
|---|---|---|---|---|---|
| | 자가발전 | 축전지 | 전기저장장치 | 비상전원수전설비 | |
| • 스프링클러설비 (미분무소화설비) | ○ | ○ | ○ | (차고, 주차장으로 바닥면 1000 [m²] 미만인 경우) | • 20분 : 30층 미만<br>• 40분 : 30 ~ 49층<br>• 60분 : 50층 이상 |
| • 간이스프링클러설비 | ○ | | | ○ | • 10분<br>• 20분 : 근생, 복합건축물, 생활형 숙박시설 |
| • 옥내소화전설비<br>• 연결송수관설비<br>• 특별피난계단의 계단실·부속실 제연설비 | ○ | ○ | ○ | | • 20분 : 30층 미만<br>• 40분 : 30 ~ 49층<br>• 60분 : 50층 이상 |
| • 제연설비<br>• $CO_2$설비<br>• 분말소화설비<br>• 할론소화설비<br>• 할로겐화합물 및 불활성기체소화설비<br>• 화재조기진압용 스프링클러설비<br>• 포소화설비 | ○ | ○ | ○ | (호스릴포소화설비 또는 포소화전만을 설치한 차고·주차장, 포헤드설비 또는 고정포방출설비가 설치된 부분의 바면 합계 1000 [m²] 미만인 경우) | • 20분 이상 |
| • 비상방송설비<br>• 자동화재탐지설비<br>• 비상경보설비 | | ○ | ○ | | • 10분 이상<br>• 30분 이상(비방, 자탐 30층 이상) |

| 설비 | 비상전원 | | | | 용량 |
|---|---|---|---|---|---|
| | 자가발전 | 축전지 | 전기저장장치 | 비상전원수전설비 | |
| • 유도등 | | ○ | | | • 20분 이상 |
| • 비상조명등 | ○ | ○ | ○ | | • 60분 이상(지하층 제외 11층 이상, 지하층·무창층으로 도·소매시장, 여객자동차터미널, 지하역사, 지하상가) |
| • 무선통신보조설비 | | ○ | | | • 30분 이상 |
| • 비상콘센트설비 | ○ | | ○ | ○ | • 20분 이상 |

# 18

화재신호, 화재표시신호, 화재정보신호, 가스누출신호 또는 설비작동신호 등을 수신하여 발신하는 중계기의 시험기능 2가지를 쓰고 간단히 설명하시오.

(2017년 2회(산업기사))

①

②

**정답**

① 자동시험기능 : 화재경보설비와 관련되는 기능이 이상 없이 유지되고 있는 것을 자동으로 확인할 수 있는 장치의 시험 기능

② 원격시험기능 : 감지기에 관련된 기능이 이상 없이 유지되고 있는 것을 해당 감지기의 설치장소에서 떨어진 위치에서 확인할 수 있는 장치의 시험기능

✓ 해설 : 휴대용 비상조명등 설치기준 참조

**핵심이론**

제2조(용어의 정의) 이 기준에서 사용하는 용어의 정의는 다음과 같다.
1. "중계기"란 화재신호, 화재표시신호, 화재정보신호, 가스누출신호 또는 설비작동신호 등을 수신하여 이를 신호의 종류에 따라 다음 각 목에 발신하는 것을 말한다.
   가. 화재신호, 화재표시신호, 화재정보신호 또는 가스누출신호 등을 다른 중계기, 수신기 또는 소화설비 등에 발신
   나. 설비작동신호를 다른 중계기 또는 수신기에 발신

2. "아날로그식 중계기"란 화재정보신호[해당 화재정보신호의 정도에 따라 화재표시 및 주의표시(화재를 표시할 때까지 보조적으로 이상의 발생을 표시하는 것을 말한다. 이하 동일)를 하는 온도 또는 농도(이하 "표시온도 등"이라 한다)를 설정하는 장치(이하 "감도설정장치"라 한다)에 의하여 처리되는 화재표시 및 주의표시를 하는 신호를 포함. 이하 동일]를 수신하는 것이며 해당 화재정보신호를 다른 중계기, 수신기 또는 소화설비 등에 발신하는 것을 말한다.
4. "자동시험기능"이란 화재경보설비와 관련되는 기능이 이상 없이 유지되고 있는 것을 자동으로 확인할 수 있는 장치의 시험 기능을 말한다.
5. "원격시험기능"이란 감지기에 관련된 기능이 이상없이 유지되고 있는 것을 해당 감지기의 설치 장소에서 떨어진 위치에서 확인할 수 있는 장치의 시험 기능을 말한다.

[중계기의 우수품질인증 기술기준]
제5조(자동시험기능 등)
① 중계기에 자동시험기능 또는 원격시험기능(이하 "자동시험기능"이라 한다)이 있는 경우에는 다음의 각 호에 적합하여야 한다.
  1. 자동시험기능 등에 관한 제어 기능은 다음에 적합하여야 한다.
    가. 작동 조건(이상 유무의 판정을 할 수 있는 수치, 조건 등을 말한다)의 설계 범위를 벗어 난 설정 변경은 쉽게 할 수 없어야 한다.
    나. 작동 조건을 변경할 수 있는 경우에는 설정값을 확인할 수 있어야 한다.
  2. 자동시험기능의 시험 중에 다른 경계구역의 회선에서 화재신호, 화재표시신호 또는 화재정보신호를 정확히 수신하고 발신할 수 있어야 한다.
② 중계기의 자동시험기능은 다음에 적합하여야 한다.
  1. 예비전원에 이상이 생길 경우 그 사실을 쉽게 확인할 수 있어야 한다.
  2. 다음의 사항이 발생하였을 경우, 수신기에 발생신호를 자동적으로 발신하여야 한다. 다만, 접속하는 수신기가 해당 사항에 관한 시험 기능을 가진 경우에는 그러하지 아니하다.
    가. 감지기 또는 다른 중계기에 전력을 공급하는 전로의 단선 또는 단락
    나. 중계기에 공급하는 주전원 및 주회로의 전압 및 감지기 또는 다른 중계기에 공급하는 전력의 이상
    다. 중계기와 관련된 신호처리장치 또는 중앙처리장치의 이상
    라. 종단기에 이르는 외부 배선의 단선 또는 단락
  3. 다음의 사항이 발생하였을 경우에 168시간 이내에 그 내용의 신호를 수신기에 자동적으로 발신하여야 한다. 다만, 접속하는 수신기가 해당사항에 관한 시험 기능을 가진 경우에는 그러하지 아니하다.
    가. 자동시험기능 등 대응형 감지기의 기능 이상
    나. 지구음향장치를 접속하는 회선과 관련된 전로를 가진 것은 해당회로의 단선 또는 단락

③ 중계기에 원격시험기능은 다음에 적합하여야 한다.
1. 자동시험기능 등 대응형 감지기의 기능에 이상이 생겼을 때, 원격시험기능에 의한 해당 감지기 이상을 쉽게 검출할 수 있어야 한다. 이 경우 중계기에 외부 시험장치(원격시험기능의 일부 기능을 가진 장치를 말한다. 이하 같다)를 연결해서 기능 확인을 할 수 있는 방식은 해당 장치를 조작했을 때에 이상을 확인할 수 있는 기능을 포함한다.
2. 외부 시험장치를 중계기에 접속하는 경우에는 다음의 조치를 하여야 한다.
   가. 외부 시험장치를 중계기에 접속했을 경우, 해당 중계기 기능(실제로 시험하고 있는 경계구역의 회선과 관련되는 기능을 제외)에 해로운 영향을 주지 않는 조치
   나. 외부 시험장치를 중계기에 접속한 상태가 계속되는 경우 점멸 주의등 기타에 의해서 해당 중계기의 전면에서 확인할 수 있는 조치 또는 해당 중계기 기능에 유해한 영향을 미치지 않는 조치

# 19

그림은 공장으로 쓰이는 어느 건축물의 외형도이다. 감지기의 높이 산정방법 및 설치높이를 구하시오. ( 2017년 1회(산업기사) )

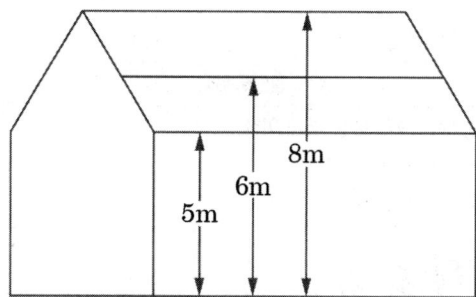

○ 산정방법 :

○ 설치높이 :

### 정답

- 산정방법 : $\dfrac{\text{가장 높은곳 [m]} + \text{가장 낮은 곳 [m]}}{2}$

- 설치높이 : $\dfrac{8+5}{2} = 6.5\,[\text{m}]$

## 20

열반도체 차동식 분포형 감지기에서 하나의 검출기에 접속하는 감지부는 몇 개 이상 몇 개 이하가 되도록 하여야 하는가? (2015년 2회(산업기사))

### 정답

2개 이상 15개 이하

✓ 해설 : 차동식 분포형 감지기 검출부 설치기준

| 열전대식 |
|---|

- 검출부에 접속하는 열전대부 : 4개 이상 20개 이하

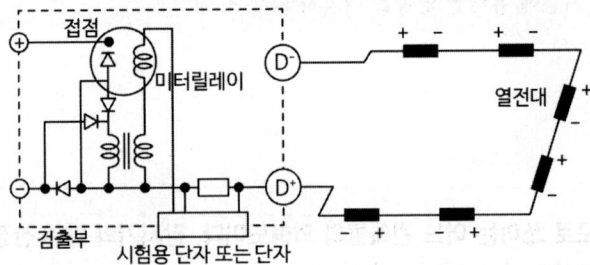

감열부 : 열전대
검출부 : 미터릴레이, 접속배선

| 열반도체식 |
|---|

- 검출부에 접속하는 감지부 : 2개 이상 15개 이하

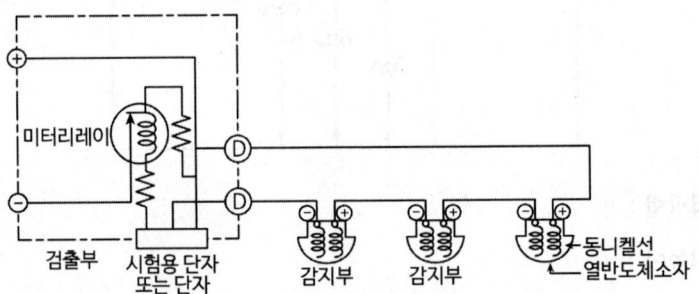

감열부 : 열반도체 소자, 수열판
검출부 : 미터릴레이

## 21

다음 그림은 급기구와 배기구가 설치된 평면도이다. 이곳에 연기감지기를 설치하려고 할 때 천장 또는 반자 부근에 배기구가 있는 경우 연기감지기를 배기구 부근에 설치하는 이유를 쓰시오. ⎛2015년 4회(산업기사)⎞

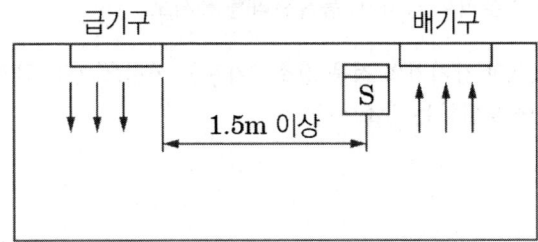

### 정답

- 배기구를 통해 연기가 배출되면서 연기감지기를 동작시키기 때문

### 핵심이론

□ 연기감지기 설치면적

(단위 : [m²])

| 부착높이 | 감지기의 종류 | |
|---|---|---|
| | 1종 및 2종 | 3종 |
| 4 [m] 미만 | 150 | 50 |
| 4 ~ 20 [m] 미만 | 75 | - |

□ 연기감지기 설치기준
- 복도·통로 : 보행거리 30 [m](3종 20 [m])마다
- 계단·경사로 : 수직거리 15 [m](3종 10 [m])마다
- 천장 또는 반자 낮은 실내 또는 좁은 실내에 있어서는 출입구 가까운 부분에 설치
- 천장 또는 반자부근에 배기구 있는 부근에 설치
- 벽 또는 보로부터 0.6 [m] 이상 떨어진 곳에 설치

## 22

**광전식 감지기의 다음 각 물음에 답하시오.** (2024년 3회(기사))

가. 산란광식(광전식 스포트형 감지기) 동작원리를 쓰시오.

나. 감광식(광전식 분리형 감지기) 동작원리를 쓰시오.

다. 광전식 스포트형 감지기의 적응 장소 2가지를 쓰시오. (단, 연기가 멀리 이동해서 감지기에 도달하는 장소이다)

### 정답

가. 화재발생 시 연기에 의해 빛이 산란되어 수광부 내로 들어오는 것을 감지하여 동작

나. 화재발생 시 연기에 의해 수광부로 들어오는 빛의 양(수광량)이 감소하는 것을 감지하여 동작

다. 계단, 경사로

**★핵심이론** 자동화재탐지설비 및 시각경보장치의 화재안전기술기준(NFTC 203) [시행 2022.12.1.]

2.4.6 2.4.1 단서에도 불구하고 일시적으로 발생한 열·연기 또는 먼지 등으로 인하여 화재신호를 발신할 우려가 있는 장소에는 표 2.4.6(1) 및 표 2.4.6(2)에 따라 해당 장소에 적응성 있는 감지기를 설치할 수 있으며, 연기감지기를 설치할 수 없는 장소에는 표 2.4.6(1)을 적용하여 설치할 수 있다.

〈표 2.4.6(2) 설치장소별 감지기의 적응성〉

| 설치장소 | | 적응 열감지기 | | | | | 적응 연기감지기 | | | | | | 불꽃감지기 | 비고 |
|---|---|---|---|---|---|---|---|---|---|---|---|---|---|---|
| 환경상태 | 적응장소 | 차동식 스포트형 | 차동식분포형 | 보상식 스포트형 | 정온식 | 열아날로그식 | 이온화식 스포트형 | 광전식 스포트형 | 이온아날로그식 스포트형 | 광전아날로그식 스포트형 | 광전식 분리형 | 광전아날로그식 분리형 | | |
| 5. 연기가 멀리 이동해서 감지기에 도달하는 장소 | 계단, 경사로 | - | - | - | - | - | ○ | - | ○ | ○ | ○ | - | | 광전식 스포트형 감지기 또는 광전아날로그식 스포트형 감지기를 설치하는 경우에는 당해 감지기회로에 축적기능을 갖지 않는 것으로 할 것 |

[비고] 1. "○"는 당해 설치장소에 적응하는 것을 표시
2. "◎" 당해 설치장소에 연기감지기를 설치하는 경우에는 당해 감지회로에 축적기능을 갖는 것을 표시
3. 차동식 스포트형, 차동식 분포형, 보상식 스포트형 및 연기식(당해 감지기회로에 축적기능을 갖지 않는 것) 1종은 감도가 예민하기 때문에 비화재보 발생은 2종에 비해 불리한 조건이라는 것을 유의할 것
4. 차동식 분포형 3종 및 정온식 2종은 소화설비와 연동하는 경우에 한해서 사용할 것
5. 광전식 분리형 감지기는 평상시 연기가 발생하는 장소 또는 공간이 협소한 경우에는 적응성이 없음
6. 넓은 공간으로 천장이 높아 열 및 연기가 확산하는 장소로서 차동식 분포형 또는 광전식분리형 2종을 설치하는 경우에는 제조사의 사양에 따를 것
7. 다신호식 감지기는 그 감지기가 가지고 있는 종별, 공칭작동온도별로 따르고 표에 따른 적응성이 있는 감지기로 할 것
8. 축적형 감지기 또는 축적형 중계기 혹은 축적형 수신기를 설치하는 경우에는 2.4에 따를 것

# CHAPTER 04 소방시설 도시기호

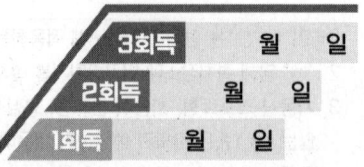

| 분류 | 명칭 | 도시기호 | 분류 | 명칭 | 도시기호 |
|---|---|---|---|---|---|
| 배관 | 일반배관 | ──── | 헤드류 | 스프링클러헤드폐쇄형 상향식(평면도) | ● |
| | 옥내·외소화전 | ──H── | | 스프링클러헤드폐쇄형 하향식(평면도) | ● |
| | 스프링클러 | ──SP── | | 스프링클러헤드개방형 상향식(평면도) | ○ |
| | 물분무 | ──WS── | | 스프링클러헤드개방형 하향식(평면도) | ○ |
| | 포소화 | ──F── | | 스프링클러헤드폐쇄형 상향식(계통도) | ▲ |
| | 배수관 | ──D── | | 스프링클러헤드폐쇄형 하향식(입면도) | ▼ |
| | 전선관 입상 | | | 스프링클러헤드폐쇄형 상·하향식(입면도) | |
| | 전선관 입하 | | | 스프링클러헤드 상향형(입면도) | ↑ |
| | 전선관 통과 | | | 스프링클러헤드 하향형(입면도) | ↓ |
| 관이음쇠 | 후렌지 | | | 분말·탄산가스· 할로겐헤드 | |
| | 유니온 | | | 연결살수헤드 | |
| | 플러그 | | | 물분무헤드(평면도) | ⊗ |
| | 90°엘보 | | | 물분무헤드(입면도) | |
| | 45°엘보 | | | 드랜쳐헤드(평면도) | ⊘ |
| | 티 | | | 드랜쳐헤드(입면도) | |
| | 크로스 | | | 포헤드(평면도) | |
| | 맹후렌지 | | | 포헤드(입면도) | |
| | 캡 | | | 감지헤드(평면도) | △ |

| 분류 | 명칭 | 도시기호 | 분류 | 명칭 | 도시기호 |
|---|---|---|---|---|---|
| 헤드류 | 감지헤드(입면도) | | 밸브류 | 릴리프밸브(이산화탄소용) | |
| | 청정소화약제방출헤드(평면도) | | | 릴리프밸브(일반) | |
| | 청정소화약제방출헤드(입면도) | | | 동체크밸브 | |
| 밸브류 | 체크밸브 | | | 앵글밸브 | |
| | 가스체크밸브 | | | FOOT밸브 | |
| | 게이트밸브(상시개방) | | | 볼밸브 | |
| | 게이트밸브(상시폐쇄) | | | 배수밸브 | |
| | 선택밸브 | | | 자동배수밸브 | |
| | 조작밸브(일반) | | | 여과망 | |
| | 조작밸브(전자식) | | | 자동밸브 | |
| | 조작밸브(가스식) | | | 감압밸브 | |
| | 경보밸브(습식) | | | 공기조절밸브 | |
| | 경보밸브(건식) | | 계기류 | 압력계 | |
| | 프리액션밸브 | | | 연성계 | |
| | 경보델류지밸브 | | | 유량계 | |
| | 프리액션밸브 수동조작함 | SVP | 소화전 | 옥내소화전함 | |
| | 플렉시블조인트 | | | 옥내소화전 방수용 기구병설 | |
| | 솔레노이드밸브 | | | 옥외소화전 | |
| | 모터밸브 | | | 포말소화전 | |

| 분류 | 명칭 | 도시기호 | 분류 | 명칭 | 도시기호 |
|---|---|---|---|---|---|
| 소화전 | 송수구 |  | 경보설비기기류 | 차동식 스포트형 감지기 |  |
| 소화전 | 방수구 |  | 경보설비기기류 | 보상식 스포트형 감지기 |  |
| 스트레이너 | Y형 |  | 경보설비기기류 | 정온식 스포트형 감지기 |  |
| 스트레이너 | U형 |  | 경보설비기기류 | 연기감지기 | S |
| 저장탱크류 | 고가수조(물올림장치) |  | 경보설비기기류 | 감지선 | ⊙ |
| 저장탱크류 | 압력챔버 |  | 경보설비기기류 | 공기관 | ─── |
| 저장탱크류 | 포말원액탱크 | 수직 수평 | 경보설비기기류 | 열전대 | ─■─ |
| 저장탱크류 | 포말원액탱크 | 수직 수평 | 경보설비기기류 | 열반도체 | ∞ |
| 레듀셔 | 편심레듀셔 |  | 경보설비기기류 | 차동식 분포형 감지기의 검출기 |  |
| 레듀셔 | 원심레듀셔 |  | 경보설비기기류 | 발신기세트 단독형 | P B L |
| 혼합장치류 | 프레져프로포셔너 |  | 경보설비기기류 | 발신기세트 옥내소화전내장형 | P B L |
| 혼합장치류 | 라인프로포셔너 |  | 경보설비기기류 | 경계구역번호 | △ |
| 혼합장치류 | 프레져사이드프로포셔너 |  | 경보설비기기류 | 비상용누름버튼 | F |
| 혼합장치류 | 기타 | P | 경보설비기기류 | 비상전화기 | ET |
| 펌프류 | 일반펌프 |  | 경보설비기기류 | 비상벨 | B |
| 펌프류 | 펌프모터(수평) | M | 경보설비기기류 | 싸이렌 |  |
| 펌프류 | 펌프모토(수직) | M | 경보설비기기류 | 모터싸이렌 | M |
| 저장용기류 | 분말약제 저장용기 | P.D | 경보설비기기류 | 전자싸이렌 | S |
| 저장용기류 | 분말약제 저장용기 | P.D | 경보설비기기류 | 조작장치 | E P |
| 저장용기류 | 저장용기 |  | 경보설비기기류 | 증폭기 | AMP |

| 분류 | 명칭 | 도시기호 | 분류 | 명칭 | 도시기호 |
|---|---|---|---|---|---|
| 경보설비기기류 | 기동누름버튼 | Ⓔ | 경보설비 기기류 | 종단저항 | Ω |
| | 이온화식 감지기 (스포트형) | Ⓢ I | 제연설비 | 수동식제어 | □ |
| | 광전식연기감지기 (아날로그) | Ⓢ A | | 천장용 배풍기 | |
| | 광전식연기감지기 (스포트형) | Ⓢ P | | 벽부착용 배풍기 | |
| | 감지기간선, HIV1.2 [mm] × 4(22C) | — F ⫽ | | 일반배풍기 (배풍기) | |
| | 감지기간선, HIV1.2 [mm] × 8(22C) | — F ⫽⫽ | | 관로배풍기 | |
| | 유도등간선 HIV2.0 [mm] × 3(22C) | — EX — | | 화재댐퍼 (댐퍼) | |
| | 경보부저 | ⒝ | | 연기댐퍼 | |
| | 제어반 | ⊠ | | 화재/연기 댐퍼 | |
| | 표시반 | ⊞ | 스위치류 | 압력스위치 | ⓅⓈ |
| | 회로시험기 | ⊙ | | 탬퍼스위치 | T S |
| | 화재경보벨 | Ⓑ | 방연·방화문 | 연기감지기(전용) | Ⓢ |
| | 시각경보기 (스트로브) | ◇ | | 열감지기(전용) | ⊖ |
| | 수신기 | ⊠ | | 자동폐쇄장치 | ⒠ⓡ |
| | 부수신기 | ⊞ | | 연동제어기 | |
| | 중계기 | | | 배연창기동 모터 | Ⓜ |
| | 표시등 | ◐ | | 배연창수동조작함 | |
| | 피난구유도등 | ⊗ | 피뢰침 | 피뢰부(평면도) | ⊙ |
| | 통로유도등 | → | | 피뢰부(입면도) | |
| | 표시판 | △ | | 피뢰도선 및 지붕위 도체 | — |
| | 보조전원 | T R | | | |

| 분류 | 명칭 | 도시기호 | 분류 | 명칭 | 도시기호 |
|---|---|---|---|---|---|
| 제연설비 | 접지 | ⊥ | | 비상콘센트 | ●●\|●● |
| | 접지저항 측정용단자 | ⊗ | | 비상분전반 | ▧ |
| 소화기류 | ABC소화기 | 소 | | 가스계 소화설비의 수동조작함 | RM |
| | 자동확산 소화기 | 자 | | 전동기구동 | M |
| | 자동식 소화기 | ◆소◆ | | 엔진구동 | E |
| | 이산화탄소 소화기 | C | 기타 | 배관행거 | ⟩---⟨---⟩ |
| | 할로겐화합물 소화기 | △ | | 기압계 | ⇟ |
| 기타 | 안테나 | 丄 | | 배기구 | —1— |
| | 스피커 | ▽ | | 바닥 은폐선 | - - - - - |
| | 연기 방연벽 | ▨ | | 노출배선 | ——— |
| | 화재방화벽 | ——— | | 소화가스 패키지 | PAC |
| | 화재 및 연기방벽 | ▨ | | | |

**2026 초격차 소방설비산업기사 과년도 7개년 실기 전기**

| | |
|---|---|
| **발행일** | 2026년 1월 1일 개정판 1쇄 |
| **지은이** | 황모아, 오민정 |
| **발행인** | 황모아 |
| **발행처** | (주)모아교육그룹 |
| **주 소** | 서울특별시 영등포구 영신로 32길 29 세화빌딩 2층 |
| **전 화** | 02-2068-2393(출판, 주문) |
| **등 록** | 제2015-000006호 (2015.1.16.) |
| **이메일** | moagbooks@naver.com |
| **ISBN** | 979-11-6804-518-7 (13500) |

이 책의 가격은 뒤표지에 있습니다.

Copyright © (주)모아교육그룹 Co., Ltd. All Rights Reserved.
이 책은 저작권법에 의해 보호를 받는 저작물이므로 저자와 출판사의 서면 허락 없이 내용의 전부 또는 일부를 이용하는 것을 금합니다.

모아바 www.moa-ba.com
모아소방전기학원 www.moate.co.kr